JN290745

MIMO
ワイヤレス通信

エズィオ・ビリエリ, ロバート・コールダーバンク,
アントニー・コンスタンティニデス, アンドレア・ゴールドスミス,
アロギャスワミ・ポーラジ, H・ヴィンセント・プアー 著

風間宏志, 杉山隆利 監訳
NTTアクセスサービスシステム研究所 訳

TDU 東京電機大学出版局

MIMO Wireless Communications

by Ezio Biglieri, Robert Calderbank, Anthony Constantinides, Andrea Goldsmith, Arogyaswami Paulraj, H. Vincent Poor

Copyright © 2007 by Cambridge University Press.

Translation Copyright © 2009 by Tokyo Denki University Press.

All rights reserved.

MIMOワイヤレス通信

　MIMO技術は無線通信システムの設計におけるブレークスルーであり，すでにいくつかの無線標準規格の中核技術となっている．マルチパス散乱を活用することにより，MIMO技術はデータ送信レートや干渉除去といった観点で極めて大きな性能改善を可能にしている．本書はMIMO無線通信システムの解析と設計に関する詳しい入門書である．まず，MIMO技術の概要について述べ，MIMOシステムの基本的な容量限界について説明する．次いで，プリコーディングや時空間符号化を含む送信機設計法について詳細に述べ，最後の2章で受信機設計技術について解説する．本分野を先導する専門家チームの執筆により，本書は理論解析と物理的見識を融合すると共に，設計課題の重要な領域を明らかにしている．本書を無線通信専攻向けの教科書としても活用していただきたい．また，MIMO無線システムに関わる研究者や開発者にとっても有用となるだろう．

目 次

はじめに	x
謝辞	xii
監訳者序文	xiii
表記法	xv

第1章 序論 ………………………………………………………… *1*

- **1.1 MIMO 無線通信** *1*
    - 1.1.1 MIMO 技術の利点 *2*
    - 1.1.2 基本構成要素 *4*
- **1.2 MIMO チャネルと信号モデル** *5*
    - 1.2.1 古典的な独立同一分布（i.i.d.）のレイリーフェージングチャネルモデル *5*
    - 1.2.2 周波数選択性と時間選択性フェージング *6*
    - 1.2.3 現実の MIMO チャネル *6*
    - 1.2.4 離散時間信号モデル *8*
- **1.3 基本的なトレードオフ** *8*
    - 1.3.1 アウテージ容量 *9*
    - 1.3.2 多重化利得 *9*
    - 1.3.3 ダイバーシチ利得 *10*
    - 1.3.4 柔軟なトレードオフ *11*
- **1.4 MIMO 送受信機設計** *12*
    - 1.4.1 Alamouti 方式 *12*
    - 1.4.2 空間多重化 *14*
- **1.5 無線ネットワークにおける MIMO 技術** *17*
    - 1.5.1 セルラネットワークにおける MIMO *17*
    - 1.5.2 アドホックネットワークにおける MIMO *18*
- **1.6 無線標準化における MIMO** *20*

- **1.7 本書の構成と未来への課題** ... 21
- **1.8 解題** ... 21

第2章　MIMO システムの容量限界 ... 27
- **2.1 はじめに** ... 27
- **2.2 相互情報量とシャノン容量** ... 28
  - 2.2.1 チャネル容量の数学的定義 ... 29
  - 2.2.2 時変動チャネル ... 30
  - 2.2.3 マルチユーザチャネル ... 32
- **2.3 シングルユーザ MIMO** ... 33
  - 2.3.1 チャネルとサイド情報モデル ... 33
  - 2.3.2 固定 MIMO チャネルの容量 ... 38
  - 2.3.3 フェージング MIMO チャネルのチャネル容量 ... 41
  - 2.3.4 シングルユーザ MIMO の周知の問題 ... 58
- **2.4 マルチユーザ MIMO** ... 58
  - 2.4.1 システムモデル ... 61
  - 2.4.2 MIMO 多元接続チャネル（MAC） ... 62
  - 2.4.3 MIMO ブロードキャストチャネル（BC） ... 69
  - 2.4.4 マルチユーザ MIMO の周知の問題 ... 79
- **2.5 マルチセル MIMO** ... 79
  - 2.5.1 基地局協調なしのマルチセル MIMO ... 80
  - 2.5.2 基地局協調ありのマルチセル MIMO ... 81
  - 2.5.3 システムレベルの問題 ... 83
- **2.6 アドホックネットワークにおける MIMO** ... 83
  - 2.6.1 中継チャネル ... 85
  - 2.6.2 干渉チャネル ... 87
  - 2.6.3 協調伝送 ... 88
- **2.7 まとめ** ... 91
- **2.8 解題** ... 93

第3章　プリコーディングの設計 ... 107
- **3.1 送信チャネルサイド情報** ... 108
  - 3.1.1 MIMO チャネル ... 109
  - 3.1.2 CSIT を取得する手段 ... 110

	3.1.3	動的 CSIT モデル	*113*
3.2		**CSIT の利用における情報理論の基礎**	***116***
	3.2.1	MIMO システムにおける CSIT の価値	*116*
	3.2.2	CSIT を用いた最適な信号伝送	*119*
3.3		**送信機の構成**	***122***
	3.3.1	符号化の構成	*123*
	3.3.2	線形プリコーディングの構成	*125*
3.4		**プリコーディングの設計基準**	***127***
	3.4.1	情報およびシステムの容量	*128*
	3.4.2	誤り指数	*128*
	3.4.3	ペアワイズ誤り率	*129*
	3.4.4	平均二乗誤差検出	*132*
	3.4.5	基準のグループ化	*133*
3.5		**線形プリコーダの設計**	***134***
	3.5.1	最適プリコーダ入力整形行列	*134*
	3.5.2	完全 CSIT を用いたプリコーディング	*135*
	3.5.3	相関 CSIT におけるプリコーディング	*138*
	3.5.4	平均 CSIT を用いたプリコーディング	*141*
	3.5.5	平均および相関 CSIT の双方に対するプリコーディング	*143*
	3.5.6	考察	*148*
3.6		**プリコーダの特性結果と考察**	***149***
	3.6.1	特性評価	*150*
	3.6.2	考察	*155*
3.7		**実際のシステムへの応用**	***156***
	3.7.1	チャネル取得方法	*156*
	3.7.2	閉ループシステムにおけるコードブックの設計	*159*
	3.7.3	受信機におけるチャネル情報の役割	*160*
	3.7.4	研究開発が進む無線標準におけるプリコーディング	*161*
3.8		**結論**	***162***
	3.8.1	CSIT のその他の種別	*162*
	3.8.2	CSIT の利用における未解決の問題	*162*
	3.8.3	総括	*163*
3.9		**解題**	***164***

第4章 無線通信のための時空間符号化：原理と応用 ... *173*

4.1 はじめに *173*

4.2 背景 *175*

    4.2.1 広帯域無線チャネルモデル *175*

    4.2.2 送信ダイバーシチ *178*

    4.2.3 ダイバーシチ次数 *179*

    4.2.4 伝送レート–ダイバーシチ間のトレードオフ *182*

4.3 時空間符号化（STC）の原理 *184*

    4.3.1 時空間符号の設計基準 *184*

    4.3.2 時空間トレリス符号（STTC：Space–Time Trellis Codes） *186*

    4.3.3 時空間ブロック符号（STBC：Space–Time Block Codes） *188*

    4.3.4 新い非線形最大ダイバーシチ四元符号（quaternionic code） *190*

    4.3.5 ダイバーシチ内蔵の時空間符号 *193*

4.4 応用例 *198*

    4.4.1 信号処理 *198*

    4.4.2 ダイバーシチ内蔵符号の応用 *206*

    4.4.3 ネットワークレイヤとの相互作用 *209*

4.5 考察と将来の課題 *214*

4.6 解題 *216*

第5章 受信機設計の基本 ... *229*

5.1 はじめに *229*

5.2 無符号化信号の受信 *230*

    5.2.1 線形受信機 *230*

    5.2.2 判定帰還型受信機 *231*

    5.2.3 スフェアディテクション *232*

5.3 因子グラフと反復処理 *234*

    5.3.1 因子グラフ *235*

    5.3.2 因子グラフの例 *236*

    5.3.3 sum–product アルゴリズム *242*

    5.3.4 ループがある因子グラフ：反復アルゴリズム *244*

    5.3.5 因子グラフと受信機の構成 *245*

5.4 無符号化 MIMO 受信機 *247*

    5.4.1 線形インタフェース *249*

	5.4.2	非線形処理を用いた線形インタフェース	250
5.5	符号化信号の MIMO 受信機		252
	5.5.1	反復 sum–product アルゴリズム	253
	5.5.2	低演算量の近似	255
	5.5.3	EXIT チャート	256
	5.5.4	準静的チャネル	268
5.6	反復型受信機の例		270
	5.6.1	MMSE+IC 受信機	270
	5.6.2	IC+MMSE 受信機	271
	5.6.3	数値解析結果	273
5.7	解題		273

第6章 マルチユーザ受信機の設計 279

6.1	はじめに		279
6.2	多元接続 MIMO システム		280
	6.2.1	信号モデルとチャネルモデル	281
	6.2.2	受信機の基本構造	284
	6.2.3	マルチユーザ検出アルゴリズムの基本	287
	6.2.4	ディジタル受信機の実装	295
6.3	反復型時空間マルチユーザ検出		296
	6.3.1	システムモデル	297
	6.3.2	線形反復型時空間マルチユーザ検出	297
	6.3.3	反復型非線形時空間マルチユーザ検出	300
	6.3.4	EM アルゴリズムを用いた時空間符号化繰り返しマルチユーザ検出	303
	6.3.5	シミュレーション結果	306
	6.3.6	まとめ	308
6.4	時空間符号化システムにおけるマルチユーザ検出		308
	6.4.1	信号モデル	310
	6.4.2	時空間符号化マルチユーザシステムにおける最尤マルチユーザジョイント判定・復号法	311
	6.4.3	時空間マルチユーザシステムにおける低演算量の分離型受信機構成	315
	6.4.4	単一ユーザにおける軟入力軟出力型時空間 MAP 復号器	323
	6.4.5	まとめ	325
6.5	適応線形時空間マルチユーザ検出		325

6.5.1　ダイバーシチ型マルチユーザ検出 対 時空間マルチユーザ検出　　*326*
　　　6.5.2　フラットフェージング環境における CDMA 向け適応線形時空間マルチユーザ検出　　*330*
　　　6.5.3　マルチパスフェージング環境における非同期 CDMA 向けブラインド型適応時空間マルチユーザ検出　　*337*
　　　6.5.4　シミュレーション結果　　*343*
　6.6　**まとめ**　　*345*
　6.7　**解題**　　*345*

参考文献　　*351*

索引　　*382*

原著者紹介　　*390*

【執筆協力者】

第 1 章　序論
　　　　ROHIT U. NABAR：マーヴェルセミコンダクター株式会社（カリフォルニア州サンタクララ）

第 2 章　MIMO システムの容量限界
　　　　SYED ALI JAFAR：カリフォルニア大学アーヴァイン校
　　　　NIHAR JINDAL：ミネソタ大学（ミネアポリス）
　　　　SRIRAM VISHWANATH：テキサス大学（オースティン）

第 3 章　プリコーディングの設計
　　　　MAI VU：スタンフォード大学（カリフォルニア）

第 4 章　無線通信のための時空間符号化：原理と応用
　　　　NAOFAL AL-DHAHIR：テキサス大学（ダラス）
　　　　SUHAS N. DIGGAVI：ローザンヌ工科大学（スイス）

第 5 章　受信機設計の基本
　　　　GIORGIO TARICCO：トリノ工科大学（イタリア）

第 6 章　マルチユーザ受信機の設計
　　　　HUAIYU DAI：ノースカロライナ州立大学（ローリー）
　　　　SUDHARMAN JAYAWEERA：ニューメキシコ大学
　　　　DARYL REYNOLDS：ウェストヴァージニア大学
　　　　XIAODONG WANG：コロンビア大学（ニューヨーク）

はじめに

Facies non omnibus una,
Nec diversa tamen
(Ovid, Metamorphoses)

　無線通信は現代において最も急速に発展している技術の一つで，新しい魅力的な製品やサービスが連日生みだされている．無線通信容量の需要は爆発的に増加しており，そうした開発は通信技術者にとって重要な挑戦となっている．実際に，物理媒体の制約や，根底となるネットワークが動的であるという複雑性に起因して，無線通信の専門領域には数多くの課題が設計者に残されている．無線通信における支配的な技術論とは，マルチパスが引き起こすフェージング，すなわち送受信機間に介在する物体による送信信号の散乱に起因する，チャネル利得のランダムな揺らぎである．それゆえマルチパス散乱は，一般に無線通信の障害になるものとして見られてきたが，今日においては，無線システムの容量や信頼性を大きく改善する機会を与えてくれるものとして見直されている．無線システムの送受信機において複数のアンテナを使用することにより，多数の散乱波が到来するチャネルが生成される．これを活用して，同一無線周波数上に並列した多数の通信リンクを設け，多重化によりデータ伝送レートを改善する，あるいはアンテナダイバーシチの増強によりシステムの信頼度を向上することが可能となる．さらに，多重化とダイバーシチのいずれかを選択する必要はなく，その二者の基本的なトレードオフを条件として，いずれの機能をも得ることが可能である．

　本書は，送受信機に複数のアンテナを備える MIMO（Multiple-Input/Multiple-Output）無線システムに焦点を当てている．1990年代中頃にこの分野の鍵となるいくつかの発想が生まれて以来，広大な無線通信工学の領域において，MIMO システムは最も活発な研究開発分野となっている．本分野における膨大な数の一連の検討により，数多くの現実的な適用例が生まれ，さらに将来的な機会を創成するに至っている．本書はこの極めて盛んに検討が行われている領域の入門書であり，その内容は MIMO 無線システムの主要特性の解析から設計法にまで渡る．また本書は，参考文献 [1–4] 程度の基本的なディジタル通信や無線システムに関する教養を有する現役の技術者や研究者，および大学院生を対象としている．

本書では，MIMO 無線システムを一元的かつ包括的に取り扱っている．第 1 章で概要を述べた後，第 2 章においては MIMO システムの基本的な容量限界など，本分野の基本要素を深く掘り下げて記述する．続く第 3 章，第 4 章では送信機の設計法（プリコーティングや時空間符号化を含む）について，第 5 章，第 6 章では受信機設計法について述べる．本書の構成は各章を個別に読めるようにも配慮されているが，大学院の教科書として全章を通して使用してもよいし，あるいは次の 2 つのうちいずれかの部分章のみを使用してもよいだろう（無線通信システム専攻向け（第 1, 3, 5, 6 章），MIMO 無線システムの情報理論/符号化専攻向け（第 1–4 章））．

Barcelona, Spain
London, UK
Princeton, NJ, USA
Stanford, CA, USA

参考文献

[1] S. Benedetto and E. Biglieri, *Principles of Digital Transmission: With Wireless Applications* (New York: Plenum, 1999).

[2] A. Goldsmith, *Wireless Communications* (Cambridge: Cambridge University Press, 2005).

[3] J. Proakis, *Digital Communications,* 4th edn (New York: McGraw-Hill, 2000).

[4] T. Rappaport, *Wireless Communications: Principles and Practice*, 2nd edn (Upper Saddle River, NJ: Prentice-Hall, 2001).

謝　辞

　本書は，各章において惜しみない協力を下さった共著者の方々なくしては完成しえなかった．特に，第 1 章担当の Rohit Nabar，第 2 章担当の Syed Ali Jafer, Nihar Jindal 及び Sriram Vishwanath，第 3 章担当の Mai Vu，第 4 章担当の Naofal Al-Dhahir 及び Suhas Diggave，第 5 章担当の Giorgio Taricco，第 6 章担当の Huaiyu Dai Sudharman Jayaweera, Daryl Reynolds 及び Xiaodong Wang に感謝を申し上げたい．

　また，図 1.16 を作成する上で貴重な実験結果を提供してくれた Kedar Shirali 及び Marvell Semiconductor, Inc. 社の Peter Loc，第 2 章に対する独創的な視点と有益な助言をくれた Holger Boche 及び Sergio Verdú，第 3 章に対する貴重なコメントをくれた Helmut Blcskei, Robert Heath, Björn Ottersten, Peter Wrycza 及び Xi Zhang，第 4 章に対する多くの刺激的なディスカッションと技術的な貢献をしてくれた Sushanta Das, Sanket Dusad, Christina Fragouli, Anastasios Stamoulis 及び Waleed Younis を始めとする，本書の校正に尽力して下さった多くの皆様に感謝を申し上げたい．最後に，本プロジェクトをその敏腕で取り仕切ってくれたケンブリッジ大学出版局の Phil Meyler にもこの場を借りて感謝したい．

　貴重なディスカッションをさせて頂いたスタンフォード大学の Smart Antenna Research Group の George Papanicolaou 教授とそのメンバーの皆様に，Arogyaswami Paulraj と Mai Vu から感謝を申し上げげる．資金面では，NSF の規約 DMS-0354674-001 及び ONR の規約 N00014-02-0088 からの援助があった．また，Mai Vu の執筆の一部は，Rambus Stanford Graduate Felloship と Intel Foundation Ph.D. Fellowship の援助によるものである．

　著者は，本書を執筆するにあたって多くの組織の皆様に計りしれない程のご助力を頂いた．STREP program of the European Commission, UK Engineering and Physical Sciences Research Council, US Air Force Research Laboratory, US Army Research Laboratory, US Army Research Office, US Defense Advanced Research Projects Agency, US National Science Foundation, 及び US Office of Naval Research. 上記の皆様に，ここでさらに感謝の意を表したい．

監訳者序文

　元来，無線通信は特殊・緊急の用途やマニアックな人々の通信に使われ，専門知識がないと扱えない限定的な通信インフラであったが，気がつけば今日では我々の生活にはなくてはならないものとなっている．特に携帯電話の普及は目覚ましいものがあり，日本における携帯電話の契約台数は2007年末で1億台を突破し，最近では2台目需要も顕著になってきている．一方，インターネットにおけるブロードバンド化のニーズが高まり，無線システムと言えども，音声・メールに留まらず，画像・映像等のコンテンツや大量のデータをストレスなく伝送することが要求されているが，有限資源の周波数を利用する無線通信の高速化には限界があった．これに応えるべく登場したのがMIMO伝送技術である．MIMO技術は複数アンテナを使用することで周波数帯域拡大無しにブロードバンド化を実現する技術であり，1998年以降，無線分野の研究・開発はMIMO技術を中心に進められてきたといっても過言ではない．その結果，近年のブロードバンド系の無線システム（第3世代セルラ，無線LAN，WiMAX，LTE等）ではMIMO技術が必須の技術として実用化され，検討も進んでいる．

　そのような中で，著名な原著者の方々が体系的かつ専門的にMIMO技術について纏められたのが原書の"MIMO Wireless Communications"である．その内容はMIMOシステムのチャネルモデルと容量限界，チャネル情報を利用した送信側時空間信号処理，MIMOによるダイバーシチと多重化のトレードオフ，基本的な受信機設計や最新のマルチユーザ検出と非常に広範囲に渡っており，またそれぞれが詳しく論じられている教科書である．特徴的なのは，この種の教科書では理想条件を前提とした理論解析が多い中，本書では信号処理の演算量やハードウェアの回路規模をといった実用化に関する基準を考慮した検討も合わせて論じており，実際にMIMOシステムを設計する上で参考となる重要な考え方が示されている．また，原書にもあるように，各章の内容がそれぞれで閉じた文書構成となっているので，必要な章だけを読んで理解することも十分可能である．また，本書を読む上では，無線通信および代数の基礎知識がある程度必要であることから，MIMO技術の理解をより深めたい無線通信研究者・技術者および無線通信分野を専攻している大学院生向きの教科書であると言える．

　原書を翻訳するにあたっては，原著者の創作したテクニカルワードや通信分野で馴染みのない用語等はその意味合いから，最適と思われる用語に意訳したことで，より

■監訳者序文

分かり易いものに仕上げたつもりである．なお本書は，NTT アクセスサービスシステム研究所の浅井裕介氏，大槻暢朗氏，増野淳氏，山田渉氏の新進気鋭の無線通信研究者よって訳されたもので，より多くの人たちの目にとまり活用していただけることを切に願うものである．

風間宏志
杉山隆利

表記法

一般表記

$\mathbf{X}$	行列 $\mathbf{X}$ (太字, 大文字)
$\mathbf{x}$	ベクトル $\mathbf{x}$ (太字, 小文字)
$[\mathbf{X}]_{i,j}$	行列 $\mathbf{X}$ の i 行 j 列の要素
$\mathbf{X}^T$	$\mathbf{X}$ の転置
$\mathbf{X}^*$	$\mathbf{X}$ の複素共役転置
$\det(\mathbf{X})$	$\mathbf{X}$ の行列式
$\mathrm{tr}(\mathbf{X})$	$\mathbf{X}$ のトレース
$\|\|\mathbf{X}\|\|_F$	$\mathbf{X}$ のフロベニウスノルム
$\lambda(\mathbf{X})$	$\mathbf{X}$ の固有値
Λ_X	エルミート行列 $\mathbf{X}$ の固有値の対角行列
Σ_X	$\mathbf{X}$ の特異値の対角行列
$\mathbf{U}_X$	$\mathbf{X}$ の固有ベクトルまたは特異値ベクトル行列
$\mathbf{X} \succcurlyeq 0$	$\mathbf{X}$ は半正定
$\mathrm{vec}(\mathbf{X})$	$\mathbf{X}$ の列成分の連結による $\mathbf{X}$ のベクトル化
$\otimes$	クロネッカー積
$\mathbf{I}$	単位行列
$E[\cdot]$	期待値
$(x)_+$	$= \begin{cases} x & \text{if } x \geq 0, \quad x \in \mathcal{R} \\ 0 & \text{if } x < 0, \quad x \in \mathcal{R} \end{cases}$

■表記法

シンボル

M_T	送信アンテナ数
M_R	受信アンテナ数
$\mathbf{H}$	MIMO フラットフェージングチャネル
$\mathbf{H}_w$	i.i.d. ゼロ平均複素ガウス分布の要素からなるランダムチャネル
$\mathbf{H}_m$	チャネル平均
$\mathbf{R}$	チャネルの共分散
$\mathbf{R}_t$	送信共分散 (送信アンテナ相関とも呼ぶ)
$\mathbf{R}_r$	受信共分散 (受信アンテナ相関とも呼ぶ)
K	ライスの K ファクター
T_c	チャネルのコヒーレンス時間
B_c	チャネルのコヒーレンス帯域幅
D_c	チャネルのコヒーレンス距離
(t)	時刻または遅延 t
ρ	チャネルの時間相関関数
$\mathbf{F}$	プリコーディング行列
p_i	ビーム i に割り当てる電力
$\mathbf{C}$	符号語
$\mathbf{Q}$	符号語共分散行列
$\mathbf{A}$	符号語差分積行列
γ	信号対雑音電力比

略語

APP	*A posteriori* probability	事後確率
ARQ	Automatic repeat request	自動再送要求
AWGN	Additive white Gaussian noise	加法性白色ガウス雑音

■表記法

BC	Broadcast channel	ブロードキャストチャネル
BCJR	Bahl–Cocke–Jelinek–Raviv	BCJR アルゴリズム
BER	Bit-error rate	ビット誤り率
BLAST	Bell Laboratories Layered space–time	ベル研究所・階層化時空間システム
bps	Bits per second	ビット/秒
BPSK	Binary phase-shift keying	2相位相シフトキーイング
CCI	Channel covariance information	チャネル共分散情報
CDF	Cumulative distribution function	累積分布関数
CDI	Channel distribution information	チャネル分布情報
CDIR	Receiver channel distribution information	受信機チャネル分布情報
CDIT	Transmitter channel distribution information	送信機チャネル分布情報
CDMA	Code-division multiple access	符号分割多元接続
CDMA 2000	A CDMA standard	第三世代移動通信標準規格の一つ
CIR	Channel impulse response	チャネルインパルス応答
CMI	Channel mean information	チャネル平均情報
CP	Cyclic prefix	サイクリックプレフィックス
CSI	Channel state information	チャネル情報
CSIR	Receiver channel state information	受信機チャネル情報
CSIT	Transmitter channel state information	送信機チャネル情報

■表記法

dB	Decibels	デシベル
DDF	Decorrelating decision feedback	判定帰還型相関検出
DFT	Discrete Fourier transform	離散フーリエ変換
DPC	Dirty paper coding	ダーティペーパ符号化
DS	Direct-sequence	直接拡散
DSL	Digital subscriber line	ディジタル加入者線
EDGE	Enhanced data rate for GSM evolution	第二世代移動通信向けデータ伝送標準規格の一つ
EM	Expectation-maximization	期待値最大化
EXIT	Extrinsic information transfer	外部情報伝達
FDD	Frequency-division duplex	周波数分割復信
FDE	Frequency domain equalizer	周波数領域等化
FDMA	Frequency-division multiple access	周波数分割多元接続
FER	Frame-error rate	フレーム誤り率
FFT	Fast Fourier transform	高速フーリエ変換
FIR	Finite impulse response	有限インパルス応答
GSM	Global system for mobile communications, a second-generation mobile communications standard	第二世代移動通信標準規格の一つ
IBI	Inter-block interference	ブロック間干渉
IC	Interference cancellation	干渉除去
IEEE	Institute of Electrical and Electronic Engineers	米国電気電子学会
IFC	Interference channel	干渉チャネル

IFFT	Inverse FFT	逆高速フーリエ変換
iid	Independent, identically distributed	独立同一分布
IO	Individually optimal	独立最適
ISI	Intersymbol interference	符号間干渉
JO	Jointly optimal	ジョイント最適
KKT	Karush–Kuhn–Tucker	カルーシュ・キューン・タッカー条件
LDC	Linear dispersion code	線形分散符号
LDPC	Low-density parity check	低密度パリティ検査
LLR	Logarithmic likelihood ratio	対数尤度比
LMMSE	Linear minimum mean-square error	線形最小二乗誤差
LMS	Least mean-squares	最小二乗平均
LOS	Line-of-sight	見通し内
MAC	Multiple-access channel	多元接続チャネル
MAI	Multiple-access interference	多元接続干渉
MAP	Maximum *a posteriori* probability	最大事後確率
MBWA	Mobile broadband wireless access	広帯域移動通信アクセス
MIMO	Multiple-input multiple-output	多入力多出力
MISO	Multiple-input single-output	多入力単出力
ML	Maximum likelihood	最尤
MMSE	Minimum mean-square error	最小二乗誤差
MRC	Maximum ratio combining	最大比合成
MSE	Mean-square error	平均二乗誤差

■表記法

MU	Multi-user		マルチユーザ
MUD	Multi-user detection		マルチユーザ検出
NAHJ-FST	Noise-averaged Hamilton–Jacobi fast subspace tracking		雑音平均化 Hamilton–Jacobi の高速部分空間トラッキング
NUM	Network utility maximization		ネットワークユーティリティ最大化
OFDM	Orthogonal frequency-division multiplexing		直交周波数分割多重
OFDMA	Orthogonal frequency-division multiple access		直交周波数分割多元接続
PEP	Pairwise error probability		ペアワイズ誤り率
PRUS	Perfect root of unity sequences		
PSD	Positive semi-definite		半正定
PSK	Phase shift keying		位相シフトキーイング
QAM	Quadrature amplitude modulation		直交振幅変調
QCI	Quantized channel information		量子化チャネル情報
QPSK	Quadrature phase-shift keying		4 相位相シフトキーイング
QSTBC	Quasi-orthogonal STBC		疑似直交 STBC
RF	Radio frequency		無線周波数
RLS	Recursive least squares		再帰的最小二乗
RSC	Recursive systematic convolutional		再帰的組織畳み込み
RV	Random variable		ランダム変数
SAGE	Space-alternating generalized EM		SAGE アルゴリズム

■表記法

SC	Single carrier		シングルキャリア
SIMO	Single-input, multiple-output		単入力多出力
SINR	Signal-to-interference-plus-noise ratio		信号対干渉雑音電力比
SISO	Single-input, single-output		単入力単出力
SI/SO	Soft-input/soft-output		軟入力軟出力
SNR	Signal-to-noise ratio		信号対雑音電力比
SPA	Sum–product algorithm		Sum–product アルゴリズム
ST	Space–time		時空間
STBC	Space–time block code		時空間ブロック符号
STC	Space–time coding/space–time code		時空間符号化/時空間符号
STTC	Space–time trellis code		時空間トレリス符号
SU	Single user		シングルユーザ
SVD	Singular-value decomposition		特異値分解
TCP	Transport control protocol		トランスポート制御プロトコル
TDD	Time-division duplex		時分割複信
TDMA	Time-division multiple access		時分割多元接続
36PP	36 Partnership project		
TWLK	Tanner–Wieberg–Loeliger–Koetter		
UEP	Unequal error protection		不均一誤り保護
V-BLAST	Vertical BLAST		ベル研究所・垂直階層化時空間システム
WCDMA	Wideband code-division multiple access		ワイドバンド CDMA, 第三世代移動通信標準規格の一つ

■表記法

WiMAX	World Interoperability for Microwave Access	IEEE802.16 標準準拠の業界標準規格
WLAN	Wireless local area network	無線 LAN
WMAN	Wireless metropolitan area network	無線 MAN
ZF	Zero-forcing	ゼロフォーシング
ZMSW	Zero mean spatially white	ゼロ平均で空間上で白色の

第1章

序論

1.1 ■ MIMO 無線通信

無線システムにおいて送受信機双方が複数のアンテナを使用することは，MIMO (Multiple–Input Multiple–Output) 技術としてよく知られており，その大きな容量増加の特性により，過去10年間で急速に注目を集めてきた．無線チャネルを介しての通信は，マルチパスフェージングによって多大な劣化が生じる．マルチパスは，電磁波の散乱により異なる到来方向，異なる遅延時間，異なる周波数シフト（例えばドップラー）のそれぞれあるいはすべてを介して，送信信号が所望の受信機に到来することで発生する．したがって，衝突したマルチパス成分のランダムな重ね合わせにより，受信信号の電力は（角度拡がりによる）空間領域,（遅延拡がりによる）周波数領域,（ドップラー拡がりによる）時間領域のそれぞれあるいはすべての領域で変動する．フェージングとして知られているこの信号レベルのランダムな変動は，無線通信の品質や信頼性に大きく影響する．加えて，電力制限や周波数帯域幅の不足によって課せられる制約が，高速・高信頼性の無線通信システムの設計を大変困難なものとしている．

MIMO 技術は無線通信システム設計におけるブレークスルーとなり，無線資源の制約と無線チャネルにおける障害等の課題解決の手助けとなる数多くの利点をもたらす．従来の単一アンテナ（SISO：Single–Input Single–Output）無線システムで扱われてきた時間領域と周波数領域に加えて，（送受信機の複数アンテナにより）MIMO を利用することで空間領域も扱えるようになった．

MIMO 技術による利点の一つとして，100 kHz チャネルで $M \times M$（すなわち M 本ずつの送受信アンテナ）のフェージング回線におけるデータレートと受信信号対雑音電力比（SNR：Signal–to–Noise Ratio）の関係を図1.1に示す．ここでは，$M = 1, 2, 4$ で，チャネル応答は帯域内で一定と仮定している．所望の受信 SNR を 25 dB とすると，従来の単一アンテナシステム（$M = 1$）ではデータレートは 0.7 Mbps であるが，

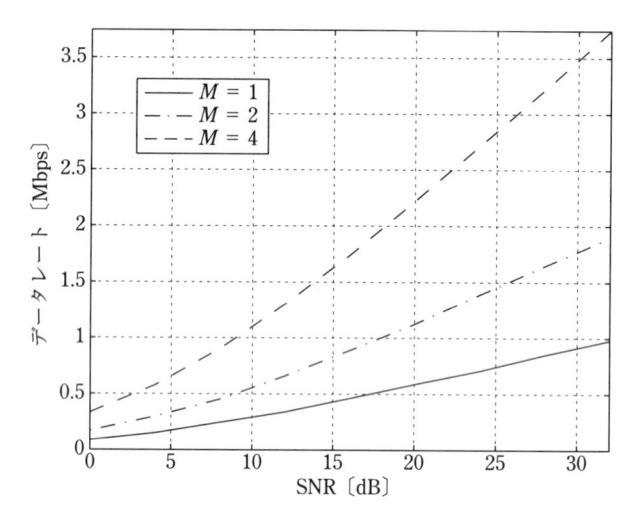

図 1.1　各アンテナ構成での平均データレート対 SNR 特性．チャネル帯域幅 = 100 kHz

$M = 2$ と 4 の MIMO では，それぞれ 1.4 Mbps と 2.8 Mbps となる．このデータレートの増加は，単一アンテナシステムと同一の送信電力・帯域幅で実現される．理論上，単一アンテナシステムが受信 SNR=25 dB で 2.8 Mbps を実現するには，帯域幅を 400 kHz に拡大するか，あるいは 100 kHz の帯域幅を維持する場合には受信 SNR = 88 dB が必要となる！　この結果は，理想的な送受信機の設計に基づいたものである．実際には，変調方式や伝送障害による制限により，伝送されるデータレートは低下するが，全体の傾向はそのまま保持される．

1.1.1 ■ MIMO 技術の利点

上記に示したような特性改善を実現する MIMO 技術の利点は，アレー利得，空間ダイバーシチ利得，空間多重化利得と干渉低減である．これらの利点の概要を以下に示す．

アレー利得

アレー利得とは，受信機における無線信号の同相合成効果がもたらす受信 SNR の改善である．同相合成は，受信アンテナアレーにおける空間信号処理あるいは送信アレーアンテナにおける空間信号処理により実現される．アレー利得によって雑音耐性が改善されるので，無線ネットワークのカバレッジやサービスエリアが拡大される．

1.1 MIMO 無線通信

空間ダイバーシチ利得

先に述べたように，無線システムの信号レベルは受信機において変動する．空間ダイバーシチ利得は，フェージングの影響を軽減し，空間領域，周波数領域，時間領域のいずれかにおいて送信信号の複数の複製（理想的には独立した複製）を受信機に供給することで得られる．独立した複製の数（一般的にダイバーシチ次数として表現される）が増加すると，複製の内の少なくとも一つが深いフェージングに影響されない可能性が増えるので，受信品質や信頼性が改善される．M_T 本の送信アンテナと M_R 本の受信アンテナで形成する MIMO チャネルは，$M_T \times M_R$ 個の独立したフェージングを提供し，次数 $M_T \times M_R$ の空間ダイバーシチを実現する．

空間多重化利得

MIMO システムでは空間多重化 [5, 9, 22, 35]，すなわち動作帯域内の独立した複数のデータストリームの送信によりデータレートが線形増加する．多数の散乱波が到来するような適切なチャネル環境では，受信機はデータストリームを分離することが可能である．さらには，各データストリームが少なくとも SISO システムと同等のチャネル品質であれば，ストリーム数倍の容量増加となる．一般的に，MIMO チャネルで確実に提供可能なデータストリーム数は，送信アンテナ数と受信アンテナ数の最小値（すなわち $\min\{M_T, M_R\}$）に等しい．

干渉軽減と干渉回避

複数ユーザが時間と周波数リソースを共有することで，無線ネットワークでは干渉が発生する．MIMO システムでは，ユーザの分離が可能な空間領域を使用することで干渉の影響を軽減することができる．例えば干渉条件下では，アレー利得により雑音と干渉に対する耐性が同様に増加する．すなわち，信号対雑音干渉電力比（SINR：Signal–to–Noise–plus–Interference Ratio）が改善される．加えて，空間領域は干渉回避，すなわち対象ユーザの方向に信号電力を振り向け，他ユーザへの干渉を最小とする目的のために利用される．干渉軽減と干渉回避により，無線ネットワークのカバレッジやサービスエリアが拡大される．

一般的に，上記で説明したすべての利点を同時に利用することは，空間自由度への要求と矛盾するため不可能である．しかし，無線ネットワーク上でいくつかの利点を組み合わせることで，伝送容量，カバレッジ，信頼性は向上する．

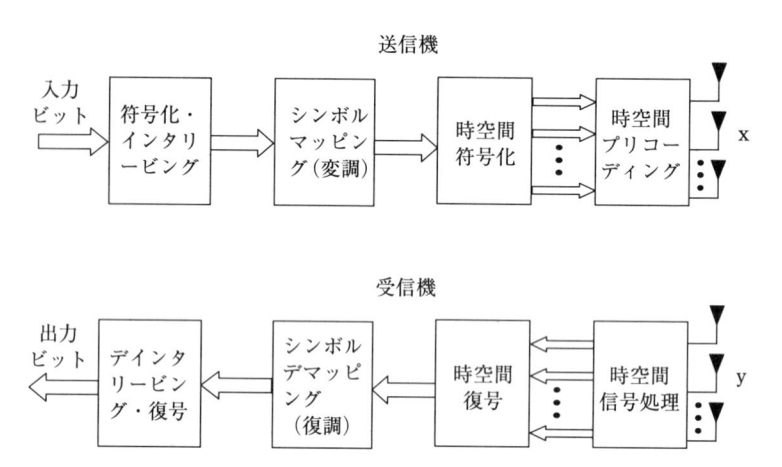

図 1.2 等価ベースバンド MIMO 通信システムのブロック図．$\mathbf{x}$ と $\mathbf{y}$ は送信と受信信号ベクトルを表す

1.1.2 ■基本構成要素

　MIMO 通信システムを構成する基本要素を図 1.2 に示す．送信される情報ビットは，符号化（例えば畳み込み符号化）とインタリーブを施される．インタリーブされた符号語は，シンボルマッパによってデータシンボル（例えば QAM（Quadrature Amplitude Modulation：直交振幅変調）シンボル）にマッピングされる．マッピングされたデータシンボルは時空間符号化器に入力され，1 または 2 以上の空間データストリームが出力される．これらのデータストリームは，時空間プリコーディング回路によって送信アンテナに配置される．そのアンテナ配置された信号は送信アンテナから発射され，チャネルを伝搬して受信アンテナアレーに到達する．受信機は受信アンテナ素子ごとの出力信号を収集して，送信側と対向の処理として受信時空間信号処理，時空間復号，シンボルデマッピング，デインタリーブ及び復号を続けて行う．それぞれの構成要素が重要な設計課題であり，複雑性と特性のトレードオフをもたらす．さらに，構成要素の相対配置，機能性，構成要素間の相互作用において，多数の構成パターンが存在する．

　本書は，MIMO 通信システムの重要な考え方，設計課題及び特性限界の理解について言及するものである．

1.2 ■ MIMO チャネルと信号モデル

MIMO システムの実用的なアルゴリズムを設計し，特性の限界を理解するためには，MIMO チャネルの性質を認識することが重要である．M_T 本の送信アンテナと M_R 本の受信アンテナのシステムにおいて，着目する帯域内においてフラットフェージング[1]の環境を仮定すると，ある時刻の MIMO チャネルは $M_T \times M_R$ 行列で表現することができる．

$$\mathbf{H} = \begin{bmatrix} H_{1,1} & H_{1,2} & \cdots & H_{1,M_T} \\ H_{2,1} & H_{2,2} & \cdots & H_{2,M_T} \\ \vdots & \vdots & \ddots & \vdots \\ H_{M_R,1} & H_{M_R,2} & \cdots & H_{M_R,M_T} \end{bmatrix} \tag{1.1}$$

ここで，$H_{m,n}$ は m 番目の受信アンテナと n 番目の送信アンテナ間の（SISO）チャネル利得である．$\mathbf{H}$ の n 列目は，一般的に n 番目の送信アンテナと受信アンテナアレー間の空間特性と言われるものである．M_T 個のチャネル応答の相対的な配置は，送信アンテナから発射された信号の受信機での分離能力を決定する．この配置は，空間多重のように独立したデータストリームが送信アンテナから発射される場合は，特に重要となる．

SISO チャネルと同様に，MIMO チャネルを生成する個々のチャネル利得は，ゼロ平均で円対称複素ガウスランダム変数として，一般的にモデル化される．したがって，振幅 $|H_{m,n}|$ はレイリー分布のランダム変数で，相応する電力 $|H_{m,n}|^2$ は指数関数的に分布する．

1.2.1 ■古典的な独立同一分布（i.i.d.）のレイリーフェージングチャネルモデル

MIMO チャネルを構成する $M_T \times M_R$ 個の個別のチャネル利得間の相関度は，環境による散乱や送受信機のアンテナ間隔の複雑な関数となる．送受信機のそれぞれで，すべてのアンテナ素子が同一の場所に存在すると仮定する極端な条件を考えると，$\mathbf{H}$ のすべての成分は完全に相関し（要するに同一），そのチャネルにおける空間ダイバーシチ次数は 1 となる．

---

[1]チャネル内の遅延拡がりは帯域幅の逆数に比べて無視できる．

アンテナ間隔を拡張するにつれてチャネル成分間の相関は低下するが，無相関を保証するためにはアンテナ間隔だけでは不十分である．適切なアンテナ間隔で多数の散乱波が到来する伝搬環境（すなわちオムニ指向性や等方性）で，MIMO チャネル成分の無相関が保証される．多数の散乱波が到来する伝搬環境では，無相関とするのに必要な標準的なアンテナ間隔はほぼ $\lambda/2$ である．ここで，λ は動作周波数に対応する波長である．チャネル成分が完全に無相関の理想条件下では，$H_{m,n}(m = 1, 2, \ldots, M_R, n = 1, 2, \ldots, M_T) \sim$ i.i.d. $\mathcal{CN}(0, 1)$ となる[2]．要するに $\mathbf{H} = \mathbf{H}_w$ となり，古典的な i.i.d. 周波数フラットなレイリーフェージング MIMO チャネルである．$\mathbf{H}_w$ の空間ダイバーシチ次数は，$M_T M_R$ となる．

1.2.2 ■周波数選択性と時間選択性フェージング

上述のチャネルモデルは，帯域幅と遅延拡がりの積が非常に小さい場合を想定したものである．帯域幅と遅延拡がりの一方あるいは双方が拡大すると，これらの積は無視できなくなる（0.1 が音声通信の閾値としてよく用いられる [11]）．結果として，チャネルは周波数の関数 $\mathbf{H}(f)$ となる．ある周波数におけるフェージングが空間領域では無相関（結果として $\mathbf{H}_w(f)$）であるにも関わらず，周波数領域ではチャネル成分間に相関が存在する．周波数領域の相関特性は，電力の遅延プロファイルの関数である．コヒーレント帯域幅 B_c は，無相関となるのに必要な帯域内での最少周波数間隔として定義される．$|f_1 - f_2| > B_c$ となる f_1 と f_2 に対して，$E[\text{vec}(\mathbf{H}(f_1))\text{vec}^H(\mathbf{H}(f_2))] = 0$ である．コヒーレント帯域幅は，遅延拡がりに対して反比例する．

さらに，周囲の散乱物や送信機・受信機の移動により，チャネルの特性は時間とともに変動する．周波数選択性フェージングにおいて，コヒーレント時間 T_c は，時間変動するチャネル特性が無相関となるのに必要な最小時間間隔として定義される．$|t_1 - t_2| > T_c$ となる t_1 と t_2 に対して，$E[\text{vec}(\mathbf{H}(t_1))\text{vec}^H(\mathbf{H}(t_2))] = 0$ である．コヒーレント時間は，ドップラー拡がりに対して反比例する．

1.2.3 ■現実の MIMO チャネル

実際のところ，不適切なアンテナ間隔の組合せや空間フェージング相関を生じる不適切な散乱により，$\mathbf{H}$ の性質は $\mathbf{H}_w$ から大幅に逸脱する．さらに，チャネルの固定成分が存在する場合（つまりは見通し内（LOS：Line–Of–Sight）の環境）は，ライスフェージングとなる．正確なモデル [5, 10, 24] を生成するために，世界中の研究者に

---

[2] X と Y が独立かつ平均ゼロ・分散 $1/2$ の正規分布であるならば，複素ランダム変数 $Z = X + jY$ は $\mathcal{CN}(0, 1)$ である．

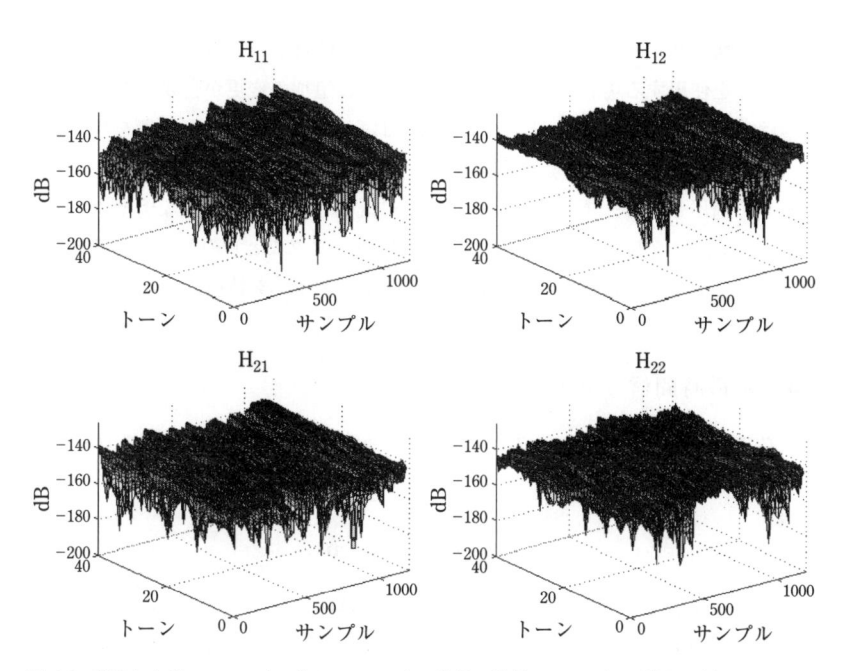

図 1.3 測定した実 MIMO チャネル．$H_{i,j}$ は j 番目の送信アンテナと i 番目の受信アンテナ間のチャネル利得を表す

よって現実の MIMO チャネルに関する多数の測定が実施された [3, 8, 15, 17, 30, 32]．図 1.3 は，2.5 GHz 帯固定広帯域無線アクセスシステムにおける，$M_T = M_R = 2$ の MIMO チャネルの測定した時間・周波数応答である．この図からわかるように，現実の MIMO チャネルは 3 次元，すなわち空間領域，時間領域，周波数領域で変動している．

送受信機間に見通し成分が存在する場合，MIMO チャネルは固定成分と変動成分の和としてモデル化される．

$$\mathbf{H} = \sqrt{\frac{K}{1+K}}\overline{\mathbf{H}} + \sqrt{\frac{1}{1+K}}\mathbf{H}_w \tag{1.2}$$

ここで無相関フェージングを仮定すると，$\sqrt{\frac{K}{1+K}}\overline{\mathbf{H}} = E[\mathbf{H}]$ は見通し成分で，$\sqrt{\frac{1}{1+K}}\mathbf{H}_w$ は変動成分である．式 (1.2) において，K はライスファクタ（$K \geq 0$）であり，見通し成分と変動成分の電力比で定義される．$K = 0$ では，純粋なレイリーフェージングとなる．$K = \infty$ は，フェージングのないチャネルに相当する．

一般に，現実の MIMO チャネルは，ライスフェージングと空間フェージング相関の

いくつかの組合せである．空間相関モデルについては第 2 章で議論する．さらに，偏波アンテナを使用する場合には，チャネルモデルに追加の変更が必要となる．これらの要素は，全体で MIMO 伝送方式の特性に（おそらくマイナスの）影響を与える．適切な MIMO チャネル情報が送信機に存在すれば，要求条件を満足するように送信手法が正しく適用される．チャネル情報は完全に既知（すなわち正確なチャネル生成），あるいは部分的に既知（すなわち空間相関や K ファクタなど）のどちらかである．送信機においてチャネル情報を活かす時空間プリコーディング技術については，第 3 章で詳細に述べる．

1.2.4 ■離散時間信号モデル

周波数フラットなフェージング MIMO チャネルに対して，通常使用されるシンボル間隔の離散時間の入出力特性は，次式で与えられる．

$$\mathbf{y} = \sqrt{\frac{E_x}{M_T}} \mathbf{H} \mathbf{x} + \mathbf{n} \tag{1.3}$$

ここで，$\mathbf{y}$ は $M_R \times 1$ の受信信号ベクトル，$\mathbf{x}$ は $M_T \times 1$ の送信信号ベクトル，$\mathbf{n}$ は $E[\mathbf{nn}^H] = N_o \mathbf{I}_{M_R}$ の加法的白色複素ガウス雑音で，E_x は伝搬やシャドーイングによる損失を除いた送信機におけるシンボル時間内の総平均電力である．$\mathbf{x}$ の共分散行列 $\mathbf{R_{xx}} = E[\mathbf{xx}^H]$ が $\mathrm{Tr}(\mathbf{R_{xx}}) = M_T$ を満足すると仮定すると，シンボル時間内の総平均電力は制限される．$\rho = E_x/N_o$ は，受信アンテナごとの SNR（これ以降単純に SNR と呼ぶ）と等価である．さらに，チャネルがブロックフェージング [4]，すなわち（コヒーレント時間で決定される）連続する N シンボルのブロックに渡ってチャネルが一定であり，次のブロックでチャネルが無相関に変化するという仮定は一般的である．タップ遅延線の行列を使用すると，周波数選択性フェージングをチャネルモデルに取り込むことができる．チャネルモデルの適切な変更については，次の章で必要に応じて述べる．

1.3 ■基本的なトレードオフ

いかなる通信システムにおいても，送信レートとフレーム誤り率（FER：Frame-Error Rate）が二つの重要な特性評価指標である．次のように，送信レート R は，単位周波数帯域当たりに送信されるデータレートとして定義される．FER すなわち $P_e(\rho, R)$ は，送信フレーム（パケット）が受信機で正しく復号される確率として定義され，SNR と送信レートの関数である．

1.3 ■ 基本的なトレードオフ

直感的に，一定の送信レートに対してSNRが増大すると，FERは低下する．同様に，目標のFERが一定であれば，SNRが増大すると送信レートも上昇する．したがって，あらゆる通信システムにおいて，送信レートとFERの間には基本的なトレードオフが存在する．MIMOシステムにおいては，このトレードオフは一般的にダイバーシチと多重化のトレードオフとされる [41]．なぜなら，ダイバーシチはFERの低減を実現し，多重化は送信レートの増加を達成するからである．このダイバーシチ–多重化のトレードオフは，MIMO通信理論の中核であり，この節で概要を述べる．

1.3.1 ■アウテージ容量

通信チャネルの容量は，達成される最大でかつ（極めて長いブロック長に関して）誤り無しの送信レートである．MIMOチャネルの容量は，チャネル状態と送受信処理の制限に関する複雑な関数となる [4, 9, 13, 21, 35, 40]．MIMOチャネル容量の詳細な議論は，第2章に委ねる．以下の展開では，フェージングチャネルが送信フレーム全体に渡って一定に保持される場合に，運用上重要となるMIMOチャネルのアウテージ容量に焦点を当てることとする．

SNR=ρ における p% アウテージ容量 $C_{out,p}(\rho)$ は，フェージングチャネルにおいて $(100-p)$% の確率で実現可能な伝送レートとして定義される [35]．したがってSNR=ρ では，フレームが $C_{out,p}(\rho)$ の伝送レートで送信されると，フレームが正しく復号される確率は $(100-p)$% である．同様に，送信レート $C_{out,p}(\rho)$ で与えられるFERは p% で，すなわち式 (1.4) となる．

$$P_e(\rho, C_{out,p}(\rho)) = p\% \tag{1.4}$$

1.3.2 ■多重化利得

MIMOチャネル上で得られる最大の多重化利得 r_{max} は，SNRのログスケール関数としてプロットされる（一定のFERに対する）アウテージ容量の漸近線（SNRに対して）の傾きから得られる．すなわち，式 (1.5) である．

$$r_{max} = \lim_{\rho \to \infty} \frac{C_{out,p}(\rho)}{\log_2 \rho} \tag{1.5}$$

一定のFERに対して $r_{max} = \min\{M_R, M_T\}$ となる理想の送受信機構成（例えばガウス分布のコードブック，極めて長いフレーム長，最尤判定等）による $\mathbf{H}_w$ のMIMOチャネルでは，SNRの3 dB増加ごとに，送信レートが $\min\{M_R, M_T\}$ bps/Hzだけ上昇する．

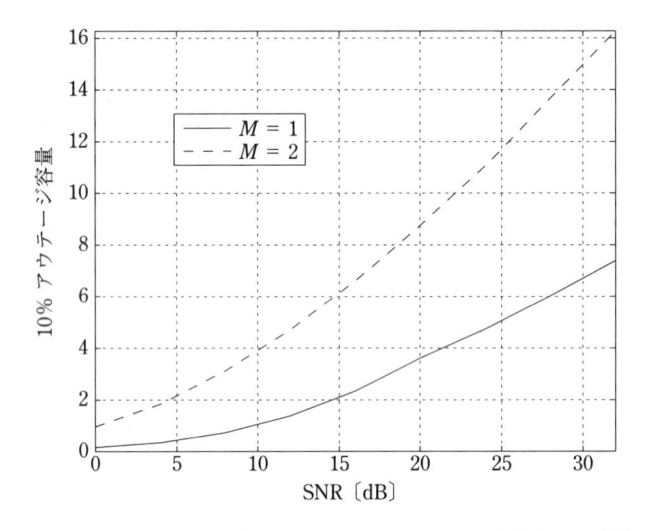

図 1.4 $M \times M$ $\mathbf{H}_w$ チャネルにおける 10% アウテージ容量対 SNR 特性

図 1.4 は, 2×2 の $\mathbf{H}_w$ の MIMO チャネルと SISO チャネルのそれぞれの 10% アウテージ容量を SNR の関数としてプロットした比較である. 高い SNR では, SISO チャネルは 1 bps/Hz/3 dB の傾きで増加するのに対して, MIMO チャネルは 2 bps/Hz/3 dB の傾きで増加する.

1.3.3 ダイバーシチ利得

MIMO チャンネル上で得られる最大のダイバーシチ利得 d_{max} は, ログスケールで横軸を SNR とする一定の送信レートに対する FER の漸近線の傾きのマイナス値として与えられる. すなわち, 式 (1.6) である.

$$d_{max} = -\lim_{\rho \to \infty} \frac{\log_2 P_e(\rho, R)}{\log_2 \rho} \tag{1.6}$$

前記と同様に, 一定の送信レートに対して $d = M_R M_T$ となる理想の送受信機構成 (例えばガウス分布のコードブック, 極めて長いフレーム長, 最尤判定等) における $\mathbf{H}_w$ の MIMO チャネルでは, SNR が 3 dB 増加するごとに FER は $2^{-M_R M_T}$ だけ低減する.

SNR を横軸として, $R = 2$ bps/Hz に対する 2×2 $\mathbf{H}_w$ の MIMO チャネルと SISO チャネルの FER の比較を図 1.5 に示す. 高い SNR においては, FER 曲線の傾きのマイナス値から MIMO チャネルによる 4 次のダイバーシチ効果がはっきりと示され

ており，SNR が 3 dB 増加すると，(SISO では 2^{-1} の低減に対して) MIMO チャネルでは 2^{-4} の FER の低減となる．

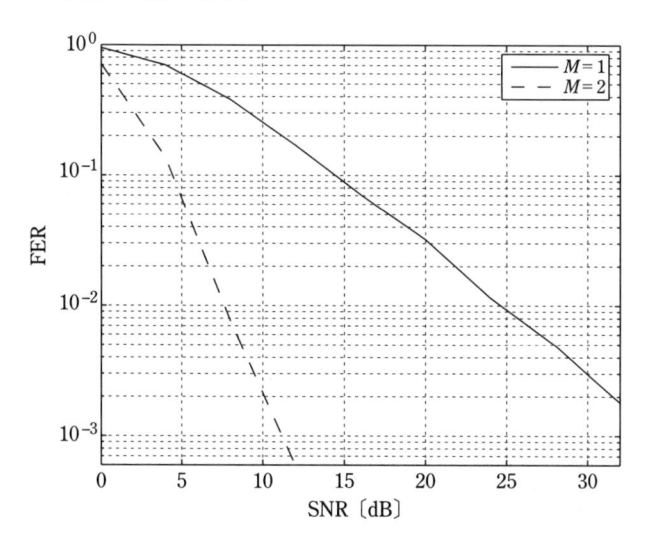

図 1.5 $M \times M$ $\mathbf{H}_w$ チャネルにおける $R = 2$ bps/Hz を達成する FER 対 SNR 特性

1.3.4 ■柔軟なトレードオフ

個々には，式 (1.5) と式 (1.6) は，MIMO チャネルにおけるダイバーシチと多重化のトレードオフの両極端の情況を示している．式 (1.5) では，一定の FER を保持しながら，($\min\{M_R, M_T\}$ に対して) 送信レートを線形的に増加させるために，SNR 増加分のすべてが使用される．対極の式 (1.6) では，SNR の増加により，一定の送信レートに対して ($-M_R M_T$ を指数とする) 指数関数的に FER は低減する．さらに式 (1.5) と式 (1.6) は，図 1.5 と図 1.4 からわかるように，SISO システムに対する MIMO 通信の利得を示すものである．

シナリオによっては，SNR の増加分を送信レートの増加と FER の低減の双方に利用することもある．ダイバーシチと多重化の柔軟なトレードオフが達成されることがすでに示されており，$\mathbf{H}_w$ の MIMO チャネルに対する理想的なトレードオフ曲線 $d(r)$ は，$((r, d(r)), r = 0, 1, \ldots, r_{max}$ と結合した区分線形である (図 1.6 参照)．$d(r)$ は式 (1.7) で表される．

$$d(r) = (M_R - r)(M_T - r) \tag{1.7}$$

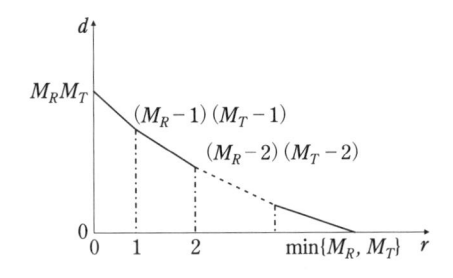

図1.6 $\mathbf{H}_w$ MIMO チャネルにおけるダイバーシチ–多重化の最適トレードオフ曲線

トレードオフ曲線は，SNR の 3 dB 増加で送信レートが r bps/Hz 増大し，それに対応して FER が $2^{-d(r)}$ 低減することを示している．したがって，最大の送信レートの増大と FER の低減（r_{max} と d_{max} で表される）とを同時に実現することは不可能である．

1.4 ■ MIMO 送受信機設計

MIMO システムの送受信機のアルゴリズムは，大きく分けて二つのカテゴリに分類される．一つは送信レートを増大させ，もう一つは信頼性を向上させる．これらをまとめて，前者を空間多重化，後者を送信ダイバーシチとしている．空間多重化と送信ダイバーシチは，ダイバーシチ–多重化のトレードオフ曲線両端の一方の情況を実現している．空間多重化は，一定の FER に対して最大の多重化利得を提供する．一方の送信ダイバーシチは，一定の送信レートに対して最大のダイバーシチ利得を提供する．それぞれの分類の中から一つずつ，代表的な送受信アルゴリズムを以下に説明する．

1.4.1 ■ Alamouti 方式

Alamouti 方式 [2] は，$M_T = 2$ で受信アンテナ数は任意のステムに適用した，単純な送信ダイバーシチである．Alamouti 方式の送信方法を図1.7 に示す．2 系統のデータシンボル x_0 と x_1 が送信される場合，送信機は第 1 シンボル時間には x_0 と x_1 を，第 2 シンボル時間には x_1^* と $-x_0^*$ を，それぞれ第 1 と第 2 のアンテナから発射する．したがって実効的には，シンボル時間ごとに一つのデータシンボルだけが送信される．さらには，受信機で適切な信号処理を行うことで，実効的な入出力の関係によって，行列チャネルはシンボルごとのスカラーチャネルに分解される．

1.4 MIMO 送受信機設計

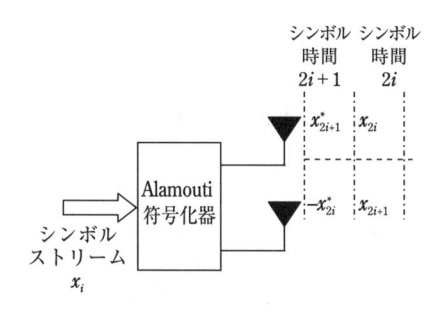

図 1.7 Alamouti 方式の構成図

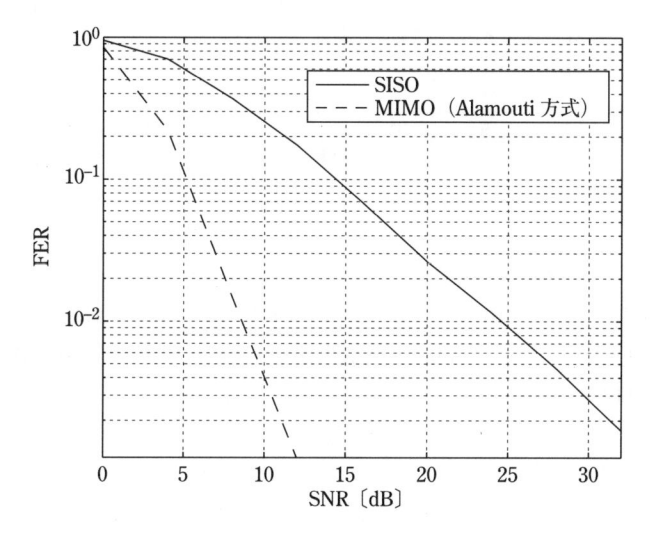

図 1.8 Alamouti 方式を用いた 2×2 $\mathbf{H}_w$ チャネルにおける $R = 2$ bps/Hz を達成する FER 対 SNR 特性

$$\widetilde{y}_i = \sqrt{\frac{E_x}{2}} \|\mathbf{H}\|_F x_i + \widetilde{n}_i, \qquad i = 0, 1 \tag{1.8}$$

ここで，$\widetilde{y}_i$ は信号処理済の（スカラー）受信信号で，$\widetilde{n}_i \sim \mathcal{CN}(0, N_o)$ は時間領域の信号処理済みの白色雑音である．

Alamouti 方式は，一定の送信レートに対して $2M_R$ のダイバーシチ利得を得る．図 1.8 は，送信レート $R = 2$ bps/Hz に対して，2×2 $\mathbf{H}_w$ の MIMO チャネルでの Alamouti 方式の FER と SISO チャネルの FER を比較している．この図から，Alamouti 方式では，4 次のダイバーシチが実現されていることがよくわかる．

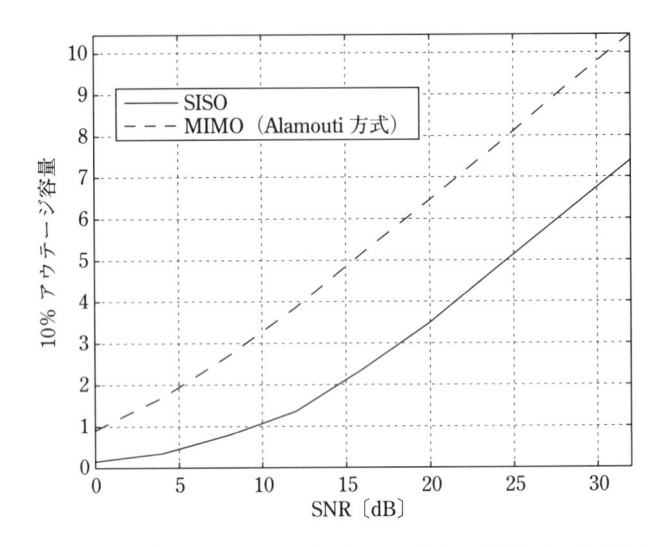

図 1.9 Alamouti 方式を用いた 2×2 $\mathbf{H}_w$ チャネルにおける 10%アウテージ容量対 SNR 特性

図 1.9 は，2×2 $\mathbf{H}_w$ の MIMO チャネルでの Alamouti 方式の 10% アウテージ容量と，SISO チャネルの 10% アウテージ容量とを比較したものである．このグラフから，一定の FER に対する Alamouti 方式による多重化利得は 1 となり，SISO チャネルの多重化利得に等しい．

したがって，送信ダイバーシチ技術は最大のダイバーシチ利得を実現する一方で，データレートを飛躍的に増大させるには不十分である．送信ダイバーシチ技術は，低いデータレートや高い信頼性の通信に対して価値がある．Alamouti 方式は，送信アンテナ数が 2 よりも多いチャネルへ拡張可能である．送信ダイバーシチを課した信号生成を行う技術は，時空間符号化 [2, 12, 16, 27, 29, 33, 34] の範疇に収まる．これについては第 4 章で説明する．

1.4.2 ■空間多重化

空間多重化利得は，独立したデータストリームを別々の送信アンテナで送信することで得られる．図 1.10 は，$M_T = 2$ の送信機に対する空間多重化の回路図である．

Alamouti 方式と異なり，送信された複数のデータストリームは，受信機において相互に干渉し合う．確実に受信データストリームを分離するためには，$M_R \geq M_T$ が必要となる．これの簡単な例として，$M_R = M_T = 2$ を仮定する場合に，ゼロフォーシング（ZF：Zero–Forcing）受信機 [38] が複数ストリーム間干渉を完全に除去する

1.4 ■ MIMO 送受信機設計

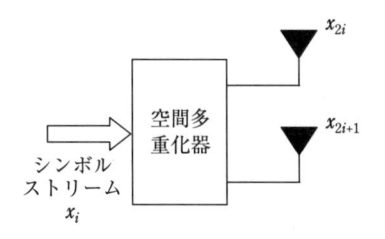

図 1.10 2 アンテナ送信機の空間多重化構成図

ために適用される．より複雑な受信機構成とそれに関係するトレードオフについては第 5 章で述べる．ZF 受信機における空間多重化 MIMO チャネルの実効的な入出力特性は，次式となる．

$$\tilde{\mathbf{y}} = \mathbf{x} + \tilde{\mathbf{n}}$$

ここで，$\tilde{\mathbf{y}}$ は（ゼロフォージングの）処理をされた $M_T \times 1$ の受信信号ベクトル，$\mathbf{x}$ は $M_T \times 1$ の送信信号ベクトル，$\tilde{\mathbf{n}} = \mathbf{R}_{\tilde{\mathbf{n}}\tilde{\mathbf{n}}} = \frac{M_T}{\rho}(\mathbf{H}^H\mathbf{H})^{-1}$ の共分散行列となる時間領域平均ゼロの白色雑音ベクトルである．したがって，空間多重化 MIMO チャネルは，ZF 受信機によって有相関雑音が跨る並列のスカラーサブチャネルに分解することができる．さらに，$M_R = M_T$ で $\mathbf{H}_w$ の MIMO チャネルに対して，サブチャネルを跨るレイリーフェージング環境では，サブチャネルごとの平均受信 SNR は ρ/M_T に等しい．サブチャネル間の相関を無視すると，多重ストリームの独立した符号化/復号化が可能となる．サブストリーム上で伝送された（サブ）フレームのどれか一つに誤りがあると，全体のフレームが誤りとなる．

確かに，SNR の 3 dB 増加により，一定の FER に対して並列サブチャネルのそれぞれの送信レートは 1 bps/Hz 増大する．これは，全体の送信レートでは M_T bps/Hz の増大に相当し，MIMO チャネルの多重化利得に等しい．しかしながら，スカラーのサブチャネルのそれぞれは SISO のレイリーフェージングなので，サブチャネルごとに最大のダイバーシチ利得が期待できる．

図 1.11 は，空間多重化された 2×2 $\mathbf{H}_w$ の MIMO チャネルにおける ZF 受信機による 10% アウテージ容量を示す．この図から，高いデータレートにおいて空間多重化の優位性が明らかである．図 1.12 は，送信レート $R = 2$ bps/Hz の場合に，空間多重化して ZF 受信する同一の MIMO チャネルの FER を示す．ZF 受信の空間多重化は，SISO チャネルに対してダイバーシチ効果はない．したがって，信頼性ではなく，スペクトル効率を劇的に増大したい場合に空間多重化は有効である．

上述した二つの MIMO 送受信機技術は，それぞれがダイバーシチ–多重化のトレー

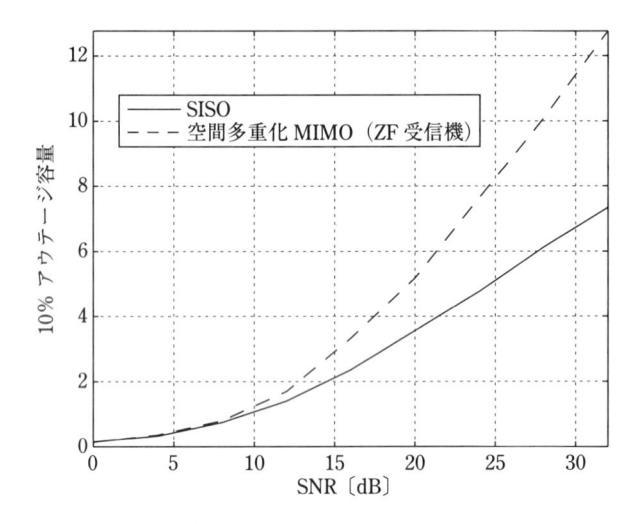

図 1.11 ZF 受信機を用いた空間多重化 2×2 $\mathbf{H}_w$ MIMO チャネルにおける 10%アウテージ容量特性

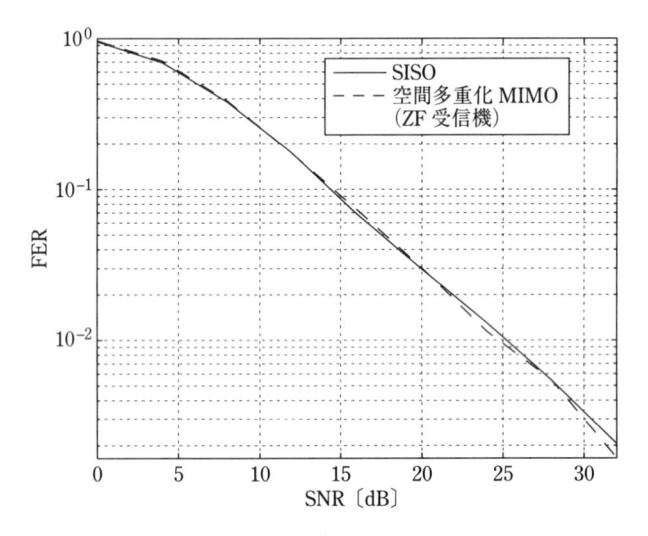

図 1.12 ZF 受信機を用いた空間多重化 2×2 $\mathbf{H}_w$ MIMO チャネルにおける $R = 2$ bps/Hz を達成する FER 特性

ドオフ曲線の両端を実現するもので,一方に対して明らかに準最適である.ダイバーシチ–多重化の柔軟なトレードオフを達成する技術は,現在の研究において重要なトピックとなっている.

1.5 ■無線ネットワークにおける MIMO 技術

無線ネットワークはおおむねセルラとアドホックネットワークに分類することができる．セルラネットワークは，すべての送受信とユーザへのデータ転送を制御する基地局と，セル内の複数ユーザが通信するような中央集権型通信によって特徴付けられる．その反対にアドホックネットワークでは，すべての端末がデータの送信者であり受信者でもあることや，他の送信のためのリレーをするような，同じレベルの条件に則っている．この節では，それぞれのネットワークにおける MIMO 技術の使用方法の概要を解説し，分散 MIMO として知られる新しい技術についても述べる．

1.5.1 ■セルラネットワークにおける MIMO

セルラ無線通信ネットワークでは，複数のユーザが時間と周波数のいずれか一方あるいは双方ともを同一として通信を行う．送信信号を確実に検出して，時間・周波数資源の再利用を積極的に行うことにより，ネットワーク容量は増大する．複数ユーザは，時間（時間分割），周波数（周波数分割）あるいは符号（符号分割）で分離される．ユーザを分離する新たなディメンジョンを提供する MIMO チャネルの空間領域は，時間・周波数資源のより積極的な再利用を可能にし，その結果としてネットワーク容量を増大させる．

図 1.13 は，MIMO セルラネットワークのセル構成図である．L 本のアンテナを具備

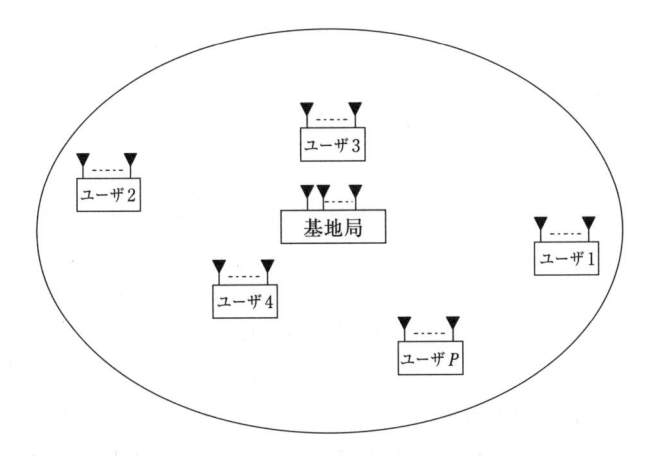

図 1.13 MIMO セルラシステム．L 本アンテナの基地局が，それぞれが M 本アンテナを持つ P ユーザと通信する

する基地局は，M 本のアンテナを有する P ユーザと通信をする．基地局からユーザまでのチャネル（ダウンリンク）はブロードキャストチャネル（BC：Broadcast Channel）で，一方のユーザから基地局へのチャネル（アップリンク）は多重アクセスチャネル（MAC：Multiple-Access Channel）である．ダウンリンクまたはアップリンクで確実に提供されるレートの組合せ $(R_1, R_2, \ldots, R_P)$ は，そのリンクの容量レート領域を構成する．近年，アップリンクチャネルとダウンリンクチャネルに対するレート領域間の重要な双対性が発見された [7, 31, 37, 39]．このことは，他の容量と合わせて，第 2 章で説明するマルチユーザ MIMO を結果としてもたらすことになる．

マルチユーザ環境での MIMO 技術で得られる利点を理解するために，セルラ MIMO システムのアップリンクを考える．ここでは，すべてのユーザが同時に，独立したデータストリームをそれぞれの送信アンテナから送信する．すなわち，それぞれのユーザ信号は空間多重されている．基地局から見て，ユーザ群は PM 本のアンテナを持つ送信機として見なすことができる．したがって，実効的なアップリンクチャネルは $L \times PM$ のディメンジョンとなる．この実効的なチャネルは，伝搬損やシャドーイングのユーザ間格差により，$\mathbf{H}_w$ の MIMO シングルユーザチャネルとはまったく異なる構造となる．しかしながら，多数の散乱波が到来する環境において $L \geq PM$ となる場合には，ユーザの空間特性は十分に分離可能で，確実な検出を可能とする．受信機にすべてのデータストリームを完全に分離可能なマルチユーザ ZF 受信機を使用すると，マルチユーザ多重化利得 PM が得られる．マルチユーザ検出に対するより複雑な受信機の使用とそれに関わる特性とのトレードオフは，第 6 章のテーマである．同様な考え方はダウンリンクにも適用可能で，基地局は他のユーザ方向にヌル制御して，干渉を完全に除去する指向性を活用して特定のユーザ向けに情報を発信する．

1.5.2 ■アドホックネットワークにおける MIMO

図 1.14 は無線アドホックネットワークを示している．無線アドホックネットワークでは，ある瞬間に複数端末の中の一部がデータ発信局となり，別の一部が所望の宛先局となる．発信局でも宛先局でもないネットワーク内の端末は，リレー局としてデータ伝送を補助している．したがって，アドホックネットワーク内の動作モードの数は非常に多く，一般的には，多重アクセス，ブロードキャスト，リレーや干渉チャネルの組合せの数となる．アドホックネットワークの究極の特性限界は不明であるが，どのモードの基本構成（すなわち構成要素の多重アクセス，ブロードキャスト，リレーや干渉チャネル）に対しても MIMO 技術による空間領域を利用することで，ネットワーク全体の容量を増大できることは明らかである．アドホックネットワークにおけ

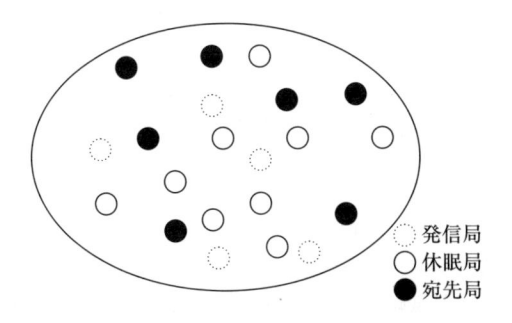

図 1.14　アドホック無線ネットワーク

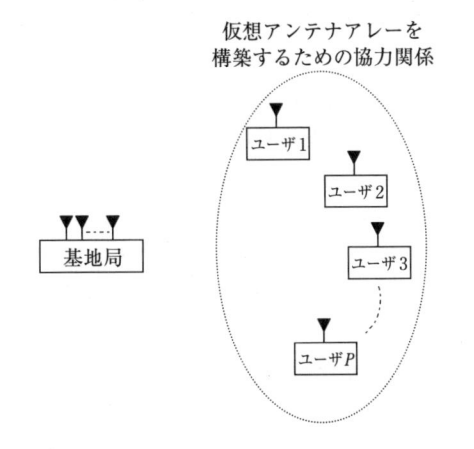

○ 発信局
○ 休眠局
● 宛先局

図 1.15　分散 MIMO：分散状態で MIMO 利得を実現する仮想アンテナアレーを構築するため，複数ユーザが協力する

る MIMO の容量に関する利点の議論は，第 2 章で展開する．

分散 MIMO

　MIMO 技術は多大な特性利得を提供するが，少なくとも近未来までは，ネットワークの端末に複数のアンテナを配備するコストは非常に高額となる．分散 MIMO は，ネットワークの単一アンテナ端末による利得を実現するもので，真の MIMO ネットワークへの段階的な移行を可能とする．分散 MIMO は，ネットワーク端末間のあるレベルでの協調を必要とし，適切に設計された手順 [14, 18, 25, 26, 28] によって実行される．協調端末は，分散手法の MIMO 利得を利用できる仮想アンテナアレーを形成する（図 1.15 参照）．この技術によって，多大な特性利得が実現可能となる．この

コンセプトは，アドホック無線ネットワークだけでなくセルラにも適用可能である．

1.6 ■無線標準化における MIMO

インターネットの出現とコンピュータ/通信機器デバイスの急増により，これまで以上に高速のデータレートの要求が高まっている．多くの環境下では，無線メディアは有線技術（DSL やケーブルモデム等）よりも低コストで高いデータレートを伝送する有効な手段である．帯域幅と電力の制限によってデータ需要の拡大に応えるには，MIMO 技術が不可欠である．

いまや MIMO 技術は，IEEE 802.11（WLAN：Wireless Local Area Network），IEEE 802.16（WMAN：Wireless Metropolitan Area Network）や IEEE 802.20（MBWA：Mobile Broadband Wireless Access）といった，既存および新興の多数の無線の標準化の中核である．MIMO にはあらゆる変調方式と互換性があるが，所要帯域幅と遅延拡がりの積の増大に対処するために，次世代ネットワークで望まれる変調方式の選択肢は OFDM（Orthogonal Frequency–Division Multiplexing）である．OFDM は，周波数選択性のチャネルをトーンと呼ばれる狭帯域の周波数フラットなフェージングのサブチャネルに分解できるので，等化演算の計算量を大きく削減する

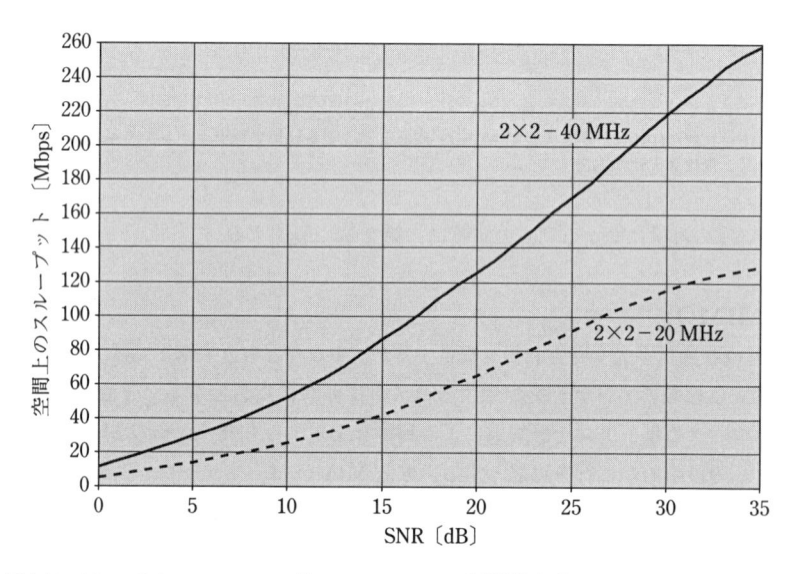

図 1.16 Marvell Semiconductor 社の IEEE802.11n 仕様準拠無線 LAN システム実験によるスループット特性

ことができる.関連したマルチユーザの形式は,OFDMA(Orthogonal Frequency-Division Multiple Access:直交周波数分割多元接続)である.OFDMA では,複数ユーザは個々のスループットと遅延の制限によってトーンが割り当てられる.実現可能なデータレートの例として,IEEE 802.11n の仕様では 200 Mbps 以上のスループットを保証している.図 1.16 は,20/40 MHz チャネルで 2×2 MIMO 構成とする IEEE 802.11n 仕様に対するスループットの実測値を示している.

1.7 ■本書の構成と未来への課題

本書は,MIMO 通信システムの設計におけるいくつかの重要な課題を扱うことで,究極の性能限界を理解するものである.第 2 章では,単一及び複数ユーザ MIMO システムの容量限界の詳細について述べる.第 3 章では,時空間信号処理によって特性改善するために使用する MIMO チャネル情報を,送信機でどのように使用できるかを論じる.時空間符号化構成は第 4 章で述べる.第 5 章では,受信機設計の統一的な枠組みを説明する.最終の第 6 章では,MIMO システムのマルチユーザ検出について詳しく述べる.

MIMO 通信システムは,大学と企業の双方から多大な研究的注目を集めている.チャネルモデル化,容量限界,符号化,変調方式,受信機設計やマルチユーザ通信などが主な研究トピックである.実装上の観点から,実用的な MIMO システムには,同期,チャネル推定,トレーニング,消費電力,簡易化や効率化といった分野に多大な課題が存在する.そのうちのいくつかのトピックを選択して本書には記載している.MIMO 通信の分野には,その他開発が困難な研究課題が多数存在する.

1.8 ■解題

興味のある読者には,MIMO チャネルの測定とモデル化に関して,それぞれ参考文献として [3, 8, 15, 17, 30, 32] と [5, 10, 24] を勧める.MIMO チャネル容量と関連開発に関しては,参考文献 [4, 9, 13, 19-21, 35, 40] で議論が見つかる.参考文献 [2, 12, 16, 27, 29, 33, 34] は,時空間符号化分野の初期開発に関する入門書となる.さらには,参考文献 [5, 9, 22, 35] では空間多重の詳細技術が述べられている.ZF 受信機とレイリーフェージングチャネルでの特性限界は,参考文献 [38] で述べられている.MIMO 通信の中核となるダイバーシチ–多重化のトレードオフは,参考文献 [41] に示されている.参考文献 [7, 31, 36, 37, 39] はマルチユーザ MIMO に関するもの

で，参考文献 [14, 18, 25, 26, 28] では最新の分散 MIMO について述べられている．MIMO-OFDM の初期結果は，参考文献 [1, 6, 23] に示されている．

参考文献（第1章）

[1] D. Agarwal, V. Tarokh, A. Naguib, and N. Seshadri, "Space–time coded OFDM for high data rate wireless communication over wideband channels," in *Proc. IEEE VTC*, vol. 3, pp. 2232–2236, May 1998.

[2] S. M. Alamouti, "A simple transmit diversity technique for wireless communications," *IEEE J. Select. Areas Commun.*, vol. 16, no. 8, pp. 1451–1458, Oct. 1998.

[3] D. S. Baum, D. Gore, R. Nabar, S. Panchanathan, K. V. S. Hari, V. Erceg, and A. J. Paulraj, "Measurement and characterization of broadband MIMO fixed wireless channels at 2.5 GHz," in *Proc. IEEE ICPWC*, Hyderabad, pp. 203–206, Dec. 2000.

[4] E. Biglieri, J. Proakis, and S. Shamai, "Fading channels: information-theoretic and communications aspects," *IEEE Trans. Inform. Theory*, vol. 44, no. 6, pp. 2619–2692, Oct. 1998.

[5] H. Bölcskei, D. Gesbert, and A. J. Paulraj, "On the capacity of OFDM-based spatial multiplexing systems," *IEEE Trans. Commun.*, vol. 50, no. 2, pp. 225–234, Feb. 2002.

[6] H. Bölcskei and A. J. Paulraj, "Space–frequency coded broadband OFDM systems," in *Proc. IEEE WCNC*, Chicago, IL, vol. 1, pp. 1–6, Sept. 2000.

[7] G. Caire and S. Shamai, "On the achievable throughput of a multiantenna gaussian broadcast channel," *IEEE Trans. Inform. Theory*, vol. 49, no. 7, pp. 1691–1706, July 2003.

[8] D. Chizhik, J. Ling, P. W. Wolniansky, R. A. Valenzuela, N. Costa, and K. Huber, "Multiple-input–multiple-output measurements and modeling in Manhattan," *IEEE J. Select Areas Commun.*, vol. 23, no. 3, pp. 321–331, Apr. 2003.

[9] G. J. Foschini, "Layered space–time architecture for wireless communication in a fading environment when using multi-element antennas," *Bell Labs Tech. J.*, pp. 41–59, 1996.

[10] D. Gesbert, H. Bölcskei, D. A. Gore, and A. J. Paulraj, "Outdoor MIMO wireless channels: models and performance prediction," *IEEE Trans. Commun.*, vol. 50, no. 12, pp. 1926–1934, Dec. 2002.

[11] A. Goldsmith, *Wireless Communications*, Cambridge: Cambridge University Press, 2005.

[12] J. Guey, M. P. Fitz, M. R. Bell, and W. Kuo, "Signal design for transmitter diversity wireless communication systems over Rayleigh fading channels," in *Proc. IEEE VTC*, Atlanta, GA, vol. 1, pp. 136–140, Apr./May 1996.

[13] B. M. Hochwald and T. L. Marzetta, "Unitary space–time modulation for multiple antenna communications in Rayleigh fading," *IEEE Trans. Inform. Theory*, vol. 46, pp. 543–564, March 2000.

[14] T. E. Hunter and A. Nosratinia, "Cooperative diversity through coding," in *Proc. IEEE ISIT*, Lausanne, Switzerland, June 2002, p. 220.

[15] J. P. Kermoal, L. Schumacher, P. E. Mogensen, and K. I. Pedersen, "Experimental investigation of correlation properties of MIMO radio channels for indoor picocell scenarios," in *Proc. IEEE VTC*, vol. 1, pp. 14–21, Sept. 2000.

[16] W. Kuo and M. P. Fitz, "Design and analysis of transmitter diversity using intentional frequency offset for wireless communications," *IEEE Trans. Vehicular. Tech.*, vol. 46, no. 4, pp. 871–881, Nov. 1997.

[17] P. Kyritsi, *Capacity of multiple input–multiple output wireless systems in an indoor environment*, Ph.D. thesis, Stanford University, Jan. 2002.

[18] J. N. Laneman and G. W. Wornell, "Distributed space–time-coded protocols for exploiting cooperative diversity in wireless networks," *IEEE Trans. Inform. Theory*, vol. 49, no. 10, pp. 2415–2425, Oct. 2003.

[19] T. L. Marzetta and B. M. Hochwald, "Capacity of a mobile multiple-antenna communication link in Rayleigh flat fading," *IEEE Trans. Inform. Theory*, vol. 45, no. 1, pp. 139–157, Jan. 1999.

[20] Ö. Oyman, R. U. Nabar, H. Bölcskei, and A. J. Paulraj, "Characterizing the statistical properties of mutual information in MIMO channels," *IEEE Trans. Sig. Proc.*, vol. 51, no. 11, pp. 2784–2795, Nov. 2003.

[21] L. H. Ozarow, S. Shamai, and A. D. Wyner, "Information theoretic considerations for cellular mobile radio," *IEEE Trans. Vehicular Technol.*, vol. 43, no. 2, pp. 359–378, May 1994.

[22] A. J. Paulraj and T. Kailath, "Increasing capacity in wireless broadcast systems using distributed transmission/directional reception," *U.S. Patent*, 1994, no. 5,345,599.

[23] G. G. Raleigh and J. M. Cioffi, "Spatio-temporal coding for wireless communication," *IEEE Trans. Commun.*, vol. 46, no. 3, pp. 357–366, March 1998.

[24] F. Rashid-Farrokhi, A. Lozano, G. J. Foschini, and R. A. Valenzuela, "Spectral efficiency of wireless systems with multiple transmit and receive antennas," in *Proc. IEEE Intl. Symp. on PIMRC*, London, vol. 1, pp. 373–377, Sept. 2000.

[25] A. Sendonaris, E. Erkip, and B. Aazhang, "User cooperation diversity – Part I: System description," *IEEE Trans. Commun.*, vol. 51, no. 11, pp. 1927–1938, Nov. 2003.

[26] A. Sendonaris, E. Erkip, and B. Aazhang, "User cooperation diversity – Part II: Implementation aspects and performance analysis," *IEEE Trans. Commun.*, vol. 51, no. 11, pp. 1939–1948, Nov. 2003.

[27] N. Seshadri and J. H. Winters, "Two signaling schemes for improving the error performance of frequency-division-duplex (FDD) transmission systems using transmitter antenna diversity," *Intl. J. Wireless Information Networks*, vol. 1, pp. 49–60, Jan. 1994.

[28] A. Stefanov and E. Erkip, "Cooperative coding for wireless networks," in *Proc. Intl. Workshop on Mobile and Wireless Commun. Networks*, Stockholm, Sweden, pp. 273–277, Sept. 2002.

[29] P. Stoica and E. Lindskog, "Space–time block coding for channels with intersymbol interference," in *Proc. Asilomar Conf. on Signals, Systems and Computers*, Pacific Grove, CA, vol. 1, pp. 252–256, Nov. 2001.

[30] R. Stridh, B. Ottersten, and P. Karlsson, "MIMO channel capacity of a measured indoor radio channel at 5.8 GHz," in *Proc. Asilomar Conf. on Signals, Systems and Computers*, vol. 1, pp. 733–737, Nov. 2000.

[31] B. Suard, G. Xu, and T. Kailath, "Uplink channel capacity of space-division-multiple-access schemes," *IEEE Trans. Inform. Theory*, vol. 44, no. 4, pp. 1468–1476, July 1998.

[32] A. L. Swindlehurst, G. German, J. Wallace, and M. Jensen, "Experimental measurements of capacity for MIMO indoor wireless channels," in *Proc. IEEE Signal Proc. Workshop on Signal Processing Advances in Wireless Communications*, Taoyuan, Taiwan, pp. 30–33, March 2001.

[33] V. Tarokh, H. Jafarkhani, and A. R. Calderbank, "Space–time block codes from orthogonal designs," *IEEE Trans. Inform. Theory*, vol. 45, no. 5, pp. 1456–1467, July 1999.

[34] V. Tarokh, N. Seshadri, and A. R. Calderbank, "Space–time codes for high data rate wireless communication: performance criterion and code construction," *IEEE Trans. Inform. Theory*, vol. 44, no. 2, pp. 744–765, March 1998.

[35] I. E. Telatar, "Capacity of multi-antenna Gaussian channels," *European Trans. Tel.*, vol. 10, no. 6, pp. 585–595, Nov./Dec. 1999.

[36] P. Viswanath, D. N. C. Tse, and V. Anantharam, "Asymptotically optimal waterfilling in vector multiple-access channels," *IEEE Trans. Inform. Theory*, vol. 47, no. 1, pp. 241–267, Jan 2001.

[37] S. Vishwanath, N. Jindal, and A. Goldsmith, "Duality, achievable rates, and sum-rate capacity of Gaussian MIMO broadcast channels," *IEEE Trans. Inform. The-*

ory, vol. 49, no. 10, pp. 2658–2668, Oct. 2003.

[38] J. H. Winters, J. Salz, and R. D. Gitlin, "The impact of antenna diversity on the capacity of wireless communications systems," *IEEE Trans. Commun.*, vol. 42, no. 2, pp. 1740–1751, Feb. 1994.

[39] W. Yu and J. M. Cioffi, "Trellis precoding for the broadcast channel," in *Proc. IEEE GLOBECOM*, San Antonio, TX, vol. 2, pp. 1338–1344, Nov. 2001.

[40] L. Zheng and D. N. C. Tse, "Communicating on the Grassmann manifold: a geometric approach to the non-coherent multiple antenna channel," *IEEE Trans. Inform. Theory*, vol. 48, no. 2, pp. 359–383, Feb. 2002.

[41] L. Zheng and D. N. C. Tse, "Diversity and multiplexing: a fundamental trade-off in multiple-antenna channels," *IEEE Trans. Inform. Theory*, vol. 49, no. 5, pp. 1073–1096, May 2003.

第2章

MIMO システムの容量限界

2.1 ■ はじめに

　第1章では，MIMO 通信の性能の利点とともに MIMO 通信に隠された基本的概念について紹介した．具体的には，MIMO システムにより著しい容量利得が与えられることを理解した．そして，これらチャネル容量の利点を実現し，かつダイバーシチと多重化のトレードオフを有効に利用する送信機と受信機に関する技術を発展させる活動に，著しい貢献を果たしたことを確認した．この章では，シングルユーザとマルチユーザ MIMO システムのシャノンの容量限界について，さらに詳細な検討を行う．符号化器と復号器の遅延や回路規模に対する制限がないことを仮定したとき，低い誤り率に近づいた状況で，シャノン容量限界により単一あるいは複数の（アウテージではない）ユーザが MIMO チャネルを通じて送信することができる最大のデータレートが与えられる．MIMO システムに関する先駆的な研究は，Foschini[32] と Telatar[121] によってなされた．彼らは，複数アンテナを用いた無線システムにおける，多数の散乱波が到来するチャネル環境で，かつその変動を正確に追従することが可能なとき，チャネル容量の著しい増加が得られることを予測した．このほとんど制約がない状態において優れたスペクトル効率となる予見は，Winters[142] による過去の研究によっても検討された．その結果，MIMO システムに関連する理論と実際の問題を特徴づける研究と，商業的な活動の著しい増加に結び付いた．しかし，これらの検討結果は，基礎をなす時変動チャネルモデルと受信機と送信機における追従性についての非現実的な仮定に基づいたものである．より現実的な仮定により，MIMO 技術の潜在的な容量利得に大きな影響が与えられる．この章では，送受信機が有する情報の様々な仮定の下で，フェージングがある場合とない場合について，シングルユーザ，マルチユーザシステム両方の MIMO シャノン容量の概略を述べる．

　初めに，シャノン容量と相互情報量についての背景を述べる．その後，これらの考え

方は，シングルユーザ環境における加法性白色ガウス雑音（AWGN：Additive White Gaussian Noise）の MIMO チャネルについて述べられる．次に，MIMO フェージングチャネルについて検討する．ここでは，チャネルが時変動するときのチャネル容量の様々な定義を示す．そして，これらの様々な定義の下，MIMO チャネル容量を述べる．これらの結果により，複数アンテナによって得られる容量利得が受信機か送信機のいずれか一方で利用できるチャネル情報，チャネルの SNR，そして各アンテナ素子のチャネル利得間の相関に強く依存することを示す．その後，マルチユーザチャネルの容量領域，特に多元接続（多対一もしくはアップリンク）チャネルとブロードキャスト（一対多，もしくはダウンリンク）チャネル，について注目する．シングルユーザ MIMO チャネルとは対照的に，これらマルチユーザ MIMO チャネルのチャネル容量の結果は，特にチャネルがすべての送信機と受信機でチャネルに関する情報が既知ではないとき，達成することが非常に難しい．チャネル情報がすべて既知である場合に，MIMO 多元接続チャネルと MIMO ブロードキャストチャネルの容量領域は，双対性変換を通じて親密に関連されることを示す．この双対性変換により，チャネル容量の解析を非常に簡単に行うことができる．この変換は，MIMO ブロードキャストチャネル（BC：Broadcast Channel）容量領域の送信方法に関して，MIMO 多元接続（MAC：Multiple Access Channel）容量領域の境界点を達成する送信方法を見つけることの手助けとなる．逆もまたしかりである．そして，MIMO セルラシステムについて基地局が協調したときの周波数再利用を考える．基地局が協調することにより，アンテナアレーが空間的に分布しているかのように作用する．そして，この構成を利用した送信方法により大きな容量利得が得られる．無線アドホックネットワークが複数アンテナを持つ構成と，送受信機群の一方あるいは双方で複数アンテナが協調した構成についての基本的なチャネル容量に関する議論でこの章を締めくくる．

2.2 ■相互情報量とシャノン容量

チャネル容量は，通信の数学的理論を用いて，1940 年代後半にシャノン・クロードによって確立された [111, 112, 113]．チャネル容量 C は，送信機と受信機の複雑性を考慮しない場合に，信頼できる通信が実現可能な最大伝送レートである．シャノンは，任意に小さいブロック誤り率（もしくはシンボル誤り率）を達成する伝送レート R（$R < C$）のチャネル符号が存在することを示した．したがって，所望のゼロでない誤り率 P_e を達成するレート R（$R < C$）の符号が存在する．しかし，そのような符号は膨大なブロック長で，符号化と復号が極端に複雑になる可能性がある．事実，所

望の P_e が低下するか，あるいは伝送レート R が C に漸近するに従い，必要なブロック長は増加する．さらに，シャノンは $R > C$ で動作する伝送レートは，符号が任意に小さい誤り率を実現できないため，チャネル容量を超える伝送レートにおいて符号の誤り率はゼロを超える下限を持つことを示した．したがって，チャネル容量は通信の真に根本的な限界である．

理論的には，チャネル容量以下の伝送レートを用いて通信することは可能であるが，チャネル容量に近い伝送レートの実用的なチャネル符号（もしくは現実的なブロック長および符号化/復号の複雑性を有する符号）を設計することは困難である．符号設計についての大きな進歩は，過去の数十年でなされた．そして，チャネル容量に非常に近い伝送レートの実用的な符号が，単一アンテナガウスチャネルのようなチャネルにおいて確かに存在する．しかし，MIMO チャネルが空間の次元も活用するため，一般的にこれらの符号は MIMO チャネルにそのまま適用することはできない．MIMO チャネルの実際の時空間符号と復号技術は，第 4 章で述べられる．そして，いくつかのシナリオで容量限界に近い伝送レートを達成していることを示す．時空間符号と一般的な MIMO 送受信法は，MIMO チャネルの容量限界に迫る特性を与える．さらに MIMO チャネル容量の研究では，チャネル容量に迫る送信技術，受信器の構成，そして符号について検討されている．

次項では，チャネル容量の正確な数学的定義を示し，時変動チャネルとマルチユーザチャネルのチャネル容量についても検討する．

2.2.1 ■チャネル容量の数学的定義

信頼できる通信が可能である最大伝送レートとして定義されたチャネル容量は，チャネルの入出力間の相互情報量の観点で見ると簡易に説明できることを，シャノンが開拓した研究が示した．基本的なチャネルモデルは，ランダム入力 X，ランダム出力 Y と，X によって与えられる Y の条件付き分布 $f(y|x)$ で表される X と Y の間の確率的な関係によって構成される．ランダム入力 X とランダム出力 Y のシングルユーザチャネルの相互情報量は，次のように与えられる．

$$I(X;Y) = \int_{S_x,S_y} f(x,y) \log\left(\frac{f(x,y)}{f(x)f(y)}\right) dx\, dy \tag{2.1}$$

ここで，積分はランダム変数 X と Y のそれぞれの範囲 S_x，S_y で計算され，$f(x)$，$f(y)$ および $f(x,y)$ はランダム変数の確率分布関数を示す．log 関数は，一般に基底が 2 である．この場合，相互情報量の単位は，チャネル当たりのビットである．相互情報量は，チャネル出力と条件付きチャネル出力の差分エントロピー $I(X;Y) = h(Y) - h(Y|X)$

として書くことも可能である．ここで，$h(Y) = -\int_{S_y} f(y) \log f(y) dy$，$h(Y|X) = -\int_{S_x, S_y} f(x,y) \log f(y|x) \, dx \, dy$ である．

シャノンは，ほとんどのチャネル容量が，可能性のある入力分布のすべてを通じて最大化されたチャネルの相互情報量に等しいことを証明した．

$$C = \max_{f(x)} I(X;Y) = \max_{f(x)} \int_{S_x, S_y} f(x,y) \log\left(\frac{f(x,y)}{f(x)f(y)}\right) \tag{2.2}$$

帯域幅 B で受信における SNR γ の時変動のない AWGN チャネルでは，最大化された入力分布はガウス分布である．その結果，チャネル容量は式 (2.3) で表される．

$$C = B \log_2(1+\gamma) \text{ bps} \tag{2.3}$$

エントロピーと相互情報量の定義は，チャネル入出力が MIMO チャネルのようにスカラではなくベクトルの時に同一である．図 1.2 から，チャネル入力は送信アンテナから送信されたベクトル **x** であり，チャネル出力は受信アンテナで得られたベクトル **y** である．したがって，MIMO AWGN チャネルのシャノン容量は，2.3.2 項で述べられるように，入出力間の最大相互情報量に基づいている．

2.2.2 ■時変動チャネル

時変動チャネルのとき，チャネル容量は複数の定義を持つ．そして，チャネルのフェージング過程の時間スケールと，送受信機の一方あるいは双方でチャネル状態もしくはチャネル分布について既知であるかどうかに依存する．これらの定義は，異なる動作上の意味をもつ．具体的に，チャネル情報（CSI：Channel State Information）とも呼ばれる瞬時チャネル利得が送受信機双方において既知のとき，送信機は瞬時チャネル状態に関連した送信手法（レートと電力の一方あるいは双方）を調整することができる．この場合，シャノン（エルゴード性）容量はすべてのチャネル状態を通じて平均化された最大相互情報量である．エルゴード性とは，チャネル（フェージング）の十分に大きな時間サンプル数におけるチャネルの統計的な分布と同じ分布を持つことを意味する．エルゴード性チャネルの反対は，例えば準静的チャネルである．準静的チャネルとは，はじめにランダムに選択されるが，その後は変化しない（もしくは非常に低速に変化する）チャネルである．エルゴード性容量は，変動速度が速いチャネル，もしくは観測時間を通じてエルゴード的に変化するチャネルにとって，適切な容量評価指標である．送信機 CSI（CSIT：Channel State Information at the Transmitter）を利用すると，エルゴード性容量は，その電力とデータレートがチャネル状態変動に

2.2 ■相互情報量とシャノン容量

応じて変化させる適応送信制御を使うことによって実現できる [40]．適応レート制御と適応電力制御を用いるとき，その伝送レートは瞬時チャネル状態の関数として変化し，エルゴード性容量は瞬時レートの考えられる最大の長区間平均となる．したがって，長区間平均伝送レートに注目する場合，比較的低速なフェージング環境であってもエルゴード性容量は意味をなすので，単一符号語の区間において，急速なチャネル変動は必要条件ではない．エルゴード性容量は，電力変動を有する固定レート符号を使用することによっても達成することができる [12]．このような固定レート符号を用いたとき，チャネルは単一符号語の継続時間を通じて，急速なチャネル変化が必要条件である．したがって，これらの符号はとても長い，もしくは高速フェージング環境のいずれか一方である．

　送信機と受信機において，完全に CSI が既知である時変動チャネル容量の別の定義として，アウテージ容量がある．アウテージ容量は，すべてのアウテージではないチャネル状態において固定データレートとなる．なぜなら，適用先のデータレートはチャネル変動に依存しない（データが伝送されていないアウテージ状態を除く）ので，遅延が制限されたデータへの適用先のために固定データレートが必要とされるからである．アウテージ容量を考慮すると，アウテージ定義に関連した追加の制限により，平均レートはエルゴード性容量よりも一般的に小さくなる．アウテージ容量は，コヒーレンス時間が符号語長を超えるような低速変動チャネルにおいて，適正な容量評価指標である．この場合，どの符号語も一定のチャネル状態になる．このとき，所望の伝送レートをサポートできないチャネル状態では，チャネルがアウテージであることが送信機において既知であるので，データを送信しない．それぞれの符号語も一定のチャネル状態に影響されるので，エルゴード性容量は低速のチャネル変動には適当な評価方法ではない．同様に，アウテージ容量は高速変動チャネルにおいて適切な容量評価法ではない．なぜなら，チャネルは符号語区間長を通じて様々なチャネル状態を取りうるので，アウテージと判定される劣悪なチャネル状態についての概念がないからである．送信機において完全に CSI が既知であり，受信機においても完全に CSI（CSIR：Channel State Information at the Receiver）が既知のとき，単一アンテナチャネルのアウテージ容量について研究がなされた [14, 46, 83] が，この研究は未だ MIMO チャネルに拡張されてはいない．時変動 MIMO チャネル容量の研究において，より一般的な仮定は完全な CSIR であり，CSIT ではない．この仮定は次に示されるように，アウテージ容量の様々な考えを導く．

　チャネル分布のみが送信機（受信機）で既知のとき，送信（受信）手法は瞬時チャネル状態の代わりにチャネル分布に基づく．チャネル係数は，一般的に加法性ガウス分

布が仮定される．そのため，チャネル分布はチャネル平均と共分散行列で規定される．チャネル分布の情報を CDI（Channel Distribution Information）と呼ぶことにする．送信機での CDI は CDIT，受信機での CDI は CDIR と示す．この章では，CDI は常に完全に既知であると仮定するため，送信機または受信機と実際のチャネル分布の CDI は同じである．受信機だけが完全な CSI を保持しているとき，送信機はその CDI に応じて最適化された固定レートの送信手法を保持しなければならない．この場合，エルゴード性容量はすべてのチャネル状態を通じた平均により達成される [121]．そして，エルゴード性容量は高速変動チャネルの測定指標であるため，送信された符号語はすべての取り得るチャネル状態に影響を受ける．このことは，完全に CSI が既知であるチャネルにおいて，固定レートの送信によってエルゴード性容量が達成されることに類似している．また，送信機は，すべてのチャネル状態において，サポートできないレートを送信することができる．このように劣悪なチャネル状況においては，受信機はアウテージを示し，送信データは失われる．このシナリオに対して，1.3.1 項で述べたように，時間の $(100-p)\%$ をサポートする送信レートとして，百分率アウテージ容量 p を定義する．送信レートをサポートできないことにより送信されたデータが誤りとして受信される確率として定義されるアウテージ確率は，$p/100$ である．直感的に，チャネルが確実に通信することが不可能となる深いフェージングに入ったときは，アウテージとなる．このアウテージシナリオでは，それぞれの送信レートが関連したアウテージ確率を持つため，アウテージ容量はアウテージ確率（容量対アウテージ，もしくは容量の CDF）がパラメータである[1] [32]．単一アンテナチャネルのためのフェージングチャネル容量についての優れた指導書は，参考文献 [4] である．2.3 節ではこれらの結果を MIMO システムへ拡張する．

2.2.3 ■ マルチユーザチャネル

マルチユーザチャネルでは，チャネル容量は 1 次元領域ではなく K 次元の領域である．容量領域は，すべての K ユーザで同時に達成される（誤りが任意に小さい確率で）すべてのレートベクトル $(R_1, \ldots, R_K)$ の組によって定義される．送受信機における CSI と CDI の有無の様々な組合せにおいて，時変動チャネルにおける複数のチャネル容量の定義は，2.4 節で示される方法によって MAC と BC の容量領域に拡

---

[1]受信機において完全に CSI が既知であるときのアウテージは，送信機と受信機両方が完全に CSI が既知であるアウテージは以下の部分について異なる．受信機のみで CSI が既知であるとき，送信データが受信機によって確実に復号することができないときにアウテージが起こるため，データを失う．送信機と受信機両方で完全に CSI が既知であるとき，アウテージ（サービスではない）の間は送信しないので，データは失われない．

張される．しかし，これら MIMO マルチユーザ容量領域は，時変動のないチャネルでさえ求めることが非常に難しい．送受信機の一方あるいは双方が CDI のみを保持しているような現実的な仮定においてさえ，時変動のマルチユーザ MIMO チャネルに関するチャネル容量はほとんど報告されていない．この結果は，2.5 節と 2.6 節で述べられるように，セルラやアドホック無線ネットワークのように少々複雑なシステムでは，さらに報告が少なくなる．したがって，この領域に関連した多数の解決すべき課題を関連した節で述べる．

2.3 シングルユーザ MIMO

この節では，シングルユーザ MIMO チャネル容量について焦点を当てる．現在の大部分の無線システムはマルチユーザをサポートするが，シングルユーザの結果は，それらが与える見識と，複数ユーザが（時間や周波数バンドなど）直交するように配置されるようなチャネル化システムへの適用のため，いまだ多数の関心が持たれている．MIMO チャネル容量も，マルチユーザよりもシングルユーザのほうが簡単に導出することができる．実際，様々な条件におけるシングルユーザ MIMO 容量はすでに解明されているが，マルチユーザ MIMO 容量ではまだ多数の解明されていない問題がある．具体的には，完全な CSIT と CSIR が既知でない場合のマルチユーザ MIMO 容量についてはほとんど知られていない．一般性のある CSI と CDI におけるシングルユーザのチャネル容量の導出に関しては多くの課題が残っているが，いくつかの興味深い場合については導出法が知られている．この節では，送受信機で CDI が既知であるときの特別な場合について詳しく着目することにより，シングルユーザ MIMO チャネルの基本的な容量限界について述べる．想定するチャネルモデルと様々な CSI モデルおよび CDI モデルについて，それらのモチベーションとともに記述することから始める．

2.3.1 チャネルとサイド情報モデル

M_T 本の送信アンテナを持つ送信機と，M_R 本の受信アンテナを持つ受信機を検討する．このチャネルは，それぞれの要素が送信アンテナ j から受信アンテナ i へのチャネル利得 h_{ij} で表される $M_R \times M_T$ の行列 $\mathbf{H}$ によって表現することができる．この $M_R \times 1$ である受信信号 $\mathbf{y}$ は，以下で表される．

$$\mathbf{y} = \mathbf{H}\mathbf{x} + \mathbf{n} \tag{2.4}$$

ここで，$\mathbf{x}$ は $M_T \times 1$ である送信ベクトル，$\mathbf{n}$ は共分散行列が単位行列であるために，規格化された $M_R \times 1$ である加法性白色円対称複素ガウス雑音ベクトル[2]である．上記のモデルに適用するための非特異な雑音共分散行列 $\mathbf{K}_w$ の規格化は，受信ベクトル $\mathbf{y}$ と $\mathbf{K}_w^{-1/2}$ を乗算することにより実現され，それによって実効チャネル $\mathbf{K}_w^{-1/2}\mathbf{H}$ と白色雑音ベクトルが得られる．その CSI は，チャネル行列 $\mathbf{H}$ とその分布の一方もしくは双方である．

送信機は，すべての送信アンテナに渡って，総送信電力が平均値 P によって制限されることを仮定する．つまり，$E[\mathbf{x}^\star\mathbf{x}] \leq P$ である．雑音電力は 1 に規格化されるので，通常は電力制限 P を SNR とみなす．

完全な CSIR もしくは CSIT

完全な CSIT もしくは CSIR を利用すると，チャネル行列 $\mathbf{H}$ は送信機もしくは受信機において完全かつ瞬時に既知とみなせる．送信機もしくは受信機がチャネル状態を完全に把握しているとき，分布はチャネル状態の観察から得ることができるので，このチャネル状態の分布を完全に把握していると仮定する．

完全 な CSIR と CDIT

完全な CSIR と CDIT モデルは，チャネル状態が受信機で正確に追従され，送信機での統計的なチャネルモデルが受信機からフィードバックされたチャネル分布情報に基づくシナリオである．この分布モデルは，受信機における典型的なチャネル状態と不確かさの推定，およびこれらの推定による遅延に基づく．図 2.1 は，このシナリオにおいて基礎をなす通信モデルである．ここで，$\tilde{\mathcal{N}}$ は複素ガウス分布を意味している．

このモデルの主な特徴は，以下の通りである．チャネル分布は，パラメータ θ によって定義される．そして，このパラメータによって表される瞬時チャネル状態 $\mathbf{H}$ は，独立同一分布（i.i.d.：independently and identically distributed）である．チャネルの統計量は送信機，受信機，そして散乱環境が移動するために時間変化するので，θ は時間変化すると仮定する．統計モデルは，着目する時間スケールに依存することに注意しなければならない．例えば，短区間ではチャネル係数は非ゼロ平均であり，伝搬環境を反映した相関を持つことがある．しかし，長区間のチャネル係数はいくつかの伝搬環境で平均化されるため，ゼロ平均であり，無相関として記述されることがある．このため，無相関でゼロ平均のチャネル係数は，一般的にチャネル分布のフィー

---

[2]複素ガウスベクトル $\mathbf{x}$ は，$\theta \in [0, 2\pi]$ のとき，$\mathbf{x}$ の分布が $e^{j\theta}\mathbf{x}$ の分布と同じならば円対称である．

ドバックがないとき，もしくは短区間チャネル統計量の適用ができないときに仮定される．しかし，送信機が θ を頻繁に更新しながら受信し，かつこれらの情報を時変動する短区間チャネル統計量に利用できるとき，チャネル容量は長区間チャネル統計量に基づく送信手法に比べて増加する．言いかえると，短区間チャネル統計量を送信手法へ適用することにより，チャネル容量は増加する．参考文献には，短区間チャネル統計量の適用例（図 2.1 のフィードバックモデル）は，平均と共分散のフィードバック，量子化フィードバック，不完全フィードバック，そして部分 CSI などと呼ばれるものがある [57, 61, 63, 72, 73, 93, 117, 134]．フィードバックチャネルは，雑音の影響がないと仮定する．これにより，CDIT が CDIR の確定関数になるので，最適符号は入力符号アルファベット上で直接構築される [12]．ここで，θ のそれぞれの状態に対する電力制限を仮定すると，条件付き平均送信電力は $\mathbb{E}\left[||\mathbf{x}||^2|\Theta=\theta\right] \leq P$ として制限される．

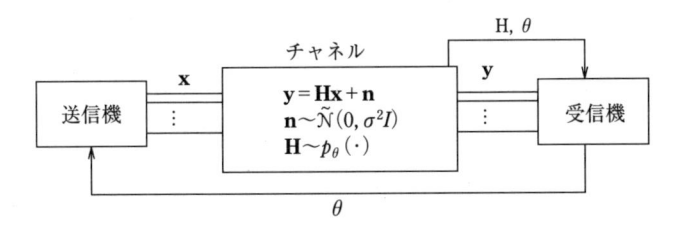

図 2.1 完全 CSIR と分布情報をフィードバックする MIMO チャネル

図 2.1 に示されるシステムのエルゴード性容量 C は，異なる θ の状態に渡って平均化されたチャネル容量 $C(\theta)$ である．

$$C = E_\theta[C(\theta)]$$

ここで $C(\theta)$ は，図 2.2 で示されるチャネルのエルゴード性容量である．この図は，受信機における完全な CSI，そして送信機における一定の分布 θ の CDI のみを用いる MIMO チャネルを示す．合成されたチャネルもしくは任意の変動チャネルのような特別なチャネル分類を除いて，チャネル容量は一般に送信機と受信機双方において暗に CDI を仮定して計算される [5, 26, 27]．なぜなら，暗黙の既知情報 θ は，チャネル係数が一般に長区間平均分布に基づいてモデル化できるという事実から説明されるからである．一方，θ は図 2.1 のフィードバックモデルから得ることができる．図 2.2 のシステムモデルと図 2.1 の分布情報フィードバックモデルは，様々な分布 (θ) モデルにおいてそれぞれ異なるチャネル容量の結果となる．送信機もしくは受信機のどちら

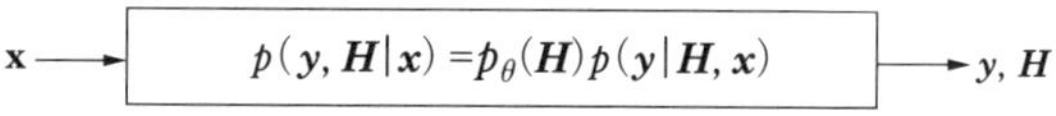

$$x \longrightarrow \boxed{p(y, H|x) = p_\theta(H)p(y|H, x)} \longrightarrow y, H$$

図 2.2 完全な CSIR と CSIT を用いた MIMO チャネル（固定 θ）

かで CDI が利用できることは，CSI も利用可能である場合と対照的に示される．

一般的な $p_\theta(\cdot)$ における $C(\theta)$ の計算は，難しい問題である．量子化されたチャネル情報モデルを除いて，この領域における大部分の研究は，ゼロ平均空間白色チャネル，非ゼロ平均空間白色チャネル，非白色ゼロ平均チャネルの三つの特別な分布の場合について焦点を当てている．この三つの場合すべてにおいて，チャネル係数は複素ジョイント（complex jointly）ガウスランダム変数としてモデル化される．ゼロ平均空間白色（ZMSW：Zero–Mean Spatial White）モデルでは，チャネル平均がゼロで，チャネル共分散が白色にモデル化される．つまり，チャネル要素は i.i.d. ランダム変数と仮定される．このモデルは，複数の伝搬環境にわたって典型的に平均化されたチャネル係数の長区間平均分布を含んでいる．チャネル平均情報（CMI：Channel Mean Information）モデルでは，チャネル分布の平均が非ゼロで，分散は一定のスケールファクタである白色としてモデル化される．このモデルは，フィードバック遅延により送信機における推定誤差を生じるシステムであるため，CMI は古いチャネル測定値を表し，定数項は推定誤りを表す．チャネル共分散情報（CCI：Channel Covariance Information）モデルでは，チャネルはチャネル平均を追従するよりも変動が速いと仮定されるので，平均はゼロに設定される．そして，伝搬経路の相対位置に関する情報は，非白色共分散行列に含まれている．図 2.1 に示される基本的なシステムモデルに基づき，文献において，CMI モデルは平均フィードバック，CCI モデルは共分散フィードバックとも呼ばれる．数学的には，$\mathbf{H}$ の三つの分布モデルは以下のように記述される．

$$\text{ZMSW}: E[\mathbf{H}] = \mathbf{0}, \quad \mathbf{H} = \mathbf{H}_w$$
$$\text{CMI}: E[\mathbf{H}] = \mathbf{H}_m, \quad \mathbf{H} = \mathbf{H}_m + \sqrt{\alpha}\mathbf{H}_w$$
$$\text{CCI}: E[\mathbf{H}] = \mathbf{0}, \quad \mathbf{H} = (\mathbf{R}_r)^{1/2}\mathbf{H}_w(\mathbf{R}_t)^{1/2}$$

ここで，$\mathbf{H}_w$ は i.i.d. ゼロ平均の $M_R \times M_T$ 行列であり，単位分散の複素円対称ガウスランダム変数である．CMI モデルでは，チャネル平均 $\mathbf{H}_m$ はフィードバックに基づくチャネル推定値，α は推定誤りの分散，とそれぞれ説明される定数である．CCI モデルでは，$\mathbf{R}_r$ と $\mathbf{R}_t$ はそれぞれ受信アンテナの相関行列と送信アンテナの相関行列と表される．完全に一般性はないが，この簡易な相関モデルは実際のセルラシステム

に見られるフェージング相関を十分正確に表現するモデルであることが，屋外測定により証明されている [19]．CMI では，CDI が既知であるとき，チャネル平均 $\mathbf{H}_m$ と推定誤りの分散 α は既知であると仮定される．そして CCI では，CDI が既知であるとき，送受信共分散行列 $\mathbf{R}_r$ と $\mathbf{R}_t$ は既知であると仮定される．

CDIT の CMI モデル，CCI モデル，そして ZMSW モデルに加えて，有限のビットレートフィードバックチャネルに基づいた送信機における量子化チャネル情報（QCI：Quantized Channel state Information）の影響が研究されてきている．このモデルでは，受信機では完全に CSI が既知であると仮定し，送信機へ瞬時チャネルの B-ビット量子化情報をフィードバックする．このモデルは，受信機が各ブロックの先頭で量子化された CSI をフィードバックし，送信機の適応制御が可能となるような比較的低速なフェージングシナリオに適用可能である．これは，大部分の無線システムが受信機から送信機へ低レートのフィードバックリンクを持っているので，非常に現実的なモデルである．B ビットの QCI では，あらかじめ定められた $N = 2^B$ の量子化ベクトルの組が，送信機においてチャネルを表すことに用いられる．最適な量子化ベクトルを見つけることは，量子化ベクトル間の最少距離を最大化するベクトル空間内において，部分空間のグラスマニアン領域（Grassmannian packing）に等価である [85, 94]．QCI の条件付きで送信機において仮定されたチャネル分布は，チャネルを表すために用いられる量子化ベクトルのボロノイ（Voronoi）領域内に制限される．

CDIT と CDIR

高速移動チャネルにおいて，受信機における完全な CSI は非現実的な仮定である．これにより，送信機と受信機の双方において，チャネル分布情報のみを保持しているシステムモデルを考える必要性がある．受信機におけるチャネル分布情報は，チャネル自身により十分低速に変化するために，信頼性のあるチャネル推定が不可能であるような急速に変動するチャネルにおいても，チャネルフェージングの短区間分布を追従できる可能性がある．その推定された分布は，フィードバックチャネルを介して送信機で利用できる．図 2.3 は，基本的な通信モデルを表している．

受信機におけるチャネル統計量の推定は，正確なチャネル分布を保持する受信機へ悪影響を与えるようなモデルを含んでいる．ここでは，フィードバックチャネル情報は送信機で同時に利用可能である情報と同じである．このモデルは，やや正確性に欠けるモデルである．なぜなら，実際には受信機は受信信号 $\mathbf{y}$ のみから θ を推定するため，完全な推定とならないためである．

前のパラグラフで述べたように，エルゴード性容量はエルゴード性容量 $C(\theta)$ の期待

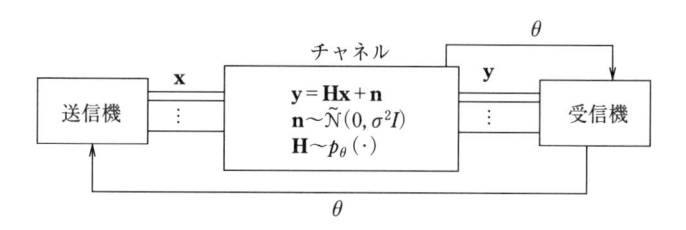

図 2.3　CDIR と分布フィードバックを用いた MIMO チャネル

値（θ に関する期待値）となる．ここで，$C(\theta)$ は図 2.4 におけるチャネルのエルゴード性容量である．この図で，θ は定数であり，かつ送信機と受信機双方で（CDIT と CDIR が）既知である．前のパラグラフで述べたように，一般的な θ について $C(\theta)$ を計算するのは難しく，このチャネル容量に関する検討は前のパラグラフで述べたものと同じチャネル分布モデル，すなわち ZMSW, CMI, CCI, そして QCI モデルに大部分は限定される．

図 2.4　CDIT と CDIR（固定 θ）を用いた MIMO チャネル

次項以降に，CSI と CDI の様々な仮定におけるシングルユーザ MIMO 容量の結果についてまとめる．

2.3.2 ■固定 MIMO チャネルの容量

チャネルが固定で，かつ送信機と受信機で完全に既知のとき，そのチャネル容量（最大の相互情報量）は以下の式で表される．

$$C = \max_{\mathbf{Q}\,:\,\mathrm{tr}(\mathbf{Q}) = P} \log \det \left(\mathbf{I}_N + \mathbf{HQH}^\star \right) \tag{2.5}$$

ここで，$M \times M$ 行列で，かつ定義によって半正定値である入力共分散行列 $\mathbf{Q}$ を通じて最適化が行われる．$M_R \times M_T$ の行列 $\mathbf{H}$ について特異値分解（SVD：Singular Value Decomposition）を用いることにより，このチャネルは並列で干渉を受けない $\min(M_T, M_R)$ 個の SISO（Single Input Single Output）チャネルへと変換することができる [41, 121]．この SVD により，$\mathbf{H}$ を $\mathbf{H} = \mathbf{U\Sigma V}^\star$ へと変換することができる．ここで，$\mathbf{U}$ は $M_R \times M_R$ のユニタリ行列であり，$\mathbf{V}$ は $M_T \times M_T$ のユニタリ行列である．そして，$\mathbf{\Sigma}$ は $M_T \times M_R$ の対角成分が非負の行列である．σ_i によって示される行列 $\mathbf{\Sigma}$ の

2.3 シングルユーザ MIMO

対角要素は行列 $\mathbf{H}$ の特異値であり，かつ降順（つまり，$\sigma_1 \geq \sigma_2 \cdots \geq \sigma_{\min(M_T,M_R)}$）と仮定される．行列 $\mathbf{H}$ は，必ず R_H 個の正の特異値を持つ．ここで，R_H は行列 $\mathbf{H}$ のランクであり，基本原理により $R_H \leq \min(M,N)$ を満足する．

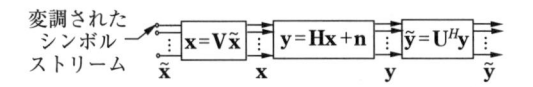

```
変調された       ┌─────┐   ┌──────┐   ┌──────┐
シンボル    →→→ │x=Vx̃ │→→→│y=Hx+n│→→→│ỹ=Uᴴy │→→→
ストリーム      └─────┘   └──────┘   └──────┘
           x̃        x          y          ỹ
```

図 2.5　MIMO チャネル分解

MIMO チャネルは，入力信号と行列 $\mathbf{V}$ を前乗算 (pre–multiplying)（つまり送信プリコーディング）し，出力信号と行列 $\mathbf{U}^\star$ を後乗算 (post–multiplying) することにより，非干渉チャネルである並列行列に変換される．この変換は，図 2.5 に示される．第 3 章に述べられているように，送信プリコーディングは実際のシステムに広く用いられており，大きな特性の利得をもたらしている．第 5 章で述べられるように，最適な MIMO 受信機はすべての受信アンテナにおいて結合最尤判定法を必要とするが，複雑性が低い実際の技術においても非常に良好なパフォーマンスを達成できる．チャネルへの入力信号 $\mathbf{x}$ は，データストリーム $\tilde{\mathbf{x}}$ と行列 $\mathbf{V}$ の乗算で表される．つまり，$\mathbf{x} = \mathbf{V}\tilde{\mathbf{x}}$ である．$\mathbf{V}$ はユニタリ行列なので，電力を保存する線形変換である．つまり，$E[||\mathbf{x}||^2] = E[||\tilde{\mathbf{x}}||^2]$ となる．ベクトル $\mathbf{x}$ はチャネルに入力され，出力信号 $\mathbf{y}$ は行列 $\mathbf{U}^\star$ と乗算される．結果として，$\tilde{\mathbf{y}} = \mathbf{U}^\star \mathbf{y}$ となり，これは以下のように展開することができる．

$$\begin{aligned}
\tilde{\mathbf{y}} &= \mathbf{U}^\star(\mathbf{H}\mathbf{x} + \mathbf{n}) \\
&= \mathbf{U}^\star(\mathbf{U}\mathbf{\Sigma}\mathbf{V}^\star(\mathbf{V}\tilde{\mathbf{x}}) + \mathbf{n}) \\
&= \mathbf{\Sigma}\tilde{\mathbf{x}} + \mathbf{U}^\star\mathbf{n} \\
&= \mathbf{\Sigma}\tilde{\mathbf{x}} + \tilde{\mathbf{n}},
\end{aligned}$$

ここで，$\tilde{\mathbf{n}} = \mathbf{U}^\star\mathbf{n}$ である．$\mathbf{U}$ はユニタリ行列であり，$\mathbf{n}$ は空間白色複素ガウス分布であるので，$\tilde{\mathbf{n}}$ と $\mathbf{n}$ は同じ分布を持つ．$\mathbf{\Sigma}$ は対角行列であるため，$i = 1,\ldots,\min(M_T,M_R)$ において $\tilde{y}_i = \sigma_i \tilde{x}_i + \tilde{n}_i$ を得る．R_H 個の特異値 σ_i は必ず正であるので，結果は R_H 個の並列な非干渉チャネルとなる．$\mathbf{H}$ の特異値は行列 $\mathbf{H}\mathbf{H}^\star$ の固有値の平方根と同じであるので，並列チャネルは一般的にチャネルの固有モードと呼ばれる．

並列チャネルはそれぞれ異なる品質を持つため，以下の配分法に基づく注水定理が並列チャネルの最適電力配分法として使用される．

$$P_i = \left(\mu - \frac{1}{\sigma_i^2}\right)^+, \qquad 1 \leq i \leq R_H \tag{2.6}$$

ここで，P_i は $\tilde{\mathbf{x}}_i$ の電力，x^+ は $\max(x,0)$ として定義され，給水レベル μ は $\sum_{i=1}^{R_H} P_i = P$ のように選択される．したがって，チャネル容量は電力 P_i の独立ガウス分布に従って，それぞれの要素 $\tilde{\mathbf{x}}_i$ を選択することによって実現される．式 (2.5)（チャネル容量を実現する入力共分散行列）の最大化を実現する共分散行列は，$\mathbf{Q} = \mathbf{VPV}^\star$ である．ここで，$M_T \times M_T$ の行列 $\mathbf{P}$ は $\mathbf{P} = \mathrm{diag}(P_1, \ldots, P_{R_H}, 0, \ldots, 0)$ として定義される．その結果，チャネル容量は以下の式で与えられる．

$$C = \sum_i^{R_H} (\log(\mu \sigma_i^2))^+ \tag{2.7}$$

低 SNR においては，注水定理は R_H 個の並列チャネルのうち，最も強いチャネルにすべての電力を配分する（つまり，$i \neq 1$ に対して $P_1 = P$, かつ $P_i = 0$）．高 SNR においては，注水定理は R_H 個の並列チャネルにほぼ等しい電力を配分する．そして，高 SNR におけるチャネル容量の一次近似は $C \approx R_H \log_2(P) + O(1)$ である．ここで，定数項は $\mathbf{H}$ の特異値に依存する．この近似から，送信電力が 3 dB 増えるごとにスペクトル効率はおよそ R_H bps/Hz 増加することがわかる．このことは，単一アンテナシステムにおいては送信電力が 3 dB 増加するごとにスペクトル効率が 1 ビットしか増加しないこととは対照的である，SISO システムに対して，MIMO システムの容量増加量は R_H 倍で増加するので，1.1.1 項で述べられているように，R_H は通常，MIMO 空間多重利得と呼ばれる．

チャネル容量を実現する送信方法に関して，いくつかの検討がなされた．はじめに，行列 $\mathbf{V}$ による送信プリコーディングによって，入力信号はチャネルの固有モードへ配置される．固有モードへ入力信号を配置することにより，出力信号の簡易な後乗算によって，それぞれの入力信号は独立に（雑音環境下で）受信される．つまり，異なるデータストリームの完全な分離である．送信機がこの配置操作をしない場合（例えば M_T 本の送信アンテナそれぞれから送信された独立な入力信号），受信機は複数のデータストリームを完全に分離することができない．そのため，ストリームそれぞれの SNR は著しく劣化し，チャネル容量が実現できない．そこで，送信機は異なる品質のチャネルを有効に利用するため，チャネル内それぞれの異なる固有モードに対して注水定理を適用する．期待されるように，最大 SNR のチャネルは最も大きな電力と最も高いレートとなる．

MIMO チャネルを非干渉並列チャネルへ分離することの重要な利点は，復号器の演

算量がチャネルのランク R_H に対して線形増加にしかならないことである．このような分離が実行できないとき（例えば送信機が完全な行列 $\mathbf{H}$ の情報を保有していないとき），最尤復号による復号の複雑性は，一般に R_H に関して指数関数的に増加することとなる．第 5 章では，いくつかのパフォーマンスを犠牲にすることにより，演算量を減らす現実的な受信機構成について述べる．

固定チャネルモデルは比較的解析が簡単であるが，現実の無線チャネルは固定ではない．その代わり，連続する値を仮定すると，伝搬環境の変化のために無線チャネルは時間変化する．フェージングチャネルのチャネル容量については次項で検討する．

2.3.3 ■フェージング MIMO チャネルのチャネル容量

変動が低速なフェージングチャネルでは，チャネル状態は十分に長い時間にわたってほぼ一定とみなすことができるので，受信機において完全なチャネル状態の推定（完全な CSIR）が可能であり，送信機にチャネル情報を適時にフィードバックする（完全な CSIT）ことが可能である．しかし，中速から高速で移動するシステムでは，システムを設計する際に急速に変動するチャネルが問題となる．チャネル分布のみが受信機（CDIR）と送信機（CDIT）の一方もしくは双方において利用可能であるフェージングモデルは，このようなシステムにより適している．この項では，CSI と CDI に関する様々な仮定におけるチャネル容量をまとめる．

完全な CSIT と完全な CSIR を用いたチャネル容量

完全な CSIT と完全な CSIR を用いたモデルは，受信機において完全なチャネル情報を得ることが可能となるような，十分低速に変動するフェージングチャネルのモデルであり，かつ送信機へのフィードバックに大きな遅延がないモデルである．完全な CSIT と完全な CSIR におけるフラットフェージングチャネルのエルゴード性容量は，それぞれのチャネルによって実現されるチャネル容量の単純な平均である．前項では，固定チャネルの場合についてチャネル容量が与えられた．したがって，送信機と受信機双方において完全なチャネル情報があると仮定したとき，フェージング MIMO チャネルのチャネル容量は以下の式で与えられる．

$$C = E_{\mathbf{H}} \left[\max_{\mathbf{Q}(\mathbf{H}) : \mathrm{tr}(\mathbf{Q}(\mathbf{H}))=P} \log \det \left(\mathbf{I}_{M_R} + \mathbf{H}\mathbf{Q}(\mathbf{H})\mathbf{H}^* \right) \right] \quad (2.8)$$

入力信号の共分散行列は，チャネルの関数として変化することを強調するために $\mathbf{Q}(\mathbf{H})$ と記述される．つまり，それぞれのチャネルの共分散行列は，2.3.2 項で述べられた注水定理を用いることで選択される．したがって，各 MIMO チャネルは並列チャネル

に分解され，時空間領域において注水定理に基づく処理が実行される．つまり，それぞれの状態とフェージング分布にわたって $\min(M_T, M_R)$ 本の固有モードを通じて実行される．給水レベルとそれに関連したチャネル容量の計算結果は，参考文献 [64] に示されている．式 (2.8) に示されるチャネル容量は，任意のフェージング分布においても有効である[3]．

時変動チャネルにおいては，CSIT を得ることがより難しくなることが多い．なぜなら，一般に受信機から高レートのフィードバック，もしくは頻繁に時分割複信（TDD）の切り替えを必要とするからである．実際のシステムにおける CSIT の取得方法についての詳細な検討は，3.1 節で与えられる．しかし，CDIT を用いることに比べ，CSIT を有することはチャネル容量と実装の双方において利点がある．次のパラグラフでは，CSIR と CDIT を用いたチャネル容量に関する検討を行い，さらにこのシナリオと ZMSW モデルにおける CSIT/CSIR の簡易な比較を行う．

完全な CSIR と CDIT を用いたチャネル容量：ZMSW モデル

完全な CSIR を用い，かつ送信機が ZMSW チャネル分布の場合，チャネル行列 $\mathbf{H}$ の各要素は i.i.d. 複素ガウス分布（つまり $\mathbf{H} \sim \mathbf{H_w}$）と仮定される．2.2 節で述べているように，この場合，二つの関連のあるチャネル容量の定義は，チャネル容量対アウテージ（チャネル容量の累積分布関数，CDF）とエルゴード性容量である．参考文献 [33] や参考文献 [121] によると，任意の入力共分散行列に対してエルゴード性容量を実現する入力は，ガウス分布している複素ベクトルである．主な理由は，ガウス分布している複素ベクトルが任意の入力共分散行列のエントロピーを最大化するからである．これにより，送信機の最適化問題を得る．すなわち，送信電力（入力共分散行列のトレース）一定の条件において，エルゴード性容量を最大化する最適な入力共分散行列を見つけることである．数学的には，この問題は式 (2.9) を最大化するような最適な $\mathbf{Q}$ を明らかにすることである．

$$C = \max_{\mathbf{Q}:\mathrm{tr}(\mathbf{Q})=P} C(\mathbf{Q}), \tag{2.9}$$

ここで式 (2.10) は，入力共分散行列 $E[\mathbf{xx}^*] = Q$ を用いたときに実現可能な最大のレートであり，その期待値はチャネル行列 $\mathbf{H}$ に対応する．

---

[3]さらに，このチャネル容量はフェージング過程の静的な分布にのみ依存する．したがって，フェージング過程の記憶の有無に対して独立である．この項では，記憶のないフェージング過程のみを検討するが，完全な CSI が送信機と受信機双方において利用可能であれば，この前提はチャネル容量に影響しない．

2.3 シングルユーザ MIMO

$$C(\mathbf{Q}) \triangleq E_{\mathbf{H}}\left[\log\det\left(\mathbf{I}_{M_R} + \mathbf{H}\mathbf{Q}\mathbf{H}^\star\right)\right] \tag{2.10}$$

レート $C(\mathbf{Q})$ は，$\mathbf{Q}$ の固有ベクトルに従って独立複素円対称ガウスシンボルを送信することにより実現される．固有ベクトルに割り当てられる電力は，$\mathbf{Q}$ の固有値によって与えられる．

前のパラグラフで述べたように，CSIR と CSIT を用いるとき，送信機は，チャネル $\mathbf{H}$ の固有モードに応じて送信方法（つまり入力共分散行列）を調整するために $\mathbf{H}$ の瞬時情報を利用することができる．送信機において瞬時チャネル情報が既知でなく，フェージング分布情報のみを保持しているときは，任意のチャネル状態に対して入力信号を調整することはできない．つまり，すべての時間で固定された共分散行列を用いる必要がある．送信機は，チャネルの固有モードを認識することができないことに加えて，より大きな電力を受信できるようなチャネルの方向も認識することができない．そのため，この条件下では電力制御を行わずに，すべての空間方向へ送信電力を割り当てることが最適な制御であると直感的に考えられる．事実，最適な送信制御とは，すべての空間方向へ等しい電力を与えることであると，参考文献 [121] と参考文献 [33] に示されている．より具体的に述べると，エルゴード性容量を最大化する最適な入力共分散行列は，係数を乗じた単位行列である．つまり $\mathbf{Q} = \frac{P}{M_T}\mathbf{I}_{M_T}$ である．この場合，送信電力はすべての送信アンテナに等しく割り当てられる．そのため，エルゴード性容量は以下で与えられる．

$$C = E_{\mathbf{H}}\left[\log\det\left(\mathbf{I}_{M_R} + \frac{P}{M_T}\mathbf{H}\mathbf{H}^\star\right)\right] \tag{2.11}$$

Laguerre 多項式を含むこの期待値の積分形は，参考文献 [121] で導出されている．明確なチャネル容量の式は，参考文献 [115] でも得ることができる．

SNR もしくはアンテナ本数のどちらかが無限であるとき，エルゴード性容量の近似的な特性についての結果は，直感的な理解を得ることに有用な情報となる．これらの結果は近似的であるが，適度な SNR 値と比較的素子数の少ないアンテナアレーを有する場合においても適用可能な多くの特徴を示す．M_T と M_R が固定で，SNR(P) が無限であるなら，チャネル容量は近似的に $C \approx \min(M_T, M_R)\log_2 P + O(1)$ で増加する．したがって，エルゴード性容量は $\min(M_T, M_R)$ の多重化利得を持つ．つまり，SNR が 3 dB 増加するごとにスペクトル効率は $\min(M_T, M_R)$ bps/Hz 増加する[4]．1×1，4×4，4×10 システムのエルゴード性容量を図 2.6 に示す．図から明らかなように，

---
[4]ZMSW モデルにおいて確率 1 のとき，$\mathbf{H}$ のランクは $\min(M_T, M_R)$ であるという事実に関連している．

チャネル容量の線形増加は SNR 10 dB 付近から始まることがわかる．1×1 システムは 1 bit/3 dB の傾きを持ち，4×4 と 4×10 システムは双方とも 4 bit/3 dB の傾きを持つ．4×4 と 4×10 システムは同じ傾きを持つが，異なる定数項を持つ．つまり，4×10 システムは 4×4 システムに相対的な電力利得を持つ．（CCI と CMI モデルと同様に ZMSW モデルに対する）高 SNR 領域における MIMO チャネルの定数項に関する式は，参考文献 [89] に示されている．

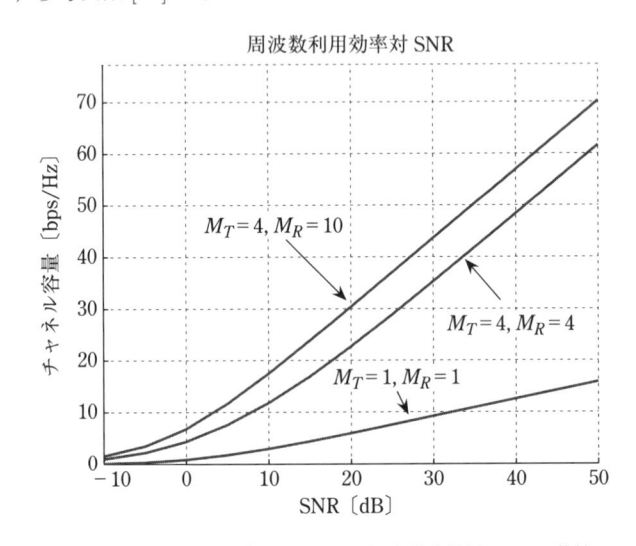

図 2.6　CSIR/CDIT を用いたエルゴード性容量対 SNR の特性

送信電力が固定であり，送受信アンテナ本数の一方もしくは双方を無限大とした際の漸近的な特性を検討することもまた可能である．M_R を定数とし，送信アンテナ本数 (M_T) を無限大としたとき，チャネル容量は M_T を上限にして，$M_R \log(1 + P)$ に収束する [121]．これは，固定された送信電力がアンテナごとに等しく分配されるからである．M_T を固定とし，受信アンテナ本数 M_R を無限大にしたとき，チャネル容量は $\log(M_R)$ に近似されて無限大に増加する．重要な違いは，送信電力はすべての送信アンテナ間で分割されるため送信電力が増加することはないが，受信アンテナを加えることで受信電力が増加する点である．M_T と M_R 両方を無限大にしたとき，チャネル容量は $\min(M_T, M_R)$ に線形で増加する．つまり，$C \approx \min(M_T, M_R) \cdot c$ である．ここで，c は M_T と M_R の比と SNR に依存する定数である．この増加レート定数に関する式は，参考文献 [50, 121] で示されている．要約すると，送信アンテナと受信アンテナの本数が同時に増加するときは線形増加であるが，受信アンテナのみが

増加する場合，チャネル容量は対数的に増加する．一方，送信アンテナのみが増加する場合，チャネル容量は増えるが上限を持つ．これらの特徴は，チャネル容量対アンテナ本数として図 2.7 に示されている．図中の「線形」と記されている曲線において，送受信アンテナ本数は x 軸のパラメータ r である．2 番目の曲線は，M_T を 1 で固定し，受信アンテナ本数のみを増加（つまり $M_R = r$）させたものであり，対数的に増加する．最後の曲線は，M_R を 1 で固定し，送信アンテナ本数のみを増加させたもの（つまり $M_T = r$）であり，これは上限を持つ．このパラグラフから導かれる重要な点は，$r \times r$ MIMO システムのチャネル容量が，任意の SNR において，SISO システムのチャネル容量に対して近似的に r 倍となることである．この近似は，最大誤差が 10 % 程度であり，非常に正確である．

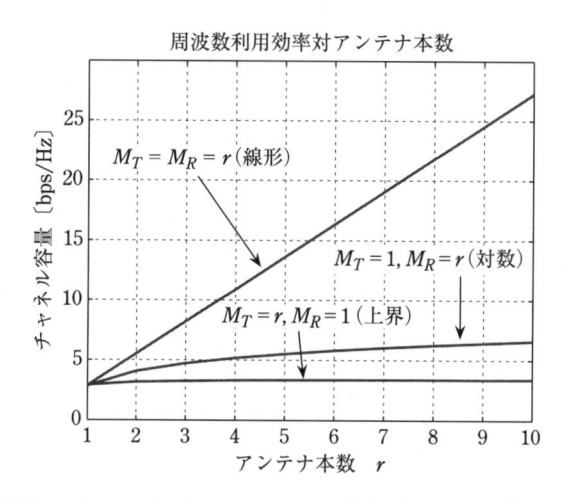

図 2.7 CSIR/CDIT を用いたエルゴード性容量対アンテナ本数の特性

一般的に，複数入力チャネルにおいてチャネル容量を実現するために，ベクトルコードブックが必要とされる．ベクトルコードブックによる復号の演算量は，入力信号数に対して指数関数的に増加する．したがって，実用的な関心はスカラ符号を使用したチャネル容量の実現方法に向けられている．送信アンテナ数 2，受信アンテナ数 1 の ZMSW の場合，（第 1 章と第 4 章で述べられる）Alamouti 符号化法は，チャネル容量を実現する非常に簡易な手法である．しかし，この手法は任意の送受信アンテナ本数に一般化することができない．BLAST（BLAST：Bell LAbs layered Space Time）は広く知られた階層構造で，任意の送受信アンテナ本数においてチャネル容量（もしくはチャネル容量に近い容量）を実現するために利用することができる．そして実際

の実装においては,単一アンテナシステムに比べて,大きな容量利得を与えることが示されている.例えば,SNR = 12 dB,12 本のアンテナ素子における 1 % アウテージでは,現在の単一アンテナシステムにおいては 1 bps/Hz 程度の周波数利用効率であるのに対し,BLAST では周波数利用効率は 32 bps/Hz となる.BLAST に関する初期検討は無相関でかつ周波数フラットフェージングが仮定されていたが,実際のチャネルは相関フェージングでかつ周波数選択性フェージングである.そのため,チャネルフェージング相関と周波数選択性フェージングの存在下といった実際のシステム環境下における BLAST による容量利得の推定を行う必要が生じ,参考文献 [37, 92] で報告されているように実環境における測定が実際に行われた.測定されたチャネル容量は理想的なモデルから予想されるものより 30 %程度小さいことがわかった.しかし,単一アンテナシステムに対する容量利得は依然として非常に大きい.演算量の低減を実現する様々な受信機構成は,第 5 章において詳細に検討する.

前のパラグラフで,完全な CSIR と CSIT を用いたチャネル容量が示された.もちろん,CSIR/CSIT を用いたチャネル容量は,ZMSW モデルにおける CSIR/CDIT を用いたチャネル容量よりも大きくなる.多重化利得は,CSIT もしくは CDIT において $\min(M_T, M_R)$ である.したがって,送信機における CSI は,CDIT に対して電力もしくはレート利得のみを与える.一般的に,(任意のアンテナ本数において)低 SNR,または送信アンテナ本数が受信アンテナ本数より極めて大きいときのすべての SNR において,CSIT は CDIT に対して最大の利得を持つ.この比較は,3.2.1 項でより詳細に述べられる.

チャネル容量対アウテージを最大化する最適な入力共分散行列は,送信アンテナの部分集合間で電力が等しく分配された対角行列であることが参考文献 [121] で推測されている.主要な検討結果は,チャネル容量の CDF の傾きがより急峻になるにつれ,チャネル容量対アウテージは低アウテージ確率において増加し,高アウテージ確率においては減少する.これは,アウテージ確率が高くなるにつれ,使用すべき送信アンテナ本数を削減するべきであるという事実に反映されている.送信電力はアンテナ間で等しく割り当てられるので,C の期待値は増加(そのためエルゴード性容量は増加)するが,その分布の裾は急激に減衰する.これにより,低アウテージ確率においてチャネル容量対アウテージが改善する一方,高アウテージ確率ではチャネル容量対アウテージは減少する.通常,我々は低アウテージ確率に関心を持つので[5],アウテージ容量は

---

[5] 高アウテージ確率におけるチャネル容量は,最も状態が良いユーザにのみ送信する送信方法にとって適切となる.このような送信方法では,送信アンテナ本数を増加させることにより平均総チャネル容量が減少することが参考文献 [10] に示されている.

直観的にチャネルのダイバーシチ次数が増えるにつれ増加する．つまり，チャネル容量の CDF の傾きは急峻になる．参考文献 [6] において，Telatar の推測は MISO の場合についても成り立つことが示された．

完全な CSIR と CDIT を用いたチャネル容量：CMI，CCI，QCI モデル

　MIMO チャネルでは，送信機における短区間統計に関するいくつかの知識を用いることにより，チャネル容量が十分に改善される．そのため，一般的な統計モデルにおける完全な CSIR と CDIT を用いた MIMO チャネル容量は大きな関心が持たれる．このパラグラフでは，チャネル平均，共分散行列もしくは瞬時チャネル状態の量子化された情報それぞれのフィードバックに対応した CMI，CCI，QCI チャネル分布に焦点を当てる．そのようなチャネル容量についての重要な検討結果は，参考文献 [57, 61, 63, 72, 73, 85, 93, 94, 96, 97, 117, 120, 124, 134] で示されている．

　数学的には，この問題は CMI，CCI，もしくは QCI によって決定される $\mathbf{H}$ の分布を用いて，式 (2.9) と式 (2.10) により定義される．一般的には，最適な入力共分散行列はフルランク行列であり，アンテナアレー全体にわたるベクトル符号化，もしくは受信機における直列干渉除去と同時に，いくつかのスカラ符号送信のいずれかを意味する．入力共分散行列のランクを 1 に制限することはビームフォーミングと呼ばれ，一般的なアレーサイズにおいて非常に演算量の少ないスカラ符号化システムの構築が可能となる．

　CDIT を用いたときの演算量対チャネル容量のトレードオフは，チャネル容量の結果における興味深い側面である．様々なチャネル分布モデルにおける CDIT において，チャネル容量を実現するためにスカラ符号を利用することはビームフォーミング最適化とも呼ばれ，このことは上記のトレードオフを含み，かつそれ自体が研究のトピックとなっている．メモリーレス MIMO ガウスチャネルでは，ベクトル符号化は完全に制限のない信号伝送方法である．シンボル周期ごとのチャネルの利用は，送信アンテナそれぞれへの入力を構成するベクトルシンボルの送信に対応する．理想的には，ベクトル符号語を復号している間，受信機は空間と時間双方の次元への依存性について考慮する必要がある．そのため，ベクトル復号の演算量は，送信アンテナの本数に対して指数関数的に増加する．低演算量のベクトル符号化技術の実装は，複数のスカラ符号語を並列送信することによっても実現可能となる．参考文献 [57] は，チャネル容量の劣化なしに，入力共分散行列はそのランクに関係なく送信機で独立に符号化され，それぞれのステージにおいてその前に復号された符号語の成分を減算することにより，受信機において正確に復号されたスカラ符号語として扱うことができると示している．

しかし，直列型の復号および干渉除去に関する周知の問題（例えば誤り伝搬）があるため，実際のシステムで利用する場合は必ずしも適切な手法ではない．この状況においては，ビームフォーミングの最適化に関する課題が重要となる．ビームフォーミングにより MIMO チャネルは SISO チャネルへと変換することができる．このように，適切に設計されたスカラ符号化復号技術が，チャネル容量に漸近する実現技術として用いられる．そしてビームが一方向であるため，干渉除去は必要ではない．以下に述べる要約において，ビームフォーミングの最適化問題と同様に送信機の最適化問題の結果について示す．はじめに MISO チャネルについて述べ，その後 MIMO チャネルについて述べる．完全な CSIR を用いるとき，SIMO チャネルは，受信機における最大比合成の利用により SISO チャネルに変換することができる．そのため，このようなチャネルについては考慮しないこととする．

MISO チャネル

はじめに，単一受信アンテナと複数送信アンテナを利用するシステムについて考える．チャネル行列はランク1である．すべてのチャネル行列に対して完全な CSIT と CSIR を用いることにより，正確にチャネルの非ゼロ固有モードのみを識別し，モードに従ったビーム成形をすることが可能である．一方，ZMSW モデルでは，完全な CSIR と CDIT を用いることにより，最適入力共分散行列は単位行列の定数倍となる．したがって，送信機が非ゼロチャネルの固有モードを識別する能力を持っていないとき，すべての方向で均等に電力が配置される送信制御となる．

単一受信アンテナと複数送信アンテナを用いるシステムに対して，CSIR と CDIT を用いる送信機最適化問題は，CMI と CCI の分布モデルに対して解明されている．CMI モデル $(\mathbf{H} \sim \tilde{N}(\mathbf{H}_m, \alpha\mathbf{I}))$ では，最適入力共分散行列 $\mathbf{Q}^o$ の主要な固有ベクトルはチャネル平均ベクトルに従い，残りの固有ベクトルに対応する固有値は等しくなる [134]．ビームフォーミングが最適なとき，すべての電力は主要な固有ベクトルに配分される．CCI モデル $(\mathbf{H} \sim \tilde{N}(\mathbf{0}, \mathbf{R}_t))$ では，最適入力共分散行列 $\mathbf{Q}^o$ の固有ベクトルは送信変動の共分散行列の固有ベクトルに従い，固有値は送信変動の共分散行列に対応した固有値と同じ次数になる [134]．ビームフォーミングの最適化に対して必要十分な一般的な条件は，CMI と CCI モデル双方についてチャネル容量の導関数を導くことにより，簡易に得ることができる [61] [6]．

最適化条件を図 2.8 に示す．CCI モデルにおいては，ビームフォーミングの最適化

---

[6]低 SNR での特別な場合は参考文献 [87] 参照．

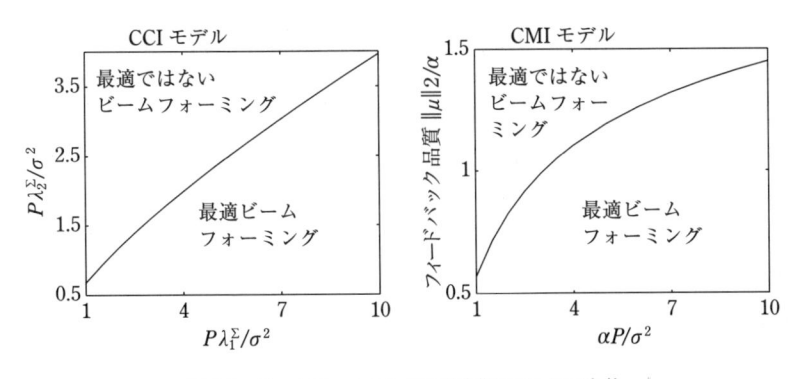

図 2.8 ビームフォーミングの最適化についての条件

は送信機変動の共分散行列の第一固有値 λ_1 と第二固有値 λ_2 および送信電力 P に依存する．送信共分散行列の第一固有値 λ_1 と第二固有値 λ_2 の差が十分に大きい，もしくは送信電力 P が十分に小さいとき，ビームフォーミングが最適となることがわかる．ビームフォーミングは主要な固有モードのみを利用することに対応するので，次に深いレベルよりも十分に深く，かつ給水量が十分ではないとき，最も深いレベルのみがすべてを得るような注水定理を連想させる．CMI モデルでは，ビームフォーミングの最適化は送信電力 P，そして $||\mu||^2/\alpha$ の比として数学的に定義される平均情報に関するフィードバック品質に依存することがわかる．ここで，$\mu = ||\mathbf{H}_m||$ はチャネル平均ベクトルのノルムである．送信電力 P が減少，もしくはフィードバック品質が改善するにつれ，ビームフォーミングが最適になる．先に述べたように，（不定数 α はゼロになるのでフィードバック品質が無限になる）完全な CSIT を用いたとき，最適な入力制御はビームフォーミングである．一方，平均フィードバック（フィードバック品質がゼロになるので CMI モデルは ZMSW モデルになる）がないとき，最適入力共分散行列はフルランクとなる．つまり，ビームフォーミングは必ず準最適である．

量子化チャネル情報に関する大部分の研究では，送信機が量子化チャネルベクトルに従ってビームを形成するビームフォーミング送信制御を仮定している．送信アンテナ本数が量子化ベクトルの数と等しいとき，ビームフォーミングによりエルゴード性容量が実現されることが知られている．これはアンテナ選択法としても知られている．一般的に，対照的な量子化領域において，例えば量子化領域が量子化ベクトルとして $\theta_{\max}$ の最大角度以下，つまり $\theta_{\max} \leq 45°$ になるすべてのチャネルベクトルを構成するとき，量子化ベクトルの数と送信アンテナの本数によらず，ビームフォーミングはエルゴード性容量だけでなくアウテージ容量でも最適である．量子化ビームフォーミ

ングのアウテージ容量は $(t-1)2^{-B/(t-1)}$ となり，完全な CSIT を用いる場合に漸近する．ここで，B はフィードバックビット数であり，t は送信アンテナ数である．一般にエルゴード性容量とアウテージ容量の双方でのビームフォーミングの最適化は，量子化ベクトル数とボロノイ（Voronoi）領域の対照性に依存する [120]．

次のパラグラフでは MIMO チャネルについて，このパラグラフと同様にチャネル容量の結果について示す．

MIMO チャネル

複数送受信アンテナでは，受信機に空間白色フェージング（$\mathbf{R}_r = I$）を与える CCI モデルを用いたとき，CSIR と CDIT を用いたチャネル容量は，単一受信アンテナの場合と同一の特性を示す．チャネル容量を実現する入力共分散行列は送信機変動の共分散行列と同じ固有ベクトルを持ち，固有値は対応する送信機変動の共分散行列の固有値と同じ次数である [57, 73]．チャネル容量に関する式の直接微分は，この場合においても同様に，ビームフォーミングの最適化にとって必要十分条件である．受信機変動の相関行列は最適入力共分散行列の固有ベクトルに影響を与えないが，固有値とそれに対応したチャネル容量に影響を与える．最適ビームフォーミングの一般的な条件は，送信共分散行列の第一固有値と第二固有値および受信共分散行列のすべての固有値に依存する．

複数送受信アンテナを用いた CMI モデルにおける送信の最適化も，単一受信アンテナの場合と同様である．チャネル容量を実現する入力共分散行列の固有ベクトルは，$\mathbf{H}_m{}^*\mathbf{H}_m$ の固有ベクトルと一致する．ここで，$\mathbf{H}_m$ はランダムチャネル行列の平均値である [52, 57, 128]．CMI モデルのチャネル容量は，$\mathbf{H}_m$ の特異値に関して単調性を示す [52]．

これらの結果は，様々なチャネル分布モデルにおいて完全な CSIR を用いる場合と CDIT を用いる場合のチャネル容量としてまとめられる．これらの結果から，受信機から送信機へ CMI もしくは CCI のフィードバックに関する分布情報を用いることの利点が二つある．より多くのチャネル分布情報を用いることによってチャネル容量がさらに増加するだけでなく，このフィードバックにより送信機がより強いチャネルモードを認識することが可能となるため，簡易なスカラ符号語の利用においてもより高いチャネル容量が実現できる．

このパラグラフでは，アンテナ本数に対するチャネル容量の増加量についてまとめる．ZMSW チャネル分布において完全な CSIR と CDIT を用いたとき，チャネル容

量は $\min(M_T, M_R)$ を用いて線形で増加することが参考文献 [33, 121] に示されている．この線形増加は，送信機がチャネルを完全に既知（完全な CSIT）もしくはその分布のみが既知（CDIT）であるときに起こる．増加率と呼ばれるこの線形増加の比例定数は，参考文献 [20, 49, 118, 121] においても示されている．完全な CSIR と CSIT を用いたとき，$\min(M_T, M_R)$ を用いたチャネル容量の増加率は，高 SNR でのチャネルフェージング相関においては減少するが，低 SNR では増加する．その傾きは，無相関フェージングチャネルに対して小さくなるが，空間白色チャネルの送信法を相関のあるフェージングチャネルに用いたときにも，CSIR を用いたときの相互情報量は $\min(M_T, M_R)$ に線形で増加する．次のパラグラフで示されるように，アンテナ本数に対するチャネル容量の線形増加特性には，完全な CSIR を用いる仮定が不可欠である．興味深いことに，アンテナ素子間の最大相関が 0.5 よりも小さいとき，相関の影響は大きくないことが参考文献 [18] で示されている．

次のパラグラフでは，CDI のみが送信機と受信機で利用可能なときのチャネル容量について検討する．

CDIT と CDIR を用いたチャネル容量：ZMSW モデル

前のパラグラフにおいて，完全な CSIR を用いたとき，送信アンテナ数もしくは受信アンテナ数のうち少ないアンテナ本数に対して，線形にチャネル容量が増加することを示した．しかし，信頼性のあるチャネル推定を移動受信機で実現することは，チャネル係数が急速に変動するために容易ではない．ユーザモビリティは無線通信システムを利用する主な動機であるため，ZMSW 分布モデル（つまり **H** は受信機もしくは送信機のどちらかにおいて **H** が既知ではない場合に $\mathbf{H}_w$ となる）において，CDIT と CDIR を用いるチャネル容量特性については特別な関心が向けられる．このパラグラフでは，この領域においての幾つかの MIMO チャネル容量の結果についてまとめる．

CDIR と CDIT を用いたときの ZMSW モデルのブロックフェージングシナリオにおいて，チャネル行列の要素は，T_c シンボル間隔で表されるコヒーレント間隔に対して固定であり，その後は異なる独立した状態へと変化する i.i.d. 複素ガウスランダム変数としてモデル化される．ブロックフェージングモデルでは，チャネルに影響のある入力は長さ T_c のブロック間隔を超える入力である．$T_c \times M_T$ の送信信号行列が統計的に独立な二つの行列の積と等しいとき，チャネル容量が実現される．つまり，$T_c \times T_c$ の等方性分布のユニタリ行列と，ある $T_c \times M_T$ ランダム行列の積であり，これは非負の対角実数行列である [90]．この結果により，多くの興味深い場合についてのチャネル容量の計算が可能になる．予想されるように，固定のアンテナ本数に対してコヒー

レンス間隔 T_c の長さが増えるにつれ，チャネル容量は受信機が伝搬係数を既知であると仮定したときに得られるチャネル容量に漸近する．しかし，このチャネルモデルにより得られる意外な結果がある．完全な CSIR を用いる仮定では $\min(M_T, M_R)$ であるチャネル容量の線形増加があるのに対し，CSIT と CSIR がない状態では，コヒーレンス間隔 T_c の長さを超えた場合，送信アンテナ本数を増やしたとしてもチャネル容量はまったく増加しない．高 SNR では，$M^\star = \min(M_T, M_R, \lfloor T_c/2 \rfloor)$ 以下の送信アンテナ本数を利用することによりチャネル容量が実現される [155]．特に高 SNR では，受信アンテナ本数よりも送信アンテナ本数が大きいとき，チャネル容量の増加はない．SNR が 3 dB 増加するごとに，容量利得は $M^\star(1 - 1/T_c)$ 増加する．

これらの結果は，ブロックフェージングモデルの仮定を必要条件としている．つまり，チャネルフェージング係数は，T_c のシンボル長のブロックにおいて一定であるという仮定である．連続フェージングモデルでは，各々独立な T_c シンボルブロック内に，フェージング係数は任意の時間相関を持つ．フェージングの相関時間と呼ばれる時間遅れ τ を超えたときに相関がなくなり，$\min(\tau, T_c)$ を超えた場合，送信アンテナ数を増加させてもチャネル容量は増加しないことが参考文献 [91] に示されている．しかし，ブロックフェージングの仮定なしに得られた結果は大きく異なる．ZMSW モデルにおいて，CDIT/CDIR モデルに対してブロックフェージング分布の仮定がないとき，高 SNR におけるチャネル容量は SNR の 2 重対数だけ増加することが参考文献 [80] に示されている．この結果は，メモリと部分的な受信機におけるサイド情報を許容したとしても，非常に一般的な条件下で成立することが示されている．

CDIT と CDIR を用いたチャネル容量：CCI モデル

前のパラグラフで示された結果は，チャネル分布として現実的でないモデルが仮定されている．これは，比較的小さなエリアにおいて平均化された大部分のチャネルが，非ゼロ平均あるいは非白色共分散のどちらかになるためである．したがって，これらの分布パラメータが追従可能ならば，チャネル分布は CMI モデルか CCI モデルのどちらかに対応する．

CCI 分布モデルにおいて CDIT と CDIR を用いることを考える．ここでは，コヒーレンス間隔以内である T_c シンボルピリオドにおいて一定である空間的に相関のある複素ガウスランダム変数としてチャネル行列の要素はモデル化される．その後，チャネル行列の要素は，空間相関モデルに基づいた他の独立な状態へ変化する．ここで，チャネル相関は送信機と受信機で既知であることが仮定されている．空間白色フェージング（ZMSW モデル）の場合のように，CCI モデルを用いたとき，$T_c \times M_T$ 送信信号

行列が $T_c \times T_c$ 等方性分布のユニタリ行列と，統計的に独立な $T_c \times M_T$ の非負である対角実数ランダム行列と送信側の変動の共分散行列 $\mathbf{R}_t$ の固有ベクトルの行列の積と等しいとき，チャネル容量は実現される [59]．チャネル容量は，送信側と受信側の変動の共分散行列 $\mathbf{R}_t$ と $\mathbf{R}_r$ の固有ベクトルに独立であり，かつ送信側の変動の共分散行列の最も小さい $(M_T - T_c)^+$ 個の固有値にも独立である．さらに，空間白色フェージングモデルの結果とは対照的に，コヒーレンス間隔長を越えた場合 $(M_T > T_c)$，送信アンテナをさらに追加してもチャネル容量は増加しない．しかし，チャネルフェージング係数が空間的に有相関である限り，送信アンテナを追加することにより常にチャネル容量は増加する．完全な CSIR において独立な変動を用いたときの結果とは対照的に，送受信機において CCI を適用したとき，正確に測定することができないような高速フェージングチャネル $(T_c = 1)$ となる高速移動を扱うこととする．このとき，送信アンテナ間の間隔を最小化することにより，つまり送信側の変動に相関を持たせることにより優位に働くことをこの結果は示している．数学的には，高速変動フェージングチャネル $(Tc = 1)$ におけるチャネル容量は，送信側変動における相関行列の固有値のベクトルのシューア凹 (Schur–concave) 関数である．送信機のフェージング相関によって達成可能な最大のチャネル容量利得は，電力の形で $10 \log_{10} M_T$ dB として示される．

相関のあるフェージングにおけるチャネル容量

実際には，チャネルは例外なく時間と空間において相関を有するため，MIMO チャネル容量へのチャネル相関の影響について検討することが重要である．時間相関は異なる時間に取得されたチャネル行列間で計算される．空間相関は，チャネル行列のアンテナ要素間で計算される．

はじめに，時間相関の影響について述べる．一般的に，完全な CSIR を仮定しないとき，時間相関を有するチャネルに対してシングルレターチャネル容量の特性を得ることは難しい．なぜなら，相関はチャネルに記憶性を持たせる効果があるからである．例えば，チャネルメモリがブロック長 τ に制限されるとき，チャネルを τ シンボルに拡張することについて考慮する必要がある．なぜなら，チャネルを τ シンボルに拡張することは，指数的に大きくなる（メモリ τ に対して指数関数的）入力符号アルファベットサイズを持つことを意味するので，記憶性のあるチャネルの入力最適化問題の演算量は τ に対して指数関数的に増加するからである．時間相関の影響に関する完全な特性が既知でない間は，CSIR が利用できないとき，時間相関によりチャネル容量が増加することを簡易に示すことができる．これは，あるチャネル相関量によって，メ

モリレスチャネルにおいては不可能であるチャネル推定が可能となるためである．時間相関を有するチャネルのチャネル容量が，時間相関がないチャネルのチャネル容量より小さくならないことを示すためのその他の直感的な根拠は，符号語を交互に配置することにより，相関のあるチャネルを無相関チャネルに変換することが可能であることである．

　時間相関を有するチャネルを用いたチャネル容量は，チャネル情報が受信機において完全に既知である（完全な CSIR）と仮定したときに非常に簡易になる．この場合，時間チャネル相関はエルゴード性容量に影響を与えない．なぜなら，受信機においてチャネル知識が利用可能である条件においては，あるシンボルから次のシンボルに関してメモリレスである加法性雑音のみにチャネルのランダム性が起因するからである．したがって，完全な CSIR を用いたとき，チャネル容量のシングルレター特性化は可能であり，エルゴード性容量はチャネル行列の単一情報の周辺分布だけに依存する．完全な CSIR を用いたときのチャネル容量が時間相関に独立である一方，実際の符号化技術による特性は時間相関の影響を受けることに注意する必要がある．一方，強い時間相関は変動が低速なチャネルを意味するので，エルゴード性容量を実現するためにより長い符号語が要求される．一方，（3.4.1 項で議論する直交時空間符号のような）演算量が少ない大部分の符号化技術は，いくつかのシンボルにわたって一定のチャネルに依存する．そして，そのため変動が低速なチャネル（高い時間相関）に対してより良い動作をすることもある．

　次に，空間相関の影響について述べる．空間相関は，散乱環境とアンテナ間隔の関数である．大まかにいうと，異なるアンテナ間におけるフェージングの相関は，周辺散乱体の密度の増加，もしくはアンテナ間距離の増大につれて減少する．例えば，比較的周囲に障害物のない高い場所に位置する基地局は，相関がなくなるアンテナ間距離は散乱体に囲まれた屋内移動端末よりも大きくなる．移動端末は基地局よりも大きさの制限が課されるため，二つの要因はお互いを相殺する．

　完全に一般的な空間相関に対するモデルは，多くの場合は解析が困難であるため，活発な研究領域となっている．最も良く利用されるモデルは，式 (2.12) に示されるクロネッカー積の形である．

$$\mathbf{H} = \mathbf{R}_r^{1/2} \mathbf{H}_w \mathbf{R}_t^{1/2} \tag{2.12}$$

ここで，$\mathbf{H}_w$ は i.i.d. レイリーフェージングチャネルであり，$\mathbf{R}_t$ と $\mathbf{R}_r$ はそれぞれ送受信相関行列である．このモデルは解析的に扱いやすいので魅力的であり，フィールド測定によって適度に正確であるとも認められている．受信機相関の影響に関する評価

2.3 ■シングルユーザ MIMO

は簡単ではないものの,送信機相関の影響に関してはある程度詳細に検討されている.ここでは,参照モデルとしてクロネッカー積モデルを使用し,チャネル容量の送信機側空間相関の影響の背景となる直感について解説した後,この直感を理論的に証明する参考文献を示す.はじめに,完全な CSIR を用いる場合について考える.具体的には,傾向を見定めるために完全に相関のあるチャネル($\text{rank}(\mathbf{R}_t) = 1$)と完全に無相関のチャネル($\mathbf{R}_t = \mathbf{I}_{M_T}$),そして SNR が高いときと低いときの二つの極端な例について考える.ここで,完全に相関のあるチャネルは単一ランクであることに注意する必要がある.したがって,相関はチャネル行列のランクを低下させることになる.これは,チャネル行列のランクによりチャネル容量(多重化利得)が決まる高 SNR において重要な制限である.一方,低 SNR における MIMO システムを考える.低 SNR では,チャネルの最も強い固有モードを送信機が識別することができるとき,最適な送信方法は最も強いチャネルモードへのビームフォーミングとなる.低 SNR でのチャネル容量は,最も強いチャネルモードの強さとその方向へビームフォーミングする送信機の性能に制限されることは明らかである.チャネル行列のランクは,低 SNR においては重要な要素ではない.相関は他の固有モードを代償に,チャネルの主要な固有モードを強化する.言い換えると,相関は多重化利得を減らすが,単一ビームフォーミングを支援する.これらの検討を考慮に入れると,送信機と受信機両方でチャネル状態が既知(完全 CSIT と完全 CSIR)のとき,送信機側での相関は,低 SNR においてはビームフォーミングが最適な処理となるためチャネル容量を増やすが,高 SNR においては多重化利得が制限された要因であるためにチャネル容量を減らすと考えられる.ここで,送信機がまったく CSIT を保持していない状態で,すべての送信アンテナに均一に電力を分配する場合について考える.この場合,低 SNR において相関は役に立たない.なぜなら,送信機は最も強いチャネルモードを識別できないので最適な送信電力の配分を行えないためである.しかし,高い SNR では均一な電力配分がほぼ最適であり(この規範の例外は参考文献 [87] 参照),相関の影響は完全 CSIT を用いた場合と同じである.したがって,均一な電力配分を用いたとき,送信側の相関は低 SNR と高 SNR 両方でチャネル容量を劣化させる.最後に,送信機が CSIT なしであるが,CDIT を通じて相関構造が既知である場合について考える.この場合,低 SNR においては送信機が最も強いチャネルモードを識別し,そのチャネルモードに対してビームフォーミングすることを可能とする.したがって,相関は低 SNR に有用である.高 SNR の場合は,低 SNR に比べてより複雑となる.一方,チャネル相関が既知であるとき,送信機は強いチャネルモードの識別が可能になる.実際に,完全に相関のあるチャネルでは非ゼロの固有モードが一つだけ($\mathbf{R}_t$ の主要な固有ベク

トル）であるので，チャネル相関に関する知識は完全 CSIT といってもよい．しかし，これはチャネルの多重化利得の劣化と相殺される．これら二つの要因は逆に作用するので，MIMO チャネルに対する送信側の相関の影響を簡易に特徴付けることができない．そこで，単一受信アンテナのみを有する場合について考える．この場合，空間多重利得はチャネル相関の有無にかかわらず「1」である．そしてこの場合，相関によりチャネル容量が増える．なぜなら，送信機は強いチャネル固有モードを識別することができるからである．これらの直感的な説明を証明する解析的な検討は，参考文献 [20, 74, 125] で与えられる．

周波数選択性フェージングチャネル

フラットフェージングは信号帯域幅がチャネルコヒーレント帯域幅よりも狭いため，狭帯域システムにおいては現実的な仮定であるが，広帯域通信は周波数選択性フェージングを経たチャネルを含んでいる．周波数選択性フェージングにおける MIMO システムのチャネル容量の検討は，一般的にチャネル帯域幅を並列なフラットフェージングチャネルへ分割し，これらのサブチャネルのそれぞれに対応するチャネル行列から与えられる対角ブロックを用いた全ブロック対角チャネル行列を構築する手法を取る．完全な CSIR と CSIT を用いる仮定においては，総電力が制限されるため，通常の閉形式注水定理となる．ここで，給水は空間と周波数両方に渡って同時になされることに注意する必要がある．この方法 [102] を用いることにより，式 (2.4) により表される MIMO システムモデルによって，SISO 周波数選択性フェージングチャネルも表現することができる．MIMO システムに対する行列チャネルモデルは参考文献 [8] において示されており，その基礎となるのは広帯域フェージング環境における OFDM を用いた MIMO チャネル容量の特性についての解析である．ZMSW モデルにおいて完全な CSIR と CDIT を用いる仮定では，SISO とは異なり，MIMO の場合は周波数選択性フェージングチャネルはエルゴード性容量の観点だけでなく，チャネル容量対アウテージの観点においてもフラットフェージングチャネルよりも利得を得ることがあると示されている．言い換えると，MIMO 周波数選択性フェージングチャネルは，MIMO フラットフェージングチャネルよりもより高いダイバーシチ利得とより高い多重化利得の両方を持つことが示されている．参考文献 [92] に示される測定により，周波数選択性フェージングは，チャネル容量の CDF をフラットフェージングよりも急峻にし，かつ，あるアウテージにおけるチャネル容量を増加させるが，エルゴード性容量への影響は小さいことが示されている．

2.3 ■シングルユーザ MIMO

複数アンテナシステムに対するトレーニング

前のパラグラフでまとめられた結果は，CSI が MIMO システムのチャネル容量を実現するために必須の役割を担っていることを示している．特に，CSIR を用いないときのチャネル容量の結果とは著しく異なり，多くの場合は完全な CSIR を用いる仮定と比べて著しく劣化する．要約すると，完全な CSIR と CDIT を用いることにより，ZMSW もしくは CCI 分布モデルにおける CDIT を仮定するとき，MIMO チャネル容量は $\min(M_T, M_R)$ に対して線形に増加することが知られている．しかし，受信機で信頼性の高い推定（CDIR のみ）をできないほどチャネルが高速に変動する高速フェージング環境では，チャネル容量は，すべての $M_T > T_c$ においては，送信アンテナの本数が増えてもまったく増加しない．ここで，T_c はチャネル相関がなくなるシンボル数である．ZMSW モデルにおける高 SNR においても，CDIR と CDIT を用いるチャネル容量は SNR に2重対数のみで増加するが，完全な CSIR と CDIT を用いるチャネル容量は SNR に対して対数関数的に増加する．したがって CSIR は，複数アンテナ無線リンクにおいて，高いチャネル容量の利点を得るための重要な要素である．多くの場合，CSIR は受信機への既知のトレーニングシンボルの送信によって取得される．しかし，非常に少ないトレーニング時間ではチャネル推定は不十分であり，必要以上のトレーニング時間ではチャネルが変化する前にデータ送信を行うための時間がない．そのため，重要な問題はどれだけの量のトレーニング時間が複数アンテナ無線リンクでは必要であるかということである [48]．これは，トレーニング電力とデータ電力を変化させることができる場合，最適なトレーニングシンボル数は送信アンテナ本数と同じとなる．それは，チャネル行列の有効な推定を保証する最小トレーニングシンボル数でもある．その代わりに，トレーニング電力とデータ電力が等しいことが要求されたとき，最適なトレーニング数はアンテナ本数よりも大きい．興味深いことに，トレーニングによる推定法は高 SNR で最適であるが，低 SNR では準最適である．

行列チャネルへの適用

前のパラグラフで述べられた MIMO チャネル容量は，行列によって表現される任意のチャネルに適用可能であることに注意する必要がある．行列チャネルは，複数アンテナシステムだけでなく，クロストーク [150] や広帯域チャネル [130] にも使用される．符号分割多元接続（CDMA：Code Division Multiple Access）システムは，行列チャネルのその他の主要な適用例である [129]．この章での焦点は複数アンテナにお

けるフラットフェージングチャネルおよび周波数選択性フェージングチャネルであるが，同様のチャネル容量の解析は行列チャネルのチャネル容量を得るためにも適用可能である．

2.3.4 ■ シングルユーザ MIMO の周知の問題

この節でまとめられた結果は様々な CSI と CDI の仮定におけるシングルユーザ MIMO チャネル容量の理解の基礎を形成する．これらの結果により，CSIR/CDIT と CSIT/CDIT を得るための，MIMO 無線リンクにおけるトレーニングとフィードバックの連携の利点に関する有益な指針を示した．しかし，CDI のみを用いる MIMO チャネル容量の検討は，シングルユーザシステムにおいても未だ完全ではない．ここで，多数存在する周知の問題の中のいくつかについて示すことで本節の結論とする．

1. CCI と CMI の併用：CDIT と完全な CSIR を用いたチャネル容量は，単一受信アンテナシステムにおいてさえも CCI と CMI 分布の併用環境下において未解決である．
2. CCI：完全な CSIR と CDIT を用いたチャネル容量は，完全に一般的な（つまり分離不可能な）空間相関に対する CCI モデルにおいては未解決である．
3. CDIR：CDIR のみを用いる大部分のチャネル容量に関しては周知の問題である．
4. アウテージ容量：送信機もしくは受信機どちらかにおいて CDI のみを用いる大部分の結果はエルゴード性容量についてである．チャネル容量対アウテージは，エルゴード性容量よりも解析的に扱いにくいことが証明されており，多くの周知の問題を含んでいる．

2.4 ■ マルチユーザ MIMO

この節では，二つの基本的なマルチユーザ MIMO システムに対するチャネル容量の結果を示す．一つは MIMO 多元接続チャネル（MAC：Multiple Access Channel もしくはアップリンク）であり，他方は MIMO ブロードキャストチャネル（BC：Broadcast Channel もしくはダウンリンク）である．MIMO MAC は，複数アンテナを有する多数の送信機から複数アンテナを有する単一の受信機への送信によって構成される．MIMO BC は，複数アンテナを有する単一の送信機から複数アンテナを有する多数の受信機への送信によって構成される．セルラ型の構造（例えばセルラネットワークもしくは無線ローカルエリアネットワーク）では，MAC は移動端末から基地局へのチャネルに関するモデルであり，BC は基地局から移動端末へのチャネルに関するモデルであ

る．アップリンクとダウンリンクチャネルは図 2.9 に示される．1.4 節で述べたように，複数アンテナはこれらのシステム（たとえば IEEE802.11n もしくは IEEE802.16）ではますます一般的になってきており，このようなチャネルの基本限界を理解することは重要である．全ユーザからの信号は同時に検知されなければならないので，マルチユーザ MIMO 受信機はシングルユーザ MIMO システムよりも非常に複雑な構成となる．マルチユーザ MIMO 検出のための実際の技術は，第 6 章で述べられる．

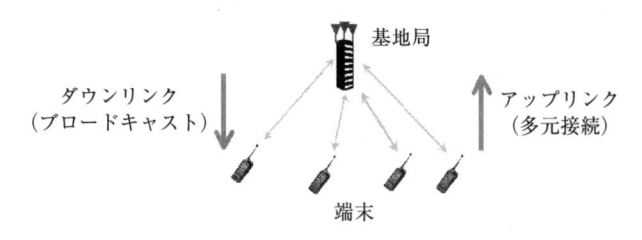

図 2.9　セルラシステムにおけるアップリンク/ダウンリンクチャネル

1 対 1MIMO のチャネル容量は，信頼できる通信に対しての基本的な限界の指標となる．つまり，チャネル容量よりわずかでも小さいあらゆる伝送レートが実現される一方で，チャネル容量よりわずかでも大きい伝送レートは実現不可能である．マルチユーザチャネルにおいては，チャネル容量は類似の定義であるが，チャネル容量は一つの数値で表される代わりに領域（つまり K-次元空間に配置）で表される．なぜなら，複数のユーザそれぞれが異なるレートを持つからである．MAC において，いずれの送信機も基地局に対して独立なメッセージを持つことが仮定され，そのためにそれぞれの送信機で異なるレートを持つ．BC において，送信機はそれぞれの受信機で異なる（そして独立な）メッセージを持つことが仮定される[7]．そして同様に，それぞれの送信機で異なるレートを持つ．したがって容量領域は，誤りが任意に小さい確率によって同時に実現することができる伝送レートの集合として定義される．ここで，複数のメッセージが同時に送信されることに注意することが重要である．つまり，単一の移動端末のみがアップリンクもしくはダウンリンクのどちらかで，基地局もしくはアクセスポイントと通信する時分割多元接続（TDMA：Time Division Multiple Access）のような方法を用いて実現される伝送レートは，容量領域を含んでいるが厳密には一般に準最適である．事実，現在のシステム設計法の大部分とは反対に，時間，周波数

---

[7]ネットワーキング分野ではこれはユニキャストとして表現される．ここでは述べられないが，マルチキャストシナリオでは，すべての受信機で受信されることを所望される単一の共通メッセージがある [66, 74, 76, 97, 116]．

もしくは符号領域の分割なしに複数ユーザへの同時送信（ダウンリンク），もしくは複数ユーザからの同時送信（アップリンク）により実現される非常に大きなチャネル利得が得られる．

マルチユーザ MIMO のチャネル容量に関する利点は，2.3 節で述べられたシングルユーザ MIMO の場合よりも大きくなることである．シングルユーザシステムでは，線形の容量利得を実現するために，複数のアンテナが送信機と受信機の双方に必要である．すなわち，$\min(M_T, M_R)$ 倍のチャネル容量である．ここで，M_T と M_R はそれぞれ送信アンテナ本数と受信アンテナ本数である．しかし，アップリンクとダウンリンクチャネルでは，チャネル容量の同様な線形増加を実現するためには，アクセスポイントのみに複数アンテナを配置すれば十分である．このシナリオでは，M_T をアクセスポイントのアンテナ数，M_R を移動端末それぞれのアンテナ数，K を移動端末の数としたとき，総レート容量（最大スループットもしくはすべてのレートを最大化する容量領域の点）は，アンテナ数とユーザが増えるに従って $\min(M_T, M_R K)$ 倍に増加する．したがって，多数の移動端末を持つことにより，それぞれの移動端末の少ないアンテナ数の配置を補うことになる．これは，物理的なサイズが制限された移動端末に関する重要な点である．

ここでは 2.3 節と同様に，送受信機で利用可能なチャネル情報量に関する様々な仮定において，MIMO MAC と MIMO BC 双方のチャネル容量の算出結果を述べる．マルチユーザ検出もしくは直列干渉除去は，MIMO MAC のチャネル容量を実現するために利用される．この MAC は情報理論の観点からよく検討されているため，MIMO MAC に関する多数の結果が利用可能である．さらに，MIMO MAC チャネル容量を実現するために必要な符号化の演算量は，本質的には 1 対 1MIMO の演算量と同じである．一方，BC には，情報理論において重要とされるよく知られた問題のうちの一つが残っている．しかし，MIMO BC の検討においては非常に大きな進歩があり，いくつかのシナリオにおいては容量領域が既知となった．チャネルが固定であるとき，ダーティペーパ符号化と呼ばれる優れた前処理技術によって，MIMO BC のチャネル容量は実現される．これらの結果は，MIMO BC のチャネル容量に関して大きな知識をもたらしたが，このチャネルのための実用的な符号化方式を確立する問題は，シングルユーザ MIMO のための符号を設計するよりもはるかに難しい．そのため，周知の研究領域として残されている．興味深いことに，MIMO MAC と MIMO BC は，2.4.3 項で議論されるように双対性を持つことが示される．

2.4 ■マルチユーザ MIMO

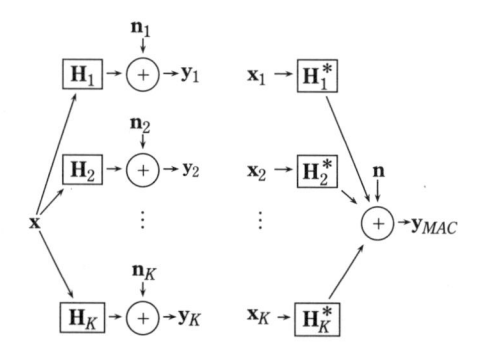

図2.10 MIMO BC(左)と MIMO MAC(右)チャネルのシステムモデル

2.4.1 ■システムモデル

MACとBCについて述べるために,基地局が M_T 本のアンテナ,K 個の移動端末がそれぞれ M_R 本のアンテナを有するセルラタイプのシステムを考える.このシステムのダウンリンク(もしくはフォワードチャネル)は MIMO BC であり,アップリンク(もしくはリバースチャネル)は MIMO MAC となる.ここで,基地局からユーザ i へのダウンリンクチャネル行列を意味する $\mathbf{H}_i$ を使用する.アップリンクとダウンリンクで同じチャネル(つまり TDD システム)を仮定したとき,ユーザ i のアップリンク行列は $\mathbf{H}_i^*$ となる.基地局は,(受信アンテナとして動作する)アップリンクチャネルと同様に,(送信アンテナとして動作する)ダウンリンクチャネルにおいて M_T 本のアンテナを有することを仮定する.このことは,M_R についても同様である.M_R は,(受信アンテナとしての)ダウンリンクと,(送信アンテナとしての)アップリンクにおける各移動端末のアンテナ数である.図 2.10 にシステムモデルを示す[8].

MAC において,ユーザ(つまり移動端末)k の送信信号を $\mathbf{x_k} \in \mathbb{C}^{M_R \times 1}$ とする.$\mathbf{y}_{MAC} \in \mathbb{C}^{M_T \times 1}$ を受信信号とし,$\mathbf{n} \in \mathbb{C}^{M_T \times 1}$ を雑音ベクトルとする.ここで,$\mathbf{n} \sim \tilde{\mathcal{N}}(0, \mathbf{I}_{M_T})$ は単位共分散行列である円対称複素ガウス分布である.基地局における受信信号は,以下の式に等しい.

---

[8] システムを数学的に簡易にするため,かつ MAC–BC の双対性の概念を導入するために,時分割複信(TDD)を仮定する.しかし,この項の結果を真にするためには,この仮定が真である必要はない.さらにダウンリンクチャネルの共役転置として双対性のあるアップリンクチャネルを考える.実際のチャネルは転置演算を通じてのみ関連付けられるべきであるが,数学的に簡易にするために共役を追加する(チャネル容量に影響はしない).

第 2 章 ■ MIMO システムの容量限界

$$\begin{aligned}\mathbf{y}_{MAC} &= \mathbf{H}_1^*\mathbf{x}_1 + \cdots + \mathbf{H}_K^*\mathbf{x}_K + \mathbf{n} \\ &= \mathbf{H}^* \begin{bmatrix} \mathbf{x}_1 \\ \vdots \\ \mathbf{x}_K \end{bmatrix} + \mathbf{n} \text{ where } \mathbf{H}^* = [\mathbf{H}_1^*\ldots\mathbf{H}_K^*]\end{aligned}$$

MAC では,それぞれのユーザ(つまり移動端末)はそれぞれ P_k の電力制限を受ける.ユーザ k の送信共分散行列は,$\mathbf{Q}_k \triangleq E[\mathbf{x}_k\mathbf{x}_k^*]$ として定義される.ここで,電力制限は $k = 1, \ldots, K$ において $\text{tr}(\mathbf{Q}_k) \leq P_k$ を意味している.

BC では,(基地局から)送信されたベクトル信号を $\mathbf{x} \in \mathbb{C}^{M_T \times 1}$ とし,$\mathbf{y}_k \in \mathbb{C}^{M_R \times 1}$ を受信機 k(つまり移動端末)での受信信号とする.受信機 k における雑音を $\mathbf{n}_k \in \mathbb{C}^{M_R \times 1}$ とし,円対称複素ガウス分布 $\mathbf{n}_k \sim \tilde{N}(0, \mathbf{I}_{M_R})$ を仮定する.ここで,ユーザ k の受信信号は式 (2.13) に等しい.

$$\mathbf{y}_k = \mathbf{H}_k\mathbf{x} + \mathbf{n}_k \tag{2.13}$$

入力信号の送信共分散行列は $\mathbf{\Sigma}_x \triangleq E[\mathbf{x}\mathbf{x}^*]$ である.基地局は平均電力制限 P を課せられている.これは,$\text{tr}(\mathbf{\Sigma}_x) \leq P$ を意味している.

MAC では,それぞれの送信機は受信機へ独立したデータ系列(メッセージの配列)を持っていることが仮定される.したがって,各送信機に対してそれぞれ異なるデータレートがあり,容量領域は K 次元の領域である.同様に BC でも,送信機は各受信機へ独立のメッセージを持ち,容量領域も K 次元の領域である.

ここでは複数アンテナチャネルのみを考えるが,$M_T > 1$ かつ $M_R = 1$ の複数アンテナを有する MAC は,単一アンテナ CDMA システムをモデル化に使うことができることが重要である.(ダウンリンクもしくはアップリンクのどちらかの)チャネルベクトルは,それぞれの符号長 M_T におけるユーザの拡散符号を意味している.アップリンクに焦点を当てた数多くの論文が,この領域についてより詳細に検討を行っている(例えば参考文献 [137]).

2.4.2 ■ MIMO 多元接続チャネル(MAC)

この項では,MIMO MAC に関するチャネル容量の算出結果についてまとめる.はじめに背景を与えるために,MAC の容量領域について一般的な結果を示す.その後,MIMO MAC の固定チャネルに続いてフェージングチャネルについて解析する.一般的な MAC の容量領域は既知であるので,固定 MAC に対するチャネル容量はそのま

ま表現することが可能である．フェージングチャネルの場合は，送信機と受信機において利用可能である情報が CSI であるか CDI であるかという点についての異なる仮定を考慮する必要がある．

多元接続のチャネル容量

一般的な MAC の容量領域は，1970 年代に最初に導出された [2, 84]．単一アンテナを有する AWGN の MAC（つまり $M_T = M_R = 1$）の二つの送信機の容量領域は，参考文献 [25] によって与えられている．

$$\begin{aligned} R_1 &\leq \log(1 + |h_1|^2 P_1) \\ R_2 &\leq \log(1 + |h_2|^2 P_2) \\ R_1 + R_2 &\leq \log(1 + |h_1|^2 P_1 + |h_2|^2 P_2) \end{aligned}$$

ここで，簡易化のために 2 ユーザの容量領域を示す．この式は，送信機の任意のアンテナ数における MAC へ，簡易に拡張が可能である．

容量領域を得るために，それぞれの送信機は（1 対 1 の AWGN チャネルにおいて）ガウスコードブックを使用する．そして，受信機はすべての送信機の符号を復号するために，マルチユーザ検出もしくは直列干渉除去を適用する．容量領域は，明らかに五角形領域に対応する．ここで，頂点 $(R_1 = \log(1+|h_1|^2 P_1), R_2 = \log(1+\frac{|h_2|^2 P_2}{|h_1|^2 P_1+1}))$ について考える．干渉除去を利用してこの頂点に対応するチャネル容量を達成するためには，送信機 1 からの符号語（電力 $|h_1|^2 P_1$ の正規分布）を追加の加法性ガウス雑音として扱い，その間に受信機は送信機 2 からのメッセージを復号する．受信機は，受信信号から復号されたメッセージを減算する．続いて，送信機 1 からのメッセージを復号する．第 2 の復号処理の間，干渉はない．なぜなら，送信機 1 は干渉のないチャネルを通じて受信機と通信するからである．容量領域のその他の点 $(R_1 = \log(1+\frac{|h_1|^2 P_1}{|h_2|^2 P_2+1}), R_2 = \log(1+|h_2|^2 P_2))$ は，はじめに送信機 1 の信号の復号操作をし，続いて送信機 2 の符号語の復号操作をすることよって同様に実現される．同じ手法は，次に述べる MIMO チャネルについても最適である．

固定チャネル

任意の $\mathbf{P} = (P_1, \ldots, P_K)$ の電力制限の組に対して，（$\mathcal{C}_{MAC}(\mathbf{P}; \mathbf{H}^*)$ によって表される）MIMO MAC のチャネル容量は以下の式で与えられる．

第 2 章 MIMO システムの容量限界

$$\mathcal{C}_{MAC}(\mathbf{P}; \mathbf{H}^*) \triangleq$$
$$\bigcup_{\{\mathbf{Q}_i \geq 0, \text{tr}(\mathbf{Q}_i) \leq P_i \forall i\}} \left\{ \begin{array}{l} (R_1, \ldots, R_K) : \\ \sum_{i \in S} R_i \leq \log \det(\mathbf{I}_{M_T} + \sum_{i \in S} \mathbf{H}_i^* \mathbf{Q}_i \mathbf{H}_i) \forall S \subseteq \{1, \ldots, K\} \end{array} \right\}$$
(2.14)

ここで,変数 S は $\{1,\ldots,K\}$ の部分集合である.i 番目のユーザは,空間共分散行列 $\mathbf{Q}_i$ を用いてゼロ平均ガウス分布の信号を送信する.共分散行列 $(\mathbf{Q}_1,\ldots,\mathbf{Q}_K)$ のそれぞれの組は,達成可能な伝送レートの K 次元の多面体に対応する.つまり,

$$\{(R_1, \ldots, R_K) : \sum_{i \in S} R_i \leq \log \det(\mathbf{I}_{M_T} + \sum_{i \in S} \mathbf{H}_i^* \mathbf{Q}_i \mathbf{H}_i) \forall S \subseteq \{1, \ldots, K\}\}$$

である.そして,容量領域は,すべてのそのような多面体のトレースの制限を満足するすべての共分散行列の集合に等しい.それぞれの多面体の頂点に対応するチャネル容量は,ユーザの信号を復号し,受信信号からその信号を減算することを連続的に行う直列復号により達成される.2 ユーザの場合,共分散行列のそれぞれの組合せはスカラガウス MAC の容量領域の形式と同様な五角形に対応する.$R_1 = \log \det(\mathbf{I}_{M_T} + \mathbf{H}_1^* \mathbf{Q}_1 \mathbf{H}_1)$ と $R_2 = \log \det(\mathbf{I}_{M_T} + \mathbf{H}_1^* \mathbf{Q}_1 \mathbf{H}_1 + \mathbf{H}_2^* \mathbf{Q}_2 \mathbf{H}_2) - R_1 = \log \det(\mathbf{I}_{M_T} + (\mathbf{I}_{M_T} + \mathbf{H}_1^* \mathbf{Q}_1 \mathbf{H}_1)^{-1} \mathbf{H}_2^* \mathbf{Q}_2 \mathbf{H}_2)$ である頂点は,$\mathbf{x}_1$ を雑音として扱い,$\mathbf{x}_2$ を先に復号することに対応する.そして,$\mathbf{y}_{MAC}$ から $\mathbf{x}_2$ を減算してユーザ 1 の信号を復号する.直列復号により,複素マルチユーザ検出問題をシングルユーザ検出の一連の流れへと簡易化することができる [44].実際には,チャネル容量を実現する直列復号は,シングルユーザ MIMO システムにおいて十分に検討されている技術である BLAST の形式の一つと一致する.したがって,MIMO MAC チャネル容量は,シングルユーザ MIMO システムのチャネル容量と同等の演算量で実現できる.

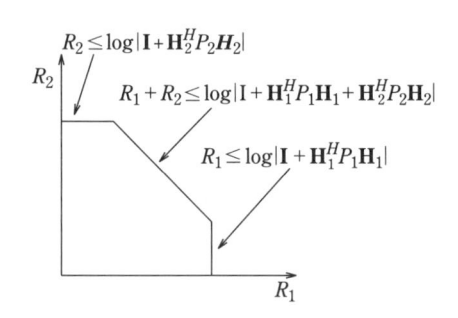

図 2.11　$M_R = 1$ における MIMO MAC の容量領域

2.4 マルチユーザ MIMO

単一送信アンテナの場合（$M_R = 1$）の MIMO MAC の容量領域は，図 2.11 に示される．$M_R = 1$ のとき，送信機それぞれの共分散行列は送信電力に等しいスカラである．ユーザそれぞれは最大電力で送信する．したがって，$M_R = 1$ においての K ユーザ MAC の容量領域は，式 (2.15) を満たすすべてのレートベクトルの組である．

$$\sum_{i \in S} R_i \le \log \det \left(\mathbf{I}_{M_T} + \sum_{i \in S} \mathbf{H}_i^* P_i \mathbf{H}_i \right) \qquad \forall S \subseteq \{1, \ldots, K\} \qquad (2.15)$$

2 ユーザの場合，図 2.11 で示されるように，簡易な五角形へ削減される．

$M_R > 1$ のとき，集合はすべての共分散行列を引き継がなければならない．直感的に R_1 を最大化する共分散行列の組は，総レートを最大化する共分散行列の組とは異なる．さらに，チャネル容量を実現する共分散行列は，注水定理による簡易な特徴付けができない．図 2.12 は，$M_R > 1$ に対する MAC 容量領域を示している．容量領域は五角形の集合（それぞれの五角形は送信共分散行列の異なる組に対応している）と等しく，それらの内のいくつかは図中に破線で示されている．一般に，容量領域の境界は，総レートを表す点を除き曲線となる．ここで，境界は直線であり，シングルユーザ容量が達成される平面上に存在する [151]．境界の曲線上の各点は，共分散行列の様々な組合せにより実現される．ポイント A では，ユーザ 1 は最後に復号され，チャネル $\mathbf{H}_1$ の給水によって $\mathbf{Q}_1$ を選択することによりシングルユーザチャネル容量を実現する（2.3.2 項で述べるように X_1 から Y への固定 MIMO チャネルのチャネル容量を実現する入力信号）．はじめに，ユーザ 1 からの干渉がある中で，ユーザ 2 は復号される．そのため，チャネル $\mathbf{H}_2$ の給水とユーザ 1 からの干渉を考慮して $\mathbf{Q}_2$ は選択される．総伝送レートを表している頂点 B と C は，総伝送レート最適共分散行列 $\mathbf{Q}_1^{sum}$ と $\mathbf{Q}_2^{sum}$ に対応する五角形の二つの頂点である．これらの共分散行列はユーザに対して個々に最適ではないが，受信機において復号可能な総伝送レートの観点では最適である．ポイント B ではユーザ 1 が最後に復号されるのに対し，ポイント C で

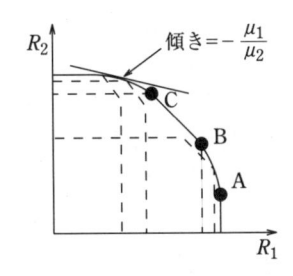

図 2.12 $M_R > 1$ における MIMO MAC の容量領域

はユーザ 2 が最後に復号される．直列復号は総チャネル容量平面の頂点を得るために使用され，異なる復号順序間の時分割もしくはマルチユーザ検出は内部の点を実現するために使用される．

次に，MIMO MAC 容量領域の境界上の異なる点を得る最適共分散行列（$\mathbf{Q}_1,\ldots,\mathbf{Q}_K$）の特性について焦点を当てる．MAC 容量領域は凸面であるので，容量領域の境界は容量領域ですべてのレートベクトルにわたって，かつ $\sum_{i=1}^{K}\mu_i = 1$ を満たすすべての非負の重要な重み（$\mu_1,\ldots,\mu_K$）に対して関数 $\mu_1 R_1 + \cdots + \mu_K R_K$ を最大化することにより完全に特徴付けられることは，凸面理論からよく知られている．このことは，重要な重み（$\mu_1,\ldots,\mu_K$）の決められた組においては，重要な重みによって定義される傾きの線の接線である容量領域境界上の点を探すことに相当する．例として，図 2.12 の接線を参照する．MAC 容量領域の構造は，容量領域の全境界点（総チャネル容量を定義する平面を除く）が，共分散行列の様々な組に対応する多面体の頂点であるということを示唆している．さらに，頂点は優先順位の昇順で直列復号を行うことに相当する．つまり，最高優先順位のユーザは最後に復号されなければならないために，干渉がない状態でなければならない [122, 132]．したがって，降順の優先順位 $\mu_1,\ldots,\mu_K$ に対応する容量領域上の境界点を見つける問題は，式 (2.16) のようになる（ユーザはこの条件を満たすために任意に再番号化することができる）．

$$\max_{\mathbf{Q}_1,\ldots,\mathbf{Q}_K} \mu_K \log\det\left(\mathbf{I}_{M_T} + \sum_{l=1}^{K}\mathbf{H}_l^*\mathbf{Q}_l\mathbf{H}_l\right)$$
$$+ \sum_{i=1}^{K-1}(\mu_i - \mu_{i+1})\log\det\left(\mathbf{I}_{M_T} + \sum_{l=1}^{i}\mathbf{H}_l^*\mathbf{Q}_l\mathbf{H}_l\right) \quad (2.16)$$

そしてこの式は，それぞれの共分散行列のトレースに関して電力制限が課せられる．上記関数を最大化する共分散が最適共分散であることに注意する必要がある．最適化問題は凸面なので，最適化問題を解くために効率的な解析手法を利用することができる [11]．繰り返し注水アルゴリズムは，共分散行列を最大化する（つまり $\mu_1 = \cdots = \mu_K$）総レートを見つけるために非常に効果的なアルゴリズムである [151]．このアルゴリズムは連携降順法である．ここで，他のすべてのユーザからの干渉を加法性雑音として扱う一方で，それぞれのユーザは自身の送信共分散を貪欲に最適化する．

MIMO MAC の総伝送レート容量を考慮する際の重要な点は，一次増加する項である．実際に，それぞれ M_R 本のアンテナを有する K 個の送信機と M_T 本のアンテナを有する単一送信機の MIMO MAC は，$M_R K$ 送信アンテナ，および M_T 受信アンテナの 1 対 1MIMO チャネルと密接に関係している．さらに，これらの二つ

のチャネルは同一の多重化利得を持つ．つまり，MIMO MAC の総チャネル容量は，$\min(M_T, M_R K) \log(\text{SNR})$ として近似される [68]．したがって，多数のユーザが存在するシステムにおいては，チャネル容量は基地局のアンテナ本数が増加することに対してほぼ線形に増加する．このことは，マルチユーザシステムにおける MIMO の重要な利点である．

フェージングチャネル

シングルユーザの場合のように，フェージング MIMO MAC のチャネル容量は，チャネル容量の定義と，送信機と受信機において CSI と CDI が利用可能であるかに依存する．ZMSW モデルにおける完全 CSIR と CDIT を用いたチャネル容量と同様に，完全な CSIR と CSIT を用いたときのチャネル容量はよく検討されている．しかし，CMI もしくは CCI 分布モデルにおける CDIT を用いた MIMO MAC のチャネル容量の検討は進んでいない．ZMSW 分布において，CDIT と CDIR を用いる単一アンテナの場合の，最適分布におけるいくつかの結果が，参考文献 [108] に示されている．

完全な CSIR と CSIT を用いたとき，システムは共通の電力制限を共有している並列の干渉のない MIMO MAC（それぞれはそれぞれのフェージング状況）の組として見ることができる．したがって，エルゴード性容量領域はこれらの並列 MIMO MAC 容量領域の平均として得ることが可能である [152]．ここで，平均化はチャネル統計量に関して行われる．参考文献 [151] の繰り返し注水アルゴリズムは，空間と時間において結合した給水によってこの場合に拡張される．

完全な CSIR と CDIT を用いた単一アンテナ MAC の容量領域は，参考文献 [34, 109] に示されている．これらの結果は，MIMO チャネルへ簡易に拡張することが可能である．このシナリオでは，ガウス分布を持つ入力信号が最適であり，エルゴード性容量領域は固定送信（つまり各送信機における入力共分散行列は全時間で固定）の指針を用いて，それぞれのフェージング瞬間において得ることが可能なチャネル容量の時間平均と等価である．したがって，エルゴード性容量領域は以下で与えられる．

$$\bigcup_{\{\mathbf{Q}_i \geq 0, \text{tr}(\mathbf{Q}_i) \leq P_i \forall i\}} \left\{ (R_1, \ldots, R_K) : \sum_{i \in S} R_i \leq E_\mathbf{H} \left[\log \det \left(\mathbf{I}_{M_T} + \sum_{i \in S} \mathbf{H}_i^* \mathbf{Q}_i \mathbf{H}_i \right) \right] \right.$$
$$\left. \forall S \subseteq \{1, \ldots, K\} \right\}$$

これは，チャネル分布の期待値を追加した固定 MIMO MAC のチャネル容量の式と等しい．容量領域の境界は式 (2.16) の最大化により特徴付けられるが，フェージング

分布上における期待値を取ることが，演算上，この問題を難しくする．

チャネル行列 $\mathbf{H}_i$ が ZMSW で，それぞれのユーザが同じ電力制限（そして完全 CSIR と CDIT）を受けているとき，最適共分散行列は単位行列の定数倍である．つまり $\mathbf{Q}_i = \frac{P_i}{M_R}\mathbf{I}$ となる [121]．このシナリオでは，共分散行列を一つ選択することによって容量領域全体が得られる．一般に，その他のフェージング分布のとき，これは真実ではない．つまり，フェージングのない MIMO MAC の場合のように，容量領域境界上の異なる点を得るために様々な共分散が必要とされる．（単位行列を定数倍した共分散行列を使用することによって得られる）MAC の総レート容量は，式 (2.17) および式 (2.18) と等価である．

$$\mathbb{C}_{MAC}^{sum}(\mathbf{P};\mathbf{H}^*) = E_{\mathbf{H}}\left[\log\det\left(\mathbf{I}_{M_T} + \sum_{i=1}^{K}\mathbf{H}_i^*\left(\frac{P_i}{M_R}\mathbf{I}_{M_R}\right)\mathbf{H}_i\right)\right] \quad (2.17)$$

$$= E_{\mathbf{H}}\left[\log\det\left(\mathbf{I}_{M_T} + \frac{P_i}{M_R}\mathbf{H}^*\mathbf{H}\right)\right] \quad (2.18)$$

ここで，P_i は i 番目の送信機の電力制限であり，すべての i で $P_i = P$ を仮定している．この表現は，式 (2.10) によって与えられる $M_R K$ 本の送信アンテナかつ M_T 本の受信アンテナを有する ZMSW モデルにおいて，完全な CSIR と CDIT を用いたシングルユーザ MIMO チャネルのエルゴード性容量となる．したがって，K 個の送信機間で協調していないときにおいても，このフェージングモデルにおいてはチャネル容量は劣化しないため，MAC は完全に協調したモデルと同じチャネル容量を得る．これは，MAC 総チャネル容量が，完全な CSIR と CDIT を用いるとき，$\min(M_T, M_R K)$ 倍されることを意味する．CCI と CMI モデルにおいて完全な CSIR と CDIT を用いる MIMO MAC についてもすでに検討されているが，条件を制限した結果のみが報告されている [51, 62]．

一般に MIMO MAC では，受信機において完全な CSI を持っていることが必要であり，CSIT は MIMO によるチャネル容量においての利点を得るためには重要ではない．なぜなら，フェージングのある MAC では，独立したガウス分布を持つ符号語を（各ユーザにおいての）各アンテナから送信することができるからである．次の総レートは，式 (2.18) の右項によって与えられる．すべてのユーザが同じ電力制限であり，それぞれのチャネルが ZMSW であるとき，この方法は最適であるが，一般的にその他のシナリオでは準最適である．しかし，この簡易な送信法が，合計 $M_R K$ 本の送信アンテナから M_T 本の受信アンテナへの 1 対 1MIMO チャネルのチャネル容量と同じ総チャネル容量を実現するのは明らかである．つまり，総チャネル容量は，

$\min(M_T, M_R K)\log(\text{SNR})$ だけ増加する．したがって，多数のユーザが存在するシステムにおいて，移動機がアンテナ本数（M_R）を保持したまま，基地局の受信アンテナ本数（M_T）を増加させることにより，チャネル容量は線形増加となる．

前述したように，CSIR と CDIT は線形の容量増加を得るためには十分であるが，CSIT の利用によりさらにチャネル容量が増加する．しかし，$\min(M_T, M_R K)$ の線形増加とはならない．1 対 1MIMO チャネルにおいて検討したように，CSIT は低 SNR において著しい特性の改善を与えるが，高 SNR では CSIT の価値はなくなる．さらに，基地局アンテナ本数（M_T）とユーザ数（K）が一定の比を持って無限大になるとき，CDIT と比較すると CSIT による利得はなくなる [137].

2.4.3 ■ MIMO ブロードキャストチャネル（BC）

本項では，MIMO BC のチャネル容量についてまとめる．はじめに，一般的な BC と単一アンテナ BC について述べ，その後 MIMO BC に対するダーティペーパ符号化（DPC：Dirty Paper Coding）を説明する．その後，MIMO BC のチャネル容量に関するパラグラフを導く MAC と BC 間の双対性の関係について述べる．

ブロードキャストチャネル容量

MAC とは異なり，BC の容量領域に対する一般的な数式表現は未知である．実際にこの数式表現は，マルチユーザ情報理論において最も基本的な未解決の問題の一つである．しかし，BC の特定の条件においての容量領域については既知である．これらは，受信機が受信強度の絶対値で並べられた劣化した BC の分類である [25]. 単一アンテナ AWGN BC はこの分類（ユーザは完全に受信強度の絶対値の観点で分類される）に該当し，2 ユーザチャネル（$|h_1| > |h_2|$ と仮定しても一般化を失わない）の容量領域は，$\alpha \in [0,1]$ を満たすある α において以下の数式を満足するすべてのレートの組で与えられる．

$$\begin{align} R_1 &\leq \log(1 + \alpha|h_1|^2 P) \\ R_2 &\leq \log\left(1 + \frac{|h_2|^2(1-\alpha)P}{\alpha|h_2|^2 P + 1}\right) \end{align}$$

容量領域を得るためには，異なる受信機に対する符号語はその他のユーザに対する符号語に重畳し，かつ直列干渉除去を受信機の一部で使用しなければならない．AWGN チャネルでは，送信機はそれぞれの受信機で独立なガウス分布を持つ符号語を生成し（受信機 1 では電力 αP，受信機 2 では電力 $(1-\alpha)P$），それらの符号語を加算した

信号を送信する．より大きいチャネル利得を持つ受信機 1 では，受信信号から受信機 2 を対象とする符号語を最初に復号する．その後，目的の符号語を復号する．受信機 2 は，$|h_1| > |h_2|$ の仮定により，最初に受信機 1 の符号語を復号することができない．したがって受信機 2 は，目的の符号語を復号する際，受信機 1 への符号語を加法性雑音（αP の電力）として扱う．

しかし，2 本以上のアンテナを有する送信機のとき，一般にガウス分布を持つ BC は劣化しない．なぜなら，行列チャネルは部分的に順番付けられるのみだからである．つまり，チャネルの絶対的な順番は存在しない．結果として，単一アンテナを有する BC において，チャネル容量を実現する直列復号技術は，MIMO では効果的ではない．したがって，次のパラグラフで述べられる代替の技術を用いなければならない．

DPC によって達成されるレート領域

すでに述べたように，MIMO BC の受信機において，マルチユーザ干渉を低減するための直列干渉除去は効果的な動作ができない．しかし，マルチユーザ干渉の基本的な前除去処理をするために，DPC を送信機において用いることができる [13, 21, 148]．その結果としてもたらされるレートは直列干渉除去から期待されるレートを再現する．DPC の基本的な仮定は，加法性雑音（$y = x + s + n$）のある 1 対 1AWGN チャネルを考えることによって示すことができる．ここで，x は送信信号（電力制限 P を条件とする），y は受信信号，n はガウス雑音，s は加法性干渉である．送信機において干渉信号 s の知識が完全に既知であるとき，受信機においてその知識が既知でなくても，加法性干渉がない（たとえば $\log(1 + P)$）ときのチャネル容量が得られる．DPC は原因となる既知の干渉を送信機において前除去する手法であるが，そのような方法では送信電力が増加するわけではない．ネスト型ラティス符号（nested lattice codes）に基づく干渉の前除去処理を実現する，より現実的で一般的な手法は，参考文献 [30] によって与えられる．

MIMO BC では，受信機ごとに異なる符号語を選択したときに，DPC を送信機に適用することができる．はじめに，送信機は受信機 1 のための符号語（つまり $\mathbf{x}_1$）を選択する．そして，送信機は受信機 1 を対象とする符号語の完全な（因果性のない）知識を用いて，受信機 2（つまり $\mathbf{x}_2$）を対象とする符号語を選択する．したがって，受信機 1 の符号語が受信機 2 に対する干渉とならないように，ユーザ 1 の符号語を前除去しておくことができる．同様に，受信機 3 にとって受信機 1 と 2（つまり $\mathbf{x}_1 + \mathbf{x}_2$）の信号が干渉として見えないように，受信機 3 の符号語が選択される．この処理は，K 個の受信機すべてに適用される．$N(0, \boldsymbol{\Sigma}_i)$ に従って $\mathbf{x}_i$ が選ばれ，かつユーザ $\pi(1)$

がはじめに復号され，その後ユーザ $\pi(2)$ が続いて復号され，以下同様に復号されたとき，次式が達成可能なレートベクトルである．

$$R_{\pi(i)} = \log \frac{\det\left(\mathbf{I}_{M_R} + \mathbf{H}_{\pi(i)}(\sum_{j \geq i} \mathbf{\Sigma}_{\pi(j)})\mathbf{H}_{\pi(i)}^*\right)}{\det\left(\mathbf{I}_{M_R} + \mathbf{H}_{\pi(i)}(\sum_{j > i} \mathbf{\Sigma}_{\pi(j)})\mathbf{H}_{\pi(i)}^*\right)} \qquad i = 1, \ldots, K \qquad (2.19)$$

入力共分散行列の変動と符号化順により，様々な伝送レートが得られる．ここで，受信機 $\pi(i)$ において送信された信号 $\mathbf{x}_{\pi(1)}, \ldots, \mathbf{x}_{\pi(i-1)}$ が既知であるとき，同一の伝送レートが達成される．ダーティペーパ領域を $\mathcal{C}_{DPC}(P, \mathbf{H})$ は，$\mathrm{tr}(\mathbf{\Sigma}_1 + \cdots + \mathbf{\Sigma}_K) = \mathrm{tr}(\mathbf{\Sigma}_x) \leq P$ を満たすので，全半正定共分散行列 $\mathbf{\Sigma}_1, \ldots, \mathbf{\Sigma}_K$ 上の全レートベクトル集合の凸包として定義され，$(\pi(1), \ldots, \pi(K))$ の全順列組合せに対して以下の式で表される．

$$\mathcal{C}_{DPC}(P, \mathbf{H}) \triangleq Co\left(\bigcup_{\pi, \mathbf{\Sigma}_i} \mathbf{R}(\pi, \mathbf{\Sigma}_i)\right) \qquad (2.20)$$

ここで，$\mathbf{R}(\pi, \mathbf{\Sigma}_i)$ は式 (2.19) によって与えられる伝送レートの組である．送信信号は $\mathbf{x} = \mathbf{x}_1 + \cdots + \mathbf{x}_K$ であり，入力共分散行列は $\mathbf{\Sigma}_i = E[\mathbf{x}_i \mathbf{x}_i^*]$ の形である．ダーティペーパの結果から，$\mathbf{x}_1, \ldots, \mathbf{x}_K$ が無相関であるとわかる．これは，$\mathbf{\Sigma}_x = \mathbf{\Sigma}_1 + \cdots + \mathbf{\Sigma}_K$ を意味している．

式 (2.19) のダーティペーパ伝送レートの式において注目する一つの重要な特徴は，伝送レートの式が共分散行列の凹もしくは凸関数のどちらかであることである．これにより，ダーティペーパ領域を見つけることは，数学的に困難な問題になる．

MAC–BC の双対性

MIMO BC チャネル容量の算出結果を求めるための重要な要素は，MIMO BC と MIMO MAC 間の関係の双対性である．双対性の関係は，電力制限 P のとき，複数アンテナ BC のダーティペーパレート領域がデュアル MAC である場合の容量領域の集合と等価となる．ここで集合は，総量 P となるすべてが独立な電力制限に支配される [133]．

$$\mathcal{C}_{DPC}(P, \mathbf{H}) = \bigcup_{\mathbf{P}:\sum_{i=1}^{K} P_i = P} \mathcal{C}_{MAC}(P_1, \ldots, P_K, \mathbf{H}^*) \qquad (2.21)$$

これは，すでに求められたスカラガウス分布を持つ BC と MAC 間の双対性を，複数アンテナへ拡張したものである [71]．二つの伝送レート領域間の関係に加えて，参考文献 [133] では，MAC/BC における任意の共分散行列の組に対して，BC/MAC において同一の伝送レートを実現する共分散行列の組を明快に見つける変換法が記述さ

れている．式 (2.21) における MAC 容量領域の集合は，拘束条件を $\mathrm{tr}(\mathbf{Q}_i) \leq P_i \forall i$ の代わりに $\sum_{i=1}^{K} \mathrm{tr}(\mathbf{Q}_i) \leq P$ とした式 (2.14) と同様な数式表現（つまり個々の拘束条件に代えて総量の制限をしたとき）とも見なせる．この双対性が成り立つとき，デュアル MAC 容量領域における全レートベクトルは，MIMO BC で実現可能である．伝送レートの多面体の各面に対応した MAC 共分散行列のそれぞれの組は，式 (2.15) に示されている．多面体のそれぞれの頂点は，MAC においては特定の順番による直列復号を用いることによって実現可能であり，MIMO BC においては逆の符号化順による DPC を用いることによっても実現可能である．

デュアル MAC 領域の境界は凸面最適化問題として割り当てられ，またダーティペーパ領域は凸面最適化問題のため特定することができないので，MAC–BC の双対性は計算量の点から非常に有用である．結果として，最適な MAC 共分散行列は標準的な凸面最適化手法により求めることができ，参考文献 [133] によって与えられる MAC–BC 変換により，対応した最適な BC 共分散行列に変換される．$M_T = 2$, $M_R = 1$ である 2 ユーザチャネルの場合におけるダーティペーパレート領域を図 2.13 に示す．

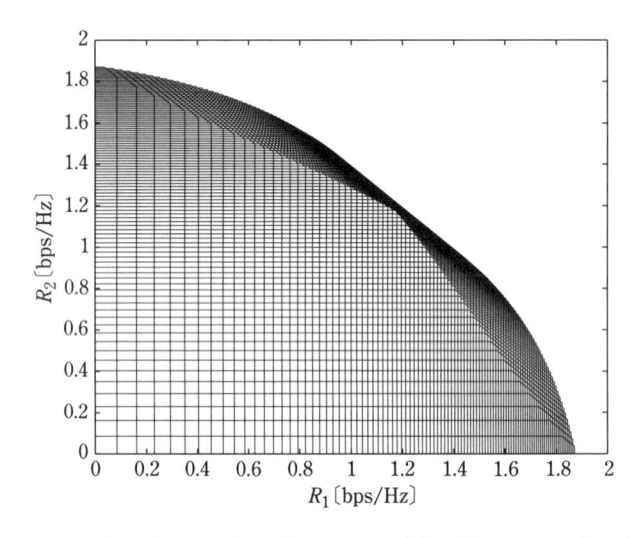

図 2.13 　$\mathbf{H}_1 = [1\ 0.5]$, $\mathbf{H}_2 = [0.5\ 1]$, $P = 10$ のときのダーティペーパレート領域

図 2.13 に示されるダーティペーパレート領域は，それぞれの MAC 領域が独立な電力制限をもつ様々な組に対応するので，実際には MAC 領域の集合である．ここでは $M_R = 1$ であるので，MAC 領域のそれぞれは 2.4.2 項で述べられたように五角形である．MAC 容量領域と同様に，DPC 領域は境界の総レートが最大の部分を除いて

曲線となる．

双対性を用いることにより，MIMO MAC 容量領域をデュアルダーティペーパ BC レート領域の交点として表すことが可能である [133（命題 1）]．

$$\mathcal{C}_{MAC}(P_1,\ldots,P_K,\mathbf{H}^*) = \bigcap_{\boldsymbol{\alpha}>0} \mathcal{C}_{DPC}\left(\sum_{i=1}^{K}\frac{P_i}{\alpha_i}; [\sqrt{\alpha_1}\mathbf{H}_1^T \cdots \sqrt{\alpha_K}\mathbf{H}_K^T]^T\right) \quad (2.22)$$

固定チャネルの容量

前のパラグラフでは，送信機における干渉を前除去するために，どのように DPC 法を MIMO BC へ適用するかについて述べた．実際に，この方法によって MIMO BC の容量領域を得ることが示された [141]．DPC の最適性は，はじめに参考文献 [13, 133, 136, 149] において総レート容量に対して示され，その後すべての容量領域に拡張された [141]．DPC は（$\mathcal{C}_{BC}(P,\mathbf{H})$ によって表される）容量領域を得るので，容量領域は式 (2.20)，つまり $\mathcal{C}_{BC}(P,\mathbf{H}) = \mathcal{C}_{DPC}(P,\mathbf{H})$，によって与えられる．しかし，伝送レートに関する数式は入力共分散行列の凸関数ではないため，容量領域を表す $\mathcal{C}_{BC}(P,\mathbf{H})$ を定量的に導出することは難しい．前のパラグラフで示された MAC–BC の双対性より，MIMO BC の容量領域についてのより簡易な表現は，MIMO MAC の総電力の項によって与えられる．

$$\mathcal{C}_{BC}(P;\mathbf{H}) = \mathcal{C}_{MAC}(P;\mathbf{H}^*) = \bigcup_{\{\mathbf{Q}_i \geq 0, \sum_{i=1}^K \operatorname{tr}(\mathbf{Q}_i) \leq P\}} \left\{ \begin{array}{l} (R_1,\ldots,R_K): \\ \sum_{i \in S} R_i \leq \log\det\left(\mathbf{I}_{M_T} + \sum_{i \in S}\mathbf{H}_i^*\mathbf{Q}_i\mathbf{H}_i\right) \forall S \subseteq \{1,\ldots,K\} \end{array} \right\}$$
(2.23)

ここで，$\mathbf{Q}_i$ はデュアル MAC 共分散行列である．前述したように，この特性の重要な特徴は，伝送レートに関する数式が入力共分散行列の凸関数であることである．したがって，定量的に MIMO BC 容量領域を計算するために，電力凸面最適化アルゴリズムを利用することが可能である．

MIMO BC の容量領域は凸面領域であり，その境界は，容量領域における全レートベクトル上と $\sum_{i=1}^{K}\mu_i = 1$ になるようなすべての非負係数 $(\mu_1,\ldots,\mu_K)$ に対して，関数 $\mu_1 R_1 + \cdots + \mu_K R_K$ を最大化することで得られる．MIMO BC 容量領域の最適表現は，（総電力制限を伴う）MIMO MAC 容量領域を用いることで得られるので，

MIMO BC 容量領域の境界が同様に見つかることも直感的にわかる．事実，MIMO BC 容量領域の境界は，共分散行列の総電力制限を条件として，式 (2.16) の最大化を解くことにより見つけることができる．標準的な凸面最適化手法を，この最適化問題を解くことに利用することができる．そして，このアルゴリズムを適用した特定の場合は，参考文献 [139] に示されている．前述したように，DPC における符号化順は MAC における復号順の逆である．そのため容量領域の境界では，符号化は降順を優先して実行されるべきである．つまり，最低優先度のユーザは最後に符号化され，最も大きな干渉除去効果を持つべきである．総レート容量（つまり $\mu_1 = \cdots = \mu_K$）に対する Karush-Kuhn-Tucker（KKT）条件に基づいた効果的なアルゴリズムは，参考文献 [70, 77, 146] に示されている．特に興味深い手法は，参考文献 [70] に示される総電力繰り返し注水アルゴリズムであり，MAC に対する繰り返し注水アルゴリズムにおいて，一定の電力制限に従って全ユーザが同時に給水するという違いを持つ．

MIMO MAC と同様に，SNR を無限大に近づけると，MIMO BC の総レート容量はほぼ $\min(M_T, M_R K) \log(\text{SNR})$ で増加する．言い換えると，完全に CSIR と CSIT が既知である MIMO BC は，$\min(M_T, M_R K)$ の多重化利得を持つということである．つまり，1 対 1 の $M_T \times M_R K$ MIMO システムと同じである．さらに，SNR を固定とし，送信アンテナ数と受信機（$M_R = 1$）数を $M_T \geq K$ において無限大に近づけたとき，ZMSW モデルにおける総チャネル容量は，完全に CSIR と CDIT が既知であるときの $K \times M_T$ の 1 対 1MIMO チャネルと同様の一定増加となる（MIMO BC において K は受信機の数を示す一方で，等価な 1 対 1 チャネルにおいては K は送信アンテナ数を示す [50]）．

フェージングチャネル

フェージング MIMO BC における容量領域は，送信機と受信機において CSI が利用可能であるか否かに大きく依存する．以下に述べるように，送信機においてはチャネルの理解度が特に重要である．

完全に CSIR と CSIT が既知であるとき，総電力が制限された条件において，MIMO BC は並列なチャネルへ分割することができる [147]（単一アンテナチャネルの扱いは参考文献 [82] を参照）．明らかに，$\min(M_T, M_R K)$ の最大多重化利得がこのシナリオで得られる．

受信機では完全に CSI が既知であるが，送信機においては CDI のみが既知であるシナリオは，現実的かつ興味深い状況である．しかし，一般的にこのシナリオにおいては，チャネル容量と多重化利得でさえいまだ知られていない．さらに DPC 法は，マ

2.4 ■マルチユーザ MIMO

ルチユーザ干渉を完全に除去するために完全な CSIT を必要とする．したがって，このようなフェージングチャネルのためにどのような送信法を用いるべきかについては，いまだ明確ではない．

CSIR と CDIT が既知であり，かつチャネル容量が既知である特別な場合は，全受信機が同じチャネル分布（たとえばすべて ZMSW）で，同じアンテナ本数のときである．この状況では，K チャネルは統計的に独立である．つまり，すべての xy で $p(Y_1 = y|x) = \cdots = p(Y_K = y|x)$ [9]である．これは，K 個の受信機のいずれかによって符号語の復号が可能であるとき，受信機 1 も同じ符号語を復号可能であることを意味する．このことは，受信機 1 が送信機から送信されたすべてのメッセージを復号することができることを同様に意味している．したがって，MIMO BC の総レート容量は，送信機から任意の単一受信機へのチャネル容量によって，その上限が決められている．そのため，容量領域は $C_{BC}(P) = \{(R_1,\ldots,R_K) : \sum_{i=1}^{K} R_i \leq C_1(P)\}$ によって与えられる．ここで $C_1(P)$ は，送信機から任意の受信機の 1 対 1 チャネル容量である．各チャネルが ZMSW モデルに従うとき，チャネル容量は式 (2.11)，つまり $C_1(P) = E_\mathbf{H} \left[\log \det \left(\mathbf{I}_{M_R} + \frac{P}{M_T} \mathbf{H}_1 \mathbf{H}_1^* \right)\right]$ によって与えられる．したがって，MIMO BC において達成可能な伝送レートは，送信機から任意の受信機への 1 対 1 チャネル容量に制限される．言い換えると，このシナリオにはマルチユーザの利点が一つもないということである．$C_1(P)$ は $\min(M_T, M_R)$ のみの多重化利得を持つため，完全な CSIT が既知であるときに可能となる $\min(M_T, M_R K)$ とは対照的に，総レート容量も $\min(M_T, M_R)$ のみの多重化利得を持つ．これは，$\min(M_T, M_R K)$ の最大多重化利得を実現するために CSIR と CDIT を必要とする MIMO MAC とは異なる．この考え方は，参考文献 [58] において詳細に検討されている．ここでは，チャネルフェージング分布が空間的に無指向性であるとき，つまり送信機が K チャネルそれぞれの空間指向性に関する情報を持っていないときに MIMO BC の多重化利得が失われることが示されている．

CSIR と CDIT が完全に既知であり，異なるユーザが統計的に同じチャネルを有していないときの容量領域については，まったく知られていない．たとえば，$K = 2, M_T = 2, M_R = 1$ の CMI モデルによるシステムを考える．$E[\mathbf{H}_1] \neq E[\mathbf{H}_2]$（異なる平均値）なら，2 ユーザのチャネルは統計的に同一ではない．したがって，これまで述べられ

---

[9]統計的に等価な K 個の受信機は，CDIT に大きく依存し，かつ CSIT の欠落に大きく依存する．CSIT がある場合，チャネルそれぞれが同じモデルに従うとしても，$p(y_i|x)$ の代わりに $p(y_i|x, H)$ を考慮しなければならないため，統計的な等価性は失われる．また，CDIT が既知である場合の統計的な等価性は，ZMSW モデルに依存しない．なぜなら，$\mathbf{H}_1, \ldots, \mathbf{H}_K$ 分布が同一になることのみが必要であるからである．

てきた指摘は適応されないので，このチャネルの容量領域や総レート容量は明らかにはならない．しかし，このチャネルの多重化利得は，CSIR と CSIT が完全に既知である多重化利得に比べて極めて小さいことが示されている [81]．

受信機から送信機へわずかにフィードバック情報を追加しさえすれば，MIMO BC 容量は著しく増加する．この条件では，完全な CSIR と（フィードバックチャネルを通じて得られる）部分 CSIT が考慮される．参考文献 [114] では，M_T 個のランダムで直交したビームフォーミングベクトルを送信する例が示されている．受信機は，それぞれのビームにおいて SINR (Signal-to-Interference-plus-Noise Ratio) を測定し，送信機へ測定値をフィードバックする．そして送信機は，最大 SINR 値を持つユーザへ送信する．ZMSW モデルに従うフェージングの影響を受ける多数の受信機があるとき，この方法により最大多重化利得が実現されることが示されている．したがって，このわずかなフィードバック情報でさえ，CSIR/CDIT モデルの障壁を克服するために十分といえる．MIMO BC では，有限レートフィードバックモデルについても検討されている．ここでは，受信機から送信機へ，量子化された瞬時チャネル情報の値をフィードバックする（1 対 1 条件におけるこのモデルに対する説明は，2.3.1 項の量子化情報モデル参照）．この条件では，ユーザあたりのフィードバックビット数をシステム SNR に比例して増加させると，任意の受信機数においても最大多重化利得を得ることができる [66]．

準最適法

DPC は固定 MIMO BC においてチャネル容量を得ることができるが，DPC を実装するには送受信双方において最適に近いベクトル量子化が必要とされる．そのため，その演算量は非常に大きい [31]．したがって，低演算量で準最適な送信制御法の特性を検討することについて，大きな関心が向けられている．このパラグラフでは 2 種類の制御法，具体的には直交送信（つまり TDMA）および干渉除去なしのマルチユーザビームフォーミングの特性について検討する．

時分割多元接続（TDMA：Time Division Multiple Access）は，低演算量であるという特有の利点を有する．なぜなら，送信機はある時間においてシングルユーザへのみ送信するので，MIMO BC システムは本質的に 1 対 1MIMO チャネルへと簡易化されるためである．TDMA レート領域は，式 (2.24) によって与えられる．

$$\mathcal{R}_{TDMA}(\mathbf{H}, P) \triangleq \left\{ (R_1, \ldots, R_K) : \sum_{i=1}^{K} \frac{R_i}{C(\mathbf{H}_i, P)} \leq 1 \right\} \tag{2.24}$$

ここで $C(\mathbf{H}_i, P)$ は,電力制限 P を条件とする i 番目のユーザのシングルユーザチャネル容量を表す.

周波数分割多元接続(FDMA:Frequency Division Multiple Access)等の別の無線資源の直交配置も,チャネル容量の観点では TDMA と同じである.DPC を用いたときに,多重化利得 $\min(M_T, M_R K)$ が得られることとは対照的に,TDMA では $\min(M_T, M_R)$ しか得られないことが欠点である.結果として,TDMA は DPC に比べ $1/\min(M_T, K)$ 倍の小さいレートとなる [68].つまり,このギャップは高 SNR で運用される受信アンテナ数の少ない大規模システムにおいて顕著である.

TDMA の一つの利点は,CSIR と CDIT を用いるフェージングチャネルで簡易に利用できることである.このシナリオにおける 1 対 1MIMO チャネル容量はよく知られている.つまり,前述したように,このシナリオにおいてユーザそれぞれのフェージング分布が同一である場合,TDMA は最適である.一般には,チャネルが統計的には同一でなく,CDIT があまり有益ではないとき(たとえば非常に弱い見通し内要素を用いる CMI)でさえも,TDMA は良好な動作(つまりチャネル容量に近づく)が期待される.

マルチユーザ(もしくは線形)ビームフォーミングは,MIMO BC にとって別の準最適送信手法である.この方法を用いることによって,ビームフォーミングの方向は受信機ごとに選択され,その方向に向けて独立な符号語が重畳された信号が送信される.ここでは干渉除去をしないので,マルチユーザ干渉は雑音として扱われる.この方法は,干渉前除去処理を送信機において行わない点のみがチャネル容量を実現する DPC とは異なる.つまり,$M_R = 1$ のとき,DPC を用いるビームフォーミングは最適である.ビームフォーミングは,一般に線形送信と受信フィルタを通じて実装されるので,線形処理とも呼ばれる.

単一受信アンテナチャネル($M_R = 1$)に対して,MAC と BC 間の双対性はビームフォーミングにおいても存在し [7, 136],ビームフォーミングを用いることによって実現される伝送レートは,式 (2.25) のようにデュアル MAC の観点によって最も簡易に示される.

$$C_{BF}(\mathbf{H}_1,\ldots,\mathbf{H}_K,P) = \max_{\{P_i:\sum_{i=1}^K P_i \leq P\}} \sum_{j=1}^K \log \frac{\det\left(\mathbf{I}_{M_T} + \sum_{i=1}^K \mathbf{H}_i^* P_i \mathbf{H}_i\right)}{\det\left(\mathbf{I}_{M_T} + \sum_{i \neq j} \mathbf{H}_i^* P_i \mathbf{H}_i\right)} \quad (2.25)$$

しかし,最大化は凸面最適問題として置き換えることはできないので,結果として定量的に計算することは非常に難しい.最適なビームフォーミング制御を見つけること

は難しいが，準最適な制御を計算することは可能である．そして，ビームフォーミングにより $\min(M_T, M_R K)$ の最大多重化利得を与えることが容易にわかる．ゼロフォーシングビームフォーミングとは，送信機がすべてのマルチユーザ干渉を抑圧するためにチャネルの逆行列をデータシンボルのベクトルに乗算するものであり，準最適なマルチユーザビームフォーミングの一つの例である．ビームフォーミングに関するいくつかの類似した結果は，参考文献 [68, 138, 145] によって与えられている．受信機が複数アンテナを有するときのビームフォーミングベクトルの選択法についても，多数の検討がなされている [たとえば参考文献 [119] など]．また，ビームフォーミングとターボ符号化を組み合せた新しい手法も提案されている [99, 100]．

ビームフォーミングは，CSIR/CDIT を用いるフェージングチャネルで利用可能であるが，送信機において非常に良好なチャネル推定をできない場合は，それぞれのユーザへの適切なビームフォーミング方向を選択することは難しい．したがって，CDIT に現在のチャネルに関する情報（たとえば強い見通し内要素）があまり含まれない場合，ビームフォーミングの良好な動作は期待できない．

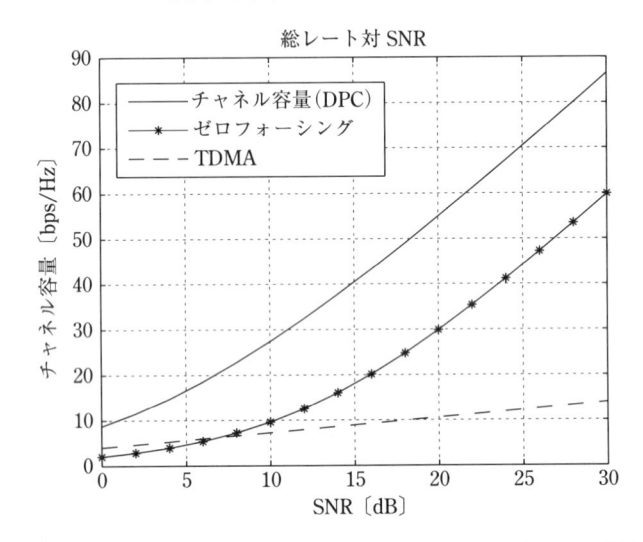

図 2.14　$M_T = 10$，$M_R = 1$，$K = 10$ のときの総レート対 SNR の特性

図 2.14 では，完全な CSIR と CSIT を用いる 10 本の送信アンテナ，10 台の受信機（それぞれは単一アンテナ）を有するシステムにおける，総レート対 SNR の特性が示されている．ここでは，（DPC を用いて実現される）総レート容量とゼロフォーシングビームフォーミング，および TDMA に関する伝送レートが示されている．総

レート容量とゼロフォーシング曲線の双方は，最大多重化利得を達成している．つまり，$\min(M_T, K) = 10$ bit/3 dB の傾きをもつ．ゼロフォーシングは正確な傾きを得るが，この準最適法を用いることで大きな電力の犠牲（約 8.3 dB）がある [65]．一方，TDMA は多重化利得 1 しか実現できない．つまり，1 bit/3 dB の傾きにしかならない．中程度の SNR においてさえ，DPC とゼロフォーシング双方は，TDMA よりも大きな利得を与える．

2.4.4 ■マルチユーザ MIMO の周知の問題

数多くの周知の問題を有することを主な理由として，マルチユーザ MIMO は近年の研究の中心となっている．これらのうちのいくつかを以下に述べる．

1. 完全な CSIR と CDIT を用いる MIMO BC：すべてのユーザのチャネルが同じ分布であるときのチャネル容量のみが知られている．しかし，この条件を満たさないとき，チャネル容量に関してはほとんど知られていない．
2. CDIT と CDIR：完全な CSI を得ることはほとんど不可能であるため，MAC と BC 双方について，送受信機双方において CDI を有する場合のチャネル容量の検討は非常に実用的である．
3. BC における DPC 以外の手法：DPC は非常に強力なチャネル容量の実現手法であるが，現実的には実装することが非常に難しい．したがって，ダウンリンクに対する DPC 以外のマルチユーザ送信法（たとえばダウンリンクビームフォーミング [103]）が実用的である．さらに，不完全な CSIT もしくは CDIT を用いた DPC（もしくはその改良）は，いまだに課題である．

2.5 ■マルチセル MIMO

MAC と BC は，セルラシステムにおける単一セルのアップリンクとダウンリンクの情報理論の概念である．しかし，セルラシステムは，空間的に離れた地点において再利用されるチャネル（時間スロット，帯域幅，もしくは符号）を用いる多数のセルで構成される．無線伝搬の基本的な性質により，一つのセル内での送信は，そのセル内に制限されない．そのため，同じチャネルを使用している他セルのユーザ間および基地局間においてセル間干渉が発生する．現在のシステムのほとんどは，雑音による制限よりも干渉による制限が大きい．そのため，単一セルモデルのみの検討では十分ではなく，正確に MIMO 技術の利点を評価するには，厳密にマルチセル環境を考慮しなければならない．

この節では，マルチセル環境に対する情報理論の結果について要約する．マルチセル，マルチユーザ，複数アンテナの存在を明確に考慮に入れたセルラネットワークのチャネル容量の解析と，基地局間協調の可能性の検討は，必然的に難しい問題であり，ネットワーク情報理論において長年にわたる未解決の問題でもある．しかし，そのような解析も非常に重要である．なぜなら，任意の現実の送受信方法の効率を測定することが可能となる，一般的な基準を定義するからである．また，同様に，シングルユーザリンクのチャネル容量は現実的な送受信方法のパフォーマンスを見積る役目を果たす．マルチセル環境についての研究は，大きく2種類に分けることができる．一つは，現在のシステムでなされているような基地局が協調できないことを想定するグループである．もう一つは，基地局が協調送信と協調受信の一方もしくは双方をすることを許されている複数セルラ環境を考慮したグループである．また，いくつかの一般的なシステムレベルの問題についても示す．

2.5.1 ■基地局協調なしのマルチセルMIMO

セルラシステムのチャネル容量に関する従来の解析は，基地局もユーザも協調することができないことが想定されている．現在のセルラシステムは，ある意味協調している（たとえばハンドオフ）が，それは物理層よりもネットワーク層においてである．この項では，協調とは協調送受信を意味することとする．つまり，物理層での協調である．協調しない場合，チャネルは，共通の媒体を介して通信を行う複数送受信機が存在する干渉チャネルとなる．しかし，それぞれの送信機は干渉なしに単一受信機のみと通信を行うことが望ましい．残念ながら，干渉のあるチャネルのシャノン容量は，情報理論において長年存在する未解決の問題である [25, 127]．つまり，フェージングのない，それぞれ単一アンテナを有する2台の送信機と2台の受信機における干渉チャネルの容量領域でさえ，完全には知られていない [22]．複数アンテナ干渉チャネルに対するいくつかの結果は，MIMOアドホックネットワークに関する2.6節で述べられる．

より有望で盛んに研究されている手法は，セル外からのすべての干渉をガウス雑音の追加要素として扱うことである．干渉の信号形式に関する既知情報を有効に使うことは，対象としている信号を復号するためにおそらく有効であり，それによってチャネル容量が増加するので，ガウス雑音の仮定は干渉に対して最悪の状態を仮定していると見なせる．干渉をガウス雑音と見なすことにより，アップリンクとダウンリンク双方のチャネル容量は，2.4節における単一セル解析法を用いて得ることができる．干渉をガウス雑音として扱うことにより，フェージングのある単一アンテナセルラシス

テムのアップリンクのチャネル容量は，参考文献 [109] において，1 次元配置と 2 次元配置の双方について示されている．これらのチャネル容量の結果は，セル間干渉が無視できないとき，フェージングがある場合/ない場合の双方について，セル内で直交多元接続法（たとえば TDMA）を使用することが最適であると示している．これは，チャネル利得に反比例する電力制御がセル内で使用されたときにも当てはまる．さらにいくつかの場合では，異なるセルに割り当てられたチャネルの部分的もしくは完全な直交化により，チャネル容量が増加する．複数送受信アンテナアレーを用いたセルラシステムの検討は，研究の主要項目でもある [16, 17, 86, 143]．これらの検討では，セル外からの干渉の空間構造が考慮されている．通常，AWGN は，空間的に白色として考えられることに注意する必要がある．しかし，セル外からの干渉は，一般にいくつかの統計的な構造，つまりチャネル容量の結果に著しく影響を与える空間共分散を持つ．この検討から得られる一つの興味深い結論は，送信アンテナ本数を制限することが時には利点となることである．なぜなら，受信機はセル外からの干渉を除去し，対象とする信号を復号するために，受信アンテナを同時に使用しなければならないからである．これらの制御を行うには，強い干渉を与えるユーザの送信アンテナを含む送信アンテナ本数の総和と受信アンテナ本数を同じ規模にすることが必要である．

2.5.2 ■基地局協調ありのマルチセル MIMO

研究の比較的新しい領域として，基地局間協調が許されるセルラシステムが検討されている．基地局は有線接続され，位置が固定であるので，基地局が協調して送受信することが現実的である．完全な協調を仮定したとき，基地局においては，分散したアンテナアレーを用いた単一セルとしてすべてのネットワークを見なすことができる．その結果，2.4 節で述べたように，単一セルアップリンクとダウンリンクチャネルのチャネル容量の結果が適用される．しかし，基地局と端末が地理的に離れているという事実は，複合ネットワークにおけるチャネル利得に直接影響を与える．

すべての基地局から受信された信号を同時に復号するという，完全な基地局間協調の仮定におけるセルラシステム（移動端末と基地局はそれぞれ単一アンテナを有することが仮定されている）のアップリンクのチャネル容量は，参考文献 [47] で最初に検討され，続いて参考文献 [144] においてより広範囲な検討がなされた．両者とも，端末と基地局間の伝搬特性は，セル内で単一のチャネル利得を持つ AWGN チャネルモデル（つまりフェージングを考慮しない）が用いられている．セル間利得 α は $0 \leq \alpha \leq 1$ である．参考文献 [144] の Wyner モデルは 1 次元配置と 2 次元配置両方のセル配置を考慮しており，両者の場合について，1 ユーザあたりのチャネル容量を導出してい

る．必ずしも一意的に最適ではないが，アップリンクのチャネル容量は，それぞれのセル内で直交多元接続法（たとえばTDMA）を用い，かつ他のセルにおいてこれらの直交チャネルを再利用することにより実現されることが，参考文献[144]と参考文献[47]においても示されている．

完全な基地局協調を仮定したとき，ダウンリンクチャネルはMIMO BCとしてモデル化することができる．ダウンリンクでは基地局は完全に協調できるので，DPCはすべての（つまり基地局を跨ぐ）送信信号に直接用いることができる．基地局間協調における複数セル環境へのDPCの適用は，ShmaiとZaidelによる検討によって開拓された[110]．ユーザそれぞれと基地局それぞれが単一アンテナであるとき，DPCの比較的簡易な適用がセルラダウンリンクのチャネル容量を拡張させること示した．チャネル容量の計算は，参考文献[110]では着目されていないが，彼らの手法が高SNRにおいて近似的に最適であることを示した．その他の検討の多くは，有限領域と無限近似領域の双方における複数セルダウンリンクチャネルのチャネル容量についての検討でもある[1, 55, 60]．アップリンクとダウンリンクの結果を関連付けるために，（2.4.3項で述べた）MACとBCの双対性をマルチセル複合チャネルへも適用することが可能である．

マルチセルダウンリンクチャネルを標準的なMIMO BCと扱うことの一つの欠点は，すべてのアンテナ（つまりすべての基地局）にわたる平均送信電力の上限が決められていることである．実際には，基地局それぞれからの電力は上限が決められている場合がある．これらのより厳密な制限が強いられているときでさえ，DPCは総チャネル容量を実現することが示されている[77, 149]．このような電力制限を与えたときの，MACとBCの改良された双対性も確立されている[77]．大規模のネットワークにおいて，基地局ごとに電力制限を与えた影響はいまだ明確ではない[60]．

一般に，基地局協調は協調なしのシステムに比べ，著しいチャネル容量の増加をもたらすことが示されている．研究の観点においては，大規模ネットワークでは数値的な結果を導出することが難しくなるので，結果的に近似的な結果に頼らざるをえない[1, 55]．現実的な観点において，物理的に遠隔操作される基地局間の完全な協調を実際に実現することは，大きな課題である．さらに，非常に規模の大きい協調は，莫大な演算量が必要とされると思われる．なぜなら，これらの問題は，どの基地局の協調手法が実際にふさわしいかが不明確であるからである．

2.5.3 ■システムレベルの問題

この項で述べられるチャネル容量の結果は，複数アンテナを有するセルラシステムの設計において，多くの関心のある疑問のうちのごく一部を扱う．複数アンテナは，システムのチャネル容量を高めるだけでなく，ダイバーシチ合成を通じて誤り確率を改善する．1.3.4 項で述べたように，Zheng と Tse による検討 [154] は，MIMO システムにおける基本的なダイバーシチ対多重化のトレードオフを明らかにする．また，ダウンリンクに等方性送信アンテナを使用して多数のユーザへ送信することの代わりに，指向性アンテナを用いてセルをセクタに分割し，それぞれのセクタ内で 1 ユーザへ送信することで，より簡単なシステムにすることができるかもしれない．それらの方法のそれぞれに，CDIT と CDIR の一方もしくは双方があることの相対的な影響は，完全には理解されていない．本書では物理層に着目するが，CDIT を取り扱うための洗練された方法は，より高いレイヤにおいても検知できる．興味深い例は，オポチュニスティックビームフォーミング（opportunistic beamforming）の考え方である [135]．CSIT がない状態で，送信機はビームフォーミングの重みをランダムに選択する．このシステムにおいて十分なユーザ数のとき，これらの重みは，ユーザの一部にとってほぼ最適となる可能性が非常に高い．言い換えると，システムに十分なユーザがいるとき，送信機によるランダムなビーム選択は，ユーザに対して指向性を振り向けるためのほぼ最適な選択となる．送信機へチャネル係数をフィードバックする代わりに，現在選択しているビームフォーミングの重みとともに観測した SNR をユーザはフィードバックする．これにより，必要となるフィードバック量は大きく削減される．頻繁に重みがランダムに変化することにより，この方法はすべてのユーザを公平に扱うこともできる．

2.6 ■アドホックネットワークにおける MIMO

アドホック無線ネットワークは，図 2.15 に示されるように，構築済の設備の支援を受けることなく自身でネットワークを構築する無線移動ノードの集合である．一般に，分散制御アルゴリズムを用いることにより，特別な設備なしに移動端末自身で必要な制御を行い，ネットワークタスクを実行する．中継ノードが最終の宛先局に向けてパケットを中継するためマルチホップルーティングが多くの場合に使用される．なぜなら，マルチホップルーティングによりネットワークのスループットと電力効率が改善できるからである．十分な送信電力を用いることによって，ネットワーク内の任意の

ノードもその他のノードへ信号を直接送信することができる．しかし，長い距離を経由するような送信は結果として低い受信電力となり，かつ他のリンクへの干渉を引き起こす．したがって，低 SINR（Signal to Interference plus Noise Ratio）のリンクは，通常使用されない．図 2.15 には，異なるリンクの SINR が異なる線幅で示されている．

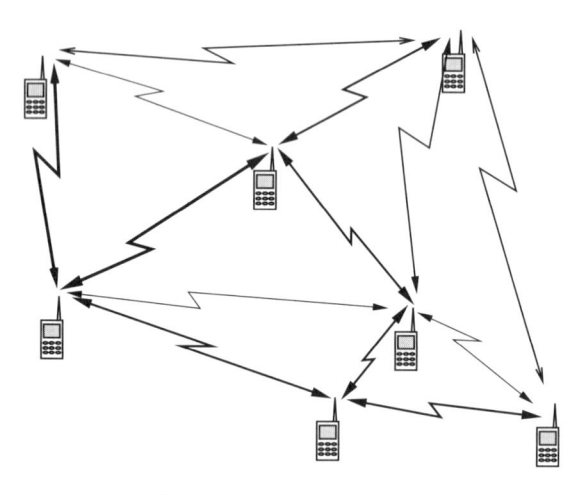

図 2.15　アドホックネットワーク

　ノードが単一アンテナである場合においてさえ，アドホック無線ネットワークの基本的なチャネル容量の限界，つまり取り得るすべてのノード間における最大データレートの組は，情報理論において非常に興味深い問題である．K 個のノードを有するネットワークにおいて，それぞれのノードは，その他の $K-1$ 個のノードと通信を行うことができるので，容量領域は $K(K-1)$ 次元となる．ネットワークのカットセット（cut–set）上の総レートは，対応した相互情報量の式で与えられる上界を持つ [25（定理 14.10.1）] が，この公式をアドホックネットワーク容量領域に対する扱いやすい式へと簡易化する手順は非常に複雑である．ノードあたり 1 アンテナを有するアドホックネットワークに対するチャネル容量の算出結果がないので，ノードあたり複数アンテナを考慮することは問題をさらに解決困難にすると思われる．さらに，セルラシステムのように，アドホックネットワーク上の複数のアンテナは，容量利得に加えてダイバーシチもしくはセクタ化に利用することができるが，これらの異なる利用法の基本的なトレードオフを特徴付けることは非常に難しい．

　この難しさを回避する一つの方法は，ノード数を無限大に増加させたときのスルー

プットの漸近的な特性を検討することである．そのような方法は，Gupta と Kumar によって開拓された [45]．静的チャネル，移動チャネル，フェージングチャネルおよび受信機における直列干渉除去の有無の条件について，送受信機が様々に分散化されたモデルがこの論文で考慮されている．大部分の静的チャネルの条件では，ノードあたりのチャネル容量が $O(1/\sqrt{n})$ で減少することが示されている．したがって，n が無限大に増加するにつれゼロに近づく．しかし，移動チャネルとフェージングチャネルの一方もしくは双方において，オポチュニズム (opportunism) を利用することにより特性を高めることが可能であり，現時点ではノードあたり $O(1)$ のレートが得られる [29, 36, 43]．この解析法の利点は，このレベルの表現においてユーザ間トレードオフを考慮せずに，チャネル容量の傾向が直観的にわかることである．

研究者によって得られたその他の方法は，容量解析をより扱いやすくするために，大規模なアドホックネットワークの基本構成ブロックを形成するノード数を少なくしたネットワークから始められた．アドホックネットワークの主要な少数のノード要素は，MAC，BC，中継チャネル，干渉チャネルである．MAC と BC はこの章のはじめで詳細に検討されているので，この節では中継チャネルと干渉チャネルの考察について述べる．

2.6.1 ■中継チャネル

一つのノードが別のノードのメッセージの通信を援助する中継チャネルは，アドホックネットワークにおいて自然で重要な構成ブロックである．最も基本的な中継チャネルは，発信局が中継局および宛先局と通信を行い，中継局が宛先局と通信を行う3ノードシステムとしてモデル化される．

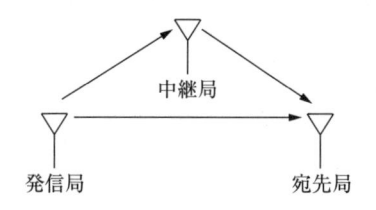

図 2.16 中継チャネル

AWGN 中継チャネルは，式 (2.26) と式 (2.27) として定義される（図 2.16）.

$$y = h_{sd}x + h_{rd}x_1 + n_1 \tag{2.26}$$

$$y_1 = h_{sr}x + n_2 \tag{2.27}$$

ここで，x は発信局から送信された信号，x_1 は中継局から送信された信号（中継の前の入力の関数である），y は宛先局で受信された信号，y_1 は中継局で受信された信号である．このチャネルの容量は，いくつかの特定の場合については知られているが，一般には未解決の問題となっている．そのような特定の場合の一つは，物理的に劣化した中継チャネルである [24]．つまり，中継局において受信された，物理的に劣化した信号が宛先局の受信信号となる場合である．一般的に，チャネル容量の上限と下限のみが知られている．下限はブロックマルコフ符号化 [24] として知られているノード協調技術を利用することで得られるが，既知の最大の上限は有名なカットセット（cut–set）上限である．ブロックマルコフ符号化では，送信信号と送信局の現在の信号の相関を取るために，中継局は過去に受信した情報を利用する．そして，同相合成によって 1 対 1 チャネルのチャネル容量よりもチャネル容量を増加させる．しかし，この下限は，中継局が完全に受信信号を復号するという仮定をともなっており，そのため DF（Decode–and–Forward）と呼ばれる．一般に，中継チャネルの伝送方法は三つの主要なグループに分類される [76]．

(1) DF

DF では，中継局は 1 ブロックの間，発信局から送信された符号をの一部もしくはすべてを復号する．明らかに，この送信は，発信局から宛先局の直接リンクのチャネル容量よりも大きい伝送レートであることが望ましい．次の 1 ブロックの間，中継局は宛先局の復号処理を援助するため，前の 1 ブロックの間に復号されたメッセージを再符号化し，宛先局へ送信する．発信局は，中継局の伝送方法と前のブロックで送信した符号語を知っているため，発信局と中継局は協調可能である．たとえば，発信局は中継局の送信と同一の信号を送信することができる（同相合成）．中継局と発信局が協調したとき，それぞれのブロックにおける発信局の送信信号は二つの要素で構成される．一つは（協調を容易にするために）前のブロックのメッセージに関する情報であり，もう一つは新しい符号語である．この送信方法は，はじめに参考文献 [24] で提案された．

(2) CF（Compress–and–Forward）

CF では，受信信号の復号と再符号化の代わりに，中継局は受信信号を圧縮もしくは量子化した信号を送信する．この手法は，サイド情報を用いる情報源符号化に関するものである．

(3) AF（Amplify–and–Forward）

この方法では，中継局は簡易な線形リピータとして動作し，瞬時もしくは次のシ

ンボルもしくは次のブロックの間に受信信号を単純に増幅する．これは明らかに雑音増幅につながるが，この簡易な方法でさえ大きな特性改善をもたらすことができる．

3種類の方法の組合せにより，中継システムにおいて下限の既知の最大値は参考文献 [24（定理 7)] で与えられる．残念なことに，AWGN 単一アンテナ中継チャネルに対してさえ，厳密な下限は証明されていない．そのため，未解決の問題となっている．しかし，この簡易な中継チャネルに用いられる解析法は，後の項で説明されるように，より複雑な協調型アドホックネットワークへ拡張されている．

2.6.2 ■干渉チャネル

この項では，次の構成ブロック（干渉チャネル IFC：InterFerence Channel）について既知のことについてまとめる．これは，二つの独立した送信機が，二つの受信機に情報を送るシステムである（図 2.17）．ここで，それぞれの送信機は異なる受信機に対するメッセージを持つ．二つの送信機の信号は，それぞれ他方へ干渉し，結果としての合成された信号がそれぞれの受信機で受信される．例えば，IFC がガウス分布の場合，重み加算された二つの送信信号は，加法性ガウス雑音の存在において各受信機に到来することが仮定される．一般の離散メモリーレスの場合，二つの信号間の相互作用は条件付き確率密度関数 $p(y_1, y_2 | x_1, x_2)$ として表される．一般的な場合とガウス分布干渉チャネルの特定の場合の双方の容量領域は，いまだ未解決の問題であるが，ある種の特定チャネルの容量領域の検討において大きな進捗が得られた [23, 126]．

干渉が信号よりも極めて強い干渉チャネルは，very strong IFC と呼ばれ，最初にチャネル容量について検討されたうちの一つである [15]．この場合，それぞれの受信機における干渉信号が非常に強いと仮定されるので，目的の信号を復号する前にはじめに干渉信号を復号できることがある．チャネル容量が既知である IFC のおおまかな分類は，very strong IFC を部分集合として含む，strong IFC である [23, 104]．strong IFC では，干渉信号が十分に強いことが仮定されるので，受信機において干渉信号を復号することができる（必ずしもはじめである必要はない）．より正式には，α_i が送信機 i から受信機 i までのチャネル利得，β_i が送信機 i から他方の受信機へのチャネル利得としたとき，単一アンテナの場合に対する強い干渉条件は，すべての i について $\beta_i \geq \alpha_i$ と等価となる．

MIMO IFC の容量限界に関する研究は，いまだ初期段階である．興味深いことに，SISO の場合に $\beta_i \geq \alpha_i$ の条件によって与えられる強い干渉チャネルの簡易な結果は，

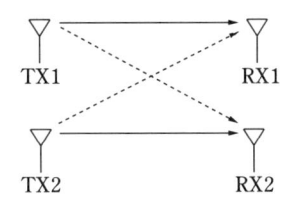

図 2.17　干渉チャネル

MIMO の場合に一般化できない．MIMO IFC の強い干渉が意味する素直な特性は，いまだ得られていない．参考文献 [131] では，送信機が単一アンテナを有する SIMO 干渉チャネルにおいて，強い干渉チャネルの条件における結果が得られている．MISO とより一般的な MIMO IFC に対する強い干渉チャネルを条件とする明確な結果は，いまだ未解決の問題である．

MIMO IFC の特別な特徴は，SISO にはない空間の自由度であり，チャネル容量に関する問題の解決を著しく困難にする．実現可能な容量領域と外側境界のような SISO IFC 解析に関する既知の結果を MIMO 領域へ置き換えるためには，かなりの再検討が必要である．そして多くの場合，MIMO の場合へ一般化することができない．まとめると，MIMO IFC のチャネル容量は，大部分の結果が未知である MIMO マルチユーザ容量解析の分野の一つである．

2.6.3 ■協調伝送

この項では，協調伝送に関する検討，つまりアドホックネットワークにおいて MIMO 技術を利用することについてまとめる．ネットワーク中のノードが複数アンテナを有するときにこのような技術を用いることに加えて，お互い近接して配置されるノードのクラスタが仮想アンテナアレーを作り出すための情報を交換することができるとき，分散 MIMO システムとなる [95]．言い換えると，図 2.18 に示されるように，送信側で互いに近接しているノードは，複数アンテナを有する送信機を形成するための情報を交換することができる．受信側でも，それぞれ近接しているノードは，複数アンテナを有する受信機を形成するための情報を交換することができる．それぞれのノードはそれぞれの受信機への異なるチャネルを持っているので，この協調 MIMO システムは多重化特性とダイバーシチ特性の点において利点を有する．さらに，対象とする受信機の方向へビームを向けるために，複数アンテナが送信機もしくは受信機において利用される．その結果，干渉とマルチパスを減らすことができる．

この項では，基本的な中継チャネルをアドホックネットワーク上の協調伝送（つま

2.6 ■ アドホックネットワークにおける MIMO

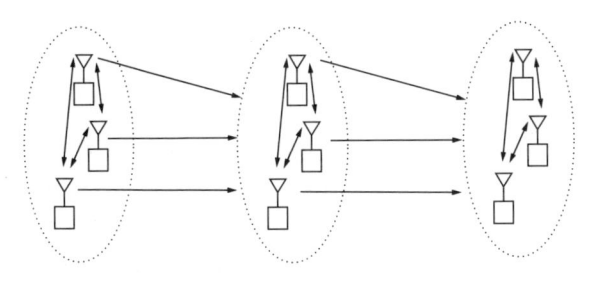

図 2.18 協調 MIMO

り MIMO) へ拡張する場合について示す．ここでは，異なる二つの設定を考慮する．一方は完全な CSIR と CSIT を用いる場合で，他方は ZMSW モデルにおいて完全な CSIR と CDIT を用いる場合である．

完全な CSIR と CSIT を用いる場合

発信局，中継局，宛先局間のチャネルがフェージングチャネルであるが，完全に既知であるとき，異なるフェージングチャネル状態は固定チャネルとして扱うことができる．したがって，フェージングのない中継チャネルの解析へと問題を小さくすることができる．フェージングのない MIMO 中継のチャネル容量は，いまだ未解決の問題である．この領域に関する初期検討は，参考文献 [140] で示される．この論文では，著者はこれらのチャネルの容量について上限と下限を導出した．下限はパス–ダイバーシチに基づいて導出され，上限は cut–set 境界に基づいて導出された [25]．この論文の著者らは，上限と下限を計算するために，特別なアルゴリズムを生成する凸面最適手法を利用した．

（干渉チャネルと同様に）複数送受信機シナリオにおいても，中継伝送することが検討されている．ここでは，送信ノードはその他のノードと協調するとともに，固有のメッセージを送信することによりその他のノードを支援する．さらに，非再生中継のような手法を通じて，受信ノードは互いに協調する能力を有する．そのようなシナリオは，より詳細に解析されはじめている [53, 69, 98]．

完全な CSIR と CDIT を用いる場合

協調 MIMO に関する大部分の検討は，ZMSW モデルにおいて完全に CSIR と CDIT を用いる場合に集中している．これは，アドホックネットワークもしくはセルラネットワークにおける協調伝送の最も現実的な設定である．なぜならば，送信機それぞれ

において完全な CSI を得るためには，すべての受信機からすべての送信機へのフィードバックを必要とするからである．この自然な設定の協調伝送は，セルラネットワーク [105, 106, 107] とアドホックネットワーク [78, 79] の双方の設定で検討されている．

セルラネットワークのアップリンクの設定では，複数の送信ノード（つまり移動端末）は単一基地局と通信することを目的とする．従来のネットワークでは，移動端末は CDMA のようなマルチユーザ技術によって分離される共通のチャネルを通じて基地局と直接通信を行う．しかし，移動端末それぞれが，その他の移動端末の送信信号を受信できることに注意されたい．したがって，移動端末は基地局へ向けて自身のメッセージを送信することに加え，すべてのその他の移動端末のメッセージを中継することができる．このことの重要な利点は，その他の移動端末のチャネルを経由することによって得られるユーザ協調ダイバーシチと呼ばれる追加のダイバーシチが得られることである．ある移動端末が大きなフェージングを受ける状況においてさえ，その付近の移動端末の一つは高い確率でフェージングを受けていないため，基地局へそのメッセージを中継することができる．そのため，ブロックマルコフ符号化のような協調伝送法 [106] は，協調伝送しないものと比較して伝送レートを増加させる．実際に，誤り率を減らすために CDMA と協調符号化を組み合わせることが今日では可能となっている．

アウテージ容量に基づく数式表現を若干変更することにより，参考文献 [78, 79] は半 2 重中継に対する協調伝送法を明らかにした．つまり，同時に送受信できない中継局に対する手法である．これらの協調伝送法はフルダイバーシチ，つまりダイバーシチ次数が全送信ノード数に等しい状態を実現するが，いくらかの伝送レートの劣化を伴う．1 対 1MIMO の設定と同様に，MIMO 協調伝送により得られるダイバーシチ利得と多重化（つまり伝送レート）利得の間の関係を定式化する検討が行われた [3, 101]．

協調伝送に関する大部分の検討はアウテージの定式化に集中しているが，協調チャネルのエルゴード性容量に関する検討も行われている．具体的には，参考文献 [76] において協調 MIMO チャネルのエルゴード性容量を定めた．これらの結果は，中継局が十分に発信局に近接しているとき，つまり発信局から中継局の平均 SNR が発信局から宛先局，もしくは中継局から宛先局までの SNR より極めて高いとき，再生中継技術が完全な CSIR と CDIT を用いた ZMSW モデルにおいてチャネル容量を実現する手法であることを証明した．事実，発信局と中継局ノードが完全に協調している仮定のとき，つまり送信アンテナアレーとして動作するとき，伝送容量はチャネル容量と等しい．実際に，発信局と中継局が同じ場所に設置されておらず，雑音を含むチャネルを介した協調だけしかしないにもかかわらず，この結果が得られるのは驚くべき

ことである．

この状況，つまり CSIT がない，具体的には位相情報がない状況では，中継局が発信局からのすべてのメッセージを復号し，再符号化した信号を独立に発信局から送信することが最適である．言い換えると，発信局は，発信局と中継局間の完全な協調伝送を仮定したときの伝送レートと等価であるレート R でガウス符号語を送信する．中継局は，発信局から送信された符号語を復号する（中継局が発信局と近い位置に存在するという条件は，中継局と発信局間のチャネル容量が十分に大きいことを意味する）．次のブロックでは，発信局が新しいメッセージを送信している間に，中継局は前のブロックで復号されたメッセージを再符号化する．宛先局は，前のブロックで発信局から送られたメッセージを復号するために，現在と前のブロックなどから得られた情報を利用する．この結果は，複数中継局を有するチャネルへも一般化することができる．

ダイバーシチと多重化のトレードオフ

参考文献 [54, 56, 153] では，（仮想 MIMO システムとしても知られる）分散 MIMO システムについて，ダイバーシチ利得と多重化利得について検討された．特に，「無線中継によって得られる分散 MIMO はダイバーシチ–多重化のトレードオフの観点で複数アンテナシステムを模倣することができるか」，について研究がなされた．分散 MIMO システムの空間多重利得は，中継局のアンテナ本数にかかわらず，発信局と宛先局のアンテナ本数に制限されることを最大フロー最少カット（min–cut max–flow）境界を適用することにより簡易に示した [56, 153]．したがって，たとえば発信局もしくは宛先局が一つのアンテナのみを有するとき，多重化利得は 1 に制限される．これは，中継を通じて最大ダイバーシチ利得をこのようなシステムにおいて得ることができることと対照的である [78]．複数発信局，複数中継局，複数宛先局を用い，さらに半二重中継とすると，単一アンテナを有するすべてのノードにおいて分散 MIMO システムにより最大多重化利得が得られることが示されている [9]．したがって，ダイバーシチ利得–多重化利得のトレードオフの自然な関係は，真の MIMO システムのものとは大きく異なる [54].

2.7 まとめ

シングルユーザシステムとマルチユーザシステム双方について，MIMO チャネルのチャネル容量の結果についてまとめた．それらのシステムで予見された大きな容量利得は，いくつかの場合においては得られるが，チャネル知識と基礎をなすチャネルモ

デルに関する現実的な仮定では，これらの利得が大きく減少することを示した．シングルユーザシステムに対する送受信機双方において，完全な CSI を用いたときのチャネル容量は比較的簡単であり，チャネル容量はアンテナ本数に線形で増加することが推定された．完全な CSI を用いる仮定を用いないことで，チャネル容量の計算はより複雑になり，容量利得は CSI/CDI，チャネル SNR，チャネル素子間相関に大きく依存する．特に完全な CSIR を用いることを仮定したとき，CSIT により低 SNR のときに大きな容量利得を与えるが，高 SNR ではそれほどではない．ここで確認すべき点は，低 SNR ではシステムの適切な固有モードへ電力を配分することが重要ということである．興味深いことに，完全な CSIR と CSIT を用いるとき，アンテナ相関は低 SNR ではチャネル容量を増加させ，高 SNR ではチャネル容量を劣化させることがわかった．最後に，高 SNR でゼロ平均空間白色チャネルにおいて，CDIT と CDIR を用いたとき，チャネル容量は定数項として，アンテナ本数と SNR に対して二重対数だけ増加する．このかなり小さな容量利得は，アンテナを追加したときは一般的にならない．しかし，中程度の SNR では，アンテナ本数に関連したチャネル容量の増加は悲観的なものではない．

　MIMO BC と MIMO MAC のチャネル容量についても検討を行った．MIMO MAC の容量領域はよく知られており，凸面最適化問題として特徴付けられる．MAC–BC の双対性を用いることにより，MIMO BC に対する容量領域計算は非常に簡易になるが，それ以外の場合は非凸面最適化問題となってしまう．これらのチャネル容量と実現可能な容量領域は，完全な CSIT と CSIR においてエルゴード性容量についてのみ知られている．より現実的な CSI の仮定において，MIMO MAC と MIMO BC の容量領域についてはほとんど知られていない．それぞれの基地局のアンテナがシステムによって束ねられている基地局協調を用いたマルチセルシステムは，MIMO BC（ダウンリンク）もしくは MIMO MAC（アップリンク）としてモデル化される．このアンテナ構造により，HDR 伝送法を用いることでより大きな容量利得を得る．単一アンテナノードによって仮想 MIMO チャネルが形成されるノード協調の容量利得とともに，複数アンテナを有するアドホックネットワークのチャネル容量の条件が若干制限された結果も示した．

　この領域には，多数の未解決の問題がある．シングルユーザシステムでは，送信機もしくは受信機のどちらかのみで CDI を用いることに関する問題が主である．マルチユーザ MIMO チャネルに関する大部分の容量領域，特にエルゴード性容量と受信機において完全な CSI のみを有する MIMO BC に対するチャネル容量対アウテージは，未解決のまま残されている．送信機もしくは受信機のどちらかにおいて CDI を用いる

マルチユーザ MIMO チャネルに対する結果は，ごくわずかである．複数アンテナを有するセルラシステムのチャネル容量については，いまだ解決されていない領域が残っている．一つの理由は，シングルセル問題の大部分が未解決であるためである．別の理由は，セルラシステムのシャノン容量が適切に定義されていないので，シャノン容量が周波数の仮定と伝搬モデルに大きく依存するためである．セクタ化するためにアンテナを使用するべきか，容量利得を得るために使用するべきか，あるいはダイバーシチ利得を得るために使用するべきか，といった MIMO セルラ設計におけるその他の基本的なトレードオフはよく理解されていない．同様のトレードオフはアドホックネットワークにも存在し，ここでは複数アンテナのチャネル容量に関する未解決な問題が極めて多い．まとめると，現実のシステム設計に対してこれらの限界が意味することや，複数送受信機を用いたシステムの基本的な容量限界に関してもごく一部しか解明されていない．この領域の研究は，今後長くにわたって，重要かつ有益であり続けるであろう．

この章では，実際にどのようにこれらの限界に迫るかに関する設計の観点と，MIMO チャネルの基本的な容量限界を述べた．本書は，ダイバーシチによるロバスト性と大きな容量利得を得る MIMO の利点を有効に活かす実際の技術を検討するためのものである．具体的には，第 3 章において，送信プリコーディングによりどの程度チャネル容量と誤り率特性の双方が改善するかについて示し，プリコーディングに必要な送信 CSI を得るための現実的な手法について述べる．第 4 章では，MIMO チャネルのシャノン理論の容量限界に迫る，現実的な空間符号化法と復号法を概説する．MIMO 伝送の最適検出は極めて複雑である．なぜならば，すべての受信アンテナにわたって最尤ジョイント検出を必要とするからである．第 5 章では，最尤検出の特性に迫る，極めて低演算量な実際の受信法の概説を述べる．第 6 章では，これらの考え方を，システム内の全ユーザの信号が同時に検出される必要があるマルチユーザ受信機へと拡張する．

2.8 ■解題

MIMO チャネルの容量限界に関する研究は，1990 年代の中頃，Foschini と Gans[33] と Telatar[121] による初期検討により誘発された．それ以降，シングルユーザとマルチユーザチャネル双方について，MIMO 容量に関して膨大な量の研究が行われた．MIMO 容量のさらなる結果について知りたい読者は，MIMO システムに関する指導書 [28, 38, 39] を参考にするとよい．Gallager[34] と Cover と Thomas[25] による有名な

情報理論に関する書籍は，チャネル容量に関してさらなる資料を提示する優れた参考文献である．さらに参考文献 [4] は，一般的な単一アンテナチャネルに対するチャネル容量に関して優れた考察が述べられている．Tuolino と Verdu による研究論文 [123] は，ランダム行列理論の一般的な概念と，その理論を無限のアンテナ本数を有する MIMO システムのチャネル容量に関する検討へ適用する方法とを要約した良書である．広帯域（つまり低 SNR）もしくは高 SNR のどちらかの MIMO チャネルのチャネル容量に関して興味がある読者は，Tulino, Lozano, Verdu による論文 [88, 89] を参考にする必要がある．マルチユーザ容量に関して興味のある読者にとっては，参考文献 [25] の第 14 章と，El Gamal と Cover[35] のサーベイ論文が優れた出発点になるだろう．

参考文献（第 2 章）

[1] D. Aftas, M. Bacha, J. Evans, and S. Hanly, "On the sum capacity of multi-user MIMO channels," in *Proceedings of Intl. Symp. on Inform. Theory and its Applications*, pp. 1013–1018, Oct. 2004.

[2] R. Ahlswede, "Multi-way communication channels," in *Proceedings of Intl. Symp. Inform. Theory*, pp. 23–52, 1973.

[3] K. Azarian, H. E. Gamal, and P. Schniter, "On the achievable diversity–multiplexing tradeoff in half-duplex cooperative channels," *IEEE Trans. Inform. Theory*, vol. 51, no. 12, pp. 4152–4172, Dec. 2005.

[4] E. Biglieri, J. Proakis, and S. Shamai (Shitz), "Fading channels: information theoretic and communication aspects," *IEEE Trans. Inform. Theory*, vol. 44, no. 6, pp. 2619–2692, Oct. 1998.

[5] D. Blackwell, L. Breiman, and A. J. Thomasian, "The capacity of a class of channels," *Ann. Math. Stat.*, vol. 30, pp. 1229–1241, Dec. 1959.

[6] H. Boche and E. Jorswieck, "Outage probability of multiple antenna systems: optimal transmission and impact of correlation," *Proceedings of Intl. Zurich Seminar Commun.*, 2004, pp. 116–119.

[7] H. Boche and M. Schubert, "A general duality theory for uplink and downlink beamforming," in *Proceedings of IEEE Vehicular Tech. Conf.*, vol. 1, pp. 87–91, 2002.

[8] H. Bölcskei, D. Gesbert, and A. J. Paulraj, "On the capacity of OFDM-based spatial multiplexing systems," *IEEE Trans. Commun.*, vol. 50, no. 2, pp. 225–234, Feb. 2002.

[9] H. Bölcskei, R. Nabar, O. Oyman, and A. Paulraj, "Capacity scaling laws in MIMO relay networks," *IEEE Trans. Wireless Commun.*, vol. 5, no. 6, pp. 1433–1444, June 2006.

[10] S. Borst and P. Whiting, "The use of diversity antennas in high-speed wireless systems: capacity gains, fairness issues, multi-user scheduling," *Bell Labs. Tech. Mem.*, 2001, download available at http://mars.bell-labs.com.

[11] S. Boyd and L. Vandenberghe, *Convex Optimization*. Cambridge University Press, 2003.

[12] G. Caire and S. Shamai, "On the capacity of some channels with channel state information," *IEEE Trans. Inform. Theory*, vol. 45, no. 6, pp. 2007–2019, Sept. 1999.

[13] G. Caire and S. Shamai, "On the achievable throughput of a multiantenna Gaussian broadcast channel," *IEEE Trans. Inform. Theory*, vol. 49, no. 7, pp. 1691–1706, July 2003.

[14] G. Caire, G. Taricco, and E. Biglieri, "Optimum power control over fading channels," *IEEE Trans. Inform. Theory*, vol. 45, no. 5, pp. 1468–1489, July 1999.

[15] A. B. Carliel, "A case where interference does not reduce capacity," *IEEE Trans. Inform. Theory*, vol. 21, no. 5, pp. 569–570, Sept. 1975.

[16] S. Catreux, P. Driessen, and L. Greenstein, "Simulation results for an interference-limited multiple-input multiple-output cellular system," *IEEE Commun. Letters*, vol. 4, no. 11, pp. 334–336, Nov. 2000.

[17] S. Catreux, P. Driessen, and L. Greenstein, "Attainable throughput of an interference-limited multiple-input multiple-output (MIMO) cellular system," *IEEE Trans. Commun.*, vol. 49, no. 8, pp. 1307–1311, Aug. 2001.

[18] M. Chiani, M. Z. Win, and Z. Zanella, "On the capacity of spatially correlated MIMO Rayleigh-fading channels," *IEEE Trans. Inform. Theory*, vol. 49, no. 10, pp. 2363–2371, Oct. 2003.

[19] D. Chizhik, J. Ling, P. Wolniansky, R. Valenzuela, N. Costa, and K. Huber, "Multiple input multiple output measurements and modeling in Manhattan," in *Proceedings of IEEE Vehicular Tech. Conf.*, 2002, pp. 107–110.

[20] C. Chuah, D. Tse, J. Kahn, and R. Valenzuela, "Capacity scaling in MIMO wireless systems under correlated fading," *IEEE Trans. Inform. Theory*, vol. 48, no. 3, pp. 637–650, March 2002.

[21] M. Costa, "Writing on dirty paper," *IEEE Trans. Inform. Theory*, vol. 29, no. 3, pp. 439–441, May 1983.

[22] M. Costa and A. El Gamal, "The capacity region of the discrete memoryless interference channel with strong interference," *IEEE Trans. Inform. Theory*, vol. 33, no. 5, pp. 710–711, Sept. 1987.

[23] M. H. M. Costa and A. A. E. Gamal, "The capacity region of the discrete memoryless interference channel with strong interference," *IEEE Trans. Inform. Theory*, vol. 33, no. 5, pp. 710–711, Sept. 1987.

[24] T. Cover and A. E. Gamal, "Capacity theorems for the relay channel," *IEEE Trans. Inform. Theory*, vol. 25, no. 5, pp. 572–584, Sept. 1979.

[25] T. M. Cover and J. A. Thomas, *Elements of Information Theory*, 2nd edn. Wiley.

[26] I. Csiszár, "Arbitrarily varying channels with general alphabets and states," *IEEE Trans. Inform. Theory*, vol. 38, no. 6, pp. 1725–1742, Nov. 1992.

[27] I. Csiszár and J. Körner, *Information Theory: Coding Theorems for Discrete*

Memoryless Systems. Academic Press, 1997.

[28] S. Diggavi, N. Al-Dahir, A. Stamoulis, and R. Calderbank, "Great expectations: the value of spatial diversity in wireless networks," *Proceedings of the IEEE*, vol. 92, no. 2, pp. 219–270, Feb. 2004.

[29] S. Diggavi, M. Grossglauser, and D. Tse, "Even one-dimensional mobility increases ad hoc wireless capacity," in *Proceedings of Intl. Symp Inform. Theory*, June 2002, p. 352.

[30] U. Erez, S. Shamai, and R. Zamir, "Capacity and lattice strategies for cancelling known interference," in *Proceedings of Intl. Symp. Inform. Theory and its Applications*, Nov. 2000, pp. 681–684.

[31] U. Erez and S. ten Brink, "Approaching the dirty paper limit for cancelling known interference," in *Proceedings of 41st Annual Allerton Conf. on Commun., Control and Computing*, Oct. 2003, pp. 799–808.

[32] G. J. Foschini, "Layered space-time architecture for wireless communication in fading environments when using multi-element antennas," *Bell Labs Techn. J.*, pp. 41–59, Autumn 1996.

[33] G. J. Foschini and M. J. Gans, "On limits of wireless communications in a fading environment when using multiple antennas," *Wireless Personal Commun.*, vol. 6, pp. 311–335, 1998.

[34] R. G. Gallager, "An inequality on the capacity region of multiaccess fading channels," *Communication and Cryptography – Two Sides of One Tapestry*. Kluwer, 1994, pp. 129–139.

[35] A. El Gamal and T. Cover, "Multiple user information theory," *Proceedings of the IEEE*, vol. 68, no. 12, pp. 1466–1483, Dec. 1980.

[36] A. E. Gamal, J. Mammen, B. Prabhakar, and D. Shah, "Throughput-delay tradeoff in energy constrained wireless networks," in *Proceedings of Intl. Symp. Inform. Theory*, July 2004, p. 439.

[37] M. J. Gans, N. Amitay, Y. S. Yeh, H. Xu, T. Damen, R. A. Valenzuela, T. Sizer, R. Storz, D. Taylor, W. M. MacDonald, C. Tran, and A. Adamiecki, "Outdoor BLAST measurement system at 2.44 GHz: calibration and initial results," *IEEE J. Select. Areas Commun.*, vol. 20, no. 3, pp. 570–581, April 2002.

[38] D. Gesbert, M. Shafi, D. Shiu, P. J. Smith, and A. Naguib, "From theory to practice: an overview of MIMO space-time coded wireless systems," *IEEE J. Select Areas Commun.*, vol. 21, no. 3, pp. 281–302, June 2003.

[39] A. Goldsmith, S. Jafar, N. Jindal, and S. Vishwanath, "Capacity limits of MIMO channels," *IEEE J. Select Areas Commun.*, vol. 21, no. 3, pp. 684–702, June 2003.

[40] A. Goldsmith and P. Varaiya, "Capacity of fading channels with channel side information," *IEEE Trans. Inform. Theory*, vol. 43, no. 6, pp. 1986–1992, Nov. 1997.

[41] A. J. Goldsmith, *Wireless Communications*. Cambridge University Press, 2005.

[42] P. K. Gopala and H. El Gamal, "On the throughput–delay tradeoff in cellular multicast," *Proc. IEEE Intl. Conf. on Commun. (ICC)*, vol. 2, June 2005, pp. 1401–1406.

[43] M. Grossglauser and D. Tse, "Mobility increases the capacity of ad hoc wireless networks," *IEEE/ACM Trans. Networking*, vol. 10, no. 4, pp. 477–486, Aug. 2002.

[44] T. Guess and M. K. Varanasi, "Multi-user decision-feedback receivers for the general Gaussian multiple-access channel," in *Proceedings of 34th Allerton Conf. on Commun., Control, and Computing*, Oct 1996, pp. 190–199.

[45] P. Gupta and P. R. Kumar, "The capacity of wireless networks," *IEEE Trans. Inform. Theory*, vol. 46, no. 2, pp. 388–404, Mar. 2000.

[46] S. Hanly and D. Tse, "Multiaccess fading channels – part II: Delay-limited capacities," *IEEE Trans. Inform. Theory*, vol. 44, no. 7, pp. 2816–2831, Nov. 1998.

[47] S. V. Hanly and P. Whiting, "Information theory and the design of multi-receiver networks," in *Proceedings of IEEE 2nd Intl. Symp. on Spread-spectrum Technical Applications (ISSTA)*, Nov. 1992, pp. 103–106.

[48] B. Hassibi and B. Hochwald, "How much training is needed in multiple-antenna wireless links?" *IEEE Trans. Inform. Theory*, vol. 49, no. 4, pp. 951–963, April 2003.

[49] B. Hochwald, T. L. Marzetta, and V. Tarokh, "Multi-antenna channel-hardening and its implications for rate feedback and scheduling," *IEEE Trans. Inform. Theory*, vol. 50, no. 9, pp. 1893–1909, Sept. 2004.

[50] B. Hochwald and S. Vishwanath, "Space–time multiple access: linear growth in sum rate," in *Proceedings of 40th Annual Allerton Conf. on Commun., Control and Computing*, Oct. 2002, pp. 387–396.

[51] D. Hoesli, Y.-H. Kim, and A. Lapidoth, "Monotonicity results for coherent MIMO Rician channels," *IEEE Trans. Inform. Theory*, vol. 51, no. 12, pp. 4334–4339, Dec. 2005.

[52] D. Hoesli and A. Lapidoth, "The capacity of a MIMO Ricean channel is monotonic in the singular values of the mean," in *Proceedings of the 5th International ITG Conference on Source and Channel Coding (SCC), Erlangen, Nuremberg*, January 2004, pp. 287–292.

[53] A. Host-Madsen, "On the achievable rate for receiver cooperation in ad-hoc net-

works," in *Proceedings of IEEE Intl. Symp. Inform. Theory*, June 2004, p. 272.

[54] A. Host-Madsen and Z. Yang, "Interference and cooperation in multi-source wireless networks," in *IEEE Communication Theory Workshop*, May 2005.

[55] H. Huang and S. Venkatesan, "Asymptotic downlink capacity of coordinated cellular networks," in *Proceedings of Asilomar Conf. on Signals, Systems, & Computing*, Nov. 2004, pp. 850–855.

[56] S. Jafar, "Degrees of freedom in distributed MIMO communications," in *IEEE Communication Theory Workshop*, May 2005.

[57] S. Jafar and A. Goldsmith, "Transmitter optimization and optimality of beamforming for multiple antenna systems with imperfect feedback," *IEEE Trans. Wireless Commun.*, vol. 3, no. 4, pp. 1165–1175, July 2004.

[58] S. Jafar and A. Goldsmith, "Isotropic fading vector broadcast channels: the scalar upperbound and loss in degrees of freedom," *IEEE Trans. Inform. Theory*, vol. 51, no. 3, pp. 848–857, March 2005.

[59] S. Jafar and A. Goldsmith, "Multiple-antenna capacity in correlated Rayleigh fading with channel covariance information," *IEEE Trans. Wireless Commun.*, vol. 4, no. 3, pp. 990–997, May 2005.

[60] S. A. Jafar and A. Goldsmith, "Transmitter optimization for multiple antenna cellular systems," in *Proceedings of Intl. Symp. on Information Theory*, June 2002, p. 50.

[61] S. A. Jafar and A. J. Goldsmith, "On optimality of beamforming for multiple antenna systems with imperfect feedback," in *Proceedings of Intl. Symp. on Information Theory*, June 2001, p. 321.

[62] S. A. Jafar and A. J. Goldsmith, "Vector MAC capacity region with covariance feedback," in *Proceedings of Intl. Symp. on Information Theory*, June 2001, p. 321.

[63] S. A. Jafar, S. Vishwanath, and A. J. Goldsmith, "Channel capacity and beamforming for multiple transmit and receive antennas with covariance feedback," in *Proceedings of Intl. Conf. Commun.*, vol. 7, pp. 2266–2270, 2001.

[64] S. Jayaweera and H. V. Poor, "Capacity of multiple-antenna systems with both receiver and transmitter channel state information," *IEEE Trans. Inform. Theory*, vol. 49, no. 10, pp. 2697–2709, Oct. 2003.

[65] N. Jindal, "High SNR analysis of MIMO broadcast channels," in *Proceedings of Intl. Symp. on Information Theory*, Sept. 2005, pp. 2310–2314.

[66] N. Jindal, "MIMO broadcast channels with finite rate feedback," in *Proceedings of IEEE Globecom*, Nov. 2005, pp. 1520–1524.

[67] N. Jindal and A. Goldsmith, "Capacity and dirty paper coding for Gaussian broadcast channels with common information," in *Proceedings of Intl. Symp. on Inform. Theory*, July 2004, p. 215.

[68] N. Jindal and A. Goldsmith, "Dirty paper coding vs. TDMA for MIMO broadcast channels," *IEEE Trans. Inform. Theory*, vol. 51, no. 5, pp. 1783–1794, May 2005.

[69] N. Jindal, U. Mitra, and A. Goldsmith, "Capacity of ad-hoc networks with node cooperation," in *Proceedings of Intl. Symp. on Inform. Theory*, July 2004, p. 271.

[70] N. Jindal, W. Rhee, S. Vishwanath, S. Jafar, and A. Goldsmith, "Sum power iterative water-filling for multi-antenna Gaussian broadcast channels," *IEEE Trans. Inform. Theory*, vol. 51, no. 4, pp. 1570–1580, April 2005.

[71] N. Jindal, S. Vishwanath, and A. Goldsmith, "On the duality of Gaussian multiple-access and broadcast channels," *IEEE Trans. Inform. Theory*, vol. 50, no. 5, pp. 768–783, May 2004.

[72] E. Jorswieck and H. Boche, "Optimal transmission with imperfect channel state information at the transmit antenna array," *Wireless Personal Commun.*, vol. 27, pp. 33–56, 2003.

[73] E. Jorswieck and H. Boche, "Channel capacity and capacity-range of beamforming in MIMO wireless systems under correlated fading with covariance feedback," *IEEE Trans. Wireless Commun.*, vol. 3, no. 5, pp. 1543–1553, Sept. 2004.

[74] E. Jorswieck and H. Boche, "Optimal transmission strategies and impact of correlation in multi-antenna systems with different types of channel state information," *IEEE Trans. Signal Process.*, vol. 52, no. 12, pp. 3440–3453, December 2004.

[75] A. Khisti, U. Erez, and G. Wornell, "A capacity theorem for co-operative multicasting in large wireless networks," in *Proceedings of 42nd Allerton Conf. on Commun., Control, and Computing*, Oct 2004, pp. 522–531.

[76] G. Kramer, M. Gastpar, and P. Gupta, "Cooperative strategies and capacity theorems for relay networks," *IEEE Trans. Inform. Theory*, vol. 51, no. 9, pp. 3037–3063, Sept. 2005.

[77] T. Lan and W. Yu, "Input optimization for multi-antenna broadcast channels and per-antenna power constraints," in *Proceedings of IEEE Globecom*, 2004, pp. 420–424.

[78] N. Laneman, D. N. C. Tse, and G. W. Wornell, "Cooperative diversity in wireless networks: efficient protocols and outage behavior," *IEEE Trans. Inform. Theory*, vol. 50, no. 12, pp. 3062–3080, Dec. 2004.

[79] N. Laneman and G. W. Wornell, "Distributed space–time-coded protocols for exploiting cooperative diversity in wireless networks," *IEEE Trans. Inform. Theory*,

vol. 49, no. 10, pp. 2415–2425, Oct. 2003.
[80] A. Lapidoth and S. M. Moser, "Capacity bounds via duality with applications to multi-antenna systems on flat-fading channels," *IEEE Trans. Inform. Theory*, vol. 49, no. 10, pp. 2426–2467, Oct. 2003.
[81] A. Lapidoth, S. Shamai, and M. Wigger, "On the capacity of fading MIMO broadcast channels with imperfect transmitter side-information," in *Proceedings of 43rd Annual Allerton Conf. on Commun., Control and Computing*, Sept. 2005.
[82] L. Li and A. Goldsmith, "Capacity and optimal resource allocation for fading broadcast channels – part I: Ergodic capacity," *IEEE Trans. Inform. Theory*, vol. 47, no. 3, pp. 1083–1102, March 2001.
[83] L. Li, N. Jindal, and A. Goldsmith, "Outage capacities and optimal power allocation for fading multiple-access channels," *IEEE Trans. Inform. Theory*, vol. 51, no. 4, pp. 1326–1347, April 2005.
[84] H. Liao, "Multiple access channels," Ph.D. dissertation, Dept. of Electrical Engineering, University of Hawaii, 1972.
[85] D. J. Love, R. W. Heath Jr., and T. Strohmer, "Grassmannian beamforming for multiple-input multiple-output wireless systems," *IEEE Trans. Inform. Theory*, vol. 49, no. 10, pp. 2735–2747, Oct 2003.
[86] A. Lozano and A. Tulino, "Capacity of multiple-transmit multiple-receive antenna architectures," *IEEE Trans. Inform. Theory*, vol. 48, no. 12, pp. 3117–3128, Dec. 2002.
[87] A. Lozano, A. Tulino, and S. Verdú, "Multiantenna capacity: myths and realities," in *Space–Time Wireless Systems: From Array Processing to MIMO Communications*, ed. H. Bölcskei, D. Gesbert, C. Papadias, and A. J. van der Veen, 2005.
[88] A. Lozano, A. Tulino, and S. Verdú, "Multiple-antenna capacity in the low-power regime," *IEEE Trans. Inform. Theory*, vol. 49, no. 10, pp. 2527–2544, Oct. 2003.
[89] Lozano, A. Tulino, and S. Verdú, "High-SNR power offset in multi-antenna communication," *IEEE Trans. Inform. Theory*, vol. 51, no. 12, pp. 4134–4151, Dec. 2005.
[90] T. Marzetta and B. Hochwald, "Capacity of a mobile multiple-antenna communication link in Rayleigh flat-fading," *IEEE Trans. Inform. Theory*, vol. 45, no. 1, pp. 139–157, Jan 1999.
[91] T. Marzetta and B. Hochwald, "Unitary space–time modulation for multiple-antenna communications in Rayleigh flat-fading," *IEEE Trans. Inform. Theory*, vol. 46, no. 2, pp. 543–564, March 2000.
[92] A. Molisch, M. Stienbauer, M. Toeltsch, E. Bonek, and R. S. Thoma, "Capacity

of MIMO systems based on measured wireless channels," *IEEE J. Select. Areas Commun.*, vol. 20, no. 3, pp. 561–569, April 2002.

[93] A. Moustakas and S. Simon, "Optimizing multiple-input single-output (MISO) communication systems with general Gaussian channels: nontrivial covariance and nonzero-mean," *IEEE Trans. Inform. Theory*, vol. 49, no. 10, pp. 2770–2780, Oct. 2003.

[94] K. Mukkavilli, A. Sabharwal, E. Erkip, and B. Aazhang, "On beamforming with finite rate feedback in multiple antenna systems," *IEEE Trans. Inform. Theory*, vol. 49, no. 10, pp. 2562–2579, Oct. 2003.

[95] R. U. Nabar, H. Bölcskei, and F. W. Kneubühler, "Fading relay channels: performance limits and space–time signal design," *IEEE J. Select. Areas Commun.*, vol. 22, no. 6, pp. 1099–1109, Aug. 2004.

[96] A. Narula, M. Trott, and G. Wornel, "Performance limits of coded diversity methods for transmitter antenna arrays," *IEEE Trans. Inform. Theory*, vol. 45, no. 7, pp. 2418–2433, Nov. 1999.

[97] A. Narula, M. J. Lopez, M. D. Trott, and G. W. Wornell, "Efficient use of side information in multiple antenna data transmission over fading channels," *IEEE J. Select. Areas Commun.*, vol. 16, no. 8, pp.1423–1436, Oct. 1998.

[98] C. Ng and A. Goldsmith, "Transmitter cooperation in ad-hoc wireless networks: does dirty-paper coding beat relaying?" in *Proceedings of IEEE Inform. Theory Workshop*, Oct. 2004, pp. 277–282.

[99] C. Peel, B. Hochwald, and L. Swindlehurst, "A vector-perturbation technique for near-capacity multiantenna multi-user communication – Part I: Channel inversion and regularization," *IEEE Trans. Commun.*, vol. 53, no. 1, pp. 195–202, Jan. 2005.

[100] C. Peel, B. Hochwald, and L. Swindlehurst, "A vector-perturbation technique for near-capacity multiantenna multi-user communication – Part II: Perturbation," *IEEE Trans. Commun.*, vol. 53, no. 3, pp. 537–544, March 2005.

[101] N. Prasad and M. K. Varanasi, "Diversity and multiplexing tradeoff bounds for cooperative diversity schemes," in *Proceedings of IEEE Intl. Symp. Inform. Theory*, June 2004, p. 268.

[102] G. Raleigh and J. M. Cioffi, "Spatio-temporal coding for wireless communication," *IEEE Trans. Commun.*, vol. 46, no. 3, pp. 357–366, March 1998.

[103] F. Rashid-Farrokhi, K. R. Liu, and L. Tassiulas, "Transit beamforming and power control for cellular wireless systems," *IEEE J. Select. Areas Commun.*, vol. 16, no. 8, pp. 1437–1450, Oct. 1998.

[104] H. Sato, "The capacity of Gaussian interference channel under strong interference

(corresp.)," *IEEE Trans. Inform. Theory*, pp. 786–788, Nov. 1981.

[105] A. Sendonaris, E. Erkip, and B. Aazhang, "Increasing uplink capacity via user cooperation diversity," in *Proceedings of Intl. Symp. Inform. Theory*, Aug. 1994, p. 156.

[106] Sendonaris, E. Erkip, and B. Aazhang, "User cooperation diversity – part I: System description," *IEEE Trans. Commun.*, vol. 51, no. 11, pp. 1927–1938, Nov. 2003.

[107] A. Sendonaris, E. Erkip, and B. Aazhang, "User cooperation diversity – part II: Implementation aspects and performance analysis," *IEEE Trans. Commun.*, vol. 51, no. 11, pp. 1939–1948, Nov. 2003.

[108] S. Shamai and T. L. Marzetta, "Multi-user capacity in block fading with no channel state information," *IEEE Trans. Inform. Theory*, vol. 48, no. 4, pp. 938–942, April 2002.

[109] S. Shamai and A. D. Wyner, "Information-theoretic considerations for symmetric, cellular, multiple-access fading channels: Part I," *IEEE Trans. Inform. Theory*, vol. 43, pp. 1877–1894, Nov. 1997.

[110] S. Shamai and B. M. Zaidel, "Enhancing the cellular downlink capacity via co-processing at the transmitting end," in *Proceedings of IEEE Vehicular Tech. Conf.*, May 2001, pp. 1745–1749.

[111] C. Shannon, "A mathematical theory of communication," *Bell Sys. Tech. J.*, pp. 379–423, 623–656, 1948.

[112] C. Shannon, "Communications in the presence of noise," in *Proceedings of IRE*, pp. 10–21, 1949.

[113] C. Shannon and W. Weaver, *The Mathematical Theory of Communication*. Univ. Illinois Press, 1949.

[114] M. Sharif and B. Hassibi, "On the capacity of MIMO broadcast channels with partial side information," *IEEE Trans. Inform. Theory*, vol. 51, no. 2, pp. 506–522, Feb. 2005.

[115] H. Shin and J. Lee, "Capacity of multiple-antenna fading channels: spatial fading correlation, double scattering and keyhole," *IEEE Trans. Inform. Theory*, vol. 49, no. 10, pp. 2636–2647, Oct. 2003.

[116] N. Sidiropoulos, T. Davidson, and Z. Q. Luo, "Transmit beamforming for physical layer multicasting," *IEEE Trans. Sig. Proc.*, vol. 54, no. 6, pp. 2239–2251, June 2006.

[117] S. Simon and A. Moustakas, "Optimizing MIMO antenna systems with channel covariance feedback," *IEEE J. Select. Areas Commun.*, vol. 21, no. 3, pp. 406–417, April 2003.

[118] P. J. Smith and M. Shafi, "On a Gaussian approximation to the capacity of wireless MIMO systems," in *Proceedings of IEEE Intl. Conf. Commun.*, April 2002, pp. 406–410.

[119] Q. Spencer, L. Swindlehurst, and M. Haardt, "Zero-forcing methods for downlink spatial multiplexing in multi-user MIMO channels," *IEEE Trans. Sig. Proc.*, vol. 52, no. 2, pp. 461–471, Feb. 2004.

[120] S. Srinivasa and S. Jafar, "Vector channel capacity with quantized feedback," in *Proceedings of IEEE Intl. Conf. on Commun.*, May 2005.

[121] E. Telatar, "Capacity of multi-antenna Gaussian channels," *European Trans. on Telecomm. ETT*, vol. 10, no. 6, pp. 585–596, Nov. 1999.

[122] D. Tse and S. Hanly, "Multiaccess fading channels – part I: polymatroid structure, optimal resource allocation and throughput capacities," *IEEE Trans. Inform. Theory*, vol. 44, no. 7, pp. 2796–2815, Nov. 1998.

[123] A. Tulino and S. Verdú, "Random matrix theory and wireless communications," *Foundations Trends in Commun. Inform. Theory*, vol. 1, no. 1, 2004.

[124] A. Tulino, A. Lozano, and S. Verdú, "Capacity-achieving input covariance for single-user multi-antenna channels," *IEEE Trans. Wireless Commun.*, vol. 5, no. 3, pp. 662–671, March 2006.

[125] A. Tulino, A. Lozano, and S. Verdú, "Impact of antenna correlation on the capacity of multiantenna channels," *IEEE Trans. Inform. Theory*, vol. 51, no. 7, pp. 2491–2509, July 2005.

[126] E. C. van der Meulen, "A survey of multi-way channels in information theory: 1961–1976," *IEEE Trans. Inform. Theory*, vol. 23, no.1, pp. 1–37, Jan. 1977.

[127] E. C. van der Meulen, "Some reflections on the interference channel," in *Communications and Cryptography: Two Sides of One Tapestry*, ed. R. E. Blahut, D. J. Costello, and T. Mittelholzer. Kluwer, 1994, pp. 409–421.

[128] S. Venkatesan, S. Simon, and R. Valenzuela, "Capacity of a Gaussian MIMO channel with nonzero mean," in *Proceedings of IEEE Vehicular Tech. Conf.*, Oct. 2003, pp. 1767–1771.

[129] S. Verdú, *Multi-user Detection*. Cambridge University Press, 1998.

[130] S. Verdú, "Spectral efficiency in the wideband regime," *IEEE Trans. Inform. Theory*, vol. 48, no. 6, pp. 1319–1343, June 2002.

[131] S. Vishwanath and S. Jafar, "On the capacity of vector interference channels," in *Proceedings of IEEE Inform. Theory Workshop*, Oct. 2004.

[132] S. Vishwanath, S. Jafar, and A. Goldsmith, "Optimum power and rate allocation strategies for multiple access fading channels," in *Proceedings of Vehicular Tech. Conf.*, May 2000, pp. 2888–2892.

[133] S. Vishwanath, N. Jindal, and A. Goldsmith, "Duality, achievable rates, and sum-rate capacity of MIMO broadcast channels," *IEEE Trans. Inform. Theory*, vol. 49, no. 10, pp. 2658–2668, Oct. 2003.

[134] E. Visotsky and U. Madhow, "Space–time transmit precoding with imperfect feedback," *IEEE Trans. Inform. Theory*, vol. 47, no. 6, pp. 2632–2639, Sept. 2001.

[135] P. Viswanath, D. Tse, and R. Laroia, "Opportunistic beamforming using dumb antennas," *IEEE Trans. Inform. Theory*, vol. 48, no. 6, pp. 1277–1294, June 2002.

[136] P. Viswanath and D. N. Tse, "Sum capacity of the vector Gaussian broadcast channel and uplink-downlink duality," *IEEE Trans. Inform. Theory*, vol. 49, no. 8, pp. 1912–1921, Aug. 2003.

[137] P. Viswanath, D. N. Tse, and V. Anantharam, "Asymptotically optimal water-filling in vector multiple-access channels," *IEEE Trans. Inform. Theory*, vol. 47, no. 1, pp. 241–267, Jan. 2001.

[138] H. Viswanathan and S. Venkatesan, "Asymptotics of sum rate for dirty paper coding and beamforming in multiple-antenna broadcast channels," in *Proceedings of 41st Allerton Conf. on Commun. Control, and Computing*, Oct. 2003.

[139] H. Viswanathan, S. Venkatesan, and H. C. Huang, "Downlink capacity evaluation of cellular networks with known interference cancellation," *IEEE J. Select. Areas Commun.*, vol. 21, pp. 802–811, June 2003.

[140] B. Wang, J. Zhang, and A. Host-Madsen, "On the capacity of MIMO relay channels," *IEEE Trans. Inform. Theory*, vol. 51, no. 1, pp. 29–43, Jan. 2005.

[141] H. Weingarten, Y. Steinberg, and S. Shamai, "Capacity region of the degraded MIMO broadcast channel," *IEEE Trans. Inform. Theory*, vol. 52, no. 9, pp. 3936–3964, Sept. 2006.

[142] J. Winters, "On the capacity of radio communication systems with diversity in a Rayleigh fading environment," *IEEE J. Select. Areas Commun.*, vol. 5, no.5, pp. 871–878, June 1987.

[143] J. Winters, J. Salz, and R. Gitlin, "The impact of antenna diversity on the capacity of wireless communication systems," *IEEE Trans. Commun.*, vol. 42, no. 2, pp. 1740–1751, Feb. 1994.

[144] A. Wyner, "Shannon-theoretic approach to a Gaussian cellular network," *IEEE Trans. Inform. Theory*, vol. 40, no. 6, pp. 1713–1727, Nov. 1994.

[145] T. Yoo and A. Goldsmith, "On the optimality of multi-antenna broadcast scheduling using zero-forcing beamforming," *IEEE J. Select. Areas Commun.*, special issue on 46 wireless systems, vol. 24, no. 3, pp. 528–541, March 2006.

[146] W. Yu, "A dual decomposition approach to the sum power Gaussian vector multiple access channel sum capacity problem," in *Proceedings of Conf. on Information Sciences and Systems (CISS)*, March 2003.

[147] W. Yu, "Spatial multiplex in downlink multi-user multiple-antenna wireless environments," in *Proceedings of IEEE Global Commun. Conf.*, Nov. 2003, pp.1887–1891.

[148] W. Yu and J. Cioffi, "Trellis precoding for the broadcast channel," in *Proceedings of Global Commun. Conf.*, Oct. 2001, pp. 1344–1348.

[149] W. Yu and J. M. Cioffi, "Sum capacity of Gaussian vector broadcast channels," *IEEE Trans. Inform. Theory*, vol. 50, no. 9, pp. 1875–1892, Sept. 2004.

[150] W. Yu, G. Ginis, and J. Cioffi, "An adaptive multi-user power control algorithm for VDSL," in *Proceedings of Global Commun. Conf.*, Oct. 2001.

[151] W. Yu, W. Rhee, S. Boyd, and J. Cioffi, "Iterative water-filling for Gaussian vector multiple access channels," *IEEE Trans. Inform. Theory*, vol. 50, no. 1, pp. 145–152, Jan. 2004.

[152] W. Yu, W. Rhee, and J. Cioffi, "Optimal power control in multiple access fading channels with multiple antennas," in *Proceedings of Intl. Conf. Commun.*, 2001.

[153] Yuksel and E. Erkip, "Can virtual MIMO mimic a multi-antenna system: diversity–multiplexing tradeoff for wireless relay networks," in *IEEE Commun. Theory Workshop*, May 2005.

[154] L. Zheng and D. Tse, "Diversity and multiplexing: a fundamental tradeoff in multiple-antenna channels," *IEEE Trans. Inform. Theory*, vol. 49, no. 5, pp. 1073–1096, May 2005.

[155] L. Zheng and D. N. Tse, "Packing spheres in the Grassmann manifold: a geometric approach to the non-coherent multi-antenna channel," *IEEE Trans. Inform. Theory*, vol. 48, no. 2, pp. 359–383, Feb. 2002.

第3章

プリコーディングの設計

　第2章において解析したMIMO無線チャネルの理論限界特性をベースに，本章では実際のシステムブロックの設計に立ち返る．送信機においては，送信シンボルレベルにおける二つの主要なMIMO信号処理，すなわちプリコーディングと時空間符号化が挙げられる．プリコーディングは送信機のディジタル信号処理の最終段に位置しており，これは送信機においてチャネル情報が利用できることを前提としている（図1.2参照）．送信機側におけるチャネル情報は，一般的にはCSITと呼ばれる（これは第2章において一般的な定義が行われている）．MIMOチャネルを用いる無線システムでは，システムの特性を向上させるために，空間的なCSITの利用が特に有益である [39]．一方，時空間符号化は，CSITの利用を前提としておらず，ダイバーシチによる通信路の信頼性向上に特化している [49]．これら2種類の技術に加えて，通常のチャネル符号化がビットごとの信頼性向上に用いられる．本章ではプリコーディングの設計に焦点を当て，時空間符号化については第4章において議論する．

　CSITはMIMO無線システムにおいて，伝送レートの増加，エリアカバレッジの拡張，受信機の信号処理演算量の低減，といった効果を生み出す技術に必要となる．また，CSITの形式には様々なものがある．任意の時刻における正確な瞬時のチャネル状態，すなわち完全なCSITを知ることは理想的な条件であり，現実には時変性のあるフェージングチャネルを完全に捕捉することは一般的には困難である．CSITは，誤りの共分散と関連のあるチャネル推定情報として利用されることが多い [60]．そしてこれは，チャネルの平均値および共分散といった統計的性質に限定すれば，簡易に得られる．このようなCSITは，第2章において議論された完全なCSITとCDITを含むいくつかのモデルを包含している．他の部分的なCSITの形態は，単なるチャネル状態のパラメータ，たとえばチャネルの条件数やライス分布のKファクターといったものを含む．本章で取り扱うCSITは，推定誤差の共分散が既知であるチャネル推定情報によって与えられるものに限定する．ほぼすべての解析において，チャネル状

態は受信機において完全に既知であると仮定しているが，チャネルのサイド情報の与える影響についても簡潔に議論を行う．

MIMO 無線システムにおいて，プリコーディングの設計は近年盛んに研究が行われている技術分野であり [18, 21, 25, 28, 29, 30, 38, 41, 53, 54, 57, 61, 67, 68]，近年策定が進んでいる標準規格における適用が検討されている状況である [24]．本章では，理論的な基礎と実践的な問題を組み合わせたプリコーディングの設計の概要について紹介を行う．チャネルの推定形式として，因果性のある CSIT が利用できる場合において伝送容量の点で最適であることが知られている [8, 44, 46] 線形プリコーディングに焦点を当てる．機能的にみると，線形のプリコーダは入力信号の共分散とチャネルのマッチングをとる操作とみることができる．その構造は，本質的には単一あるいは複数のビームの制御であり，それぞれのビームの方向および電力の制御が行われる．

本章は，無線チャネルにおいて CSIT を取得する原理ならびに CSIT のモデルをチャネル推定，およびその誤りの共分散として導出する議論から開始する．ある CSIT が与えられた場合における最適な信号伝送，すなわち線形プリコーディングの解法を導出するための情報理論的結果の解析を行う．次に，プリコーダならびに時空間符号化や空間多重化といった，様々な符号化の構造からなる送信機の構成を確立する．そして，本章ではいくつかの線形プリコーダの設計基準について解説を行う．この線形プリコーダの設計は様々な CSIT，すなわち，完全な CSI，相関のある CSI，平均の CSI，平均（あるいはチャネル推定）および共分散からなる一般的な CSI に適用することができる．本章では，プリコーディング利得についての議論と共に，多数のシミュレーション結果が提供されている．上記に引き続き，本章では実際の無線システム，すなわち TDD ならびに FDD システムにおける開ループおよび閉ループのチャネル情報の取得方法，閉ループシステムにおけるコードブックの設計，CSIR の影響，さらに現在策定中の無線システムの標準規格においてプリコーディングがどのように規定されようとしているのかについて解説を行う．最後に，その他の種類の CSIT についての議論，現存する問題点，ならびに CSIT を利用するその他の手法について議論を行い，結論を述べる．

3.1 送信チャネルサイド情報

本節では，MIMO 無線チャネルモデルならびに送信機側において，チャネル情報を取得するための原理について議論を行う．本節で確立した CSIT モデルは，本章を通じて用いるものとする．

3.1.1 ■ MIMO チャネル

　無線チャネルは，フェージングとして知られているように，時間，周波数，ならびに空間選択性を持つ変動を有する．このフェージングは，散乱環境におけるドップラー拡がり，遅延拡がり，ならびに角度拡がりを要因として生じる [27, 39, 40]．本章では時変性のある周波数フラットチャネルに焦点を当てる．周波数選択性チャネルにおいて直交周波数分割多重（OFDM：Orthogonal Frequency Division Multiplexing）を用いると，サブキャリアごとでは周波数フラットフェージングと扱える．

　マルチパス環境の無線チャネルは，複素ガウスランダム変数としてモデル化することができる．見通し直接波が存在する場合，チャネルの平均値がゼロではない場合がある．M_T 本の送信アンテナと M_R 本の受信アンテナとの間の MIMO チャネルは，$M_R \times M_T$ の複素ガウスランダム行列 $\mathbf{H}$ であり，式 (3.1) のように示される．

$$\mathbf{H} = \mathbf{H}_m + \tilde{\mathbf{H}} \tag{3.1}$$

ここで，$\mathbf{H}_m$ は複素行列の平均であり，$\tilde{\mathbf{H}}$ は平均ゼロの複素ガウスランダム行列である．$\tilde{\mathbf{H}}$ の各要素は複素ランダム変数であり，その実数部分と虚数部分はそれぞれ同一の分散を持ち，互いに独立である平均値がゼロのガウスランダム変数である．チャネルの共分散は $M_R M_T \times M_R M_T$ の行列であり，式 (3.2) のように $\mathbf{R}_h$ として定義される．

$$\mathbf{R}_h = E\left[\tilde{\mathbf{h}}\tilde{\mathbf{h}}^*\right] \tag{3.2}$$

ここで，$\tilde{\mathbf{h}} = \mathrm{vec}(\tilde{\mathbf{H}})$ であり，$(\cdot)^*$ は複素共役転置を示す．$\mathbf{R}_h$ は M_T 本の送信アンテナと M_R 本の受信アンテナとの間の $M_R M_T$ 個のスカラーチャネルの共分散であり，これは複素エルミート半正定行列となる．チャネルの平均値の電力とチャネルの変動成分の電力との比は，チャネルの K ファクタあるいはライスファクタと呼ばれ，式 (3.3) のように定義される．

$$K = \frac{\|\mathbf{H}_m\|_F^2}{\mathrm{tr}(\mathbf{R}_h)} \tag{3.3}$$

ここで，$\|.\|_F$ は行列のフロベニウスノルムであり，$\mathrm{tr}(\cdot)$ は行列のトレースを示す．

　チャネルの共分散行列 $\mathbf{R}_h$ は，一般的には簡易に分離可能なクロネッカー構造を持つものと仮定される [45]．クロネッカーモデルでは，M_T 本すべての送信アンテナから単一の受信アンテナへのスカラーチャネル（これは行列 $\mathbf{H}$ のある一つの行に対応する）の共分散が，受信アンテナにかかわらず（すなわち $\mathbf{H}$ の行に依存せずに），すべて同一の行列 $\mathbf{R}_t$（$M_T \times M_T$）であると仮定する．また同様に，ある単一の送信アン

テナから M_R 本すべての受信アンテナへのスカラーチャネル（これは行列 $\mathbf{H}$ のある一つの列に対応する）の共分散が，送信アンテナにかかわらず（すなわち $\mathbf{H}$ の列に依存せずに），すべて同一の行列 $\mathbf{R}_r$（$M_R \times M_R$）であると仮定する．そして，チャネルの共分散は式 (3.4) のように分解することができる．

$$\mathbf{R}_h = \mathbf{R}_t^T \otimes \mathbf{R}_r \tag{3.4}$$

ここで，$\otimes$ はクロネッカー積を表す [17]．$\mathbf{R}_t$ と $\mathbf{R}_r$ のいずれの共分散行列についても，複素エルミート半正定である．そして，このような性質を持つチャネルは，式 (3.5) のように記述することができる．

$$\mathbf{H} = \mathbf{H}_m + \mathbf{R}_r^{1/2} \mathbf{H}_w \mathbf{R}_t^{1/2} \tag{3.5}$$

ここで，$\mathbf{H}_w$ は $M_R \times M_T$ の行列であり，各要素は平均がゼロ，単位分散である i.i.d. 複素ガウス変数である．ここで，$\mathbf{R}_t^{1/2}$ は $\mathbf{R}_t^{1/2} \mathbf{R}_t^{1/2} = \mathbf{R}_t$ となる，$\mathbf{R}_t$ の平方根行列であり，$\mathbf{R}_r^{1/2}$ についても同様である．

その他のより一般的なチャネルの共分散構造については，参考文献 [42, 62] において提案されており，異なる受信アンテナに対応する送信側の共分散 $\mathbf{R}_t$ が送信アンテナ間で同一の固有ベクトルを持つ，ただし，同一の固有値を持つ必要がないものとしている（$\mathbf{R}_r$ についても同様）．本章では，本節以降において，簡易なクロネッカー相関構造のみを利用するものとする．さらに，プリコーディングは主に送信機側における相関に対して作用するため，ほぼすべての場合において $\mathbf{R}_r = \mathbf{I}$ という前提を用いる（そうでない場合については別途定義を行う）．クロネッカー相関モデルは，3×3 アンテナ構成までについては室内伝搬環境で [32, 64]，また，8×8 アンテナ構成までの場合については室外環境で [5]，それぞれ実験的に確認が行われている．

3.1.2 ■ CSIT を取得する手段

本節においては，CSIT という用語を「送信機側で用いることができる任意のチャネル情報」という大まかな意味として用いる．次の節において，特定の CSIT モデルを定義する．送信信号は送信機から放射された後に初めてチャネルに入力されるため，送信機は CSIT を間接的にしか取得することができない．しかしながら受信機は，チャネルの影響を受けて変形した受信信号から直接チャネルを推定することが可能である．受信機においてチャネル推定を行うことを可能とするために，一般的にパイロット信号が送信信号に挿入される．そして送信機は，通信路対称性を活用するか，あるいは

3.1 ■送信チャネルサイド情報

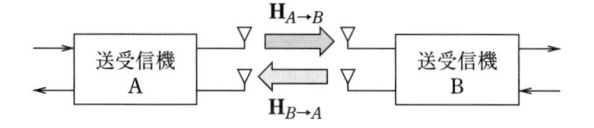

図3.1 通信路を利用した CSIT の取得

受信機からのフィードバックを用いることにより，間接的に CSIT を取得することが可能となる．

無線通信における通信路対称性とは，あるアンテナ A から他のアンテナ B へのチャネルは，アンテナ B からアンテナ A へのチャネルの転置と同一である，という事を示すものである．対称性は，順方向リンクと逆方向リンクとが同一周波数上，同時刻，同一アンテナ位置で行われることを仮定した場合において成立する．通信システムはしばしば全二重通信であるため，通信路対称性は，図3.1 に示されるように，受信機により測定することができる逆方向チャネル（B から A）の測定結果を用いることにより，送信機が順方向チャネル（A から B）を取得可能であることを示す．

しかしながら実際の全二重通信においては，順方向リンクと逆方向リンクが完全に同一周波数・時間・空間に存在することはあり得ない．各リンク間の周波数・時間・空間の次元の差分に起因するチャネルの変動が十分小さければ，通信路対称性は近似的に成立し得る．時間の次元における上記の条件は，全二重通信における順方向の通信と逆方向の通信との間の時間差 Δ_t はチャネルのコヒーレント時間 T_c と比較して極めて小さくなければならないことを示している．

$$\Delta_t \ll T_c \tag{3.6}$$

同様に周波数オフセット Δ_f は，チャネルのコヒーレント帯域幅 B_c と比較して極めて小さくなければならない．

$$\Delta_f \ll B_c \tag{3.7}$$

そして，二つのリンクにおけるアンテナ位置の差は，チャネルのコヒーレント距離 D_c と比較して極めて小さくなければならない [39]．

実際の通信路対称性に基づくチャネル状態の取得は開ループ方法と呼ばれ，これは時分割複信（TDD：Time Division Duplex）システムにおいて適用することが可能である．TDD システムは，一般的には順方向チャネルと逆方向チャネルにおける周波数帯とアンテナが同一であるため，順方向リンクと逆方向リンクの間には時間差が存在する（たとえば音声システムにおけるピンポン伝送の周期）．非同期のデータシステ

ムにおいては，この時間差は，あるユーザからの信号を受信して，当該ユーザへ次回送信を行う時点までの間となる．このような時間差は，チャネルのコヒーレント時間と比較して無視できる大きさでなければならない．FDD システム においては，時間および空間の次元は同一であり得るが，通常，順方向および逆方向リンクの間の周波数オフセットは，チャネルのコヒーレント帯域幅と比較して極めて大きい．したがって，FDD システムにおいては，通常通信路対称性は適用できない．

通信路対称性の利用における複雑な点は，この原理がアンテナ間の無線チャネルについてのみ適用可能なことである．その一方で実際には，「チャネル」はベースバンドの信号処理部で測定・利用される．この事実は，RF ハードウェアの性能差・個体差も「チャネル」の一部としてみなされることを意味する．これらの RF ハードウェアの組が互いに異なる周波数伝送特性を有するため，対称性は 3.7 節において説明される送受信機の校正が必要となる．

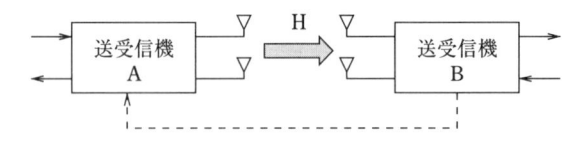

図 3.2　フィードバックを利用した CSIT の取得

CSIT を取得するその他の手法は，図 3.2 に示されるような順方向リンクの受信機から得られるフィードバックを用いる手法がある．順方向リンク（A から B）の送信において B の受信機によりチャネルを測定し，その情報を逆方向リンクを用いて A の送信機へと送信する．フィードバックは，通信路対称性の制約を受けない．しかし，B におけるチャネルの測定と A の送信機におけるその情報の利用までの時間差 Δ_{lag} が，チャネルのコヒーレント時間と比較して十分小さくないと，この時間差は推定誤りの要因となる．

$$\Delta_{\text{lag}} \ll T_c$$

フィードバックは，チャネル自体の変動速度と比較して極めて低速に変動するチャネルの統計的性質を送信することにも利用することができる．このような場合においては，チャネルの推定結果をフィードバックする場合と比較して，時間差に対する要求条件は大きく緩和される．

フィードバックを用いたチャネル情報の取得は閉ループ法と呼ばれており，FDD システムにおいては一般的に用いられる．送信機と受信機の校正を目的としていないのであったとしても，フィードバックは伝送リソースの利用によりシステムのオーバヘッ

ドが必要となる．したがって，フィードバック情報の量子化など，フィードバックにかかわるオーバヘッドの削減手法は重要かつ必要である．3.7 節において，開ループ法および閉ループ法のそれぞれにおいて，実際の問題についてのより詳細な議論を行う．また，参考文献 [4] の引用文献も併せて参照されたい．

3.1.3 ■動的 CSIT モデル

チャネルは静的ガウス確率過程に基づくものであると仮定する．またここでは，送信時刻 s における CSIT はチャネル推定値と推定誤りの共分散とする．このチャネル推定値と推定誤りの共分散は，時刻 0 におけるチャネルの測定結果ならびにそれに付随するチャネルの統計的性質から導出される．このモデルは，開ループ法および閉ループ法の両方に適用することができる．

チャネル推定における解消不可能な誤りの主な要因は，ランダムなチャネルの時変動，すなわちドップラー拡がりである．時刻 0 におけるチャネル推定値は誤りがないものと仮定し，チャネルの推定誤差は最初に測定した時刻とその測定結果を送信機において用いる時刻との時間差 s にのみ依存するものと仮定する．以上の前提に基づくと，CSIT のモデルは式 (3.8) のように示すことができる．

$$\begin{aligned} \mathbf{H}(s) &= \hat{\mathbf{H}}(s) + \mathbf{E}(s), \\ \mathbf{R}_e(s) &= E\big[\mathbf{e}(s)\mathbf{e}(s)^*\big] \end{aligned} \quad (3.8)$$

(s) の表記は各行列の時間依存性を示したものである．ここで，$\mathbf{H}(s)$ はチャネルであり，$\hat{\mathbf{H}}(s)$ はチャネルの推定結果であり，$\mathbf{E}(s)$ は時刻 s におけるチャネル推定誤りである．$\mathbf{R}_e(s)$ は誤りの相関行列であり，$\mathbf{e}(s) = \text{vec}\big(\mathbf{E}(s)\big)$ である．推定にバイアスがかからないと仮定すると，$\mathbf{E}(s)$ を平均ゼロの複素ガウスランダム行列とモデル化することができる．また，$\mathbf{R}_e(s)$ は誤りの共分散行列となり，これは時刻 s とドップラー拡がりに依存する．CSIT は，推定値である $\hat{\mathbf{H}}(s)$ とその誤りの共分散行列 $\mathbf{R}_e(s)$ から構成される．時刻 0 において，$\mathbf{E}(0) = \mathbf{0}$，$\mathbf{R}_e(0) = \mathbf{0}$，すなわち完全な CSIT を持つこととなる．

時刻 0 と時刻 s の間のチャネルの相関は，チャネルの自己共分散により評価される．その定義は，式 (3.9) のとおりである．

$$\mathbf{R}_h(s) = E\big[\mathbf{h}(s)\mathbf{h}(0)^*\big] - \mathbf{h}_m \mathbf{h}_m^* \quad (3.9)$$

ここで，$\mathbf{h}_m = \text{vec}(\mathbf{H}_m)$，$\mathbf{h} = \text{vec}(\mathbf{H})$ である．この自己共分散は時間の変動とともにどのぐらい高速で $\mathbf{H}(s)$ の相関が低下していくかを評価するものであり，s が大き

くなると最終的にはゼロに収束する．時間差がゼロの場合 ($s = 0$)，式 (3.2) に示される通り，$\mathbf{R}_h(0) = \mathbf{R}_h$ となる．

時間差 s がチャネルのコヒーレント時間と比較して大きいとき，$\mathbf{H}(0)$ に基づくチャネル推定はもはや意味を持たなくなる．しがたって，式 (3.1) に示されたチャネルの平均値 $\mathbf{H}_m$ および式 (3.2) に示された共分散 $\mathbf{R}_h$（あるいは，式 (3.4) に示された $\mathbf{R}_t$ あるいは $\mathbf{R}_r$）の短区間統計値を，関連性があるパラメータとして用いる．無線チャネルの物理的モデルは，短区間のチャネルの統計的性質が，チャネルのコヒーレンス時間よりも極めて長い区間で一定であることを示している．短い時間窓（コヒーレンス時間のおよそ 10 倍程度）にわたり平均を取ることにより得られる，$\mathbf{R}_h(s)$ を含むチャネルの統計的性質は，コヒーレンス時間周期の 10 倍から 100 倍程度の間で有効である．しがたって送信機では，受信機において測定した $\mathbf{H}_m$，$\mathbf{R}_h$，$\mathbf{R}_h(s)$ といったチャネルの統計的性質を時間差に起因する誤りの影響が無視できるものとして利用することが可能となる．

CSIT，すなわち $\hat{\mathbf{H}}(s)$ および $\mathbf{R}_e(s)$ は動的に推定する構成とすることが可能である．統計的性質として $\mathbf{H}_m$，$\mathbf{R}_h$ および $\mathbf{R}_h(s)$ を持つ初期チャネル測定値 $\mathbf{H}(0)$ が，送信機で利用可能であると仮定する．そうすると，時刻 s における CSIT は，通常の最小平均二乗誤差（MMSE：Minimum Mean-Square Error）推定規範 [31] に従う．

$$\begin{aligned}
\hat{\mathbf{h}}(s) &= E\big[\mathbf{h}(s)|\mathbf{h}(0)\big] &= \mathbf{h}_m + \mathbf{R}_h \mathbf{R}_h(s)^{-1}\big[\mathbf{h}(0) - \mathbf{h}_m\big] \\
\mathbf{R}_e(s) &= \text{cov}\big[\mathbf{h}(s)|\mathbf{h}(0)\big] &= \mathbf{R}_h - \mathbf{R}_h(s)\mathbf{R}_h^{-1}\mathbf{R}_h(s)
\end{aligned} \quad (3.10)$$

ここで，$\hat{\mathbf{h}}(s) = \text{vec}\big(\hat{\mathbf{H}}(s)\big)$ である．過去に推定されたチャネルベクトルからスカラーの時変動チャネルを推定する上記と類似したモデルが，参考文献 [15] において提案されている．雑音が支配的なチャネルにおける CSIT の導出については，参考文献 [28, 38] において検討されている．

チャネルの共分散 $\mathbf{R}_h$ は，全送信アンテナと受信アンテナ間の空間相関を含む．一方で，$\mathbf{R}_h$ の非ゼロ遅延の自己共分散 $\mathbf{R}_h(s)$ は，チャネルの空間・時間相関を含む．時間相関が一定かつ，チャネルの要素間で同一であると仮定したならば，これらの二つの相関による効果を式 (3.11) のように分割することができる．

$$\mathbf{R}_h(s) = \rho(s)\mathbf{R}_h \quad (3.11)$$

ここで，$\rho(s)$ はスカラーチャネルの時間相関である．言い換えると，M_T 本の送信アンテナと M_R 本の受信アンテナとの間の $M_R M_T$ のスカラーチャネルのすべてが，同

3.1 ■送信チャネルサイド情報

一の時間相関関数を持つ．この仮定は，チャネルの時間的な統計的性質がすべての送受信アンテナの組において同一であることを期待できることに基づいている．MIMOチャネルのドップラー相関分離に対しても，同様の仮定が参考文献 [32, 62] において用いられている．時変動スカラーチャネルに対する Jakes モデル [27] の利用は，その一例である．f_d がチャネルのドップラー拡がり，$J_o(\cdot)$ がゼロ次の第 1 種ベッセル関数である場合，$\rho(s) = J_0(2\pi f_d s)$ となる．

式 (3.10) に示された，時刻 s において推定されたチャネルとその推定誤差の共分散は，式 (3.12) に示されるように簡略化することができる．

$$\begin{aligned} \hat{\mathbf{H}}(s) &= \rho(s)\mathbf{H}(0) + (1-\rho(s))\,\mathbf{H}_m, \\ \mathbf{R}_e(s) &= \left(1-\rho(s)^2\right)\mathbf{R}_h \end{aligned} \quad (3.12)$$

式 (3.4) におけるクロネッカーの共分散モデルにおいて，推定されたチャネルは式 (3.13) で示されるような実効的なアンテナ共分散を持つ．

$$\begin{aligned} \mathbf{R}_t(s) &= \left(1-\rho(s)^2\right)^{1/2}\mathbf{R}_t, \\ \mathbf{R}_r(s) &= \left(1-\rho(s)^2\right)^{1/2}\mathbf{R}_r \end{aligned} \quad (3.13)$$

これらの数式表現において，ρ は推定品質の指標となる．推定されたチャネル $\hat{\mathbf{H}}(s)$ は $\rho = 1$ の場合，すなわち完全にチャネル推定が行われた状態から $\rho = 0$，すなわち完全な統計的性質の状態までの範囲で値を取る．ρ がゼロに近づくにつれ，初期チャネル測定値 $\mathbf{H}(0)$ の影響は小さくなり，その推定値自体はチャネルの平均値 $\mathbf{H}_m$ に近づく．それと同時に，チャネル推定誤りの共分散は，$\rho = 1$ のときはゼロであり，ρ がゼロに近づくにつれて $\mathbf{R}_h$ に漸近する．図 3.3 は，時間差 s の関数としてのこの推定の遷移を示す．

これに続く発展形として，CSIT を 2 種類のカテゴリに分類する．一つ目は，$\rho = 1$ のときの完全 CSIT であり，二つ目は，$0 \leq \rho < 1$ の場合におけるチャネル推定 CSIT である．二つ目の CSIT は，チャネルの推定値 $\hat{\mathbf{H}}(s)$ あるいはその実効的な平均値と，非ゼロの推定誤りの共分散 $\mathbf{R}_e(s)$ あるいはその実効的な共分散から構成される．チャネル推定に基づく CSIT を用いるプリコーダの設計は，ρ のすべての値について同一であることから，すべてのプリコーディングについて $\rho = 0$，すなわち $\hat{\mathbf{H}} = \mathbf{H}_m$，$\mathbf{R}_e = \mathbf{R}_h$ を代表的な特性として導出する．

この場合は統計的 CSIT と呼ぶ．統計的 CSIT の特殊な場合として，$\mathbf{R}_h$ は任意であるが $\mathbf{H}_m = 0$ である相関 CSIT，ならびに $\mathbf{H}_m$ は任意であるが $\mathbf{R}_h = \mathbf{I}$ である平均

第 3 章■プリコーディングの設計

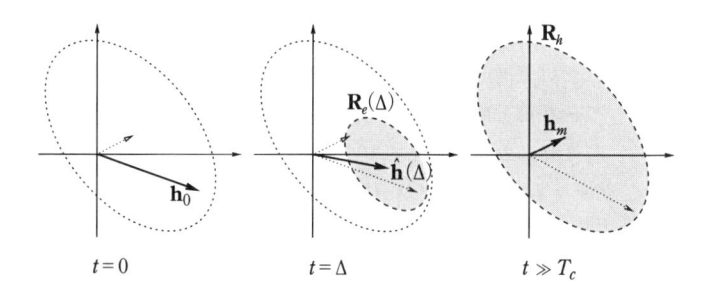

図 3.3 チャネル推定 (太線のベクトル) とその誤りの共分散 (灰色の楕円) が時間差に依存する様子

CSIT の二つの場合を含む．$0 < \rho < 1$ の場合は，推定された $\hat{\mathbf{H}}(s)$ と共分散 $\mathbf{R}_e(s)$ をチャネルの統計的性質として利用することで，CSIT を導出することができる．最後に，$\rho = 0$, $\mathbf{H}_m = 0$, $\mathbf{R}_h = \mathbf{I}$, すなわち i.i.d. レイリーフェージングチャネルかつ送信機側でチャネル情報がまったく利用できない場合に対応する，CSIT なしを定義する．

3.2 ■ CSIT の利用における情報理論の基礎

本節では，CSIT によるチャネル容量の利得に焦点を当て，CSIT を用いた最適な信号伝送を行うための情報理論的な基礎について議論を行う．

3.2.1 ■ MIMO システムにおける CSIT の価値

周波数非選択性の MIMO チャネルにおいて CSIT は，時間および空間の次元において利用することができる．しかしながら，周波数非選択性 SISO チャネルにおいては，時間的な CSIT のみが意味あるものとなる．時間的な CSIT，すなわち各時刻のチャネル情報は，中位あるいは高い SNR 環境においては無視できるレベルのチャネル容量利得を生み出す．そして，この利得はおよそ 15 dB 以上の SNR の環境において消滅する [16]．一方で，MIMO チャネルにおける空間的 CSIT は，いかなる SNR の環境においても，著しいチャネル容量の改善効果を生み出す．本章では，式 (3.12) のある時刻 s におけるチャネル推定結果と，推定誤りの共分散から構成される空間的 CSIT の利用に焦点を当てる．

完全 CSIT および CSIT なしの二つの場合について考える．チャネル容量を得るための最適な送信信号は，第 2 章において証明したように，平均値がゼロで共分散が

3.2 ■ CSIT の利用における情報理論の基礎

CSIT により決定される複素ガウス分布である．完全 CSIT を用いることにより，最適な送信信号の共分散は，チャネルの固有方向ならびに注水定理 [9] により決定された固有値に対して整合が取れた固有ベクトルを持つ．CSIT なしの場合，最適な送信信号の共分散はスケール化された単位行列となり，これはすべての次元において同一の送信電力を割り当てることと等価である [50]．低い SNR 環境において，いかなるアンテナ構成においても，完全 CSIT を用いた場合におけるチャネル容量は CSIT なしの場合よりも高い．これは，注水定理に基づく電力割り当てが，劣悪なモードの影響を和らげるためである．低い SNR 環境において，CSIT はチャネル容量を倍数的に増加させる．SNR が低下すると，結果として最大の固有モードを持つチャネルのみが利用され，完全 CSIT の場合と CSIT なしの場合とのチャネル容量比は以下の式に示される [55]．

$$r_1 = \frac{C_{\text{perfect CSIT}}}{C_{\text{no CSIT}}} = \frac{M_T E[\lambda_{\max}(\mathbf{H}^*\mathbf{H})]}{E[\text{tr}(\mathbf{H}^*\mathbf{H})]} \tag{3.14}$$

ここで，$\text{tr}(\cdot)$ は行列のトレースを表す．無相関レイリーフェージングチャネルにおいて，低い SNR 環境における漸近的なチャネル容量比は，送受信アンテナの本数が大きい場合の極限をとると，以下の式のようになる．

$$r_1 \xrightarrow{M_T, M_R \to \infty} \left(1 + \sqrt{\frac{M_T}{M_R}}\right)^2 \tag{3.15}$$

上式における r_1 の値は常に 1 以上であり，送信アンテナの本数が受信アンテナの本数より多い場合（$M_T > M_R$）には増加がより顕著となる．SNR とチャネル容量比の一例を図 3.4 に示す．低い SNR 環境かつアンテナ本数が多い場合において，この比の値は増加していることが見て取れる．

高い SNR 環境では，送信アンテナ本数が受信アンテナ本数以下の場合において，CSIT を有することによるチャネル容量利得が少なくなっていることがわかる．これは，注水定理を適用したとしても，各送信アンテナに一様に電力を割り当てる解を導出するためである．しかしながら，送信アンテナ本数の方が受信アンテナ本数よりも多い場合，高い SNR 環境においても，CSIT の利用によりチャネル容量は増加する．これは，送信アンテナの本数よりもチャネルのランクが小さいためである．完全 CSIT の場合における高い SNR 環境下のチャネル容量利得の増加分は，式 (3.16) で与えられる [56]．

$$\Delta \mathcal{C}_H = \max\left\{M_R \log\left(\frac{M_T}{M_R}\right), 0\right\} \tag{3.16}$$

$M_T > M_R$ の場合において，この利得は受信アンテナの本数に比例して増減する．この数式表現は，高い SNR 環境においては正確であるものの，低い SNR 環境において

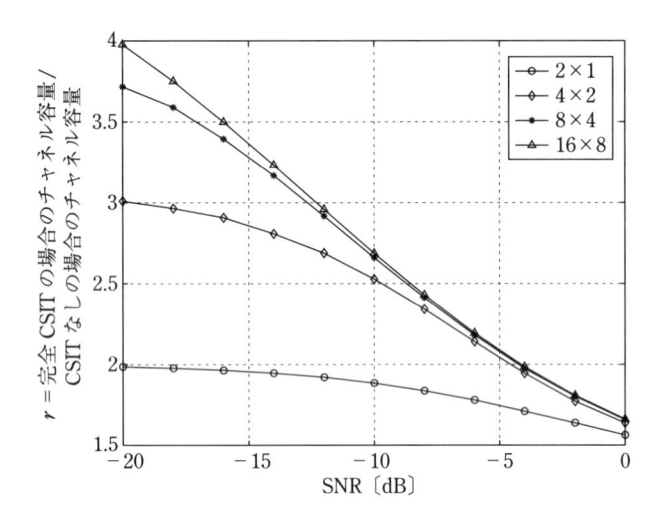

図3.4 低SNR環境下における完全CSITによるチャネル容量比の利得

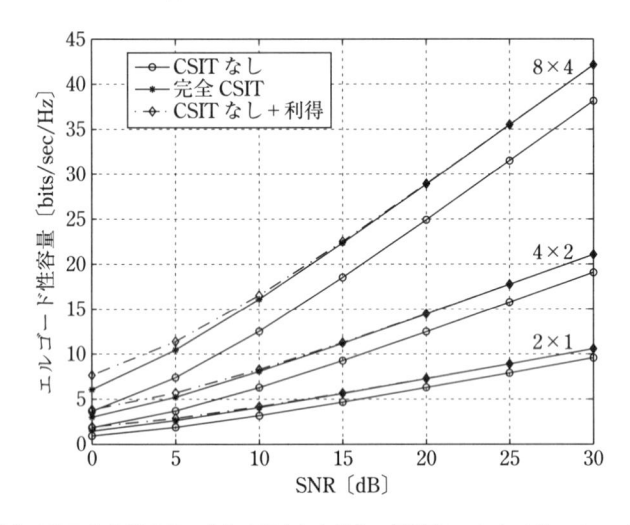

図3.5 完全CSITおよびCSITなしの場合における，無相関i.i.d.レイリーフェージング環境におけるエルゴード性容量

はいくぶん過大評価となる．図3.5に，送信機側におけるCSITの適用の有無と，いくつかの送受信アンテナ構成を例示したチャネル容量の増加分についての比較を行った．

統計的CSITもまた，チャネル容量を増加させることを可能とする．受信アンテナ間の相関がなく（$\mathbf{R}_r = \mathbf{I}$），送信アンテナ間の相関が$\mathbf{R}_t$であり既知である相関CSIT

3.2 ■ CSITの利用における情報理論の基礎

を考える．このCSITは，注水定理型の電力割り当て [25, 54] を用いて，$\mathbf{R}_t$ の固有ベクトル上での送信を行うことを意味する．低いSNR環境においては，$\mathbf{R}_t$ を用いない場合は，常に全方向に対して等電力を放射して伝送することが最適となる．一方で，相関CSITを用いて注水定理による電力割り当てを行う場合は，ある方向に対してヌル電力（電力を割り当てないこと）を割り当てることもできる．したがって，相関CSITは低いSNR環境において，常にチャネル容量の増加に寄与する．SNRの減少に伴い，相関CSITを用いる場合とCSITなしの場合とのチャネル容量の比は，以下の式で表される．

$$r_2 = \frac{C_{\text{corr. CSIT}}}{C_{\text{no CSIT}}} = \frac{M_T \lambda_{\max}(\mathbf{R}_t)}{\text{tr}(\mathbf{R}_t)} \quad (3.17)$$

ランク1の相関があるレイリーフェージングチャネルを例に取ると，この比の値は送信アンテナの本数 M_T と同数となる．

高SNR環境において，相関CSITの利用によるチャネル容量の優位性は，$\mathbf{R}_t$ のランクおよび送信アンテナ本数と受信アンテナ本数の相対値に依存する．$\mathbf{R}_t$ がフルランクであれば，送信アンテナ本数が受信アンテナ本数以下で完全CSITを用いた場合と同様に，相関CSITによるチャネル容量の利得は，高いSNR環境において減少する．しかしながら，受信アンテナ本数より送信アンテナ本数が多い場合は，高いSNR環境であったとしても，フルランクの相関CSITはチャネル容量を増加させる．一方で $\mathbf{R}_t$ がフルランクでない場合，相関CSIT，SNRやアンテナ構成にかかわらずチャネル容量を増加させる．送信アンテナ本数が受信アンテナ本数以下の場合の，高いSNR環境における相関CSITによるチャネル容量の増加分は以下の式で導出される [56].

$$\Delta \mathcal{C}_{\mathbf{R}_t} = \max \left\{ K_t \log \frac{M_T}{K_t}, 0 \right\} \quad (3.18)$$

ここで，K_t は $\mathbf{R}_t$ のランクである．図3.6は，SNRが10 dBの場合における様々なアンテナ構成を例にとった，ランク1の相関チャネルにおける相関CSITを利用した場合と利用しない場合のチャネル容量を示したものである．ランク1の相関チャネルにおいて相関CSITを用いた場合，送信アンテナ本数を増加させることによりチャネル容量の増大が実現できる．しかし，CSITなしの場合においてはチャネル容量は増大しないことを指摘しておく．

3.2.2 ■ CSITを用いた最適な信号伝送

この項では，因果性のあるサイド情報を持ったフェージングチャネルの情報理論の背景についておさらいを行う．この理論は，はじめにスカラーチャネルについて確認して

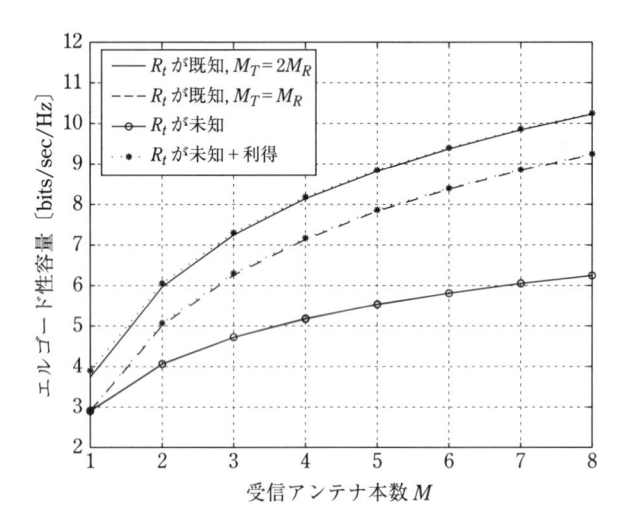

図 3.6 SNR = 10 dB における，ランク 1 の送信アンテナ間相関のある場合のチャネル容量

から確立されるものである．スカラーフェージングチャネルについては，参考文献 [8] において，チャネル状態の情報を送信機と受信機の双方において用いる時変動チャネルの特殊なケースについて解析されている．図 3.7(a) に示されるように，$h(s)$ をフェージングチャネルの状態，U_q および V_q をそれぞれ時刻 s において送信機と受信機において利用できるサイド情報とする．チャネル状態および時刻 s における CSI を過去のチャネル入力情報に対して独立であると仮定する．そうすると，このモデルはシンボル間干渉がない周波数非フラットチャネルが適用される．現在の CSIT が U_s として与えられるとすると，チャネル状態 $h(s)$ は過去の CSIT，すなわち，$U_1^{s-1} = \{U_1, U_2, \ldots, U_{s-1}\}$ に対して独立であるとみなせる．

$$\Pr(h(s)|U_1^s) = \Pr(h(s)|U_s) \tag{3.19}$$

この条件は，チャネル容量は CSIT のすべての履歴に依存しない，現在の CSIT の静的な関数となるを実現する．そしてこれは，完全 CSIT，雑音や遅延のあるチャネルの推定，チャネルの予測や統計的 CSIT の場合においても適用される．受信機では，送信機がどのように CSIT を利用するかは既知であるとする．この前提は妥当である．なぜならば，受信機は送信機よりも早い段階でチャネル情報を取得することが可能であり，あらかじめどのようなプリコーディングのアルゴリズムを用いるかを事前に共有することが送受信機の間では可能であるからである．さらに付け加えると，実際の

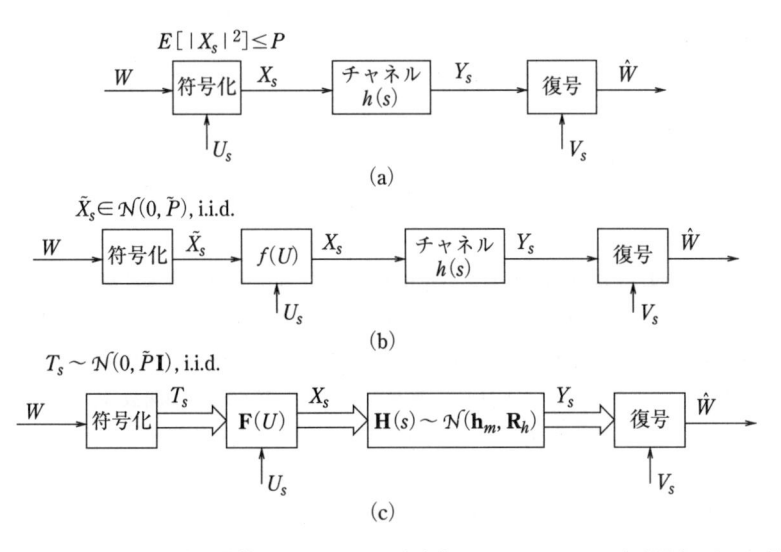

3.2 ■ CSIT の利用における情報理論の基礎

図 3.7 (a) 時変動チャネル状態，CSIT，CSIR を有するシステム．CSIT を利用するための最適な構成として，(b) スカラーフェージングチャネル，(c)MIMO フェージングチャネルのそれぞれについてのブロック図を示す

システムでは，一般的には送信機におけるプリコーディング機能を決定するのは受信機である．受信機における CSI は，完全に既知となる受信 SNR の形式であるが，完全な受信機におけるチャネル情報 ($V_s = h(s)$) を特別な場合として含む．これらの条件のもとで，平均入力電力係数の条件が $E[|X_s|^2] \leq P$ である場合のチャネル容量は，式 (3.20) で表される．

$$C = \max_f E\left[\frac{1}{2}\log\left(1 + hf(U)\right)\right] \quad (3.20)$$

この期待値演算は h と U の結合確率分布に対して行われ，$f(U)$ は $E[f(U)] \leq P$ の拘束条件を満足するための電力分配関数である．

これは非常に重要な意味を持つ結果である．符号シンボルが CSIT により決定される適切な電力分配関数 $f(U)$ によって動的に制御されることを前提とした場合において，CSIT を用いたチャネル容量は，CSIT を用いないチャネル容量のために設計された単一のガウスコードブックによって達成されることを意味している．したがって CSIT を用いる場合においては，図 3.7(b) に示されるように，チャネル符号化と CSIT に依存する関数 $f(U)$ を分離することが最適である．この CSIT に依存する電力分配関数 $f(U)$ とチャネルの組合せによる擬似チャネルは，符号化器の外部のチャネルと

して見立てることができる．この場合において，電力分配関数 $f(U)$ を除いた送信機は擬似チャネルに対するサイド情報をまったく利用していないことと等価に見立てることができる．

実際に，この詳細はシャノンによる参考文献 [44] に帰着する．スカラーチャネルにおいては，$f(U)$ は単なる動的電力分配関数になる．

また，この結果は MIMO フェージングチャネルに拡張されている [46]．この場合，チャネル状態 $\mathbf{H}(s)$ は行列となる．式 (3.19) で示される CSIT の条件が，同様に適用される．すなわち送信機において，現在の直前の時刻におけるチャネルのサイド情報は，現時刻において送信機が持つ情報により与えられる現在のチャネル状態に対して独立である．したがって，メモリレスチャネルにおいて CSIT の関数は，完全な事前情報 U_1^p ではなく，現在の CSIT すなわち U_s についてのみ依存する．再度，受信機はチャネルを完全に知ることができると仮定する（すなわち $V_s = \mathbf{H}(s)$）．このような条件において，チャネル容量の観点で最適となる送信信号は，式 (3.21) のように分解することができる．

$$X(U_1^s, W) = \mathbf{F}(U_s)T(W) \tag{3.21}$$

ここで，$T(W)$ は CSIT を用いない i.i.d. レイリーフェージング MIMO チャネルに対して最適となる符号語であり，これは平均値がゼロで適切な共分散 $\tilde{P}\mathbf{I}$ を持つ複素ガウス分布から生成される．CSIT に依存する関数 $\mathbf{F}(U_s)$ は，ここでは重み行列となり，線形プリコーダとしての機能を持つこととなる．言い換えると，チャネル容量を達成する送信信号は平均値がゼロ，共分散が $\mathbf{FF}^*$ のガウス分布ということになる．この最適な構成は，図 3.7(c) において示されている．

これらの結果は，CSIT を用いたフェージングチャネルのチャネル容量を最適化する信号伝送に対する重要な特性を確立する．はじめに，CSIT に依存する関数 $\mathbf{F}(U)$ とチャネル符号化を分離することが最適である，ということである．ここでチャネル符号化とは，CSIT を用いないチャネルに対して設計されたものを指す．二つ目に，線形である $\mathbf{F}(U)$ が最適であることである．この「分割」および「線形」の特性は，本章の全体を通じて CSIT を用いたプリコーダの設計を導く定理となる．

3.3 ■送信機の構成

図 3.8 に示されるような，プリコーディングを含む通信システムに焦点を当てる．送信機は符号化器と線形プリコーダを含む．符号化器は，チャネル符号化と時空間符号

3.3 ■送信機の構成

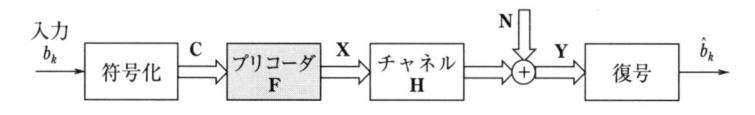

図 3.8 一般的なプリコーディングシステムのブロック図

のいずれか，あるいは両方を含む．これらの構成について，以下に議論を行う．

3.3.1 ■符号化の構成

符号化器は，チャネル符号化とシンボルマッピングブロックを含む．これは，ベクトル化された信号をプリコーダに入力する．符号化器の構成は，プリコーダの設計に影響を与える．符号化器のブロックに対して，2 種類の広範囲な構成を定義する．

一つ目は空間多重化構成であり，独立なビットストリームがチャネル符号化器とビットインタリーバの出力を分割することによって生成される構成である．これらの分割されたストリームは，以降ベクトルシンボルにマッピングされ，図 3.9(a) に示されるようにプリコーダへと入力される．各ストリームはそれぞれ固有の SNR を持つため，ストリームごとの伝送レート最適化を行うことができる．

もう一つの構成は，時空間（ST：Space-Time）符号化であり，チャネル符号化とインタリーブ後のビットストリームが，シンボルにマッピングされる．これらのシンボルは，以降，時空間符号化器によって処理され，図 3.9(b) に示されるように，その出力ベクトルシンボルは，プリコーダへと入力される．3.2 節からわかるように，CSIT なしの場合において時空間符号がチャネル容量を損なわなければ，この構成は CSIT を利用する場合においてチャネル容量の観点で最適であることを示した．時空間符号化を用いた構成では単一のデータストリームとなるため，単一の伝送レート制御のみ

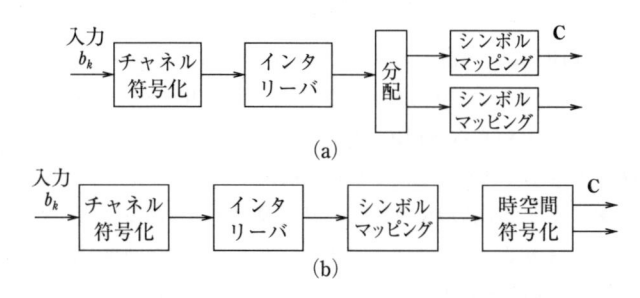

図 3.9 符号化器の構成: (a) 空間多重化 (b) 時空間符号化

が必要となる．この伝送レート制御では，外符号の符号化率と信号多値数が制御の対象となる．

しかしながら以降のプリコーディングの解析では，単一の符号ブロック $\mathbf{C}$ によって上記二種類の構成を表現する．多重化の構成は，特別な単一ベクトルシンボルブロックとして表現される．平均ゼロ，大きさ $M_T \times T$ のガウス分布の符号語 $\mathbf{C}$ を仮定し，符号語の共分散行列を以下の式のように定義する．

$$\mathbf{Q} = \frac{1}{T} E[\mathbf{C}\mathbf{C}^*] \tag{3.22}$$

ここで，期待値演算は符号語の分布全体にわたって行われる．$\mathbf{C}$ が空間多重化の場合は，$\mathbf{Q} = \mathbf{I}$ となる．$\mathbf{C}$ は，以下に議論するように，時空間ブロック符号（STBC：ST Block Code）であっても構わない．

時空間ブロック符号

STBC は，一般的に CSIT を用いないことを前提とした空間チャネルにおいて，ダイバーシチ利得を得るために設計される（第 4 章）．ダイバーシチは SNR に対する誤り率曲線の傾きにより決定され，これは相関が 1 とならない空間リンクの数に関連する [27, 52]．フルダイバーシチ効果を得ることができる符号は，上記のチャネルにおいて $M_T M_R$ の最大ダイバーシチ次数を達成する．しかしながら，すべての STBC 符号がフルダイバーシチ次数を達成できるわけではない．フェージング通信路において，高次のダイバーシチは有益である．なぜならば，要求されるリンクの信頼性を達成するために必要となる，いわゆるフェージングマージンを少なくすることができるからである．

STBC はまた，自身が持つ空間符号化率によって特徴付けることができる．これは，シンボル時間ごとに平均してどれだけの情報シンボルを送信するかを示すものである．符号化率 1 の STBC は，送信アンテナの本数に関係なく，シンボル時間ごとに平均 1 情報シンボルを送信する．直交 STBC[48] は，符号化率が 1 あるいはそれ以下である．符号化率が 1 を超える STBC は高符号化率符号と呼ばれ，最大の符号化率は $\min(M_T, M_R)$ で与えられる．空間多重化は最大の空間符号化率を有するが，送信ダイバーシチ効果をまったく持たない STBC の特殊ケースであるととらえることができる．STBC 符号化率がより高次であることは，ダイバーシチ効果が削減されることを意味するわけではない．高符号化率かつフルダイバーシチ効果を達成する多くの符号が存在する [11, 43]．

しかしながら時空間符号においては，基本的にはダイバーシチと空間多重数の間にはトレードオフの関係がある．多重数は送信レートがSNRに伴って漸近的に増加する度合いにより定義される．また，固定レートのシステムは多重化の次数がゼロである．ダイバーシチ利得と多重化のトレードオフの最適状態を達成するSTBCの設計は，近年盛んに研究が行われている領域である [3, 10, 63]．プリコーディングを用いたCSITの利用による利得を抽出することに焦点を当てた本章で解説する内容は，時空間符号におけるダイバーシチと多重化のトレードオフに対しては独立かつ相補的である．

STBCとプリコーダの組合せは，CSITを利用することによりシステムをフェージングに対して強固なものにする．ある特定のSTBC（例えばAlamouti符号 [1]）は，CSITなしの場合のチャネルのエルゴード性容量を達成することができる．このような最適なSTBCと線形プリコーダの組合せは，CSITを用いたチャネル容量を達成しうる．

3.3.2 ■線形プリコーディングの構成

線形プリコーダは，入力信号を整形するとともに一つあるいは複数のビームを構成し，それぞれのビームに対して電力を割り当てる機能を有する．プリコーダ行列 $\mathbf{F}$ の特異値分解を行うと，式 (3.23) のようになる．

$$\mathbf{F} = \mathbf{U}_F \mathbf{D} \mathbf{V}_F^* \tag{3.23}$$

直交ビームの方向（パターン）は，左側の特異ベクトル $\mathbf{U}_F$ により決まる．そして，各ビームに対する電力割り当ては特異値行列 $\mathbf{D}$ の二乗（$\mathbf{D}^2$）である．右側の特異ベクトル $\mathbf{V}_F$ は入力整形行列と呼ばれ，図3.10に示されるように，符号化器から入力されるシンボルを組み合わせて各ビームに割り当てる．このビーム方向と電力割り当てはCSIT，プリコーダの設計基準，そして多くの場合においてSNRの影響を受ける．

全送信アンテナから送信される送信電力の和が一定の平均値を取ることを保証するために，プリコーダは式 (3.24) に示される電力の拘束条件を満たさなければならない．

$$\mathrm{tr}(\mathbf{F}\mathbf{F}^*) = 1 \tag{3.24}$$

入力される符号語 $\mathbf{C}$ が直交しており，電力正規化が行われていることを前提とする．プリコーダの出力信号の共分散は，以下の式のようになる．

$$\mathbf{\Phi} = \mathbf{F}\mathbf{Q}\mathbf{F}^* \tag{3.25}$$

これは送信信号の共分散である．

第 3 章 プリコーディングの設計

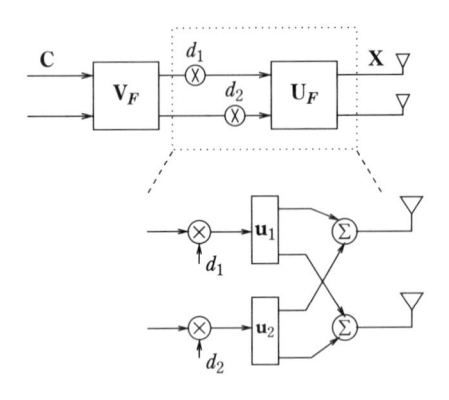

図 3.10　ビーム形成器としての線形プリコーダ

したがって，プリコーダは二つの効果を持つことになる．一つ目は固有ビームの形式で入力信号を直交する複数の空間モードに分配する効果であり，二つ目はそれらのビームに対して CSIT に基づき電力を割り当てる効果である．プリコーディングされた直交空間モードがチャネルの固有方向と合致しているのであれば並列チャネルを形成し，独立した信号ストリームを送信することを許容することになるため，それぞれのモードで送信された信号間で干渉は発生しない．しかしながら，この効果を生むためには完全 CSIT が要求される．部分的な CSIT を与えると，プリコーダは限られた情報を用いて，チャネルの固有方向に対して近似的に最適な固有ビームを生成するよう最大限努力する．これは非結合効果である．さらに，このプリコーダは各ビームに対して電力を割り当てる．直交固有ビームにとって，もし各ビームがすべて同一の電力を持っているとすると，送信アンテナアレーの放射パターンは，図 3.11 の左図として例示したように等放射パターンとなる．しかしながら，もし各ビームの電力が異なれば，全体の送信放射パターンは図 3.11 の右図で例示したような特定の形状を持つ．電力割り当てを行うことにより，プリコーダは CSIT に基づいたチャネルに合致する形状の放射パターンを効率よく形成する．その結果，電力が大きく受信できる方向に対して大きな電力を割り当て，逆に電力を小さく受信する方向に対しては小さな電力を割り当てる．送信アンテナ本数を増加させることにより，放射パターンをよりきめ細かく形成する能力が向上し，それにともなって，より大きなプリコーディング利得を達成しやすくなる．

図 3.8 の送受信システムにおける受信信号は，式 (3.26) のように表される．

$$\mathbf{Y} = \sqrt{\mathcal{E}}\mathbf{HFC} + \mathbf{N} \tag{3.26}$$

3.4 ■プリコーディングの設計基準

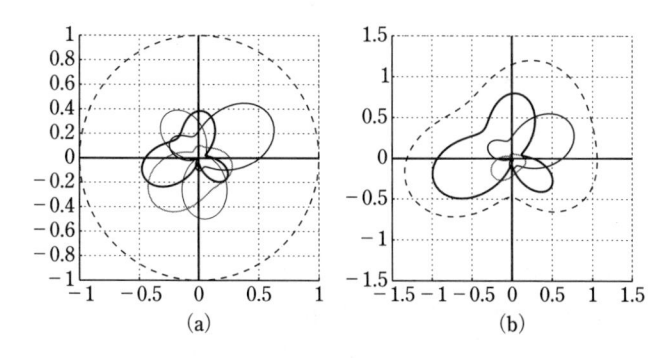

図 3.11 プリコーディングを利用した場合の,等電力ビーム (左) と非等電力ビーム (右). 点線はアンテナアレー全体からの放射パターンである

ここで,$\mathcal{E}$ は送信信号電力であり,$\mathbf{N}$ は加法性白色ガウス雑音である.この数式表現は,時空間ブロック符号化ならびに空間多重化の双方に対してプリコーディングを用いた場合を含む,本章全体で用いるシステムモデルである.

3.4 ■プリコーディングの設計基準

本節では,エルゴード性容量や誤り指数といった基本的な特性評価,ペアワイズ誤り率やシンボル検出における平均二乗誤差(MSE:Mean-Square Error)といったより実践的な特性評価の双方を含む,他のプリコーディングの設計基準について述べる.チャネル容量の解析では,一般的に理想的なチャネル符号化の存在を仮定している.エルゴード性容量は,任意の長さの符号語を利用することが可能であるという仮定を用いた場合(実際にはありえない)に達成可能なチャネル容量を示しているに過ぎない.一方で,誤り指数は有限の符号語長について適用可能である.実践的な基準に対しては,準静的ブロックフェージングチャネルを仮定して,チャネル符号化を用いない符号化なしの解析を行う.プリコーダの設計基準はシステムの構成,運用パラメタ,チャネル(高速あるいは低速フェージングのどちらか)等に依存する.例えば,符号長が長いターボ符号や低密度パリティ検査(LDPC)符号といったような強力なチャネル符号を用いるシステムは,チャネル容量の限界に近い領域で運用されることがある.したがってそのようなシステムは,チャネル容量を基本とした特性評価の基準を利用する必要がある.一方で,自由距離が小さな畳み込み符号などのさほど強力ではないチャネル符号化を用いるシステムは,符号化を考慮しない解析がより適切である.システムが動作する SNR もまた,基準を決めるための重要な要素である.低 SNR 環

境では一般的に符号化を用いない解析で良く，その一方で，高い SNR 環境では符号化を用いた基準のほうが適切である．

3.4.1 ■情報およびシステムの容量

エルゴード性容量は，任意に長い符号長が取れると仮定した場合における誤りがないという条件で送信レートを最大化することを基準として導出されている．3.2 節より，完全あるいは統計的 CSIT を用いる場合において，システムのチャネル容量を最適にする信号は，平均がゼロ，共分散が $\mathbf{FQF}^*$ のガウス分布であるという知識を得た．ガウス分布の送信信号とガウス分布の加法性雑音を用いたとき，チャネルへの入力信号と出力の間の相互情報量は，明示的に参考文献 [9] に示されるように，以下の式で導出される．

$$\mathfrak{I}(X,Y) = \log\det(\mathbf{I} + \gamma\mathbf{HFQF}^*\mathbf{H}^*)$$

ここで，γ は送信信号電力対受信機における雑音電力の比である．エルゴード性容量と最適な送信信号は，送信信号電力一定の条件下で相互情報量を最大化させることにより確立される．その条件を数式化したものが次の式である．

$$\max E_{\mathbf{H}}\left[\log\det(\mathbf{I} + \gamma\mathbf{HFQF}^*\mathbf{H}^*)\right] \tag{3.27}$$
$$\text{subject to} \operatorname{tr}(\mathbf{FF}^*) = 1$$

図 3.8 の符号化器が空間多重化（すなわち $\mathbf{Q} = \mathbf{I}$）であるとき，上記の数式は第 2 章において用いたチャネルの情報容量と合致する．符号語 $\mathbf{C}$ が STBC であるとき，これはシステムのチャネル容量となる．続いて，チャネル容量の基準としてこの数式表現について述べる．

しかしながら，チャネル容量を達成することに対しては，任意に長い符号語ならびに理想的な受信機が要求され，実際にはその両方の条件を満足することは困難である．したがって，プリコーダの設計においては，より実践的なシステム構成のための評価を用いるべきである．

3.4.2 ■誤り指数

誤り指数は，ある与えられた送信レートを満足するための有限の符号ブロック長を利用した場合の誤り確率であり，ランダム符号の誤りの上界解析 [13] から導出される．長さ L のブロック符号を用いたある情報レート R [nats/sec/Hz] という条件において，それを満足する符号として最尤（ML：Maximum-likelihood）復号を用いたとす

ると，その誤り特性の上界は式 (3.28) で与えられる．

$$\bar{P}_e \leq \exp(-LE_r(R)) \tag{3.28}$$

ここで，$E_r(R)$ はランダム符号指数であり，以下の式により定義される．

$$E_r(R) = \max_{0 \leq \alpha \leq 1} \max_{Q} [E_0(\alpha, Q) - \alpha R] \tag{3.29}$$

ここで，Q はチャネル入力，すなわち送信信号の分布を示す．$E_0(\alpha, Q)$ は Q および $\alpha \in [0, 1]$ の関数であり，チャネル遷移確率を示す．

MIMO フェージングチャネルでは，ガウス分布かつ共分散が $\mathbf{FQF}^*$ の入力信号を利用することにより，$E_0(\alpha, \mathbf{FQF}^*)$ は比較的簡単な表現となる [50]．

$$E_0(\alpha, \mathbf{FQF}^*) = -\ln E_{\mathbf{H}} \left[\det \left(I + \gamma(1+\alpha)^{-1} \mathbf{HFQF}^* \mathbf{H}^* \right)^{-\alpha} \right]$$

ここでの目的は，符号化指数を最大化する共分散行列 $\mathbf{FQF}^*$ を導出することである．これは以下に示す最適化問題へとつながる．

$$\min_{\alpha} \min_{\mathbf{F}} \quad \ln E_{\mathbf{H}} \left[\det \left(I + \frac{\gamma}{1+\alpha} \mathbf{HFQF}^* \mathbf{H}^* \right)^{-\alpha} \right] + \alpha R \tag{3.30}$$
$$\text{subject to} \quad \text{tr}(\mathbf{FF}^*) = 1$$
$$0 \leq \alpha \leq 1$$

ここで，上記 2 種類の制約条件は，プリコーダの電力保存と定義された α の範囲に関するものである．誤り指数の基準は，送信レートと符号長を含む．したがって，これはチャネル容量の条件よりも実際の条件に近い．しかしながら，この上界はランダム符号の解析から導出されており，そのためシステムに実際に利用される符号はこの特性上界を満足しない．

3.4.3 ■ペアワイズ誤り率

チャネルのフェージングの確率分布により平均化された誤り率は，システムの特性評価の指標として一般的に用いられる．図 3.8 のシステムに対する平均システム誤り率は，以下の式で与えられる．

$$\bar{P}_e = E_{\mathbf{H}} \left[\sum_i p_i \Pr \left(\bigcup_{j \neq i} (\mathbf{C}_i \to \mathbf{C}_j) \right) \right]$$

ここで，p_i は符号語 $\mathbf{C}_i$ が送信される確率であり，$(\mathbf{C}_i \to \mathbf{C}_j)$ は $\mathbf{C}_i$ を $\mathbf{C}_j$ と誤って検出する事象である．この誤り指数はすべての誤検出事象を包含するため，この確率を実験的にしか導出することができない場合がほとんどであり，特に大きな符号空間を持つときには，プリコーダを解析的に設計するための有益な情報にはなりにくい．より簡易な手法はペアワイズ誤り率（PEP），すなわちユニオンバウンドを用いたシステム誤り特性におおまかに関連付けられた誤り測定を利用することである．PEP は，符号語 $\mathbf{C}$ が符号語 $\hat{\mathbf{C}}$ よりも良好なメトリックを持つ確率であり，潜在的な復号誤りに繋がる指標である．PEP の解析は，システムがチャネル符号化を用いているかどうかにかかわらず，適用することができる．

準静的ブロックフェージングチャネルにおいて，受信機で ML 検出を行うことを仮定すると，$\hat{\mathbf{C}}$ は以下の式のように表される．

$$\hat{\mathbf{C}} = \arg\min_{\mathbf{C} \in \mathcal{C}} \|\mathbf{Y} - \sqrt{\mathcal{E}_s}\mathbf{HFC}\|_F^2$$

この PEP は，よく知られているチェルノフバウンド [49] により，上界が得られる．

$$\mathrm{P}(\mathbf{C} \to \hat{\mathbf{C}}) \leq \exp\left(-\frac{\gamma}{4}\|\mathbf{HF}(\mathbf{C} - \hat{\mathbf{C}})\|_F^2\right) \tag{3.31}$$

ここで，$\|\cdot\|_F$ は行列のフロベニウスノルムを表す．このチェルノフバウンドは厳密性が高く，最適なプリコーダの導出を簡易にする．式 (3.31) に示される上界は，特定の符号語の組合せ $(\mathbf{C}, \hat{\mathbf{C}})$ における符号語間の距離に依存することを補足しておく．符号語距離生成行列として，以下の表現を定義する．

$$\mathbf{A} = (\mathbf{C} - \hat{\mathbf{C}})(\mathbf{C} - \hat{\mathbf{C}})^* \tag{3.32}$$

ある符号語距離に対する PEP（これを「距離ごとの PEP」と呼ぶ），あるいはある符号語距離の分布にわたって平均化された PEP（これを「平均 PEP」と呼ぶ），どちらの基準で PEP を最小化するかを選択することができる．いずれの場合においても，チャネルフェージングの分布に対して平均化を行った後の特性が意味のあるものとなる．

距離ごとの PEP の基準

距離ごとの PEP は，符号語距離と SNR が決められた場合のシステム特性評価に関係がある．システム特性を評価する際に一般的に用いられる符号語距離は，最小符号語距離である．高い SNR 環境では，最小距離を持つ符号語の組合せが誤りに対して支配的な要素となる．そしてこのような組合せに対する PEP は，システムの誤り特

性と比べると，SNRに対して同一の傾きを持つ．しかしながら，低 SNR 環境ではプリコーダの設計プロセスを簡易化させる一方で，最小距離が支配的要素にならない場合があり，他の符号語の組合せに対する符号語距離の PEP がそれに匹敵するシステム特性を持つ場合がある．例えば，他の選択として $\bar{\mathbf{A}} = E[\mathbf{A}]/T$ で定義される平均符号語距離があり，これは符号語の分布に対する期待値演算を行う．式 (3.32) より，$\mathbf{C}$ と $\hat{\mathbf{C}}$ とが独立であると仮定すると，以下の結果が得られる．

$$\bar{\mathbf{A}} = \frac{2}{T}E[\mathbf{CC}^*] = 2\mathbf{Q} \tag{3.33}$$

ここで，$\mathbf{Q}$ は式 (3.22) で定義された符号語の共分散である．

選択された距離行列 $\mathbf{A}$ を用い，送信アンテナ間の相関のみが存在すると仮定し，式 (3.5) に示したチャネルフェージングの統計的性質を用いてチェルノフバウンドを平均化すると，平均 PEP の上界が得られる [28].

$$E_{\mathbf{H}}[\text{PEP}(\mathbf{A})] \leq \frac{\exp\left[\text{tr}\left(\mathbf{H}_m(\mathbf{R}_t\boldsymbol{\Phi}\mathbf{R}_t)^{-1}\mathbf{H}_m^*\right)\right]}{\det(\boldsymbol{\Phi})^{M_R}\det(\mathbf{R}_t)^{M_R}}\exp\left[-\text{tr}(\mathbf{H}_m\mathbf{R}_t^{-1}\mathbf{H}_m^*)\right], \tag{3.34}$$

$$\boldsymbol{\Phi} = \frac{\gamma}{4}\mathbf{F}\mathbf{A}\mathbf{F}^* + \mathbf{R}_t^{-1}$$

定数項を無視すると，距離ごとの PEP を用いたプリコーダの設計問題は，以下の数式表現に帰着することができる．

$$\begin{aligned}\min_{\mathbf{F}} J &= \text{tr}\left(\mathbf{H}_m(\mathbf{R}_t\boldsymbol{\Phi}\mathbf{R}_t)^{-1}\mathbf{H}_m^*\right) - M_R\log\det(\boldsymbol{\Phi}) \tag{3.35}\\ \text{subject to } \boldsymbol{\Phi} &= \frac{\gamma}{4}\mathbf{F}\mathbf{A}\mathbf{F}^* + \mathbf{R}_t^{-1}\\ \text{tr}(\mathbf{F}\mathbf{F}^*) &= 1\end{aligned}$$

この数式表現は，送信電力に制約があり，プリコーダの設計に対する関数となる部分のみを考慮した場合において，変動する符号語距離が $\mathbf{A}$ の場合の平均 PEP を最小化するためのプリコーダ行列 $\mathbf{F}$ を導出することを目的としている．

平均 PEP 基準

もう一つの数式表現は，符号語の分布とフェージングの統計的性質に対して，この PEP を平均化することにより得られる．この方法で計算される平均 PEP は，符号語距離行列 $\mathbf{A}$ と独立の関係にある．符号語がガウス分布を取り，$\mathbf{A}$ が式 (3.33) で表されるとすると，平均 PEP のチェルノフバウンドは，符号語の共分散行列 $\mathbf{Q}$ に対してのみ依存する [65].

$$E_{\mathbf{C}}[\text{PEP}] \leq \det\left(\frac{\gamma}{2}\mathbf{HFQF}^*\mathbf{H}^* + \mathbf{I}\right)^{-M_R}$$

この場合におけるプリコーダの最適化問題は，以下の数式表現に帰着する．

$$\min_{\mathbf{F}} E_{\mathbf{H}}\left[\det\left(\frac{\gamma}{2}\mathbf{HFQF}^*\mathbf{H}^* + \mathbf{I}\right)^{-M_R}\right] \quad (3.36)$$
$$\text{subject to } \text{tr}(\mathbf{FF}^*) = 1$$

この数式表現は，送信電力を一定とした条件で，符号語距離とチャネルの統計的性質に対して平均化処理を行った PEP を最小化するプリコーダ行列 $\mathbf{F}$ を導出することを目的とする．ここで，すべての目的関数が，エルミート半正定 (PSD) 行列変数 $\mathbf{HFQF}^*\mathbf{H}^*$ の凸関数（あるいは凹関数）の期待値になる場合においては，この数式表現で示される最適化問題は，チャネル容量，誤り指数の基準の場合の表現においても類似の形式となる．

3.4.4 ■平均二乗誤差検出

多くのシステムにおいて，ML 検出は演算量があまりにも大きすぎるため，図 3.12 に示されるような線形最小二乗誤差規範に基づく受信機を用いることが望ましい．入力信号 $\mathbf{C}$ は時空間符号ブロック，あるいは空間多重化の場合であればベクトルシンボルであっても構わない．本節では，MMSE 受信機を用いてチャネル符号化を行わない基準について考える．この場合，プリコーダ行列 $\mathbf{F}$ とチャネル行列 $\mathbf{H}$ の組合せが実効的なチャネルとみなせる．準静的ブロックフェージングチャネルを仮定すると，受信機は平均二乗誤差 (MSE: Mean-Square Error) を最小化することにより $\hat{\mathbf{C}}$ を検出する．

$$\min_{\mathbf{W}} E\|\hat{\mathbf{C}} - \mathbf{C}\|^2 = E\|(\mathbf{WHF} - \mathbf{I})\mathbf{C} + \mathbf{WN}\|_F^2$$

ここで，期待値演算は入力信号と雑音の分布に対して行われる．送信信号の平均値がゼロ，共分散が式 (3.22) で与えられるとする．この場合，最適な MMSE 受信機は以下の式で与えられる．

$$W = \gamma \mathbf{QF}^*\mathbf{H}^* \left(\gamma \mathbf{HFQF}^*\mathbf{H}^* + \mathbf{I}\right)^{-1}$$

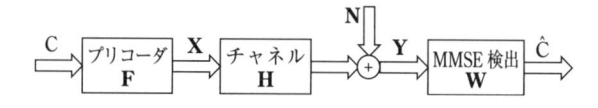

図 3.12 MMSE 受信機を用いたプリコーダ

このMMSE受信機は，入力の符号語分布の一次ならびに二次モーメントに対してのみ依存性を持つ．検出誤りの共分散行列は，以下の式で与えられる．

$$\mathbf{R}_\epsilon = \mathbf{Q} - \gamma\mathbf{QF}^*\mathbf{H}^* (\gamma\mathbf{HFQF}^*\mathbf{H}^* + \mathbf{I})^{-1} \mathbf{HFQ}$$

MIMO システムにおいては，MSE を正規化することにより MSE のノルム測定を導出することができる．この量は入力信号の共分散，すなわち $\mathbf{Q}^{-1/2}\mathbf{R}_\epsilon\mathbf{Q}^{-1/2}$ により正規化された誤り共分散行列のトレースとして定義される [30]．正規化 MSE をチャネルの統計的性質により平均化すると，式 (3.37) が得られる．

$$\mathrm{MSE} = M_T - M_R + E_\mathbf{H}\left[\mathrm{tr}\Big([\gamma\mathbf{HFQF}^*\mathbf{H}^* + \mathbf{I}]^{-1}\Big)\right] \tag{3.37}$$

送信電力一定の条件下において，平均 MSE を最小化するプリコーダは以下の最適化問題として与えられる．

$$\begin{aligned}\min_{\mathbf{F}} \quad & E_\mathbf{H}\left[\mathrm{tr}\Big([\gamma\mathbf{HFQF}^*\mathbf{H}^* + \mathbf{I}]^{-1}\Big)\right] \\ \text{subject to} \quad & \mathrm{tr}(\mathbf{FF}^*) = 1\end{aligned} \tag{3.38}$$

符号化および非符号化いずれの場合においても適用することが可能である PEP の基準とは異なり，この MSE 条件は符号化を行わない場合の特性解析においてのみ適用可能である．正確な誤り特性へこの MSE 評価をつなげることが直接的に行えないものの，MSE の最小化は共通の基準である．興味のある読者は，MSE を用いた誤りの境界が導出されている参考文献 [2] を参照するとよい．

3.4.5 ■基準のグループ化

目的関数が確率論的か決定論的かのいずれかに基づいて，これまでに説明を行った基準を二つのグループに分類する．一つ目のグループは，チャネル容量，誤り指数，平均 PEP ならびに MSE 基準から構成される確率論的な目的関数である．このグループにおける最適化問題は，以下の形式で記述することができる．

$$\begin{aligned}\min \quad & E\big[f(\mathbf{I} + a\gamma\mathbf{HFQF}^*\mathbf{H}^*)\big] \\ \text{subject to} \quad & \mathrm{tr}(\mathbf{FF}^*) = 1\end{aligned} \tag{3.39}$$

ここで，$f(\cdot)$ は PSD 行列変数の凸関数であり，a は基準に依存する定数である．例えば，f は $\log\det(\cdot)^{-1}$, $\det(\cdot)^{-\alpha}$, $\det(\cdot)^{-M_R}$, $\mathrm{tr}(\cdot)^{-1}$ であり，それぞれチャネル容量，誤り指数，平均 PEP，MMSE 基準に該当する．

二つ目のグループは，決定論的目的関数を持ち，式 (3.35) に示される距離ごとの PEP 条件を含む．これらの二つのグループは，次節において示される通り可解性に関して異なる性質を持つ．

参考文献によれば，プリコーディング設計のための基準が他にも存在する．例えば，受信 SNR を最大化する条件 [38] や，チャネル符号化を行わない場合のシンボル誤り率を最小化する条件 [67] が挙げられる．ただし本章では，上記の二種類にグループ分けされた基準に焦点を当てる．

3.5 ■線形プリコーダの設計

本節では，先に述べたすべての基準のためのプリコーディングの解について論じる．はじめに，STBC が利用された場合において，プリコーダに対する最適な入力整形行列に対して符号化器が及ぼす影響を説明する．次に様々な CSIT，すなわち完全 CSIT，相関 CSIT，平均 CSIT ならびに一般的な（平均および相関）CSIT が用いられる場合における最適なビーム方向ならびに電力割り当ての設計手法について解説する．

3.5.1 ■最適プリコーダ入力整形行列

符号化器はプリコーダへと入力される信号の共分散を整形する．それに対してプリコーダは，この共分散に整合させるための右側特異ベクトルを選択する．式 (3.39) で示される一つ目のグループにおけるすべての基準に対しては，最適な入力整形行列，すなわちプリコーダの右側特異ベクトルが，式 (3.22) で与えられる符号語共分散行列 $\mathbf{Q}$ の固有ベクトルで与えられる [55]．

$$\mathbf{V_F} = \mathbf{U_Q} \tag{3.40}$$

ここで，固有値分解は $\mathbf{Q} = \mathbf{U_Q} \mathbf{\Lambda_Q} \mathbf{U_Q^*}$ で与えられる．式 (3.35) で示された距離ごとの PEP 基準では，関連する固有ベクトルは符号語差分積行列 $\mathbf{A}$ の固有ベクトルとなる．すなわち，$\mathbf{A}$ の固有値分解が $\mathbf{A} = \mathbf{U_A} \mathbf{\Lambda_A} \mathbf{U_A^*}$ で与えられるとき，$\mathbf{V_F} = \mathbf{U_A}$ となる [61]．入力信号の共分散と整合させることにより，プリコーダは入力信号の電力を最適な方向へと集中させる．STBC が単位共分散を生成するとき（$\mathbf{Q} = \mathbf{I}$，この条件は空間多重化の場合についても当てはまる），$\mathbf{V_F}$ は任意のユニタリ行列であり，通常は無視することができる．

CSIT に対して独立である最適な入力整形行列（プリコーダの右側特異ベクトル）とは異なり，最適なビーム方向（左側特異ベクトル）と電力割り当て（二乗された特異

値）はCSITに依存するので，以降の各節においてそれぞれのCSITの場合について説明する．

3.5.2 ■完全CSITを用いたプリコーディング

完全CSITが与えられたとき，MIMOチャネルはr本の並行したAWGN通信路に分離することが可能となる[9]．ただし，rは$r = \text{rank}(\mathbf{H}) \leq \min(M_R, M_T)$で与えられる．この分離は第2章においてもチャネル容量の観点において議論を行った．ここでは，この数式表現を信号処理の観点から解析を行う．チャネルの特異値分解（SVD：Singular Value Decomposition）を以下のように定義する．

$$\mathbf{H} = \mathbf{U_H \Sigma V_H^*} \tag{3.41}$$

そして，送信機において送信信号に$\mathbf{V_H}$を乗算し，受信機において受信信号に$\mathbf{U_H^*}$を乗算することにより，並列チャネルが得られる．この並列チャネルは，図3.13に示されるように，MIMOチャネルの固有モードに対応する．r本の並列チャネルは，それぞれのチャネルに独立した変調方式と符号化を割り当てて処理を行うことが可能である．したがって，モードごとの伝送レートの制御が可能となる．MIMOチャネルを並列チャネルに分解することにより，受信機における信号処理が著しく簡略化され，受信機では複素信号のジョイント検出・復号を行うのではなく，スカラーベースの信号検出のみを行えばよいことになる．

最適なビーム方向

並列チャネルの分解は，式(3.23)に示されるプリコーダの左側特異ベクトル，すな

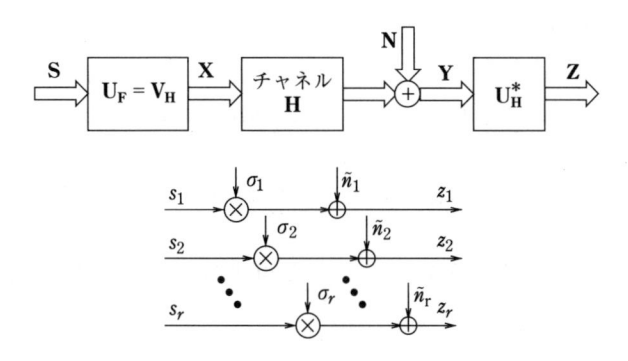

図3.13 完全CSITの場合の特異値チャネル分解

わちビーム方向がチャネルの右側特異ベクトルに整合を取るように設定されることを意味する．

$$\mathbf{U_F} = \mathbf{V_H} \tag{3.42}$$

これらのビーム方向は，チャネル容量，誤り基準，平均 PEP，距離ごとの PEP，MSE のすべての基準において最適である．この最適性は，行列変数が同一の固有ベクトルを持つときに得られる，関数の極値を示す行列の不等式を用いて確立される [36]．したがって最適なビーム方向は，$\mathbf{H^*H}$ の固有ベクトル，すなわちチャネルの固有方向により与えられる．MISO (Multiple-Input Single-Output) システムにおいては，この方法は，チャネル整合単一モードビームフォーミング [27] という，よく知られている手法により簡略化される．すべてのシステムにおいて，完全 CSIT を用いた場合における最適なビーム方向は，SNR と独立である．

この基準および SNR とは独立して，プリコーダ行列の左側および右側特異ベクトルは，それぞれチャネル利得 $\mathbf{H^*H}$ と入力符号語共分散 $\mathbf{Q}$ の固有ベクトルにより独立に決定される．したがって，プリコーダは左側および右側の両方向に対して整合を取ることとなる．これは，入力信号を与えられた CSIT に対して最適に整合を取り，空間信号方向へ効率よく再配置を行うこととなり，図 3.14 に示される通りである．

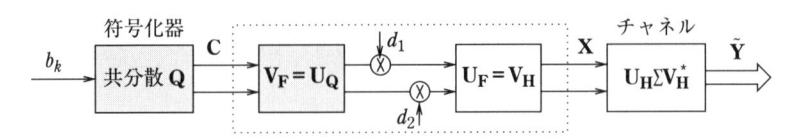

図 3.14 チャネルと入力符号の構造の両方に整合を取るプリコーダ

最適電力割り当て

ビーム方向とは対照的に，ビーム間での最適電力割り当ては，各プリコーディングの設計基準により様々な形態となるとともに，SNR の関数となる．ビームに割り当てる電力 p_i は $\mathbf{FF^*}$ の固有値であり，総和を単位として正規化されている．式 (3.23) において示されるプリコーダの特異値は，ビーム電力を $d_i = \sqrt{p_i}$ することから確立することができる．

式 (3.39) の最初の基準のグループに対して，電力割り当ての最適化問題は以下の式のようになる．

$$\min \quad f(\mathbf{I} + a\gamma\mathbf{\Lambda_H}\mathbf{\Lambda_F}\mathbf{\Lambda_Q}) \tag{3.43}$$

3.5 ■線形プリコーダの設計

$$\text{subject to} \quad \text{tr}(\mathbf{\Lambda_F}) = 1, \quad \mathbf{\Lambda_F} \geq 0$$

ここで，$\mathbf{\Lambda_H}$, $\mathbf{\Lambda_F}$, $\mathbf{\Lambda_Q}$ はそれぞれ，$\mathbf{H}^*\mathbf{H}$, $\mathbf{FF}^*$, $\mathbf{Q}$ の固有値から構成される対角行列である．式 (3.39) の期待値演算子は完全 CSIT のため，この形式からは除外されている．したがって電力割り当ては，チャネルと符号語共分散それぞれの固有値の関数となる．簡単化のため，以下の λ_i を定義する．

$$\lambda_i = \lambda_i(\mathbf{H}^*\mathbf{H})\lambda_i(\mathbf{Q}) \tag{3.44}$$

ここで，図 3.13 に示されるように $\lambda_i(\mathbf{H}^*\mathbf{H}) = \sigma_i^2$ であり，$\lambda_i(\mathbf{Q})$ は $\mathbf{Q}$ の i 番目の固有値であり，同一の順序で並べられている．

式 (3.27) に示されるチャネル容量の基準においては，電力は通常の注水定理法 [9] を通じて M_T 個のビームに割り当てられる．チャネル i に割り当てられる電力は，

$$p_i = \left(\kappa - \frac{N_0}{\lambda_i}\right)_+, \tag{3.45}$$

となる．ここで，κ は $\sum_i p_i = P$ (すなわち総送信電力) となるように設定され，N_0 は空間次元あたりの雑音電力を表す．$(\cdot)_+$ は，括弧内の値が正の場合はその値を，そうでない場合はゼロを返す演算子である．

式 (3.30) に示される誤り指数の基準においては，最適電力割り当ては以下の式のようになる．

$$p_i = \left(\kappa - \frac{N_0(1+\alpha)}{\lambda_i}\right)_+ \tag{3.46}$$

ここで，κ は $\sum_i p_i = P$ を満足するものとする．

誤り指数の場合における電力割り当て方法は，チャネル容量に対する注水定理を用いた場合と類似した形式となるが，雑音項に $1 + \alpha$ が乗算されている．ある伝送レート R において，最適な α は数値計算を用いて導出することができる．$0 \leq \alpha \leq 1$ であるため，実効的な雑音量はチャネル容量の基準の場合と比較してより大きくなる．そのため，誤り指数の基準を用いる場合においては，電力割り当ての選択性がより高くなる．低 SNR 環境においては，より多くのモードが除去される．SNR の増加に伴い，この方法では等電力割り当てに近付くが，その近付き方はチャネル容量を基準とした場合と比較して，SNR の増加に対して緩やかである．

同様に，式 (3.36) に示された平均 PEP 基準の場合において，式 (3.45) に示された最適電力割り当ては，チャネル容量を前提とした注水定理の場合の雑音項に 2 が掛けられたものと同一となる．またこの手法は，より電力割り当ての選択性が高くなる．

低 SNR 環境において，弱いモードはより高い誤り率となる傾向がある．したがって，これらのモードを利用せずに，より強力なモードに電力を割り当てることにより，システム全体の誤り特性を向上させることができる．SNR の増加に伴い，電力はより多くのモードにわたって割り当てられ，誤り指数の場合と同様にその近付き方はチャネル容量を基準とした場合と比較して SNR の増加に対して緩やかである．

式 (3.38) に示された MMSE 基準における場合も，注水定理と類似しているが，わずかな変更を含んでいる．モード i に対して割り当てられる電力は，以下の式で表される [18]．

$$p_i = \left(\frac{\kappa}{\sqrt{\lambda_i}} - \frac{N_0}{\lambda_i} \right)_+ \tag{3.47}$$

ここで，κ は $\sum_i p_i = P$ を満足するものとする．実効的には，注水定理は $p_i\sqrt{\lambda_i}$ に適用され，これは給水レベル κ を持つ．

二つ目のグループに含まれる式 (3.35) に示される距離ごとの PEP 基準では，この手法はチャネルの最も強力なモードに対してすべての電力を割り当て，実効的には単一モードビームフォーミングになる．この手法は，選択的電力割り当ての極端な場合である．このプリコーダはランク 1 の行列となり，その左側特異行列はチャネルの支配的な固有方向に対して整合が取られ，右側特異行列は式 (3.32) に示される符号距離積行列の支配的な固有ベクトルに対して整合が取られる．単一モードビームフォーミングは受信アンテナ本数によらずここでは最適となるが，このモードの電力利得（すなわちチャネル利得 $\mathbf{H}^*\mathbf{H}$ の最大固有値）は受信アンテナ本数が増えることにより大きくなる．この手法は，受信 SNR を最大化する効果も有する．

3.5.3 ■相関 CSIT におけるプリコーディング

ここでは，送信アンテナ相関の形式で表される相関 CSIT について考慮する．チャネルは平均ゼロ（すなわち $\mathbf{H}_m = 0$）のレイリーフェージングを仮定し，式 (3.4) に示されるクロネッカー相関構造をもつものとする．本節のほとんどの部分において，受信アンテナは互いに相関がない．すなわち，$\mathbf{R}_r = \mathbf{I}$ としている．しかしここでは，チャネル容量基準に対するプリコーダの設計における受信アンテナ間相関の影響について簡単に触れておく．

式 (3.5) のチャネルモデルは，式 (3.48) のように記述される．

$$\mathbf{H} = \mathbf{H}_w \mathbf{R}_t^{1/2} \tag{3.48}$$

ここで，送信アンテナ相関 $\mathbf{R}_t$ は複素エルミート半正定行列であり，送信機において既知であるとする．

3.5 ■線形プリコーダの設計

最適ビーム方向

二種類のグループのすべての基準に対して,式 (3.23) のプリコーダの最適ビーム方向が式 (3.49) に示される $\mathbf{R}_t$ の固有ベクトルで示される.

$$\mathbf{U_F} = \mathbf{U}_t \tag{3.49}$$

ここで $\mathbf{R}_t = \mathbf{U}_t \mathbf{\Lambda}_t \mathbf{U}_t^*$ であり,これは固有値分解である.この結果は,($\mathbf{Q} = \mathbf{I}$ とした場合の)チャネル容量基準として確立されたものであり,参考文献 [54] では MISO システムの場合,参考文献 [25] では MIMO システムの場合において確立されたものである.しかしながら,この結果は現在研究中の他のすべての基準に対してもまた適用可能であり,任意の入力符号共分散 $\mathbf{Q}$ に対しても成立する [55].式 (3.42) に示された完全 CSIT のための解法と比較して,$\mathbf{R}_t$ の固有ベクトルはチャネルの固有方向を置き換える.プリコーダは,送信信号の電力をチャネルに割り当てるために,統計的に推奨される方向(すなわち $\mathbf{R}_t$ の固有ベクトル)を利用する.

注意すべき点を以下に挙げる.一つ目は,$\mathbf{R}_t = \mathbf{I}$(すなわち送信アンテナ間相関がない)の場合,$\mathbf{R}_t$ の固有ベクトルは M_T 個の直交ベクトルの任意の組合せでよいので,プリコーディングは不要となる点である.二つ目は,式 (3.4) に示した分離可能なクロネッカーアンテナ相関構造を仮定すると,受信アンテナ間相関が存在する場合($\mathbf{R}_r \neq \mathbf{I}$)においてもまた,プリコーダの最適ビーム方向は式 (3.49) に示される $\mathbf{R}_t$ の固有ベクトルにより与えられるという点である.これらの結果は,参考文献 [29] のチャネル容量基準において確立されたものである.しかしながら,受信信号の相関はビームの電力割り当てに影響を与える.最後に,受信ならびに送信アンテナ相関は,一般的に高い SNR 環境において,i.i.d. チャネルと比較するとチャネルのエルゴード性容量が減少することに注意すべきである.しかしながら低い SNR 環境では,送信機における相関はチャネル容量を増加させる効果を持つ場合がある [58].

最適電力割り当て

ビーム方向は基準間で変わらないが,最適なビーム電力割り当ては基準ごとに異なる.ここでは,グループ 1 の基準とグループ 2 の基準とを個別に説明する.

グループ 1 グループ 1 の基準では,最適電力割り当ては以下の最適化問題の解となる.

$$\min E_{\mathbf{H}_w} \left[f(\mathbf{I} + a\gamma \mathbf{\Lambda_Q} \mathbf{\Lambda_F} \mathbf{\Lambda}_t \mathbf{H}_w^* \mathbf{H}_w) \right] \tag{3.50}$$
$$\mathrm{tr}(\mathbf{\Lambda_F}) = 1, \quad \mathbf{\Lambda_F} \geq 0$$

この形式は,$\mathbf{H}_w$ のユニタリ不変性に基づく.ここで,$\mathbf{\Lambda_Q}$, $\mathbf{\Lambda_F}$, $\mathbf{\Lambda}_t$ はそれぞれ,$\mathbf{Q}$, $\mathbf{FF}^*$, $\mathbf{R}_t$ の固有値からなる対角行列である.

最適電力割り当ての解は期待値演算を含むため,完全 CSIT の場合と比較してより複雑となる.しかしながら,電力割り当ては注水定理に従う.すなわち,SNR に応じて $\mathbf{R}_t$ の固有モードのうちのより強力なものに対してより大きな電力を割り当て,弱いモードは利用しない.一般的に,最適電力割り当てを計算するためには数値計算的手法が必要となる.幸運なことに,グループ 1 の基準におけるすべての場合において,これは凸関数であり,効率的な数値計算アルゴリズムを用いることができる(参考文献 [7] の第 11 章を参照).

送信相関が強い場合,この手法ではすべての送信電力を $\mathbf{R}_t$ の最も強力な固有モードに割り当てる単一モードビームフォーミングへと縮小することが可能である.チャネル容量基準($\mathbf{Q}=\mathbf{I}$)において,ある SNR が与えられた場合の単一モードビームフォーミングが最適である条件は,参考文献 [25] および [29] において検討されている.これらの文献では,$\mathbf{R}_t$ の最も大きい二つの固有値を比較して,最大固有値が支配的であるとき,単一モードビームフォーミングが最適であることを示している.最大のモードが十分に支配的である場合,注水定理では他のすべてのモードを利用しない.高い SNR 環境においてこの条件を満たすためには,最大固有値がより支配的でなければならない.これは,より相関の強いチャネルであることを意味する.同様の傾向が,受信アンテナ本数を増加させた場合についても観測される.しかしながら $\mathbf{R}_t$ がフルランクであれば,送信アンテナ本数が受信アンテナ本数以下の場合,チャネル容量の点で最適な電力割り当ては,SNR の増加に伴って等電力割り当てへと近づく.

グループ 1 の基準に対する準最適電力割り当てとしては,平均チャネル利得に基づく割り当て方法がある.この手法は,以降の 3.5.5 項において説明される,式 (3.60) で示されるグループ 1 の一般解の特殊な場合である.

グループ 2 式 (3.35) に示される距離ごとの PEP 基準において,電力割り当ては閉形式解析を持つ.最適な左側ならびに右側プリコーディング特異ベクトルを用いて,この問題は以下の式のように表される.

$$\max_{\mathbf{F}}\ \log\det\left(\mathbf{\Lambda}_t^{-1} + \frac{\gamma}{4}\mathbf{\Lambda_A\Lambda_F}\right)$$
$$\text{subject to tr}(\mathbf{\Lambda_F}) = 1,\ \ \mathbf{\Lambda_F} \geq 0$$

この解は,標準注水定理(参考文献 [41] を参照)から以下のように表される.

3.5 ■線形プリコーダの設計

$$p_i = \left(\kappa - \frac{4}{\gamma}\lambda_i^{-1}(\mathbf{A})\lambda_i^{-1}(\mathbf{R}_t)\right)_+ \quad (3.51)$$

ここで，κ は $\sum_i p_i = 1$ を満足するものであり，p_i は $\mathbf{\Lambda_F}$ の対角要素である．

一般的には，チャネル相関が高くなるにつれ（例えば相関行列の条件数から観測される），相関 CSIT からのプリコーディング利得は高くなる（SNR の優位性）．対照的に，強い相関は通常チャネル容量を低下させることに注意する必要がある．

3.5.4 ■平均 CSIT を用いたプリコーディング

非ゼロ平均 $\mathbf{H}_m$（ライス成分）である，無相関のチャネル（$\mathbf{R}_h = \mathbf{I}$，あるいは，$\mathbf{R}_t = \mathbf{I}$ かつ $\mathbf{R}_r = \mathbf{I}$）について考える．式 (3.5) に示されるチャネルモデルは，以下のように記述される．

$$\mathbf{H} = \mathbf{H}_m + \mathbf{H}_w \quad (3.52)$$

チャネルの平均値 $\mathbf{H}_m$ は任意の複素行列であり，送信機において既知とする．相関のない誤り（$\mathbf{R}_e(s) = \mathbf{I}$）を仮定した場合において，この平均 CSIT は式 (3.52) の枠組みの中におけるチャネル推定値 $\hat{\mathbf{H}}(s)$ も包含することを意味する．

最適ビーム方向

すべての基準において，平均 CSIT における最適ビーム方向は $\mathbf{H}_m^*\mathbf{H}_m$ の固有ベクトル，すなわち次式で表されるチャネルの平均値の右側特異ベクトルにより与えられる．

$$\mathbf{U_F} = \mathbf{V}_m \quad (3.53)$$

ここで，$\mathbf{H}_m = \mathbf{U}_m \mathbf{\Sigma}_m \mathbf{V}_m^*$ であり，これはチャネルの平均に対する特異値分解である．この結果は，参考文献 [54] においては MISO，参考文献 [21, 53] においては MIMO フェージングチャネルについて，また MSE 基準の場合については参考文献 [30] において，それぞれチャネル容量基準（$\mathbf{Q} = \mathbf{I}$ の場合）が確立されている．この解析は，平均 PEP 基準の場合を包含するように簡易に拡張することができる．距離ごとの PEP 基準における解は，参考文献 [28] において示されている．

平均 CSIT においてはチャネルが無相関であるため，平均チャネル利得 $E[\mathbf{H}^*\mathbf{H}]$ の固有ベクトルは $\mathbf{H}_m^*\mathbf{H}_m$ の固有ベクトルと同一である．したがって，チャネルの平均値の固有方向は，平均のチャネル固有方向である．これらの平均化された方向に沿ったビームフォーミングは，平均 CSIT の場合に最適となる．

最適電力割り当て

最適な電力割り当ては，用いる基準により変化する．ここで再び，グループ 1 とグループ 2 の基準を個別に検討する．

グループ 1　グループ 1 の基準に対する最適電力割り当ては，一般的には数値計算的探索を必要とし，式 (3.39) から以下の式のように記述することができる．

$$\min\ E_{\mathbf{H}_w}\left[f\left(\mathbf{I}+a\gamma(\mathbf{\Sigma}_m+\mathbf{H}_w)\mathbf{\Lambda_Q}\mathbf{\Lambda_F}(\mathbf{\Sigma}_m+\mathbf{H}_w)^*\right)\right] \quad (3.54)$$
$$\text{subject to } \mathrm{tr}(\mathbf{\Lambda_F})=1\,,\quad \mathbf{\Lambda_F}\geq 0$$

これらの基準に対して，閉形式の電力割り当て方法は存在しないが，一般的な特徴を確立することが可能である．より多くの電力をチャネル平均値の持つより強力なモードに割り当てると，電力割り当ては注水定理に従う．電力割り当てに影響を与えるのは，チャネルの平均値の特異ベクトルではなく特異値のみである．電力割り当てにおけるチャネル平均値の影響は，チャネルの式 (3.3) に示した K ファクターにより特徴付けられる．より大きな K ファクターの場合，電力割り当てはチャネルの平均値に対する依存性がより高くなる．例えば，状態の悪いチャネルあるいはランク 1 の平均値の場合は，単一モードビームフォーミングに帰着する傾向がある．K が無限大になると，平均 CSIT は完全 CSIT と等価になる．しかしながら，チャネル平均値の影響は K ファクターが小さくなると消滅する．K ファクターがゼロになると，プリコーダは任意のユニタリ行列となり，これは等電力割り当てを行うことを意味し，プリコーダを除去することが可能となる．

参考文献 [21] において，チャネルの平均値がエルゴード性容量に与える影響について解析されている．この文献では，チャネル容量はチャネル平均値の特異値の単調増加関数であることを示している．チャネル平均値の特異値のうち，一つを除いて残りすべてが同一である二つのチャネルがあったとすると，より大きな非双対特異値を持つチャネルのほうが高いチャネル容量を持つ．

相関 CSIT と類似して，平均 CSIT の準最適電力割り当ては平均チャネル利得に基づいて得られる．式 (3.60) に示されるグループ 1 の基準の解は，3.5.5 項において説明を行う．

グループ 2　一方，距離ごとの PEP 基準は解析的な電力割り当て方法を持つ．この問題の数式表現は式 (3.35) から推論することができ，次式のように表される．

$$\min_{\lambda_i} \sum_i \left(1 + \frac{\gamma}{4}\lambda_i\right)^{-1} \lambda_{m,i} - M_R \sum_i \log\left(1 + \frac{\gamma}{4}\lambda_i\right)$$
$$\text{subject to} \sum_i \alpha_i \lambda_i = 1, \quad \lambda_i \geq 0$$

ここで，$\lambda_i = \lambda_i(\mathbf{FF}^*)\lambda_i(\mathbf{A})$, $\alpha_i = 1/\lambda_i(\mathbf{A})$（非ゼロの固有値の場合に限る）であり，$\lambda_{m,i}$ は $\mathbf{H}_m^* \mathbf{H}_m$ の固有値である．また，すべての固有値は同一の順序で並べられている．この関数は凸であり，標準ラグランジュ未定乗数法を用いて解くことができる．その結果は，以下の式で表される．

$$\lambda_i = \left[\frac{\lambda_i(\mathbf{A})}{2\nu}\left(M_R + \sqrt{M^2 + 16\nu\frac{\lambda_{m,i}}{\gamma\lambda_i(\mathbf{A})}}\right) - \frac{4}{\gamma}\right]_+ \tag{3.55}$$

ここで，ν は拘束条件 $\sum_i \alpha_i \lambda_i = 1$ を満たすラグランジュ乗数である．除外されたモード k の数に応じてこの ν は，以下の上界・下界の間の一次元二値数値探索を用いて決めることができる．

$$\nu_{\text{upper}} = \frac{4\tilde{\lambda}_M}{\gamma\zeta_k} + \frac{M_R}{\zeta_k}, \qquad \nu_{\text{lower}} = \frac{4\tilde{\lambda}_1}{\gamma\zeta_k} + \frac{M_R}{\zeta_k} \tag{3.56}$$

ここで，$\tilde{\lambda}_M$ および $\tilde{\lambda}_1$ はそれぞれ $\{\lambda_{m,i}/\lambda_i(\mathbf{A})|\ \lambda_i(\mathbf{A}) \neq 0,\ i = 1,\ldots,M_T\}$ の最大値および最小値であり，ζ_k は以下の式で表される．

$$\zeta_k = \frac{1}{M_T - k}\left(1 + \frac{4}{\gamma}\sum_{i=k+1}^{M_T}\frac{1}{\lambda_i(\mathbf{A})}\right)$$

したがって，ビームの電力は以下の式で表される．

$$p_i = \frac{\lambda_i}{\lambda_i(\mathbf{A})}$$

この結果は，最初に参考文献 [28] において $\mathbf{A} = \mu\mathbf{I}$ の場合について導出され（ここで μ はスカラー定数である），後に参考文献 [61] において任意の半正定行列 $\mathbf{A}$ についての解が導出されている．

3.5.5 ■平均および相関 CSIT の双方に対するプリコーディング

最後に，非ゼロのチャネルの平均値 $\mathbf{H}_m$ ならびに送信アンテナ相関 $\mathbf{R}_t$ を持つ一般的な統計的 CSIT モデルについて解説を行う．この CSIT は，式 (3.12) に示した推定値 $\hat{\mathbf{H}}(s)$ と，式 (3.13) に示した実効的な送信共分散 $\mathbf{R}_t(s)$ を持つチャネル推定モデル

を包含する.しかしながら,ここでは代表的な場合として,統計的 CSIT に対するプリコーディングの解法について議論を行う.チャネルは次式のように記述される.

$$\mathbf{H} = \mathbf{H}_m + \mathbf{H}_w \mathbf{R}_t^{1/2} \tag{3.57}$$

統計的パラメータから,チャネルの K ファクターは式 (3.3) のように設定することができる.

グループ 1 のプリコーダ

式 (3.39) に示されたグループ 1 の基準では,プリコーダの設計問題は以下の式のようになる.

$$\max\ E_{\mathbf{H}_w}\left[f\left(\mathbf{I} + a\gamma\left(\mathbf{H}_m + \mathbf{H}_w \mathbf{R}_t^{1/2}\right)\mathbf{FQF}^*\left(\mathbf{H}_m + \mathbf{H}_w \mathbf{R}_t^{1/2}\right)^*\right)\right] \tag{3.58}$$

$$\text{subject to}\ \mathrm{tr}\left(\mathbf{FF}^*\right) = 1$$

これらの基準に対する最適なプリコーダは,未解決問題のままである.なぜならば,最適なビーム方向と最適な電力割り当てがわからないためである.最適なビーム方向はチャネルの平均値と共分散の両方に依存し,チャネルの K ファクターと SNR をパラメータとして持つ複雑な関数となる.K が大きい場合は,チャネルの平均値はビーム方向に対する支配性を持つ傾向がある.K が小さくなると,チャネルの共分散がより強い影響力を持つ.一方で SNR が増加すると,送信相関がフルランクであれば,送信アンテナが受信アンテナと同数あるいは少ないシステムに対するプリコーダは,全方向に対して等電力を放射する任意のユニタリ行列に近づき,無視することができる.したがってプリコーダの解は,様々な SNR におけるチャネルの平均値と共分散の間の相互作用により複雑化する.

準最適なプリコーダの解は,平均化されたチャネル利得,すなわち $E[\mathbf{H}^*\mathbf{H}] = \mathbf{H}_m^*\mathbf{H}_m + M_R \mathbf{R}_t$ に対するプリコーディングを行うことにより確立することができる.この解は,式 (3.58) における目的関数を参考文献 [9] に示される Jensen 上界に置き換えることにより得られる.この解は,この形式において $\mathbf{H}^*\mathbf{H}$ を $\mathbf{H}_m^*\mathbf{H}_m + M_R \mathbf{R}_t$ に置き換えることにより,完全 CSIT と同一となる.この解において,プリコーダのビーム方向は SNR に対して独立であり,$\mathbf{H}_m^*\mathbf{H}_m + M_R \mathbf{R}_t$ の固有ベクトルである.

$$\mathbf{U_F} = \mathbf{U_R} \tag{3.59}$$

ここで，$\mathbf{H}_m^*\mathbf{H}_m + M_R\mathbf{R}_t = \mathbf{U}_R\mathbf{\Lambda}_R\mathbf{U}_R^*$ は固有値分解である．相関あるいは平均 CSIT のいずれかのみが利用できるとき，ビーム方向はそれぞれの場合における最適なビーム方向と一致する．

準最適電力割り当ては SNR に依存し，3.5.2 項における完全 CSIT の場合の解析において，式 (3.44) における λ_i を式 (3.60) に置き換えることにより得られる．

$$\lambda_i = \lambda_i(\mathbf{H}_m^*\mathbf{H}_m + M_R\mathbf{R}_t)\lambda_i(\mathbf{Q}) \tag{3.60}$$

この解は，グループ 1 のすべての基準に対して閉形式の電力割り当てを提供する．そして，相関および平均 CSIT の場合を包含する．

この準最適プリコーダは，チャネル容量の観点で評価することができる [59]．送信アンテナが受信アンテナと同数以下のシステムにとってこの提案手法は，中程度の SNR においてチャネル容量の劣化がほとんどない，あるいはまったくないという結果が得られる．しかしながら，送信アンテナが受信アンテナよりも多く，送信アンテナ間の相関が強い（条件の悪い相関行列の一例である）システムでは，高 SNR 環境においてチャネル容量の劣化が大きくなることがある．図 3.15 は，それぞれ対応する電力割り当てを用いた二種類のアンテナ構成（4×4 および 4×2）についての最適なプリコーディングと，ここで示したプリコーダの解を用いたシステム容量の例を示している．プリコーディングを用いないシステム容量は等電力割り当てと等価であるが，この場合についても比較のために特性として含めている．

グループ 2 のプリコーダ

式 (3.35) に示された距離ごとの PEP 基準を考えてみよう．$\mathbf{A}$ がスケール化された単位行列である場合とそうでない場合，2 種類の場合について区別を行う．

定数倍された単位行列 $\mathbf{A} = \mu_0\mathbf{I}$ についての最適プリコーダの解は，以下の凸問題を解くことにより確立される．

$$\begin{aligned}
&\min_{\mathbf{F}} \ \mathrm{tr}\left(\mathbf{H}_m(\mathbf{R}_t\mathbf{\Phi}\mathbf{R}_t)^{-1}\mathbf{H}_m^*\right) - M_R\log\det(\mathbf{\Phi}) \\
&\text{subject to } \mathrm{tr}(\mathbf{\Phi} - \mathbf{R}_t^{-1}) = \frac{\gamma\mu_0}{4} \\
&\mathbf{\Phi} - \mathbf{R}_t^{-1} \geq 0
\end{aligned}$$

ここで，プリコーダ $\mathbf{F}$ は，$\mathbf{\Phi}$ の解から下式のように推論することができる．

$$\mathbf{F}\mathbf{F}^* = \frac{4}{\gamma\mu_0}\left(\mathbf{\Phi} - \mathbf{R}_t^{-1}\right) \tag{3.61}$$

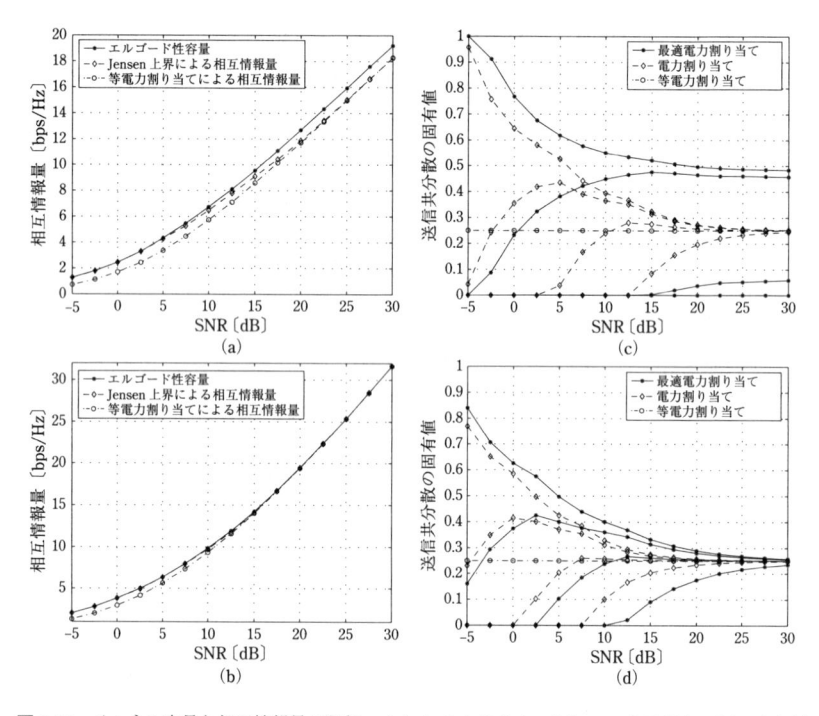

図 3.15 チャネル容量と相互情報量の評価 (a) 4×2 システム, (b) 4×4 システム, (c), (d) 対応する電力割り当てを用いた場合のチャネル容量と相互情報量の評価. チャネルの平均値と送信相関パラメータは付録 3.1 に規定している

Φ の解は,以下のように与えられる.

$$\Phi = \frac{1}{2\nu}\left[M_R \mathbf{I} + \left(M_R^2 \mathbf{I} + 4\nu \mathbf{R}_t^{-1} \mathbf{H}_m^* \mathbf{H}_m \mathbf{R}_t^{-1}\right)^{1/2}\right] \quad (3.62)$$

ここで,ν は電力同一性の拘束条件に関するラグランジュ乗数である.

ν を解くことは,動的注水過程を用いることにより実行できる.この過程は,PSD 拘束条件である $\Phi - \mathbf{R}_t^{-1} \geq 0$ によるモードの除外を含み,二つのステップから構成される. 一つ目のステップでは,プリコーダはすべてのモードを活用することを前提とし,ν は数式 $\mathrm{tr}(\Phi - \mathbf{R}_t^{-1}) = \frac{1}{4}\gamma\mu_0$ を解くことにより得られる.ν の解が $\Phi - \mathbf{R}_t^{-1} \geq 0$ を満足しない場合,二つ目のステップに移行する.このステップにおいて,$\Phi - \mathbf{R}_t^{-1}$ の最も弱いモードを除外し,式 (3.63) を用いて ν を再度導出する.

$$\sum_{i=2}^{M_T} \lambda_i \left(\Phi - \mathbf{R}_t^{-1}\right) = \frac{\gamma\mu_0}{4} \quad (3.63)$$

3.5 ■線形プリコーダの設計

ここで，λ_i は昇順に並べられた固有値である．最も弱いモードを除外することにより，M_T-1 個のより強力なモードに対してのみ電力を分配する．しがたって，式 (3.63) における固有値の和は $i=2$ から開始される．この二つ目のステップ，すなわち，$\boldsymbol{\Phi}-\mathbf{R}_t^{-1}$ の最も弱いゼロでないモードを除外することを，ν の解が $\boldsymbol{\Phi}-\mathbf{R}_t^{-1} \geq 0$ を満足するまで続ける．

k ($0 \leq k \leq M_T-1$) 個のモードが除外された一般的な場合において，ν の導出は，式 (3.64) に示される簡易な一次元二値探索を用いることで実現できる．

$$\nu_{\text{upper}} = \frac{\lambda_M}{\beta_k^2} + \frac{M_R}{\beta_k}, \qquad \nu_{\text{lower}} = \frac{\lambda_1}{\beta_k^2} + \frac{M_R}{\beta_k} \tag{3.64}$$

ここで，λ_M と λ_1 はそれぞれ $\mathbf{R}_t^{-1}\mathbf{H}_m^*\mathbf{H}_m\mathbf{R}_t^{-1}$ の最大および最小固有値であり，β_k は以下の式で表される．

$$\beta_k = \frac{1}{M_T-k}\left(\frac{\mu_0 \gamma}{4} + \sum_{i=k+1}^{M_T} \frac{1}{\lambda_i(\mathbf{R}_t)}\right)$$

上記のモードを除外する過程は標準注水定理と類似しており，各繰り返しにおいて最も弱いモードは除外されることがあり，全体の送信電力は残存するモードに対して再度割り当てられる．しかしながら標準注水定理との大きな違いは，この手法においては各繰り返しにおいて，電力割り当てだけではなく，モードの方向も改善されている点にある．この違いは，チャネル平均値と送信相関の間の相互作用に起因して発生する．これを示すために，以下の数式により $\mathbf{FF}^*$ の表現を書き直す．

$$\mathbf{FF}^* = \left[\frac{M_R}{2\nu}\mathbf{I}_N + \left(\frac{1}{2\nu}\boldsymbol{\Psi}(\nu)^{1/2} - \mathbf{R}_t^{-1}\right)\right]\frac{4}{\mu_0 \gamma}$$

ここで，$\boldsymbol{\Psi}(\nu) = M_R^2 \mathbf{I}_N + 4\nu\mathbf{R}_t^{-1}\mathbf{H}_m^*\mathbf{H}_m\mathbf{R}_t^{-1}$ は ν に依存する．「給水レベル」は $2M_R/\nu\mu_0\gamma$ であり，モードの方向は $\frac{1}{2\nu}\boldsymbol{\Psi}(\nu)^{1/2} - \mathbf{R}_t^{-1}$ の固有ベクトルで決定される．したがって，ν が各繰り返しにおいて変化するとき，給水レベル（すなわち電力割り当て）およびモードの方向は変動する．この理由のため，これを動的注水過程と呼ぶ．ν は SNR に依存し，このプリコーディングの解において，モード（ビーム）の方向と電力割り当ては SNR に依存することを付け加えておく．

$\mathbf{A}$ がスケール化された単位行列でない場合，式 (3.35) の形式の問題は $\mathbf{FF}^*$ の観点において，凸問題に変形することが不可能である．したがって，最適な解析解を求めることは非常に困難である．参考文献 [61] において，いくつかの条件緩和方法が提案されている．一つの手段としては，$\mathbf{A}$ を $\mathbf{A}$ の最小かつゼロではない固有値が乗算され

147

た単位行列に置き換える方法がある．この方法は，最小符号語距離に対して PEP を最適化することと等価である．したがって，プリコーディングの利得はさほど得られないことが多い．

このプリコーダの漸近的なふるまいは，まったく意味がない．チャネルの K ファクターと SNR が無限大に近付く漸近的な場合について考える．$K \to \infty$ のとき，このプリコーダはチャネルの平均値のみに依存する解に集約される．さらに，$\mathbf{H}_m$ の支配的な右側特異ベクトルに割り当てられた単一モードビーム生成器となる．しかしながら，高 SNR 環境において，このプリコーダは式 (3.51) に示される相関 CSIT の場合の解に近付き，そしてチャネルの平均値の影響は消滅する．$SNR \to \infty$ において，この電力割り当ては等電力割り当てに近付く．上記においては，K が無限大に近づく際には SNR が一定であること，あるいは SNR が無限大に近づく際には K が一定であることが条件となる．K ファクターと SNR の両方が増加すると，単一モードビームフォーミングのための閾値となる K ファクターが存在し，これは SNR と共に増加する．この閾値の一例は，3.6 節において示される．

3.5.6 ■考察

紹介したプリコーディングの解についてのいくつかの特徴を以下に示す．一つ目の特徴として，すべての CSIT の場合におけるすべての基準に対するプリコーディング行列，は同一の右側固有ベクトルを持つ事が挙げられる．これらのベクトルは，プリコーダの入力信号の共分散行列に対して整合を取る入力整形行列を形成する．これは，CSIT および SNR に対して独立である．一般的な統計的 CSIT を用いる距離毎 PEP 基準を除き，プリコーダは同一の左側固有ベクトルを持つ．これらのベクトルはビーム方向を CSIT に応じたチャネルに整合させる．ほとんどの場合において，ビーム方向は SNR に対してもまた独立である．二つ目の特徴は，様々な基準に対するプリコーディングの解の間の主要な相違が電力割り当てとなることである．この割り当てはすべての基準において注水定理に従い，SNR に依存するが，ほとんどの電力はより強いモードに対して割り当てられ，弱いモードは除外される．しかしながら，電力割り当ての選択性は基準により変化する．選択性が強い手法は低 SNR 環境においてより多くのモードを除外する．チャネル容量基準は，電力割り当ての選択性が最も低い．SNR の増加に伴い，完全 CSIT を用いた距離ごとの PEP 基準の場合を除き，すべての電力割り当て法は等電力割り当てに近づく．ただし，それぞれの場合において伝送レートは異なる．電力選択性の高い手法については，SNR の増加に伴う等電力割り当てに近付く度合がより緩やかである．以上をまとめると，プリコーダの最適化とは，入力

信号電力を集中させ，この電力に各々の基準及び CSIT を参照して，チャネルに対して空間的に再分配するということになる．

注水タイプの電力割り当ては，低 SNR 環境においてモードを除外することにつながる．したがってこのような状況，特に高いレートの符号を用いる場合においては，STBC を適用することを判断するためのシステムの設計には注意が必要である．ほとんどの場合において入力整形行列，すなわちプリコーダの右側特異ベクトルは，モードを除外する場合であっても，すべてのシンボルが送信されるように STBC の出力を合成する．符号語共分散が白色，すなわち $\mathbf{Q} = \mathbf{I}$ の場合，このプリコーダの入力整形行列を理論的には無視することができたとしても，すべての個別の信号を送信することを保証する現実的な信号点配置のために，何らかの回転行列が必要になることがある．モードの除外が発生した場合においてもすべてのストリームが送信されるように，空間シンボル系列を合成して空間多重化を行う場合においては，各ビーム（モード）を用いて送信を行う前に類似した回転行列を用いることが必要になることがある．参考文献 [33] に，合成効果に対する初期検討が示されている．したがって，このプリコーダの入力整形行列は，システムの特性に対してモード除外により発生する劣化を防ぐことに役立つ．

3.6 ■ プリコーダの特性結果と考察

図 3.16 に示すシステム構成において，シミュレーションを通じた様々な CSIT の場合におけるシステム誤り特性を用いてプリコーダの設計を評価する．i.i.d. ランダムビット列を生成し，これらのデータを畳み込み符号により符号化し，符号化ビットに対してインタリーブおよびシンボルへのマッピングを行う．その後に，STBC 符号化ならびに送信のためのプリコーディングを行う．信号はランダム生成されたチャネルに送られ，白色ガウス雑音が付加される．受信機において信号検出と復号が行われ，符号化を行わない場合と行う場合についての誤り率特性をそれぞれ測定する．

シミュレーションパラメータ

シミュレーションを行うシステムは，4 本の送信アンテナと 2 本の受信アンテナを

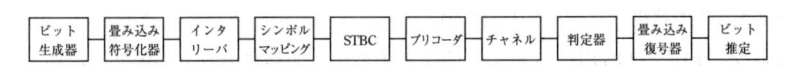

図 3.16 シミュレーションシステムの構成

持つ．また，以下の STBC 符号を用いる．

$$\mathbf{C} = \begin{pmatrix} c_1 & c_2 & c_3 & c_4 \\ -c_2^* & c_1^* & -c_4^* & c_3^* \\ c_3 & c_4 & c_1 & c_2 \\ -c_4^* & c_3^* & -c_2^* & c_1^* \end{pmatrix}$$

これは二次のダイバーシチ次数を持つ擬似直交符号 [26, 51] であり，空間レートは 1，簡易な 2 シンボルのジョイントディテクションを可能とする．4×2 システムは 2 空間多重までを扱えるが，ここでは空間レート 1 の場合についてのみシミュレーションを行う．この STBC では，プリコーダの入力整形行列は単位行列であり，これは無視される．IEEE802.11a 無線 LAN 標準 [23] において用いられている符号化率 1/2 の [133, 171]（生成多項式）畳み込み符号，ブロックインタリーバ，QPSK（Quadrature Phase-Shift Keying）変調を用いる．受信機においては，ML（Maximum Likelihood）検出ならびに軟入力軟出力ビタビ復号器を用いる．

3.6.1 ■特性評価

ここではいくつかの CSIT の場合，すなわち完全 CSIT，相関 CSIT，式 (3.12) に示される平均および相関 CSI を含むチャネル推定 CSIT についてのシステム特性を示す．まず，準静的ブロックフェージングチャネルを仮定する．データブロック長は，完全および相関 CSIT の場合は 96 ビット，チャネル推定 CSIT の場合は 48 ビットを用いた．プリコーディングの有無を比較した特性を 4 種類の基準，すなわちチャネル容量，誤り指数（式 (3.30) において $\alpha = 0.5$），平均 PEP，最小距離 PEP を用いて評価した．ML 検出を用いるため，MSE プリコーダ設計は含まれていない．

完全 CSIT

完全 CSIT の場合，チャネルは i.i.d. レイリーフェージングを仮定する（すなわち $\mathbf{H}_m = 0$ かつ $\mathbf{R}_h = \mathbf{I}$）．誤り特性を図 3.17 に示す．4 種類すべてのプリコーダ設計は，非符号化および符号化誤り率特性において十分な利得を得ており，特に符号化の場合においてより大きな利得が観測される（10^{-4} の符号化誤り率において最大 6 dB に至る）．この利得は，式 (3.16) において予測されたチャネル容量利得と同一である．擬似直交 STBC（QSTBC）は部分的なダイバーシチ利得のみを実現するため，さらなる追加のダイバーシチ利得が非符号化システムにおけるプリコーダにより得られる．

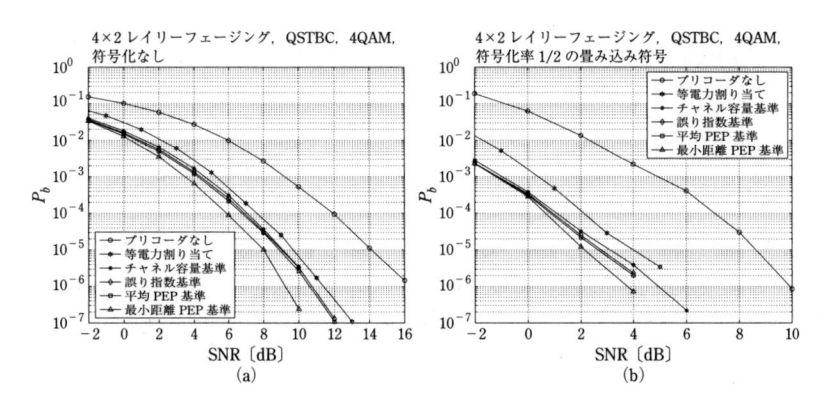

図 3.17 完全 CSIT の場合のシステム特性 (a) 非符号化; (b) 符号化

これは，プリコーダを用いた場合における誤り率特性の傾きがより急峻になっている点から明らかである．しかしながら，非符号化および符号化システムの双方における主要なプリコーディング利得はアレー利得である．アレー利得は，最適ビーム方向と注水定理タイプの電力割り当てから得られる．これらの効果それぞれから得られる利得を区別するため，式 (3.42) において示される最適ビーム方向を用い，かつ等電力割り当てを行う二つのビームを用いるプリコーダについても特性評価を行う．完全 CSIT の場合においては，最適ビーム方向を用いるだけで著しいプリコーディング利得が得られる結果が示されている．注水定理タイプの電力割り当ては，特に低 SNR 環境において更なるプリコーディング利得を実現する．したがって，プリコーダのビーム割り当てと電力割り当ての両方により，特性の利得が実現されると言える．

これらの結果から，四つの基準を用いたプリコーディングの設計の間には特性差が少ないことが明らかである．完全 CSIT の場合の最小距離 PEP プリコーダは，単一モードビーム生成器となる．これは，受信アンテナ本数が少ない場合において最大の利得を達成する．チャネル容量，誤り指数，平均 PEP 基準に基づく 3 種類のプリコーダは，類似の特性を示す．この相対的な特性の優劣は，CSIT，アンテナの本数，チャネル符号化，および STBC に依存する．したがって，この優劣はシステム構成により変化することがある．

相関 CSIT

式 (3.48) に示される相関 CSIT として，付録 3.1 に示された式 (3.66) の送信相関行列を用いる．この行列は，固有値 [2.717, 0.997, 0.237, 0.049] および条件数 55.5 を

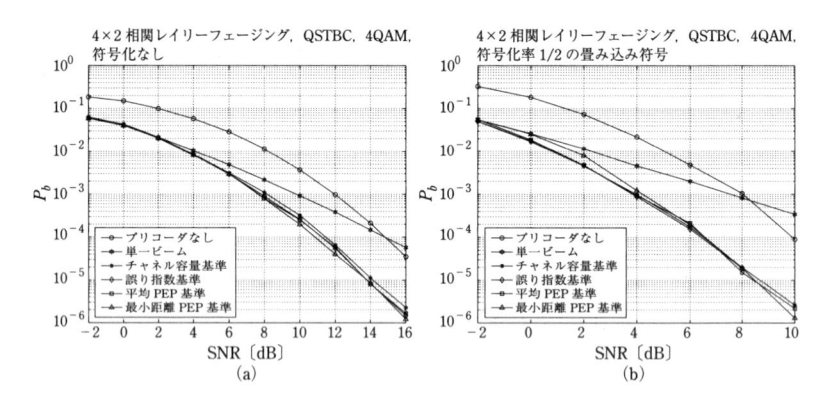

図 3.18 相関 CSIT を用いた場合のシステム特性: (a) 非符号化; (b) 符号化

持つ．したがって，送信アンテナはとても強い相関を持っている．この例を用いたのは，相関 CSIT の利得を強調するためである．

特性結果を図 3.18 に示す．四種類すべてのプリコーダが，符号化および非符号化の両方の場合において著しい利得を示している（符号化ビット誤り率の 10^{-4} の点においておよそ 3 dB）．相関 CSIT の場合における最小距離 PEP に基づくプリコーダは，単一ビームとはかけ離れた結果となる．相関行列の支配的な固有ベクトルに対して整合を取る単一ビームプリコーダについても，比較のために特性を示している．完全 CSIT の場合と対照的に，単一ビーム法の特性は悪く，ダイバーシチ次数は 1 であり，高 SNR 環境においてプリコーダを用いない場合よりも特性が悪い．その他の特徴は以下の通りである．一つ目として，プリコーディングによる利得は CSIT に強く依存する．より完全に近い CSIT が与えられればより大きなプリコーディング利得が得られ，完全 CSIT により最大の利得が達成される．二つ目として，統計的 CSIT については，プリコーディングによるダイバーシチ利得がまったく得られない．符号化ならびに非符号化プリコーディング誤り率曲線は，QSTBC の場合と同一のダイバーシチ次数 2 を持つ．三つ目として，ここまでで見てきた他の CSIT の場合と同様に，四つの基準すべてに対してプリコーダ間で類似の特性を示すことが見られる点がある．プリコーディング利得は，送信相関に対しても依存性があることを指摘しておく．より相関が強いチャネルであれば，より高いプリコーディング利得を達成する．

平均ならびに相関 CSIT

ここでは，式 (3.12) に示されたチャネル推定を含む一般的な CSIT の枠組み（平均

および共分散 CSIT の双方) についての特性を示す．この CSIT のシナリオについては，最適プリコーダが既知となる最小距離 PEP 基準に基づくプリコーダ設計を代表的なケースとして選択する．直前の二つの節におけるシミュレーション結果によれば，チャネル容量，誤り指数，および平均 PEP 基準に基づくプリコーダは，類似の特性を持つことが示されている．

チャネルの統計的性質として，式 (3.66) の送信相関，式 (3.67) のチャネルの平均を用い，$K = 0.1$ と設定する．推定精度 ρ について様々な値を設定し，チャネルの確率分布からランダムに作成された初期チャネル測定 $\mathbf{H}(0)$ を用いてシステム特性をシミュレーションした．誤り率は，それぞれの初期測定が与えられたときに，複数回の初期測定と複数回のチャネル推定を行って平均化した．

図 3.19 に，プリコーディングを用いる場合と用いない場合のそれぞれの特性を，$\rho = [0, 0.7, 0.8, 0.9, 0.96, 0.99]$ をパラメータとして示し，この結果から得られる特徴を以下に示す．一つ目は，プリコーディング利得は，推定精度がより高いと増加することである．ρ に依存して，利得は統計的 CSIT の場合と完全 CSIT の場合のそれぞれの利得の間で変動する．二つ目は，初期チャネル測定 $\mathbf{H}(0)$ が統計的 CSIT の利得よりも大きなプリコーディング利得を得る要素となるのは，$\mathbf{H}(0)$ と現在のチャネルとの間の相関が十分大きいとき，すなわち $\rho \geq 0.6$ となるときに限定されることである．$\rho < 0.6$ の場合，チャネルの統計的性質に基づくプリコーディングを用いることにより，利用可能なほぼすべての利得を得ることができる．三つ目は，シミュレーション結果の低あるいは中 SNR 環境における ρ が大きな場合（$\rho \geq 0.9$）において，

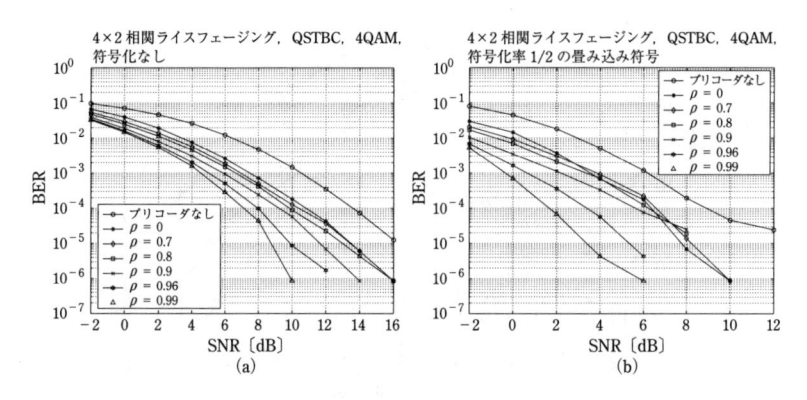

図 3.19 式 (3.12) に示されるチャネル推定 CSIT を用いた場合の，最小距離 PEP プリコーダのシステム特性: (a) 非符号化の場合; (b) 符号化の場合

ビット誤り率曲線の傾きに違いが出ることである．しかしながら解析結果は，システム送信ダイバーシチが「符号」（すなわち非符号化システムにおいてはSTBC，符号化システムにおいてはSTBCと畳み込み符号の組合せ）により決定される場合について，高SNRにおける漸近的誤り率特性の傾きがρ（$\rho < 1$）に依存しないことを示している[60]．$\rho = 1$，すなわち完全CSITに対応する場合についてのみ，プリコーダは次数M_Tの最大送信ダイバーシチ利得を達成する．したがって，プリコーダにより実現される主たる利得はアレー利得であり，CSITが完全である場合については，アレー利得に加えてダイバーシチ利得も得られる．

比較のために，初期チャネル測定のみを参照した単一ビーム法について評価を行い，図3.20に示した．この手法は，完全CSITが利用できるとき（$\rho = 1$）の最適最小距離PEPプリコーダと一致する．しかしながら，$\rho = 1$とならない場合についてはこの手法の特性は良くない．なぜならば，STBCを用いているのにもかかわらず，すべての送信ダイバーシチ利得を消失させ，受信アンテナ2本のML検出による次数2の受信ダイバーシチのみが得られる状態となるためである．この手法は，高SNR環境においてプリコーディングを行わない場合よりも特性が悪い．このプリコーダは，式(3.12)に示されたチャネル推定CSITを利用する一方で，いかなるSNR, ρの場合であっても利得を得ることができる．この結果は，このCSITの枠組みにおけるチャネ

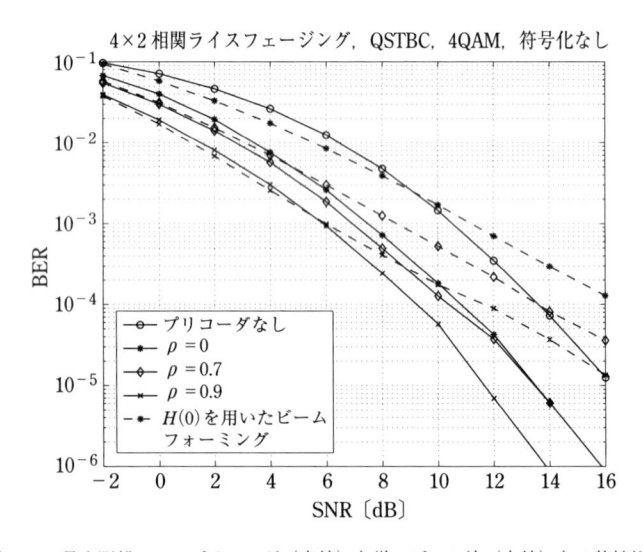

図3.20 最小距離PEPプリコーダ（実線）と単一ビーム法（点線）との特性比較

3.6 ■プリコーダの特性結果と考察

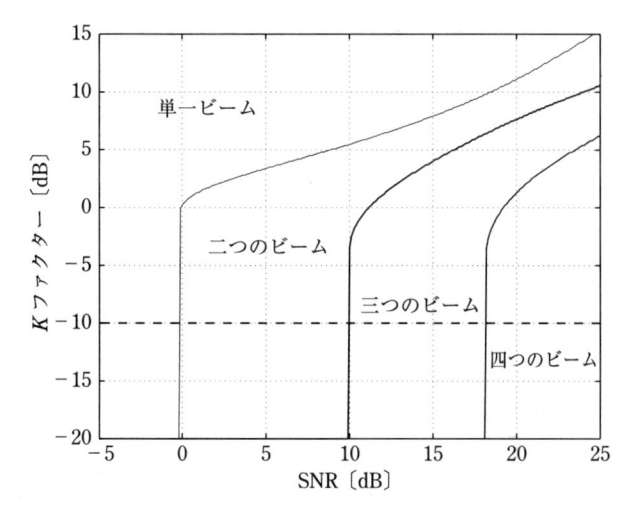

図 3.21　最小距離 PEP プリコーダを用いた場合のビーム数

ル推定誤差に対する耐性を示すものである．

最後に，図 3.21 に最小距離 PEP プリコーダのビーム数をチャネルの K ファクターと SNR の関数としてプロットした．K ファクターが大きくなると，ビームの数は減少する．その一方で，高い SNR はより多くのビームを生み出す．他の設計基準を用いた場合は，上記とは異なるプリコーダのビーム数特性を持つことがある．

3.6.2 ■考察

前節までにおいて，様々な CSIT の場合についてプリコーディングの特性に対する数値結果を示した．プリコーディングの利得は非符号化および符号化システムの双方において著しく，符号化システムにおいてその効果がより大きくなることが示された．この利得は CSIT，送信アンテナ本数，システム構成，SNR に依存する．式 (3.12) に示したチャネル推定 CSIT モデルは，統計的 CSIT から完全 CSIT までを網羅する．通常は，プリコーディングの利得はアンテナ本数を増加させるとより大きくなる．シミュレーションを行ったシステム構成では様々な基準，すなわちチャネル容量，誤り指数，平均 PEP，最小距離 PEP に基づくプリコーダの特性が互いに類似していることを確認した．プリコーディング利得は，最適なビーム方向を設定することにより得られるアレー利得と，電力割り当てにより得られる注水利得という二つの要素から構成されており，双方ともに SNR の利得となる．CSIT が完全であるとき，プリコーダはさらにダイバーシチ利得も提供する．

第 3 章■プリコーディングの設計

3.7 ■実際のシステムへの応用

本節では，プリコーディングの実践的問題に着目する．はじめに，送信機が開ループあるいは閉ループによるチャネル取得技術を用いることにより，どのようにしてチャネル情報を得るかについて解説する．次に，閉ループシステムにおいてチャネル情報を効率よく圧縮するためのコードブックの設計について議論を行う．最後に，現在策定中の無線システムの標準において，プリコーディングがどのように扱われているかについて大まかに述べる．

3.7.1 ■チャネル取得方法

3.1 節において，CSIT を取得する二つの原理は通信路対称性とフィードバックであると説明した．これらの原理に基づく実践的なチャネル取得方法は，開ループあるいは閉ループ方法として分類される．開ループ方法は，交互に行われる逆方向あるいは順方向の通信間の時間差が式 (3.6) に示したチャネルのコヒーレント時間と比較して相対的に小さい多重通信を実現する TDD システムにおいて適用可能である．しかしながら，FDD システム では順方向リンクと逆方向リンクとの周波数差が大きい（通常，搬送波周波数の 5% 程度である）ため，通信路対称性は一般的には適用できない．したがって，開ループのチャネル取得方法は用いることができない．一方で，閉ループ方法は TDD および FDD システムの双方に対して適用することができる．以下に，複数ユーザを収容する通信ネットワークの基地局において CSIT が必要とされていることを前提として，より詳細にそれぞれの手法について説明を行う．ここで，基地局からユーザへの送信を順方向リンク，ユーザから基地局への送信を逆方向リンクと呼ぶ．ユーザ局において CSIT を取得するために，類似の方法を利用することが可能である．

開ループ方法

開ループ取得方法は，通信路対称性に基づいて CSIT を取得する．順方向リンクの送信機かつ逆方向リンクの受信機である基地局が存在するとする．この局は，逆方向チャネルを受信動作において測定し，この測定結果を順方向チャネルにおける CSIT として用いる．音声アプリケーションにおいては，すべての順方向および逆方向リンクは連続したタイムスロットに割り当てられる．したがって，逆方向のチャネル測定は，通常はその送信信号に含まれるパイロット信号により行うことができる．これら

の測定を用いて定期的に CSIT を更新する．データ通信においては，順方向リンクと逆方向リンクは連続したタイムスロットに割り当てられない場合がある．したがって，チャネルサウンディングとして知られる，チャネル測定のために特別に割り当てられた逆方向リンクの通信が用いられる．CSIT が必要となるユーザに対して，サウンディング信号の送信が割り当てられる．サウンディング信号は，同時刻に割り当てられるユーザ間で互いに直交する．例えば OFDM システムにおいては，異なるユーザ間では重複しないように，チャネル帯域全体に対して間引かれたサブチャネルに割り当てられる．あるいはサウンディング信号同士は，CDMA に類似した全周波数にわたって重なり合う互いに直交するパイロット符号系列となる．チャネルサウンディングは，基地局が多くのアンテナを有するシステムにおいて効果的である．

通信路対称性は，順方向あるいは逆方向リンクの空間上（すなわち送信アンテナから受信アンテナの間）の部分において適用可能である．しかしながら，実際のシステムでは信号処理はベースバンドで行われる．すなわち，チャネルは受信信号が受信機の RF 部を通過した後の，受信機のベースバンド部において推定される．図 3.22 に示されるように，送信信号は互いに異なる RF 回路により送出される．ここで，送信 RF 回路は受信 RF 回路と互いに異なる伝達関数を持つ．したがって通信路対称性は，送信（あるいは受信）RF 回路それぞれが同一となるように等化された後にはじめて成立する．この等化操作は校正の手順を必要とし，これは二つの RF 回路の間の差異を取り除く処理である．校正は複雑な処理を必要とし，かつ開ループ方法となるため，実際にはあまり良い手法ではない．

送受信 RF 回路間の校正および等化は広く研究されている．$H_1(f)$ と $H_2(f)$ をそれぞれ送信および受信 RF 回路の伝達関数とする．一手法として，はじめに送受信機

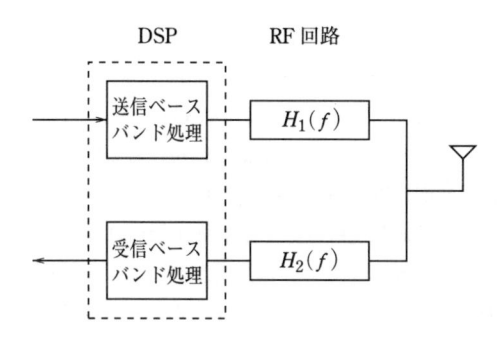

図 3.22 送信並びに受信 RF 回路を含む送受信機のフロントエンド

をループバックモードにして $H_1(f)H_2(f)$ を導出する．そして，$H_2(f)$ はアンテナにおいて校正信号を入力することにより決定される．両方の手順において，熱雑音により引き起こされる誤りは，測定回数を複数回にすることにより平均化することができる [6]．$H_1(f)$ と $H_2(f)$ の双方が利用可能であるときは，二つの RF 回路を効率よく同化させるための，ベースバンド部におけるディジタル等化器を計算することが簡単になる．この等化器は，通常，高い数値的精度が要求される．フラットチャネル，例えば OFDM の各トーンであれば，この等化器のアンテナ系統ごとの複素スカラー係数が少なくなる．校正は時刻の経過に伴う RF 回路の低速の変動に対して追従するために，定期的に行わなければならない．

閉ループ方法

閉ループ取得方法は，チャネル情報を送信機に送るために受信機からのフィードバックを用いる．すべての稼働中ユーザによって受信される基地局からの順方向リンクの送信信号には，パイロット信号が含まれる．したがって，ユーザは基地局と自身の間の受信チャネルを測定することができる．次に，基地局からチャネルフィードバック要求を受けたユーザは逆方向リンクを用いて，基地局が CSIT として用いるためのチャネル測定結果を送る．このフィードバック通信は予約されていても良いし，現在行っている通信に乗じるピギーバックであっても良い．また，データ通信においては，CSIT は一部のユーザについてのみ必要となることがある．この必要となるユーザ群は，それぞれにおいて取得したチャネル測定結果を送信するために通信が予約されている．閉ループ方法は，開ループ方法で必要となっていた送受信器間のキャリブレーションを必要としない．

とはいえ，フィードバック情報には，フィードバックループの遅延に起因する誤りが含まれることを想定しなければならない．フィードバック情報が有益であるか否かは，フィードバックにかかる時間ならびにチャネルのドップラー拡がりに依存する．移動通信における時変性のあるチャネルにおいては，一般的にはキャリア周波数，送信フレーム長，フィードバックが得られるまでにかかる時間に依存するが，フィードバック情報はある移動速度以下であれば有効である．フィードバックの遅延と誤りは，3GPP[22, 34] において様々な技術に対する解析が行われており，潜在的に重大な特性劣化が生じることが明らかになっている．したがって，フィードバック情報の最適な利用は，式 (3.12) に示されたような形でフィードバックの品質を考慮しなければならない．

MIMO CSIT 取得におけるオーバヘッド

閉ループ方法において，もし送信に複数アンテナが用いられるとすると，送信アンテナ本数に比例する追加のパイロット信号が必要となる．基地局からの順方向リンクにおけるトレーニング信号のオーバヘッドは，ユーザ数に依存しない．しかしながらこのフィードバックのオーバヘッドは，逆方向リンクにおいては，通信を行うユーザ数に比例して増加する．また，このオーバヘッドは，基地局の送信アンテナ本数と各ユーザの受信アンテナ本数の積である，チャネル行列の大きさと同数倍の大きさとなる．

開ループシステムにおけるオーバヘッドは，各ユーザが持つアンテナの本数に比例する逆方向リンクにおけるトレーニングパイロットの数と，逆方向リンクのチャネルに対してサウンディングを行うよう指示を受けるユーザ数との積に比例する．

CSIT 取得にかかわるオーバヘッドは，複数アンテナを用いるシステムにおいて主要な問題点として残されている状態である．しかし，順方向リンクにおける受信アンテナ本数が送信アンテナ本数と比較して極めて大きいときには，閉ループシステムの方が開ループよりも有効な場合がある．

3.7.2 閉ループシステムにおけるコードブックの設計

閉ループ方法において，フィードバックは正確な送信リソース（すなわち帯域，時間）が要求される．したがって，フィードバックデータの圧縮や量子化は注目すべき点である．量子化されたチャネルフィードバック情報は，式 (3.12) に類似した誤り共分散 [28, 38] が既知である平均 CSIT としてモデル化することができる．そして，適切なアルゴリズムを用いた送信機において，この CSIT を前提としたプリコーダを設計することができる．もう一つの手法としては，プリコーダを受信機側において設計することである．すなわち，CSI の代わりに量子化されたプリコーディング行列を返送する方法である．例えばユニタリプリコーダは，フィードバック期間にわたって CSI が有効であることを前提として [34, 35]，受信機における瞬時のチャネル測定を元に設計される．これら二種類の手法のどちらを選択するかにおいては，システムの設計，各手法におけるフィードバックのオーバヘッド，送信機ならびに受信機の複雑度に対する要求条件に依存する．したがって，チャネル変動に対してフィードバック情報を適用させる，簡単な手法を検討しなければならない．いくつかのシステムでは，スケジューリングによる遅延を受信機において知ることができない場合がある．したがって，送信機において CSI を得る方が，プリコーディングの利用のためのチャネルを推定する方法としては簡易である．

閉ループシステムにおける量子化の手法は大きな研究分野であり，すでにいくつか

の技術が提案されている．その中の一つとしては，チャネルにおける変動成分のみを送信するインクリメンタル符号化である．もう一つの技術としては，重要なチャネル情報を効率よく符号化するコードブックを設計する手法である．チャネルの固有方向は特に重要であるため，少ない情報量で効率が良いコードブックを設計する手法として，グラスマニアン多様体上への sphere packing 法について検討を行っている研究者がいる [20, 34]．コードブックの設計は，チャネルの統計的性質に依存する．例えば，i.i.d. レイリーフェージング MIMO チャネルにおけるコードブックの設計は，一様分布するグラスマニアン多様体の副空間を探索することに対応する．ここで，適切に定義された副空間同士は，互いの距離が近似的に同一である．i.i.d. チャネルでない場合におけるコードブックの設計に対しては，特にチャネル変動に対して不変である構造や，行列チャネルあるいはプリコーダをコードブックにマッピングする複雑性が，まだ解決されていない問題として残されている．

3.7.3 ■受信機におけるチャネル情報の役割

この章では，受信機において完全なチャネル情報を持っていることを仮定しており，CSIT 自身について品質が変動することについての議論に集中してきた．ここでは，受信チャネルのサイド情報（CSIR：Receive Channel Side Information）について簡単に解説を行う．

実際，初期の無線システムでは CSIR についてはほとんど情報を用いない，あるいはまったく用いないことを前提としており，この問題を扱う多くの技術が検討されてきた．典型的な解決方法としては，情報を送信シンボルの差分として符号化するために，2 シンボル時間以上の間，チャネルが変動しないことを仮定していた．したがって，隣接シンボル間のチャネルの不変性は，目的の情報を抽出するために用いることができる．実際の CSIR 情報はまったく必要としていなかった．当然，この手法を用いるとチャネル容量が低下する．典型的な値として同期検出と比較して 3 dB の劣化をまねく．後に，この劣化を軽減するために無線システムは，精度の良い CSIR を保証するように設計されるようになった．

しかしながら，近年研究開発が進んでいる移動ネットワークにおいては，受信機における低 SINR 環境およびチャネルの周波数選択性により，精度の良い CSIR を得ることはより困難になってきている．はじめに，CSIR をまったく用いることができない極端な場合について説明し，次に不完全な CSIR を用いることができる場合について解説を行う．MIMO システムに対する情報理論的な結果は CSIR と CSIT のいずれかが存在しない場合においてチャネルのコヒーレント時間 T は重要な役割があ

ることを示している．高 SNR の場合のチャネル容量は 3 dB の SNR 増加に対して $M^\star(1-M^\star/T)$ bps/Hz 増加する（ここで，$M^\star = \min\{M_T, M_R, \lfloor T/2 \rfloor\}$ であり，T はシンボル区間において測定される）．一方で，完全な CSIR を用いることができるときは，3 dB の SNR 増加に対して，チャネル容量は $\min\{M_T, M_R\}$ bps/Hz 増加する [65]．T が増加するのに伴い，チャネル容量の劣化は消滅していく．CSIR を用いない場合，受信アンテナより送信アンテナ本数を多く有することによるチャネル容量の利得は，高 SNR 環境においては得られない．また，送信アンテナ本数を T より多くしたとしても，チャネル容量の増加は得られない [37]．さらに，最適な信号は方向が等方位分布であり，振幅が統計的に独立である互いに直交するベクトル同士から構成される．したがって，いかなる送信プリコーディングにおいても，電力割り当てのみから制限を受けるべきである．$T \geq \min\{M_T, M_R\} + M_R$ であるとき，高 SNR における最適なベクトルは互いに等しい電力となり，これは，プリコーディングを行う必要性がないことを意味する．MIMO システムにおいて実際に用いられる手法には，差動時空間変調技術ならびに非同期の行列設計が含まれる．差動技術は大きな注目を集めている．

　不完全な CSIR を用いる場合，受信機におけるチャネル推定は一般的に実際のチャネルと平均ゼロのガウス雑音の和としてモデル化される．最近の研究結果では，同期及び非同期検波の基準間におけるメトリックの合成に基づく時空間コンスタレーションの設計は CSIR の品質に依存することが示されている [14]．このような不完全な CSIR を用いても，時空間復号においてダイバーシチの損失がないことが示されている [47]．

3.7.4 ■研究開発が進む無線標準におけるプリコーディング

　プリコーディングは広帯域無線メトロポリタンネットワークの標準規格である IEEE802.16e に導入された．閉ループ手法においては，プリコーダは初期チャネル測定あるいはチャネルの統計的性質に基づき動作する．ユーザは順方向リンクに重畳されるプリアンブルあるいはパイロット信号を用いることにより，チャネル測定を行う．コードブックを用いた手法では，さらに有効期間パラメータに基づいて，チャネル測定に対して最適なパターンをフィードバックする．プリコーダは有効期間が超過するまでの間，最適なパターンを利用する．有効期間後は，プリコーダは，チャネル測定よりもはるかに低速で更新されるチャネルの統計的情報を参照する．これにより，プリコーダは常に有効である．開ループ方法では，ユーザの一部はサウンディング信号を送信するためにスケジューリングされている．そして，基地局はこれらのユーザのチャネルを測定し，送受信の RF 回路に対する校正を行った後に CSIT を決定する．

　MIMO は無線ローカルエリアネットワーク（WLANs：Wireless Local Area Networks）の標準規格である IEEE802.11n に含まれている．時空間符号ならびに空間多重化の双方がサポートされている．現在提案されているプリコーディングは開ループ手法を用いている．通信路対称性は受信における最適なビームは送信にとっても最適なビームであることを示唆している．アクセスポイントは受信ならびに送信のためにあらかじめ形成したビームを用い，各ユーザにとって最良の受信信号強度を持つビームを記憶し，そのユーザに対して同一のビームを用いて送信を行う．

3GPP 標準ではチャネルの位相ならびに振幅情報のフィードバックに基づく閉ループビームフォーミング技術を用いる．プリコーディングは移動通信のための高速下りリンクパケットアクセス（HSDPA：High-Speed Downlink Packet Access）において議論が行われている．チャネルサウンディング技術が推奨手法であることが明らかになっている．

3.8 結論

本章を総括する前に，これまでに述べたもの以外の CSIT ならびに CSIT が利用される幅広い分野において未解決の問題について簡単に説明を行う．

3.8.1 CSIT のその他の種別

本章では，主に誤りの共分散を含めたチャネル全体の推定結果としての形式で示される CSIT に議論を集中してきた．しかしながら，その他にもより不完全な CSIT の形式が存在する．不完全な CSIT の一例としては，チャネルの K ファクターとチャネルの位相分布から構成される情報が挙げられ [57]，この CSIT に対しては，可変アンテナ電力割り当てを行う，平均チャネル位相に基づくビームフォーミングが必要となる．その他の CSIT の例としては，チャネルの条件数 [19] であり，これを用いる場合は，送信側における空間伝送レートを適応的に変動させる手法が必要となる．Tomlinson–Harashima プリコーダを用いた，シンボル間干渉（ISI：Inter-Symbol Interference）を持つ MIMO チャネルに対する非線形プリコーダについても研究が行われている [12]．

3.8.2 CSIT の利用における未解決の問題

CSIT の利用は，現在においても多くの未解決問題が残されている研究分野である．例えば，チャネル容量基準に基づく統計的 CSIT（平均および共分散の両方）を用いた最適なプリコーダのための解析による解は未だに導出されていない．より一般的なチャネルの共分散（例えば，非クロネッカーモデル）を用いたプリコーディングにつ

いては，解を求めることはほぼ不可能である．閉ループシステムにおけるチャネル情報の圧縮を用いたコードブックの設計ならびにその利用についてもまた，広い研究分野である．最後に，複数ユーザを収容するシステムにおいて変動する CSIT を用いることは，今後の利用が期待される実践的なアプリケーションにおいて重要な検討すべき課題である．

3.8.3 ■総括

本章は CSIT の取得の概要ならびに，MIMO 無線システムにおいて CSIT を利用した線形プリコーディング技術について解説を行った．開ループならびに閉ループ方法，誤りの発生源やシステムのオーバヘッド，複雑性といった問題を含む，送信チャネル情報を取得する原理ならびに手法について議論を行った．CSIT の形式についての定義を，送信時間およびそれに係る誤り共分散におけるチャネルの推定として行った．このような CSIT は，一次ならびに二次のチャネルの統計的性質およびチャネルの時間相関要素とともに，場合によっては過去のものとなったチャネル測定結果を用いて得られる．情報理論の基礎により，CSIT を利用することによる線形プリコーダの最適性が証明されている．線形プリコーダは，本質的にはビーム毎に電力を割り当てるマルチモードビームフォーマを用いて入力信号を整形する操作である．

本章はいくつかの CSIT の種類，すなわち，チャネルの平均値（あるいはチャネルの推定値）およびチャネルの共分散（あるいは誤りの共分散）に対する線形プリコーダの解を提供しており，エルゴード性容量，誤り指数，ペアワイズ誤り率，平均二乗誤りといった，様々な特性基準により評価を行った．空間伝送レート 1 の STBC 伝送を用いたシミュレーションの一例を取り上げ，プリコーディングがいかなる SNR においても誤り特性を改善することを示した．特性評価を示してはいないが，(空間多重化のような) より高い空間レートの場合についてもプリコーディングは，送信アンテナ本数が受信アンテナ本数よりも多いシステムの場合は，いかなる SNR においても，チャネル容量と誤り特性を改善する．また，受信アンテナ本数が送信アンテナ本数以上であるシステムの場合は，低 SNR においてチャネル容量と誤り特性を改善する．

プリコーディングの基本的価値は，アレー利得を得るために CSIT を用いることであり，これにより SNR の増加が可能となる．この利得は最適な固有ビーム方向（パターン）ならびにビーム間にわたる空間的な注水タイプの電力割り当てにより達成される．これらの特徴は双方ともに送信レート（システム容量）を向上させるため，あるいは誤り率を低下させるため，あるいはその両方を達成するために用いることができる．CSIT が完全であれば，プリコーディングの利用によりダイバーシチ利得も得

られる．加えて，プリコーディングは，並列チャネル伝送を許容することにより，高い空間レートにおける受信機の複雑性を減らすことを可能とする．

送信機の信号処理部の最終ブロックに位置する，ここまでに解説したプリコーディングを前提に，次章ではプリコーディングブロックの直前に位置する時空間符号について議論を行う．

3.9 ■解題

送信機におけるプリコーディングに対する概要は，Paulraj, Nabar, Gore による 'Introducthion to Space-Time Wireless Communications' において知ることができる [39]．因果性のある CSIT を持つチャネルに対する情報理論の基礎を知るための重要な文献は Caire, Shamai(Shits) による論文がある [8]．また，これの MIMO システムへの拡張は Skoglund, Jongren により行われている [46]．チャネル容量の観点において，不完全な CSIT を用いる場合におけるビームフォーミングならびにその利用についての議論は，Narula, Lopez, Trott, Wornell[38]，Visotsky, Madhow[54]，Jafar および Goldsmith[25]，Jorswieck, Boche [29] によるそれぞれの論文において知ることができる．誤り特性を改善するためのプリコーディングに関する統計的 CSIT の議論は，Jongren, Skoglund, Ottersten [28]，Sampath, Paulraj [41]，Zhou, Giannakis[67, 68]，Vu, Paulraj[61] によって書かれた各論文において知ることができる．

付録 3.1

シミュレーションのために，すべてのチャネルが一定値の平均電力利得 $M_T M_R$（送信アンテナ本数と受信アンテナ本数の積である）により正規化される．正規化は平等に特性比較を行うために必要となる同一の平均電力利得を保証する．チャネルのパラメータである，式 (3.1) で示される平均，および式 (3.2) で示される共分散は以下の式で表される．

$$\begin{align} \mathbf{H}_m &= \sqrt{\frac{K}{K+1}} \mathbf{H}_0 \\ \mathbf{R}_h &= \frac{1}{K+1} \mathbf{R}_0 \end{align} \quad (3.65)$$

ここで，$\mathbf{H}_0$ および $\mathbf{R}_0$ は以下の式で表されるように，正規化されたチャネルの平均および共分散である．

$$\|\mathbf{H}_0\|_F^2 = M_T M_R$$
$$\mathrm{tr}(\mathbf{R}_0) = M_T M_R$$

式 (3.4) に示されるクロネッカーのアンテナ相関モデルにおいて，正規化されたチャネルの共分散は以下の式で表される．

$$\mathbf{R}_0 = \mathbf{R}_{t,0}^T \otimes \mathbf{R}_{r,0}$$

ただし，

$$\mathrm{tr}(\mathbf{R}_{t,0}) = M_T$$
$$\mathrm{tr}(\mathbf{R}_{r,0}) = M_R$$

送信相関のみが存在する場合，この相関は以下の式のようになる．

$$\mathbf{R}_t = \frac{1}{K+1}\mathbf{R}_{t,0}$$

本章におけるほとんどのシミュレーションでは，四つの送信アンテナチャネルならびに二つの受信アンテナについての特性評価であり，誤り特性が 3.6 節に示されている．また，2 本あるいは 4 本の受信アンテナの場合についてのチャネル容量が図 3.15 に示されている．これらのシミュレーションでは，図 3.21 を除いて $K=0.1$ が用いられている．その他のチャネルパラメータは以下に示すとおりである．

送信相関行列は，以下の通りである．

$$\mathbf{R}_{t,0} = \begin{bmatrix} 0.8758 & -0.0993-0.0877i & -0.6648-0.0087i & 0.5256-0.4355i \\ -0.0993+0.0877i & 0.9318 & 0.0926+0.3776i & -0.5061-0.3478i \\ -0.6648+0.0087i & 0.0926-0.3776i & 1.0544 & -0.6219+0.5966i \\ 0.5256+0.4355i & -0.5061+0.3478i & -0.6219-0.5966i & 1.1379 \end{bmatrix} \quad (3.66)$$

4×2 チャネルの平均は，以下の通りである．

$$\mathbf{H}_0 = \begin{bmatrix} 0.0749-0.1438i & 0.0208+0.3040i & -0.3356+0.0489i & 0.2573-0.0792i \\ 0.0173-0.2796i & -0.2336-0.2586i & 0.3157+0.4079i & 0.1183+0.1158i \end{bmatrix} \quad (3.67)$$

4×4 チャネルの平均は,以下の通りである.

$$\mathbf{H}_0 = \begin{bmatrix} 0.2976+0.1177i & 0.1423+0.4518i & -0.0190+0.1650i & -0.0029+0.0634i \\ -0.1688-0.0012i & -0.0609-0.1267i & 0.2156-0.5733i & 0.2214+0.2942i \\ 0.0018-0.0670i & 0.1164+0.0251i & 0.5599+0.2400i & 0.0136-0.0666i \\ -0.1898+0.3095i & 0.1620-0.1958i & 0.1272+0.0531i & -0.2684-0.0323i \end{bmatrix}$$

(3.68)

参考文献（第3章）

[1] S. Alamouti, "A simple transmit diversity technique for wireless communications," *IEEE J. Select. Areas Commun.*, vol. 16, pp. 1451–1458, Oct. 1998.

[2] P. Balaban and J. Salz, "Optimum diversity combining and equalization in digital data transmission with applications to cellular mobile radio – Part I: Theoretical considerations," *IEEE Trans. Commun.*, vol. 40, no. 5, pp. 885–894, May 1992.

[3] J.-C. Belfiore, G. Rekaya, and E. Viterbo, "The Golden code: a 2×2 full-rate space–time code with nonvanishing determinants," *IEEE Trans. Inform. Theory*, vol. 51, no. 4, pp. 1432–1436, Apr. 2005.

[4] M. Bengtsson and B. Ottersten, "Optimal and suboptimal transmit beamforming," in *Handbook of Antennas in Wireless Communications*. CRC Press, 2001.

[5] D. Bliss, A. Chan, and N. Chang, "MIMO wireless communication channel phenomenology," *IEEE Trans. Antennas Propagation*, vol. 52, no. 8, pp. 2073–2082, Aug. 2004.

[6] A. Bourdoux, B. Come, and N. Khaled, "Non-reciprocal transceivers in OFDM/SDMA systems: impact and mitigation," *Proc. Radio and Wireless Conf.*, pp. 183–186, Aug. 2003.

[7] S. Boyd and L. Vandenberghe, *Convex Optimization*. Cambridge University Press, 2003. [Online]. Available: http://www.stanford.edu/~boyd/cvxbook.html

[8] G. Caire and S. S. Shamai, "On the capacity of some channels with channel state information," *IEEE Trans. Inform. Theory*, vol. 45, no. 6, pp. 2007–2019, Sept. 1999.

[9] T. Cover and J. Thomas, *Elements of Information Theory*. John Wiley & Sons, 1991.

[10] H. El Gamal, G. Caire, and M. Damen, "Lattice coding and decoding achieve the optimal diversity–multiplexing tradeoff of MIMO channels," *IEEE Trans. Inform. Theory*, vol. 50, no. 6, pp. 968–985, June 2004.

[11] H. El Gamal and M. Damen, "Universal space–time coding," *IEEE Trans. Inform. Theory*, vol. 49, pp. 1097–1119, May 2003.

[12] R. Fischer, C. Stierstorfer, and J. Huber, "Precoding for point-to-multipoint transmission over MIMO ISI channels," *Proc. Int. Zurich Sem. Commun.*, pp. 208–211, Feb. 2004.

[13] R. Gallager, *Information Theory and Reliable Communication*. Wiley & Sons, 1968.

[14] J. Giese and M. Skoglund, "Space–time constellation design for partial CSI at the

receiver," *Proc. IEEE Int. Symp. on Inform. Theory*, pp. 2213–2217, Sept. 2005.
[15] D. Goeckel, "Adaptive coding for time-varying channels using outdated fading estimates," *IEEE Trans. Commun.*, vol. 47, no. 6, pp. 844–855, June 1999.
[16] A. Goldsmith and P. Varaiya, "Capacity of fading channels with channel side information," *IEEE Trans. Inform. Theory*, vol. 43, no. 6, pp. 1986–1992, Nov. 1997.
[17] A. Graham, *Kronecker Products and Matrix Calculus with Application*. Ellis Horwood, 1981.
[18] T. Haustein and H. Boche, "Optimal power allocation for MSE and bit-loading in MIMO systems and the impact of correlation," *Proc. IEEE Int. Conf. on Acoustics, Speech, and Signal Processing*, vol. 4, pp. 405–408, Apr. 2003.
[19] R.W. Heath Jr. and A. Paulraj, "Switching between diversity and multiplexing in MIMO systems," *IEEE Trans. Commun.*, vol. 53, pp. 962–968, June 2005.
[20] B. Hochwald, T. Marzetta, T. Richardson, W. Sweldens, and R. Urbanke, "Systematic design of unitary space–time constellations," *IEEE Trans. Inform. Theory*, vol. 46, pp. 1962–1973, Sept. 2000.
[21] D. Hösli and A. Lapidoth, "The capacity of a MIMO Ricean channel is monotonic in the singular values of the mean," *Proc. 5th Int. ITG Conf. on Source and Channel Coding*, Jan. 2004.
[22] A. Hottinen, O. Tirkkonen, and R. Wichman, *Multi-antenna Transceiver Techniques for 3G and Beyond*. Wiley & Sons, 2003.
[23] I.S. 802.11a, "Part 11: Wireless LAN medium access control (MAC) and physical layer (PHY) specifications high-speed physical layer in the 5 GHz band," *IEEE Standards*, June 1999.
[24] I.S. 802.16e, "Part 16: Air interface for fixed and mobile broadband wireless access systems," *IEEE Standards*, Oct. 2005.
[25] S. Jafar and A. Goldsmith, "Transmitter optimization and optimality of beamforming for multiple antenna systems," *IEEE Trans. Wireless Commun.*, vol. 3, no. 4, pp. 1165–1175, July 2004.
[26] H. Jafarkhani, "A quasi-orthogonal space time block code," *IEEE Trans. Commun.*, vol. 49, no. 1, pp. 1–4, Jan. 2001.
[27] W. Jakes, *Microwave Mobile Communications*. IEEE Press, 1994.
[28] G. Jöngren, M. Skoglund, and B. Ottersten, "Combining beamforming and orthogonal space–time block coding," *IEEE Trans. Inform. Theory*, vol. 48, no. 3, pp. 611–627, Mar. 2002.
[29] E. Jorswieck and H. Boche, "Channel capacity and capacity-range of beamforming in MIMO wireless systems under correlated fading with covariance feedback," *IEEE*

Trans. Wireless Commun., vol. 3, no. 5, pp. 1543–1553, Sept. 2004.

[30] E. Jorswieck, A. Sezgin, H. Boche, and E. Costa, "Optimal transmit strategies in MIMO Ricean channels with MMSE receiver," *Proc. Vehicular Tech. Conf.*, Sept. 2004.

[31] T. Kailath, A. Sayed, and B. Hassibi, *Linear Estimation*. Prentice-Hall, 2000.

[32] J. Kermoal, L. Schumacher, K. Pedersen, P. Mogensen, and F. Frederiksen, "A stochastic MIMO radio channel model with experimental validation," *IEEE J. Select. Areas Commun.*, vol. 20, no. 6, pp. 1211–1226, Aug. 2002.

[33] T. Kim, G. Jöngren, and M. Skoglund, "Weighted space–time bit-interleaved coded modulation," *Proc. IEEE Inform. Theory Workshop*, pp. 375–380, Oct. 2004.

[34] D. Love and R. Heath, Jr., "Limited feedback unitary precoding for orthogonal space–time block codes," *IEEE Trans. Signal Processing*, pp. 64–73, Jan. 2005.

[35] D. Love and R. Heath, Jr., "Limited feedback unitary precoding for spatial multiplexing systems," *IEEE Trans. Inform. Theory*, vol. 51, pp. 2967–2976, Aug. 2005.

[36] A. Marshall and I. Olkin, *Inequalities: Theory of Majorization and its Applications*. Academic Press, 1979.

[37] T. Marzetta and B. Hochwald, "Capacity of a mobile multiple-antenna communication link in Rayleigh flat-fading," *IEEE Trans. Inform. Theory*, vol. 45, no. 1, pp. 139–157, Jan. 1999.

[38] A. Narula, M. Lopez, M. Trott, and G. Wornell, "Efficient use of side information in multiple-antenna data transmission over fading channels," *IEEE J. Select. Areas Commun.*, vol. 16, no. 8, pp. 1423–1436, Oct. 1998.

[39] A. Paulraj, R. Nabar, and D. Gore, *Introduction to Space–Time Wireless Communications*. Cambridge University Press, 2003.

[40] T. Rappaport, *Wireless Communications: Principles and Practice*. Prentice-Hall, 1996.

[41] H. Sampath and A. Paulraj, "Linear precoding for space–time coded systems with known fading correlations," *IEEE Commun. Lett.*, vol. 6, no. 6, pp. 239–241, June 2002.

[42] A. Sayeed, "Deconstructing multiantenna fading channels," *IEEE Trans. Signal Processing*, vol. 50, no. 10, pp. 2563–2579, Oct. 2002.

[43] B. Sethuraman, B. Sundar Rajan, and V. Shashidhar, "Full-diversity, high-rate space–time block codes from division algebras," *IEEE Trans. Inform. Theory*, vol. 49, pp. 2596–2616, Oct. 2003.

[44] C. Shannon, "Channels with side information at the transmitter," *IBM J. Res. Devel.*, vol. 2, no. 4, pp. 289–293, Oct. 1958.

[45] D. Shiu, G. Foschini, M. Gans, and J. Kahn, "Fading correlation and its effect on the capacity of multielement antenna systems," *IEEE Trans. Commun.*, vol. 48, no. 3, pp. 502–513, Mar. 2000.

[46] M. Skoglund and G. Jöngren, "On the capacity of a multiple-antenna communication link with channel side information," *IEEE J. Select. Areas Commun.*, vol. 21, no. 3, pp. 395–405, Apr. 2003.

[47] G. Taricco and E. Biglieri, "Space–time decoding with imperfect channel estimation," *IEEE Trans. Wireless Commun.*, vol. 4, no. 4, pp. 1874–1888, July 2005.

[48] V. Tarokh, H. Jafarkhani, and R. Calderbank, "Space–time block codes from orthogonal designs," *IEEE Trans. Inform. Theory*, vol. 45, no. 5, pp. 1456–1467, July 1999.

[49] V. Tarokh, N. Seshadri, and R. Calderbank, "Space–time codes for high data rate wireless communication: performance criterion and code construction," *IEEE Trans. Inform. Theory*, vol. 44, no. 2, pp. 744–765, Mar. 1998.

[50] I. Telatar, "Capacity of multi-antenna Gaussian channels," *Bell Laboratories Technical Memorandum*, Oct. 1995. Available: http://mars.bell-labs.com/papers/proof/

[51] O. Tirkkonen, A. Boariu, and A. Hottinen, "Minimal non-orthogonality rate 1 space–time block code for 3+ tx antennas," *Proc. IEEE ISSSTA2000*, vol. 2, pp. 429–432, Sep. 2000.

[52] G. Turin, "On optimal diversity reception, II," *IRE Trans. Commun. Systems*, vol. 10, no. 1, pp. 22–31, Mar. 1962.

[53] S. Venkatesan, S. Simon, and R. Valenzuela, "Capacity of a Gaussian MIMO channel with nonzero mean," *Proc. IEEE Vehicular Tech. Conf.*, vol. 3, pp. 1767–1771, Oct. 2003.

[54] E. Visotsky and U. Madhow, "Space–time transmit precoding with imperfect feedback," *IEEE Trans. Inform. Theory*, vol. 47, no. 6, pp. 2632–2639, Sept. 2001.

[55] M. Vu, *Exploiting Transmit Channel Side Information in MIMO Wireless Systems*. Stanford University PhD Dissertation, 2006.

[56] M. Vu and A. Paulraj, "Some asymptotic capacity results for MIMO wireless with and without channel knowledge at the transmitter," *Proc. 37th Asilomar Conf. Sig., Sys. and Comp.*, vol. 1, pp. 258–262, Nov. 2003.

[57] M. Vu and A. Paulraj, "Optimum space–time transmission for a high K factor wireless channel with partial channel knowledge," *Wiley J. Wireless Commun.*

Mobile Computing, vol. 4, pp. 807–816, Nov. 2004.

[58] M. Vu and A. Paulraj, "Characterizing the capacity for MIMO wireless channels with non-zero mean and transmit covariance," *Proc. 43rd Allerton Conf. on Communications, Control, and Computing*, Sept. 2005.

[59] M. Vu and A. Paulraj, "Capacity optimization for Rician correlated MIMO wireless channels," *Proc. 39th Asilomar Conf. Sig., Sys. and Comp.*, Nov. 2005.

[60] M. Vu and A. Paulraj, "A robust transmit CSI framework with applications in MIMO wireless precoding," *Proc. 39th Asilomar Conf. Sig., Sys. and Comp.*, pp. 623–627, Nov. 2005.

[61] M. Vu and A. Paulraj, "Optimal linear precoders for MIMO wireless correlated channels with non-zero mean in space–time coded systems," *IEEE Trans. Signal Processing*, vol. 54, pp. 2318–2322, June 2006.

[62] W. Weichselberger, M. Herdin, H. Özcelik, and E. Bonek, "A stochastic MIMO channel model with joint correlation of both link ends," *IEEE Trans. Wireless Commun.*, vol. 5, no. 1, pp. 90–100, Jan. 2006.

[63] H. Yao and G. Wornell, "Structured space–time block codes with optimal diversity–multiplexing tradeoff and minimum delay," *Proc. IEEE Global Telecom. Conf.*, vol. 4, pp. 1941–1945, Dec. 2003.

[64] K. Yu, M. Bengtsson, B. Ottersten, D. McNamara, P. Karlsson, and M. Beach, "Second order statistics of NLOS indoor MIMO channels based on 5.2 GHz measurements," *Proc. IEEE Global Telecomm. Conf.*, vol. 1, pp. 25–29, Nov. 2001.

[65] L. Zheng and D. Tse, "Communication on the Grassmann manifold: a geometric approach to the noncoherent multiple-antenna channel," *IEEE Trans. Inform. Theory*, vol. 48, no. 2, pp. 359–383, Feb. 2002.

[66] L. Zheng and D. Tse, "Diversity and multiplexing: a fundamental trade-off in multiple-antenna channels," *IEEE Trans. Inform. Theory*, vol. 49, no. 5, pp. 1073–1096, May 2003.

[67] S. Zhou and G. Giannakis, "Optimal transmitter eigen-beamforming and space–time block coding based on channel mean feedback," *IEEE Trans. Signal Processing*, vol. 50, no. 10, pp. 2599–2613, Oct. 2002.

[68] S. Zhou and G. Giannakis, "Optimal transmitter eigen-beamforming and space–time block coding based on channel correlations," *IEEE Trans. Inform. Theory*, vol. 49, no. 7, pp. 1673–1690, July 2003.

第4章

無線通信のための時空間符号化：原理と応用

4.1 ■はじめに

　無線伝送の基本特性は，フェージングとしてよく知られている受信信号のランダムな変動をもたらす，通信チャネルのランダム性である．ダイバーシチを介して特性を改善するために，このランダム性が利用される．これらのランダムな変動の環境下で複数の独立した瞬間に情報を伝送する方法として，ダイバーシチを広く定義する．いくつかのダイバーシチ方式があるが，本章で着目するのは，複数の独立した送受信アンテナによる空間ダイバーシチである．情報理論によって，複数アンテナを使用することで，達成可能なビットレートが劇的に増大する可能性が示され [76]，これにより無線チャネルは狭帯域から広帯域なデータ回線への変革を遂げることになる．

　初期の空間送信ダイバーシチは，参考文献 [81, 84] で提案された遅延ダイバーシチである．これは，あるアンテナから信号を送信し，1タイムスロット遅延させた同一信号を別のアンテナから送信するものである．受信機では元の信号と遅延した信号の重ね合わせを復号する信号処理が行われる．複数アンテナダイバーシチを独立した情報ストリーム送信とみなすことで，理論限界に近い特性で，より高機能な伝送（符号化）方式が設計可能となる．このアプローチを使って，Tarokh 他 [74] や Alamouti[5] が定義をした時空間符号化（STC：Space–Time Coding）方式に焦点を当てる．これらは，送信の総電力あるいは占有周波数帯域を増大させることなしに，異なるアンテナから送信される信号に時間的・空間的相関を取り入れるものである．実際には，基地局とユーザ端末間の複数パスから得られるダイバーシチ利得と，シンボルが送信アンテナ間でどれだけの相関を持つかで得られる符号化利得とがある．簡易な受信機構成で，基地局アンテナを2本，ユーザ端末アンテナを1本あるいは2本とするだけでも大きな特性改善が得られる．ユーザ端末の第二のアンテナは，干渉抑圧によりシステム容量をさらに増大させるために利用することができる．

第 4 章 ■無線通信のための時空間符号化：原理と応用

　この数年で，STC は主な無線標準規格において発明から応用へと進展してきた．短い拡散符号を使用する WCDMA（Wideband Code–Division Multiple Access）に対しては，STC による送信ダイバーシチによって 100 kb/s と 384 kb/s の異なるデータレートが実現される．我々の関心は，信号処理の回路規模が現実的な場合のチャネル推定，ジョイント復号・等化を含む解決策にある．複数の送受信アンテナによって開かれた新たな世界では，SISO 向け技術の大きな変更が必要である．受信機のコストや回路規模は重要な検討事項なので，1 本，2 本あるいは 4 本の送信アンテナと，1 本あるいは 2 本の受信アンテナを有するシステムにおける信号処理の工夫が基礎となる．例えば，第 4 章で述べる干渉除去技術は，送信 4 本と受信 2 本のアンテナにより，200 kHz の GSM/EDGE チャネル上で 1 Mb/s の伝送を可能とする．したがって，上記のようにアンテナ本数を制限しても，ユーザの期待から大きく外れるものではない．

　初期の STC 研究では，狭帯域なフラットフェージングチャネルに対象が絞られていた [5, 62, 74]．複数ユーザの広帯域な周波数選択性チャネル上で動作する STC の開発には，チャネル推定，ジョイント等化・復号や干渉抑圧の新しく現実的で，かつ高機能な信号処理が要求される．とりわけ複数の送信アンテナの場合，広帯域チャネルの大きな遅延拡がりのために，推定すべきチャネルパラメータ数とジョイント等化・復号のトレリス状態数が増大することが大きな課題である．このことが，結果的にユーザ端末の演算量や消費電力を多大に増加させることになる．一方で，広帯域無線チャネルに対するこのような高度な技術の開発や実装は，（空間ダイバーシチに加えて）マルチパスダイバーシチ利得を得ることで，参考文献 [5, 62, 74] で示された狭帯域チャネルに対する効果よりもさらに大きな特性改善をもたらすものである．これらの設計の長所によって，STC 信号は，準最適に簡易化したモデムの信号処理技術を開発するために利用可能な（利用すべき！）代数構造に恵まれている．

　本章の構成は次の通りである．4.2 節では，想定される広帯域無線チャネルモデルが設定されている参考資料からスタートし，続けて送信ダイバーシチとダイバーシチ次数の概念を論じる．4.3 節では，STC の設計基準を示し，トレリスとブロック構造の典型的な例を説明し，最近のいくつかの STC の開発事例も示す．4.4 節では，信号処理，符号理論やネットワーキングの具体例から，システム特性を向上させ，実装の複雑さを軽減するために，いかにして STC の代数構造が利用されているかを示す．4.5 節において，いくつかの将来の課題をまとめて本章を結論付ける．

4.2 ■背景

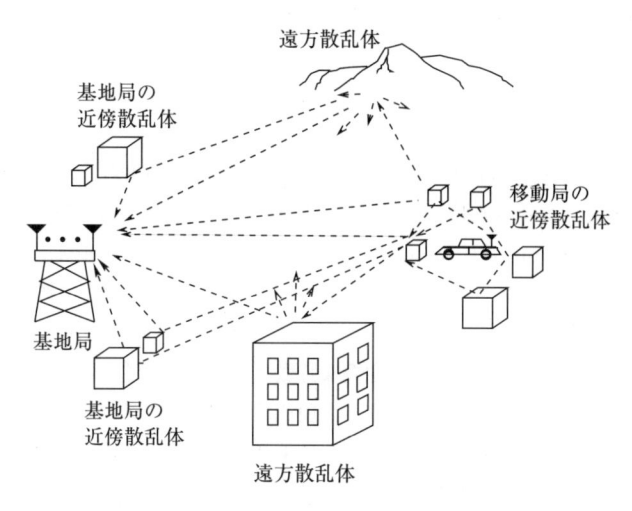

図 4.1 電波伝搬環境

4.2.1 ■広帯域無線チャネルモデル

典型的な屋外伝搬環境を図 4.1 に示す．ここでは，移動無線端末は無線アクセスポイント（基地局）と通信をしているものとする．移動機から送信される信号は，直接（見通し）あるいは近傍の散乱体（ビルや山など）の複数の反射を経てアクセスポイントに到達する．その結果，受信信号は複数のランダムな減衰と遅延の影響を受ける．さらに，ノードの移動や散乱環境により，時間経過とともにこれらにランダムな変動が生じる．その上，共用媒体の無線環境では送信した信号に対する不要な干渉が生じる．これらの要素の組合せによって，無線は課題の多い通信環境となっている．送信信号 $s(t)$ に対して，連続時間の受信信号 $y_c(t)$ は次式で表される．

$$y_c(t) = \int h_c(t;\tau)\, s(t-\tau)\, d\tau + z(t) \tag{4.1}$$

ここで，$h_c(t;\tau)$ は時刻 $t-\tau$ でインパルスを送信した場合の時変動するチャネル応答[1]であり，$z(t)$ は加法的ガウス雑音である．離散時間の十分な統計量を収集するた

---
[1] 送受信フィルタ特性を含む．

め,式 (4.1) をナイキストレートよりも高速にサンプリングする必要がある.これは,$2(W_I + W_s)$ よりも高いレートでサンプリングすることであり,W_I は入力帯域幅で,W_s はチャネル時変動の帯域幅である.本章ではこの基準が満たされていることを前提として,次の離散時間モデルに焦点を当てる.

$$y(k) = y_c(kT_s) = \sum_{l=0}^{\nu} h(k;l)x(k-l) + z(k) \tag{4.2}$$

ここで,$y(k)$,$x(k)$,$z(k)$ はそれぞれサンプリング間隔 k の出力,入力,雑音である.$h(k;l)$ は,有限メモリ ν を持つサンプリングされた時変動チャネルのインパルス応答(CIR:Channel Impulse Response)である.有限間隔のインパルス応答を持つようにチャネルをモデリングする場合に生じるあらゆる劣化は,適切な ν の選択により軽減することができる.

広帯域移動無線チャネルの三つの主要な特徴は,時間選択性,周波数選択性と空間選択性である.時間選択性は移動により,周波数選択性は広帯域伝送により,そして空間選択性は電波の空間的な干渉パターンにより生じる.広帯域移動無線チャネルにおいて,これらに対応する主要なパラメータは,コヒーレント時間,コヒーレント帯域幅,コヒーレント距離である.コヒーレント時間はどの CIR も一定と見なせる時間間隔であり,ドップラー周波数[2]の逆数にほぼ等しい.シンボル間隔がコヒーレント時間よりも長ければ,そのチャネルは時間選択性と言われる.コヒーレント帯域幅は,チャネルの周波数応答がフラットと見なせる周波数間隔であり,チャネルの遅延拡がり[3]の逆数にほぼ等しい.シンボル間隔が遅延拡がりより狭い場合は,そのチャネルは周波数選択性と言われる.同様にコヒーレント距離は,チャネル応答が一定と見なせる最大の空間的な離隔距離である.これは反射波の到来方向の性質に関係しており,マルチパスの角度拡がりによって特徴付けられる [50, 65].2 本のアンテナ間隔がコヒーレント距離より広ければ,そのチャネルは空間選択性と言われる.

(等化器として知られている)補償装置が実装されないと,チャネルメモリによって,大きな特性劣化の原因となる連続する送信シンボル間の干渉を引き起こす.本章では,周波数選択性チャネル,広帯域チャネル,シンボル間干渉(ISI:Inter–Symbol Interference)チャネルを同じ意味で使用する.M_t 本の送信アンテナと M_r 本の受信アンテナによって,次のような一般化された基本チャネルモデルが導かれる.

---

[2]ドップラー周波数は,チャネル上で送信される純粋な正弦波によって得られる周波数拡がりの尺度であり,キャリア波長に対する移動速度の比に等しい.

[3]チャネルの遅延拡がりは,チャネル上で送信される純粋なインパルス信号によって得られる時間拡がりの尺度である.

$$\mathbf{y}(k) = \sum_{l=0}^{\nu} \mathbf{H}(k;l)\mathbf{x}(k-l) + \mathbf{z}(k) \tag{4.3}$$

ここで，$M_r \times M_t$ の複素行列 $\mathbf{H}(k;l)$ は入力として $\mathbf{x} \in \mathbb{C}^{M_t}$，出力として $\mathbf{y} \in \mathbb{C}^{M_r}$ とする場合の l 番目のチャネル行列の要素を表す．それは，入力ベクトルの要素が（例えば空間多重化により）高いスループットを達成するための独立した要素か，あるいは高い信頼性（より良い距離特性，より高いダイバーシチ効果，スペクトル整形，あるいは所望の空間プロファイル）を実現するための符号化やフィルタリングによって相関のある要素か，である．本章を通しては，入力はゼロ平均で平均電力を一定と仮定する，すなわち $\mathbb{E}[||\mathbf{x}(k)||^2] \leq P$ である．ベクトル $\mathbf{z} \in \mathbb{C}^{M_r}$ は，雑音や干渉の影響をモデル化したものである[4]．このベクトルは，入力が独立と仮定すると，$\mathbf{z} \sim \mathbb{CN}(0, \mathbf{R}_{zz})$ となる複素の加法的円対称ガウス分布ベクトルとしてモデル化される．すなわち，平均ゼロで共分散が $\mathbf{R}_{zz}$ の複素ガウス分布ベクトルである．最終的には，N 個の連続したシンボルのブロックまたはフレームへ適用するため，この基本チャネルモデルを改良する．したがって，式 (4.3) は行列表記により次のように表される．

$$\mathbf{y} = \mathbf{H}\mathbf{x} + \mathbf{z} \tag{4.4}$$

ここで，$\mathbf{y}, \mathbf{z} \in \mathbb{C}^{N \cdot M_r}$，$\mathbf{x} \in \mathbb{C}^{M_t(N+\nu)}$，$\mathbf{H} \in \mathbb{C}^{N \cdot M_r \times M_t(N+\nu)}$ である．どの入力ブロックにおいても，ブロック間干渉（IBI：Inter–Block Interference）を軽減するため，チャネルメモリ ν と同じ長さのガードシーケンスを挿入する．実際のところ，ガードシーケンスの最も一般的な選択肢は，オールゼロシーケンス（ゼロスタッフィングとして知られている）とサイクリックプレフィクス（CP：Cyclic Prefix）である．送信機でチャネルが既知であれば，ガードシーケンスの最適な選択でスループットを増大することができる．

式 (4.4) のチャネルモデルには，よく知られているいくつかの特別な状態が含まれている．第一に，送信ブロック内ではチャネルの時変動がない想定とすると，準静的チャネルモデルとなる．この場合，CP を使うことでチャネル行列 $\mathbf{H}$ をブロック巡回化（block circulant）し，その結果，高速フーリエ変換（FFT：Fast Fourier Transform）を使って対角化が可能となる．第二に，チャネル行列 $\mathbf{H}$ をブロック対角行列化する $\nu = 0$ とすることによって，その結果，フラットフェージングチャネルモデルとなる．第三は，M_t と M_r の一方あるいは双方を 1 とすることで，単一アンテナの送信，受信，あるいは双方に対するチャネルモデルが直接得られることである．

---
[4]同一チャネル干渉，隣接チャネル干渉，マルチユーザ干渉を含む．

4.2.2 ■送信ダイバーシチ

送信ダイバーシチは，受信ダイバーシチよりも供給・実現するための課題が多い．なぜなら，CSI（通常，送信機では正確に利用できない）を使用せずに，単一の情報信号から複数の相関のある信号を生成する必要があるためである．さらに送信ダイバーシチは，歪みおよび雑音のある信号から所望の情報信号を抽出するための有効な受信信号処理技術と組み合わせる必要がある．しかし，ユーザ端末の小型・低消費電力の特長を維持しつつ，ダウンリンク（インターネットブラウジングやダウンロードのような広帯域な非対称アプリケーションでボトルネックとなる）の伝送品質を改善するには，受信ダイバーシチより送信ダイバーシチがより実用的である．送信ダイバーシチと受信ダイバーシチの共通の性質は，アンテナ数が増大するにつれて「収穫逓減（diminishing returns）」となることである（例えば，ある誤り率でのSNR利得は先細りする）[50]．特性と複雑性とのトレードオフの観点からすると，アンテナ数が少ない方が（一般的には4以下が）効果的である．これは，アンテナ数の増加（送受信機で同数を仮定する場合）に対して伝送レートが線形増加し続ける空間多重利得とは対照的である．

複数アンテナの送信機技術は，ほぼ閉ループと開ループの2種類に大別される．閉ループは，信号生成のために受信機で得たCSIを送信機に送り返すフィードバックチャネルを使用する一方で，開ループではCSIを必要とはしない．送信機において理想的な（すなわち，誤り無しで瞬間的な）CSIが入手できるとすると，閉ループは開ループに比べて「アレー利得」によって $10\log_{10}(M_t)$ dB 分のSNRの利得が得られる [5]．しかし，受信機でのチャネル推定誤差，フィードバックリンクの誤り（雑音，干渉や量子化誤差による）や取得したCSIと実際のCSIとのミスマッチを起こすフィードバック遅延などを含むいくつかの現実的な要因で，閉ループの特性は劣化する．フィードバックに必要な追加帯域やシステムの複雑性と組み合わされるこれらのすべての要因によって，高速移動のアプリケーションにおけるダウンリンク特性の改善に強力な手段となる開ループがより魅力的なものとなる．一方，閉ループ技術（ビームフォーミングなど）は，低速移動の環境で魅力的である．このように双方のシナリオ[5]に適用が可能であることから，本章では開ループの空間送信ダイバーシチのみに焦点を当てることとする．ビームフォーミング技術は，参考文献 [38, 39] 等のいくつかの解説論文で広範囲にわたって議論されている．

開ループの空間送信ダイバーシチの最も簡単な例は，遅延ダイバーシチである [81, 84]．ここでは，i 番目のアンテナからサンプリング時刻 k において送信された信号を

---

[5]Soni 他が 2002 年に示したように閉ループと開ループの組合せも可能である．

$x_i(k) = x(k - l_i)$；$2 \leq i \leq M_t$ かつ $x_1(k) = x(k)$ とする．ここで，l_i は i 番目のアンテナにおける（シンボル間隔単位換算での）遅延量を表す．単一の受信アンテナを想定すると，受信信号の D–変換[6]は次式で与えられる．

$$y(D) = x(D) \left(h_1(D) + \sum_{i=2}^{M_t} D^{l_i} h_i(D) \right) + z(D) \quad (4.5)$$

式 (4.5) で明らかなように，遅延ダイバーシチは，空間ダイバーシチを等化によって実現されるマルチパスダイバーシチへと変換したものである [67]．フラットフェージングチャネルに対しては，$l_i = (i - 1)$ に設定して，状態数 $(2^b)^{M_t-1}$ の最尤（ML：Maximum Likelihood）等化を使用すると，最大の（すなわち次数 M_t の）空間ダイバーシチが実現可能となる．ここで，2^b は入力符号アルファベットサイズである．しかし，周波数選択性チャネルにおいて，ダイバーシチの劣化要因となる様々な空間 FIR チャネルから得られる係数間の相互干渉がないことを保証するためには，少なくとも $l_i = (i - 1)(\nu + 1)$ の遅延が必要である．このため，一般的な b，M_t および ν では実現不可能な $(2^b)^{(M_t-1)(\nu+1)}$ 状態数まで，等化器の回路規模が増大してしまう．4.3 節では，時空間ブロック符号化として知られている別の分類の開ループ空間送信ダイバーシチ技術について説明する．これは，大きな遅延拡がりを有する周波数選択性チャネルに対してさえも，実用的な回路規模で最大の空間ダイバーシチを実現するものである．

4.2.3 ■ダイバーシチ次数

シャノン容量がゼロとなるような少数ブロック（低遅延）上で符号化する場合，誤り率が特性基準として特に重要となるため [63]，低い誤り率を実現する符号設計が必要である．4.3 節では，誤り率を特徴付けることによって，時空間符号化の設計基準も詳細に説明する．

誤り訂正符号化系列を送信することが許容されているので，誤った符号語 **e** が送信した符号語 **x** と比較して何ビット誤っていたかという確率に注目する．これは，ペアワイズ誤り率（PEP：Pairwise Error Probability）と呼ばれ，誤り率の限界を示すために使用される．これは，受信機が完全な CSI を持っている条件下で解析される．しかしながら，受信機が CSI を知らなくても，チャネルの統計的な情報を用いることで同様な解析が可能である．

---

[6]離散時間系列 $\{x(k)\}_{k=0}^{N-1}$ の D–変換は $x(D) = \sum_{k=0}^{N-1} x(k) D^k$ として定義される．これは単位遅延時間 Z^{-1} を D で置換した Z–変換から導出される．

簡単のために，最初にフラットレイリーフェージングチャネル（ここで $\nu = 0$）の結果を示す．受信機で CSI が完全の場合には，$\mathbf{x}$ と $\mathbf{e}$ の間の PEP（$P(\mathbf{x} \to \mathbf{e})$ で表現される）の限界を次のように表すことができる [41, 74]．

$$P(\mathbf{x} \to \mathbf{e}) \leq \left[\frac{1}{\prod_{n=1}^{M_t}(1 + \frac{E_s}{4N_0}\lambda_n)}\right]^{M_r} \quad (4.6)$$

ここで，λ_n は行列 $\mathbf{A}(\mathbf{x}, \mathbf{e}) = \mathbf{B}^*(\mathbf{x}, \mathbf{e})\mathbf{B}(\mathbf{x}, \mathbf{e})$ の固有値で，$\mathbf{B}(\mathbf{x}, \mathbf{e})$ は次式の通りである．

$$\mathbf{B}(\mathbf{x}, \mathbf{e}) = \begin{pmatrix} \mathbf{x}_1(1) - \mathbf{e}_1(1) & \cdots & \mathbf{x}_{M_t}(0) - \mathbf{e}_{M_t}(0) \\ \vdots & \vdots & \vdots \\ \mathbf{x}_1(N-1) - \mathbf{e}_1(N-1) & \cdots & \mathbf{x}_{M_t}(N-1) - \mathbf{e}_{M_t}(N-1) \end{pmatrix} \quad (4.7)$$

q が $\mathbf{A}(\mathbf{x}, \mathbf{e})$ のランク（すなわちゼロでない固有値の個数）を表すとすると，式 (4.6) は次のように変換される．

$$P(\mathbf{x} \to \mathbf{e}) \leq \left(\prod_{n=1}^{q} \lambda_n\right)^{-M_r} \left(\frac{E_s}{4N_0}\right)^{-qM_r} \quad (4.8)$$

よって，ダイバーシチ次数の考え方は次のようになる．

定義 4.1： 式 (4.9) を満足する SNR の関数である平均誤り率 $\bar{P}_e(\mathrm{SNR})$ を有する方式は，ダイバーシチ次数が d となる方式である．

$$\lim_{SNR \to \infty} \frac{\log(\bar{P}_e(\mathrm{SNR}))}{\log(\mathrm{SNR})} = -d \quad (4.9)$$

言い換えると，ダイバーシチ次数 d を有する方式では，高 SNR での誤り率が $\bar{P}_e(\mathrm{SNR}) \approx \mathrm{SNR}^{-d}$ となる．この定義から，式 (4.8) におけるダイバーシチ次数は最大で qM_r となる．さらに，式 (4.8) では付加的な符号化利得 $(\prod_{n=1}^{q} \lambda_n)^{1/q}$ が得られる．

平均誤り率を得るためには，式 (4.8) で与えられる PEP を使って，単純ユニオンバウンド（naive union bound）を計算する．しかし，この限界は厳密なものではないので，より厳密な誤り率の上限が導出されている [68, 89]．しかし，それぞれの符号語の組が式 (4.8) のダイバーシチ次数を満足することが確かであれば，同様に平均誤

り率がこのダイバーシチ次数を満足することも明らかである．このことは，送信レートが SNR に関して一定値を保持する場合においては事実である．したがって，平均誤り率に対するより正確な表現に基づいて，より詳細な基準を導出することが可能となるが，この場合は PEP を介してのダイバーシチ次数に対する符号設計が十分条件となる．

この誤り率解析は，i.i.d でゼロ平均の複素ガウスランダム変数でモデル化されたチャネルタップを使用した準静的な ISI チャネルとなる条件に簡単に拡張することができる（例えば参考文献 [90] およびその参考文献参照）．この場合，PEP は次式のように記述される．

$$P(\mathbf{x} \to \mathbf{e}) \leq \left[\frac{1}{\prod_{n=1}^{M_t \nu}(1 + \frac{E_s}{4N_0}\tilde{\lambda}_n)} \right]^{M_r} \quad (4.10)$$

ここで，$\tilde{\lambda}_n$ は行列 $\tilde{\mathbf{A}}(\mathbf{x}, \mathbf{e}) = \tilde{\mathbf{B}}^*(\mathbf{x}, \mathbf{e})\tilde{\mathbf{B}}(\mathbf{x}, \mathbf{e})$ の固有値で，$\tilde{\mathbf{B}}(\mathbf{x}, \mathbf{e})$ は次式の通りである．

$$\tilde{\mathbf{B}}(\mathbf{x}, \mathbf{e}) = \begin{pmatrix} \tilde{\mathbf{x}}^T(0) - \tilde{\mathbf{e}}^T(0) \\ \vdots \\ \tilde{\mathbf{x}}^T(N-1) - \tilde{\mathbf{e}}^T(N-1) \end{pmatrix} \quad (4.11)$$

$$\tilde{\mathbf{x}}(k) = [\mathbf{x}^T(k), \ldots, \mathbf{x}^T(k-\nu)]^T \quad (4.12)$$

$\tilde{\mathbf{A}}(\mathbf{x}, \mathbf{e})$ は $M_t\nu \times M_t\nu$ の正方行列なので，明らかに準静的 ISI チャネルに対して得られる最大のダイバーシチ次数は $M_r M_t \nu$ となる．

最後に，時変動する ISI チャネルの場合は，式 (4.10) を次のように一般化する．

$$P(\mathbf{x} \to \mathbf{e}) \leq \left[\frac{1}{|\mathbf{I}_{M_r N M_t \nu} + \frac{E_s}{4N_0}\mathbf{F}(\mathbf{R}_h \otimes \mathbf{I}_{M_r M_t \nu})|} \right] \quad (4.13)$$

ここで，$\otimes$ はクロネッカ積を表し，$\mathbf{R}_h$ は $N \times N$ のチャネルタップ動作の相関行列で，$\mathbf{F} = diag\{\mathbf{C}(0), \ldots, \mathbf{C}(N-1)\}$ となり，$\mathbf{C}(k)$ は次式の通りである．

$$\mathbf{C}(k) = \left[\tilde{\mathbf{x}}^T(k) - \tilde{\mathbf{e}}^T(k)\right] \otimes \mathbf{I}_{M_r} \quad (4.14)$$

この場合も同様に，取り得る最大のダイバーシチ次数は $M_r M_t \nu N$ であることは明らかであるが，あるチャネルタップ動作に対しては，N がフェージング相関行列の主要固有値 N_{dom} の個数に置き換わる．このパラメータは，チャネルのドップラー拡がりとブロック間隔に関係している．

4.2.4 ■伝送レート–ダイバーシチ間のトレードオフ

あるダイバーシチ次数を得るために，何個の符号語が必要となるかは，当然の疑問である．フラットレイリーフェージングチャネルに対しては，参考文献 [58, 74] の中で分析され，次のような結論が得られている[7]．

定理 4.2： システムの信号点配置の点数が 2^b でかつダイバーシチ次数が qM_r の場合，得られる伝送レート R の限界は，送信ごとのビット数として次式で表される．

$$R \le (M_t - q + 1) \log_2 |S| \tag{4.15}$$

この結果から言える一つの結論は，最大の（$M_t M_r$ の）ダイバーシチ次数に対して，最大で b bits/s/Hz の送信が可能ということである．

伝送レート–ダイバーシチ間のトレードオフに関する別の観点は，シャノン理論の考え方から参考文献 [89] で研究されている．この中では，伝送方式の多重化レートに注目している．

定義 4.3： SNR の関数である送信レート $R(\text{SNR})$ の符号化方式は，次式を満足するならば，多重化レート r を有すると言える．

$$\lim_{SNR \to \infty} \frac{R(\text{SNR})}{\log(\text{SNR})} = r \tag{4.16}$$

したがって，高 SNR では伝送レートは $r \log(\text{SNR})$ となる．定理 4.2 の記述と対比させる一つの方法は，SNR に応じて信号点配置の点数の拡大も許容することである．しかしながら，信号点配置の点数も SNR に応じて拡大する場合は，式 (4.6) の PEP の単純ユニオンバウンドを慎重に使用しなければならないことに注意する．取り得るダイバーシチと多重化レートのトレードオフが存在する場合，多重化レート r を有するあらゆる方式によって得られるダイバーシチ利得の最大値として，$d^{opt}(r)$ は定義される．参考文献 [89] の主要な結果は次の定理で与えられる．

定理 4.4： $N > M_t + M_r - 1$ および $K = \min(M_t, M_r)$ に対して，最適なトレードオフ曲線 $d^{opt}(r)$ は，$(k, d^{opt}(k))$ の $k = 0, \ldots, K$ のポイントを結ぶ区分線形関数によって与えられ，式 (4.17) となる．

---

[7] 信号点配置の点数は，個々の送信シンボルの符号アルファベットサイズに委ねられる．例えば，4相位相変調（QPSK：Quadrature Phase–Shift Keying）では信号点配置の点数は 4 である．

$$d^{opt}(k) = (M_r - k)(M_t - k) \tag{4.17}$$

この結果の興味深い解釈は,ダイバーシチ次数を取り得る最大値よりも低減させると,SNR の増加に伴い伝送レートが増大するということである.このダイバーシチと多重化のトレードオフは,ダイバーシチ利得の減少を代償に高い多重化レートを実現し,これに相応した誤り率と伝送レートのトレードオフを表すことを暗に示している.

参考文献 [22, 23] で示されているように,高伝送レートと高信頼性(ダイバーシチ)が融合した手法が存在するのかどうか,という別の疑問が生じる.明らかにすべての符号は伝送レート–ダイバーシチのトレードオフによって大きな影響を受けるが,考え方としては,少なくとも全情報の中の一部の信頼性(ダイバーシチ)を保証するということである.これは,組み込まれた高ダイバーシチ符号が,少なくとも一部の情報を確実に受信できることを保証する一方で,高レート符号が優れたチャネル状態を便乗してうまく利用する通信形態を許容することである.この場合,多重化レートとダイバーシチ次数の一組 (r, d) に注目するのではなく,複数の組合せである (r_a, d_a, r_b, d_b) に注目する.ここでは,伝送レート r_a とダイバーシチ次数 d_a が情報の一部に対して保証され,残りの部分に対して保証される伝送レートとダイバーシチの組が (r_b, d_b) である.そのような所望特性の時空間符号の分類は,4.3.5 項で述べる.

情報理論の観点から,参考文献 [26, 27] で Diggavi と Tse が,自由度が 1 の場合(すなわち $\min(M_t, M_r) = 1$)に着目した.一般性を失わずに $d_a \geq d_b$ となることを考える場合には,参考文献 [26, 27] で次のような結果が示された.

定理 4.5: $\min(M_t, M_r) = 1$ の場合,ダイバーシチ–多重化レートのトレードオフ曲線は,連続的に精錬される (refinable).すなわち,$r_a + r_b \leq 1$ でダイバーシチ次数が $d_a \geq d_b$ となるすべての多重化レート r_a と r_b は式 (4.18) を満足する.

$$d_a = d^{opt}(r_a), \ d_b = d^{opt}(r_a + r_b) \tag{4.18}$$

ここで,$d^{opt}(r)$ は定理 4.4 で与えられるダイバーシチ次数の最大値である.

すべての符号は,定理 4.4 で与えられる伝送レート–ダイバーシチのトレードオフによって依然として大きな影響を受けるので,この問題に対する一般的な外側境界が $d_a \leq d^{opt}(r_a)$ かつ $d_b \leq d^{opt}(r_a + r_b)$ となることは明らかである.したがって定理 4.5 は,取り得る最善の特性が実現されることを示している.これは,$\min(M_t, M_r) = 1$ に対して理想的なオポチュニスティック符号が設計できることを意味している.この信

頼性に対する新しい方向性は，近年詳しく検討されている（参考文献 [25, 27] 参照）．

4.3 ■時空間符号化（STC）の原理

STC は多くの利点を有することから，学界や産業界から多大な注目を集めている [3, 4]．利点の第一は，端末側に受信アンテナが複数でなくてもダウンリンクの特性を改善することである．例えば，WCDMA に対して STC 技術によってフェージングが"よりなだらか"になり，最終的に電力制御がより効果的に稼働して送信電力が低減された結果，大きな容量利得が得られることを参考文献 [64] は示している．第二は，参考文献 [74] で示されているように，チャネル符号化とうまく組み合わせることが可能で，空間ダイバーシチ利得に加えて符号化利得が得られることである．第三は，STC では送信機が CSI を必要とせずに，すなわち開ループのモードで動作し，その結果，装置コストがかかり，かつ高速なチャネルフェージングにおいては信頼性のないアップリンクが不要となることである．最後に，アンテナ相関やチャネル推定誤差，ドップラーの影響等の理想的でない動作環境に対する耐久性が示されている [62, 73]．参考文献 [74] で紹介されているように，STC の設計に関する研究は幅広く行われており，ターボ原理 [8, 9] と STC の組合せも詳細に検討されている（例えば，参考文献 [7] や [55] およびその他の参考文献参照）．加えて，線形の低密度パリティ検査（LDPC：Low–Density Parity Check）符号 [36] の STC への適用が検討されている（例えば，参考文献 [57] とその参考文献参照）．我々の議論は，STC の基本原理に注目し，次の二つの主な特色である，トレリス符号とブロック符号について言及する．

4.3.1 ■時空間符号の設計基準

特性目標を達成する実用的な符号を設計するためには，設計基準に到達するための解析から得られる見識を収集する必要がある．例えば，式 (4.8) のフラットフェージングの場合，次のようなランクとデターミナントの設計基準が示されている [41, 74]．

- **ランク基準：** $M_t M_r$ の最大ダイバーシチを達成するため，式 (4.7) の行列 $\mathbf{B}(\mathbf{x}, \mathbf{e})$ はすべての符号語 $\mathbf{x}, \mathbf{e}$ に対して最大ランクとならなければならない．異なる符号語のすべての組合せに対して，$\mathbf{B}(\mathbf{x}, \mathbf{e})$ の最少ランクが q であれば，ダイバーシチ次数 qM_r が達成される．
- **デターミナント基準：** あるダイバーシチ次数の目標値 q に対して，異なる符号語のすべての組合せで $(\prod_{n=1}^{q} \lambda_n)^{1/q}$ を最大化する．

4.3 ■時空間符号化（STC）の原理

式 (4.10) で与えられる PEP とそれに相応する式 (4.11) で与えられる差分行列を使って，準静的 ISI フェージングチャネルに対する同様な設計基準の提示が可能である．したがって，これらの設計基準を満足する符号を構築できれば，ダイバーシチ次数に関する特性を保証することができる．実装上の主たる問題点は，復号の複雑性が過大にならないような符号を構築することである．これは，特性の要求条件を満足するかどうか，そして簡易な復号かどうかという観点で設計する場合には当然の課題である．

同期検出が困難か，あるいは同期検出によって高額な装置コストがかかる場合には，複数アンテナのチャネルに対して非同期検出が適用可能である [46, 88]．参考文献 [88] では，トレーニングに基づいた技術で最適解と同様な伝送容量–SNR 曲線を達成することが示されているが，チャネル推定ができないような安価な受信機が必要とされる場合も考えられる．このときには，ダイバーシチ次数を満足する差動技術が有効である．差動送信–非同期検出に関しては多数の検討があり（例えば参考文献 [45, 47] およびその参考文献参照），4.4.1 項でも簡単に触れるトピックである．

上述したランクとデターミナントの設計基準は，固定の入力符号アルファベットの場合の伝送に適している．4.2.4 項で言及したように，伝送レート–ダイバーシチのトレードオフは，多重化レートと関連して詳しく研究もされている（定義 4.3 参照）．したがって，この関連で符号設計の基準を追及することは自然なことである．ダイバーシチ–多重化の保証に対しては，ランクとデターミナントの基準が，使用されるべき正しい基準かどうかは明確でない．事実として，参考文献 [29] のように，多重化レートを念頭に置いて符号を設計する場合に，特定のフェージング分布に対してはデターミナントの基準は不要となることが示されている．しかしながら，特定の構成に対しては，ダイバーシチ–多重化レートのトレードオフ向けの符号設計のための十分条件として，デターミナントの基準が再度浮上する（参考文献 [32, 86] およびその参考文献参照）．こうした構成では，符号語の差分行列のデターミナントは，符号のダイバーシチ–多重化の最適化に重要な役割を果たす．

符号語の差分行列が時空間符号設計で重要な役割を果たしている別の多重化レートの検討は，近似ユニバーサル符号（approximately universal codes）を設計する検討である [75]．これまでは，時空間符号はチャネルの特定の分布に対して設計されてきた．アウテージではないすべてのチャネルにおいて，SNR に対して指数関数的に低下する誤り率を与えるために，ユニバーサル符号は設計される．したがってこれによって，チャネルの統計上の平均よりも最悪のチャネル上でも特性を保証するロバスト性のある設計ルールが提供される．複数送信単一受信（MISO：Multiple–Input Single–Output）

のチャネルに対して，符号語の差分行列の最小の特異値を最大化することと，符号設計が関係している．これは，符号語の差分行列の最も弱い方向にチャネル自体を振り向けた最悪ケースのチャネルに相当する．これは，特異値の積（すなわちデターミナント）を最大化することに注力する平均値の場合と対照的である．MIMO チャネルに対して実際には，ある場合にユニバーサル符号の設計基準として符号語の差分行列のデターミナントを最大化することが再浮上する [75]．

4.3.2 ■時空間トレリス符号（STTC：Space–Time Trellis Codes）

時空間トレリス符号化器は，情報ビットストリームを同時に送信する M_t 本のシンボルストリーム（それぞれが 2^b の信号点配置に属する）にマッピングする[8]．STTC の設計基準は，4.2.3 項の PEP 限界を最小にすることを基本にしている

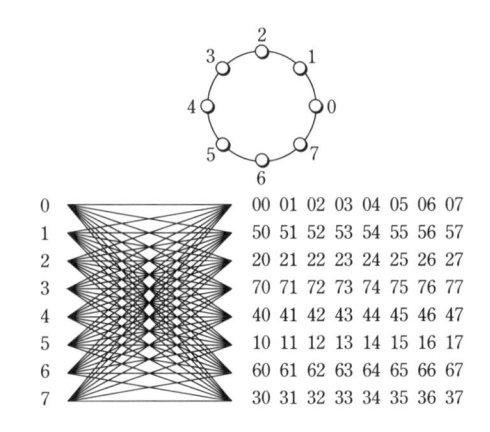

図 4.2　2 送信アンテナでスペクトル効率 3 bit/sec/Hz の 8 状態 8–PSK STTC

例として，参考文献 [74] で示された 2 送信アンテナに対する 8 状態の 8–PSK STTC を考える．トレリス表現は図 4.2 で与えられ，末端レベルの $c_1 c_2$ はシンボル c_1 が第一のアンテナから，シンボル c_2 が第二のアンテナから送信されることを意味する．ある行の異なるシンボルの組は，最上位から最下位へ順番にある状態からの遷移を表している．（簡単に理解できるように）等価で便利な 8 状態の 8–PSK STTC 符号化器の実装を図 4.3 に示す．この等価的な実装は，8 状態の 8–PSK STTC が奇数シンボル（すなわち $\in \{1, 3, 5, 7\}$）の場合に，第二アンテナからの遅延シンボルに -1 を乗算する以外は古典的な遅延ダイバーシチ送信 [67] に一致していることを示している．この

---

[8]全送信電力は M_t 本の送信アンテナに均等に分割割り当てされる．

4.3 ■時空間符号化（STC）の原理

わずかな変更が，フラットフェージングチャネル上でさらなる符号化利得をもたらすことになる．このSTTCは，周波数選択性チャネルの取り得る最大のダイバーシチ利得（空間とマルチパスダイバーシチ）は達成しないが，無線リンクの実用的なSNRの範囲では最適に近い特性[34]となることを強調しておきたい[9]．さらに，今述べた周波数選択性チャネルで8状態の8-PSK STTCを実装する場合は，この構成をジョイント等化・復号の回路規模を低減するために利用することができる．これは，図4.3の時空間符号化器を二つのチャネル $h_1(D)$ と $h_2(D)$ に組み込むことによって実現され，結果的にその D-変換が式(4.19)で与えられるメモリ $(\nu+1)$ を有する，等価的なSISOデータに依存したCIRとなる．

$$h_{eqv}^{STTC}(k,D) = h_1(D) + p_k D h_2(D) \tag{4.19}$$

ここで，$p_k = \pm 1$ はデータに依存する．したがって，トレリスに基づく $8^{\nu+1}$ 状態のジョイント時空間等化・復号は，この等価チャネルで実行可能である．STTCの構成をとらない場合は，トレリス等化には $8^{2\nu}$ の状態数が，STTC復号には8状態がそれぞれ必要となる．

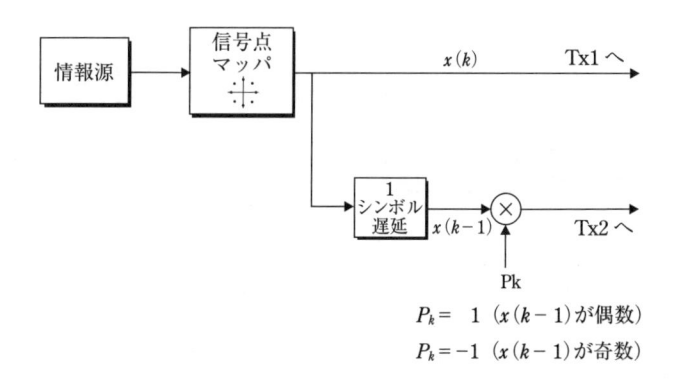

図4.3 2送信アンテナで8状態の8-PSK STTCに対する等価符号化器モデル

本項の議論は，STTCの一例を示しただけである．別の信号点配置でアンテナ数も異なるその他のいくつかのフルレート，フルダイバーシチのSTTCについては，参考文献[74]で示されている．

---
[9]周波数選択性チャネルに対するSTTCの設計例は，参考文献[54]等を参照．

4.3.3 ■時空間ブロック符号 (STBC：Space–Time Block Codes)

STTC 復号の回路規模（復号器のトレリスの状態数で表現）は，ダイバーシチレベルと伝送レートの関数として指数関数的に増大する [74]．復号の複雑性への対処としては，Alamouti[5] が 2 アンテナ送信に対して独創的な時空間ブロック符号化方式を発見した．この方式によって（付録 4.1 参照），入力シンボルは時刻 k で第一と第二アンテナからそれぞれ送信されるシンボル x_k と x_{k+1} の組にグループ化される．さらに時刻 $k+1$ では，シンボル $-x_{k+1}^*$ が第一のアンテナから，シンボル x_k^* が第二のアンテナから送信される．ここで，$*$ は複素共役を表す（図 4.4 参照）．これにより，送信シンボル上で直交する時空間構造が必須となる．Alamouti の STBC は次に示す魅力ある特長で，WCDMA[77] や CDMA2000[78] といったいくつかの無線標準に採用されている．第一は，どんな（実数あるいは複素数の）信号点配置に対しても，フル伝送レートでフルダイバーシチが達成されることである．第二は，送信機で CSI が不要（すなわち開ループ）となることである．第三は，受信機において（直交符号の構造により）最尤復号は線形処理だけとなることである．

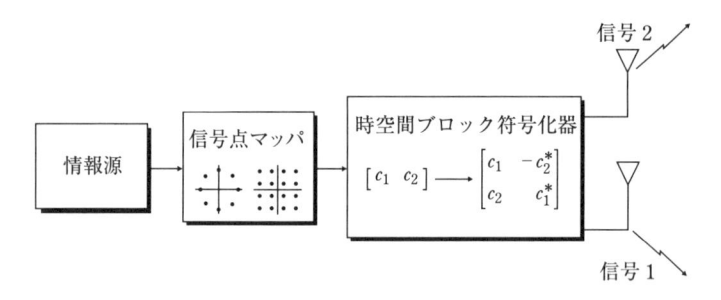

図 4.4　Almouti の STBC を用いた空間送信ダイバーシチ

直交化設計の理論を使って，Alamouti の STBC は 2 本以上の送信アンテナの場合に拡張されている [72]．一般論として，2,4,8 本の送信アンテナだけで実数の信号点配置に対するフルレートの直交化設計がこの中に存在する一方で，すべてが複素数の信号点配置に対しては，2 送信アンテナ（Alamouti 方式）だけに対してフルレートの直交化設計が存在する，ということが示されている．しかしながら特定の信号点配置に対しては，多数の送信アンテナでもフルレートの直交化設計が構築できる可能性がある．さらに，伝送レートの低下を許容すれば，任意の送信アンテナ数に対して直交化設計が存在する [72]．

直交化設計の利点は，復号器の簡易性である．しかしながらスフェアデコーダ（sphere

decoder）を使用すると，複素領域で直交はしていないが線形である時空間符号も効率的に復号することができる．LDC（Linear Dispersion Codes）として知られている時空間符号の一種が参考文献 [43] で紹介されている．ここでは，高い伝送レートを達成するために直交性の制約が緩和される一方で，スフェアデコーダを使用することで広い SNR の範囲に対して，（期待される）多項式復号演算の計算量が維持される．これは，信号点配置の拡張を犠牲にしており，（直交化設計におけるような）最大のダイバーシチ利得を保証していない．M_t 本の送信アンテナでチャネルコヒーレンス時間が T の場合，LDC 方式における $T \times M_t$ の送信信号時空間行列 $\mathbf{X}$ は次式で表される．

$$\mathbf{X} = \sum_{q=1}^{Q} \alpha_q \mathbf{A}_q + j\beta_q \mathbf{B}_q \tag{4.20}$$

ここで，実数のスカラーである α_q と β_q は，Q 個の情報シンボル x_q（点数が 2^b である複素信号点配置に属する）と，$x_q = \alpha_q + j\beta_q$；$q = 1, 2, \ldots, Q$ の関係である．この LDC の伝送レートは $(Q/T) \log_2 M$ となる．参考文献 [43] では，送受信信号間の相互情報量を最大にするため，パラメータ T と Q および共分散行列と呼ばれる $\mathbf{A}_q$ と $\mathbf{B}_q$ の正しい選択に基づくいくつかの LDC 設計が示されている．

　ダイバーシチ効果を得る別の方法は，信号点配置の回転によって変調にダイバーシチを組み込むことである．この基本アイデアは，Boulle と Belfiore[10] および Kerpez[51] によって提案され，Boutros と Viterbo によって高次元格子に対して開発された（参考文献 [11] およびその参考文献参照）．したがって，信号点配置の点数が実際には拡大するという注意を念頭に置いて，組込みダイバーシチを有する変調方式を構築することができる．ここでのポイントは，ある信号点配置の点数に対して，定理 4.2 が伝送レートとダイバーシチのトレードオフに言及していることである．したがって，信号点配置の回転に基づく符号化方式の効率を考えるためには，信号点配置の点数の拡大を考慮する必要がある．最大ダイバーシチ次数と同じように最大伝送レートを実現する符号を生成するため，符号アルファベット拘束に代わるものとして，信号点配置の別の拘束条件が研究されている（参考文献 [30] およびその参考文献参照）．したがって，符号アルファベット拘束のない信号点配置の回転は，（情報信号点配置の点数に関して）伝送速度とダイバーシチ次数の双方の最大の特性を実現することが可能である．この場合，情報信号点配置の点数と送信符号語の信号点配置の点数の差がより拡大することに注意が必要である．

　したがってこの意味において，4.2.4 項で論じたダイバーシチ-多重化のトレードオフに関して，実際には巡回符号がより適している．ここでは，送信符号アルファベッ

ト拘束はないものとしている．事実として，そのような巡回ベースの符号を使用することで，ダイバーシチ–多重化レートの最適符号がいくつか生成されている（参考文献 [32, 75, 86] とその参考文献参照）．

近年，シンボルレベルの代わりにブロックレベルでの Alamouti の直交伝送方式を実装することにより，STBC は周波数選択性チャネルに拡張されている．実装が時間領域か周波数領域かによって，周波数選択性チャネルに対する三つの STBC 構造が提案されている．時間反転（TR：Time Reversal）–STBC[53]，OFDM–STBC[56]，周波数領域等化（FDE：Frequency–Domain–Equalized）–STBC[1] である．例として，FDE–STBC に対する時空間符号化方式を示す．アンテナ i からの k 番目の送信ブロックの n 番目のシンボルを $x_i^{(k)}$ とする．時刻 $k = 0, 2, 4, \ldots$ において，長さ N のブロックの組 $\mathbf{x}_1^{(k)}(n)$ と $\mathbf{x}_2^{(k)}(n)$ （$0 \leq n \leq N-1$ に対して）が移動ユーザによって生成される．Alamouti の STBC からヒントを得て，情報シンボルを次式のように符号化する [1]．

$$\mathbf{x}_1^{(k+1)}(n) = -\mathbf{x}_2^{*(k)}((-n)_N) \quad \text{and} \quad \mathbf{x}_x^{(k+1)}(n) = \mathbf{x}_1^{*(k)}((-n)_N)$$
$$\text{for } n = 0, 1, \ldots, N-1 \text{ and } k = 0, 2, 4, \ldots \tag{4.21}$$

ここで，$(\cdot)_N$ はモジュロ N の演算を表す．加えて，IBI の低減とチャネル行列すべてを巡回型にするため，長さ ν（FIR 無線チャネルの最大次数）のサイクリックプレフィックス（CP：Cyclic Prefix）が送信ブロックに追加される．詳細の記述とこれらの方式の比較のため，読者には参考文献 [2] を参照していただきたい．ここで強く言及したい主なポイントは，これらの三つの STBC 方式により実現可能な複雑性のレベルで，空間とマルチパスの双方のダイバーシチが得られるということである．大きな遅延拡がりを持つチャネルに対しては，シングルキャリアあるいはマルチキャリアにおける，FFT を使った周波数領域での実装により，複雑性の観点でより大きな利点がある．

4.3.4 ■新い非線形最大ダイバーシチ四元符号（quaternionic code）

この項では，新しい符号設計に対して求められる伝送レート–ダイバーシチ特性と低い復号の複雑度を，STC の代数構造によってどのようにして反映するか，ということを示す．

フルレートの複素直交化設計は 2×2 の Alamouti 符号だけであり [5]，送信アンテナ数の増加に伴って利用可能な伝送レートは魅力が低下する．例えば，4 本の送信アンテナに対して符号化率 1/2 と 3/4 の直交 STBC の設計が，参考文献 [72] で示され

ている．この直交化設計による伝送レートの制限のため，非直交符号の設計に最近の研究ターゲットがシフトしてきた．これには，4本の送信アンテナに対して符号化率が1にもかかわらず，2次のダイバーシチが達成される準直交化設計 [48] が含まれている．フルダイバーシチは，信号点配置を拡大する信号の回転を追加することで達成される．その他のアプローチとしては，複雑さが線形的でないにもかかわらず，復号を効率的とする非直交かつ線形な符号を設計することである [18]．この研究課題においては，4本の送信アンテナに対する直交 STBC を設計する上での問題点と再度直面することになる．直交化設計に注目する別の理由は，差動復号によって生じる同期復号からの SNR の劣化が，最低の 3 dB に収まることである．この提案の符号は，四元空間上の 2×2 アレーを使って構成され，その結果，複素平面上では 4×4 のアレーとなる．提案の符号は，符号化率が 1 でフルダイバーシチ（どの M–PSK の信号点配置に対しても）かつ複素平面上で直交であるが，線形ではない．QPSK に対して，提案符号では信号点配置の拡大はなく，単純な最尤復号アルゴリズムを使用することができる．式 (4.22) の 4×4 の STBC を考える．

$$\mathbf{X} = \begin{bmatrix} p & q \\ -q^* & \frac{q^* p^* q}{\|q\|^2} \end{bmatrix} \quad (4.22)$$

ここで，各ブロックの要素は四元数（quanternion）である．四元数 $q = q_0 + iq_1 + jq_2 + kq_3$ と次式に示す 2×2 の複素行列との間で同形が存在する．

$$q \leftrightarrow \begin{bmatrix} q^c(0) & q^c(1) \\ -q^{*c}(1) & q^{*c}(0) \end{bmatrix} = \mathbf{Q} \quad (4.23)$$

ここで $q^c(0) = q_0 + iq_1, q^c(1) = q_2 + iq_3$ である．したがって，複素の要素を有する 4×4 の STBC を得るため，四元数 p と q を，相応する 2×2 複素行列で置き換える．単位四元数と，$q \longrightarrow \mathbf{T}_q : p \longrightarrow q^* pq$ とする 3 次元空間 $\mathbf{R}^3$ での回転（変換 $\mathbf{T}_q$ の詳細は参考文献 [14] を参照）との間には，古典的な応答が存在する．QPSK に対して，最尤復号は 256 点の検索が必要となる．信号処理と変換 $\mathbf{T}_q$ の正しい適用とを線形結合することによって，最適性を損なわずに ML 復号の演算量を 16 点の検索にまで削減するために，この符号の四元構造をどのようにして利用するかを示した．

図 4.5 では，IEEE802.16 の WiMAX 環境 [83] において，受信アンテナ数が 1 と 2 の場合に，式 (4.22) の符号が，SISO と比べてビット誤り率 10^{-3} 点におけるセルカバレッジがそれぞれ 1.5 倍，2.6 倍となる大きな特性利得が得られている．同じく

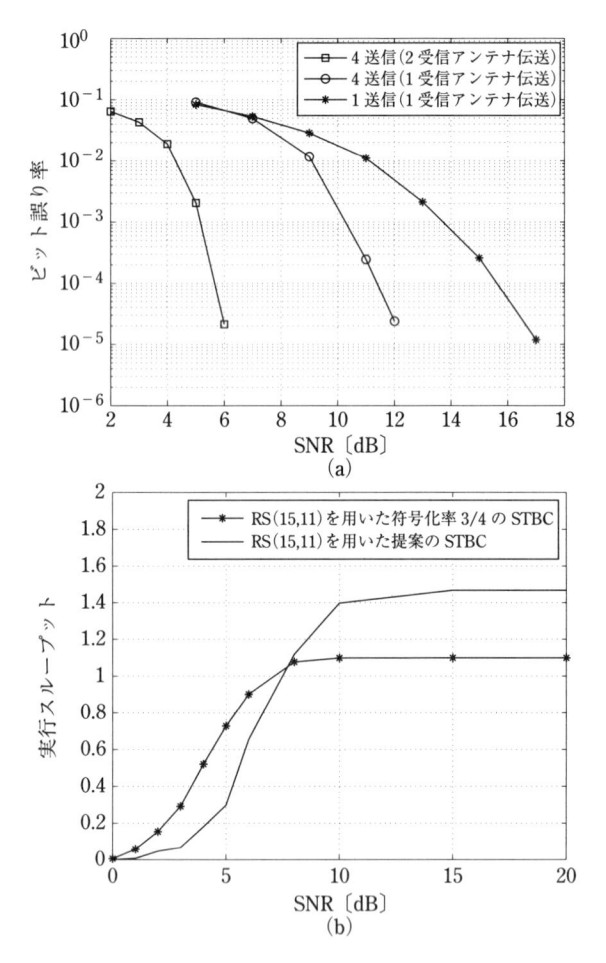

図 4.5 (a) WiMAX における単一アンテナの四元符号との比較.(b) 準静的チャネルにおける四元符号と八元符号の実効スループットの比較

図 4.5 では,双方とも QPSK 変調で外符号にリードソロモン符号 (15,11) を想定し,式 (A4.1) で与えられる符号化率 3/4,フルダイバーシチの八元符号(octonion code)と,我々の提案する四元符号の実効スループットの比較もしている.八元符号が 1.1 ビット/チャネルのスループットを達成するのに対して,提案符号は 1.46 ビット/使用チャネルを達成する(33% 増).

4.3.5 ■ダイバーシチ内蔵の時空間符号

伝送レートとダイバーシチのトレードオフは，情報理論のフレームワーク内でTarokh，Seshadriと Calderbank[74]，固定の符号アルファベットのフレームワーク内でZhengとTse[89]によって研究されてきた．双方の共通点は，高い伝送レートを達成するためにダイバーシチを犠牲にすることと，その逆もあるということである．その結果，文献の大部分はあるレベルのダイバーシチ（一般的には最大ダイバーシチ次数）とそれに相応する伝送レート，すなわち伝送レート−ダイバーシチのトレードオフ上の特定のポイントを達成する符号の設計に重点をおいている（参考文献 [31, 59] およびその参考文献参照）．

4.2.4 項の最後に説明したように，異なる観点が Diggavi 他によって提案され [22, 23]，高い伝送レートを達成する符号が設計されたが，その内部にはより高いダイバーシチ（より低い伝送レート）符号が内蔵されている（図 4.6 参照）．さらにこの研究では，無線通信の所望の伝送レート−ダイバーシチのトレードオフを達成するために適切に配分され得るシステムリソースとしてダイバーシチを見なすことができる，と主張している．具体的には，伝送レート−ダイバーシチのある特定の動作点に対してシステム全体を設計すると，別のアプリケーションに柔軟に配分できるリソースを過供給する場合もある．例えば，リアルタイムアプリケーションでは低遅延が要求される．したがって，ノンリアルタイムアプリケーションより高い信頼性（ダイバーシチ）が必要である．ダイバーシチ配分に柔軟性を与えることによって，異なる伝送レート−ダイバーシチの要求条件を持つ複数のアプリケーションの同時提供が可能となる [23]．

図 4.6　内蔵されたコードブック

$\mathcal{A}$ を第一の情報ストリームのメッセージ集合とし，$\mathcal{B}$ を第二の情報ストリームのメッセージ集合とする．これらのメッセージ集合に対する伝送レートは，それぞれ $R(\mathcal{A})$，$R(\mathcal{B})$ である．復号器は，一度に二つのメッセージ集合を平均誤り率 $\bar{P}_e(\mathcal{A})$ と $\bar{P}_e(\mathcal{B})$ となるように復号する．伝送レートとダイバーシチのある組合せ (R_a, D_a, R_b, D_b) が達成されるような符号 $\mathbf{X}(\mathbf{a}, \mathbf{b})$ を設計する場合，$R_a = R(\mathcal{A}) = \log(|\mathcal{A}|)/T$，$R_b = R(\mathcal{B}) = \log(|\mathcal{B}|)/T$ で，D_a, D_b を参考文献 [89] と同様に次式で定義する．

$$D_a = \lim_{SNR\to\infty} \frac{\log \bar{P}_e(\mathcal{A})}{\log(\text{SNR})}, \qquad D_b = \lim_{SNR\to\infty} \frac{\log \bar{P}_e(\mathcal{B})}{\log(\text{SNR})} \qquad (4.24)$$

固定レート符号に対して，参考文献 [23] ではダイバーシチ次数 D_a, D_b を保証するために，式 (4.25)，式 (4.26) を満足するような符号の設計が必要であることが示されている．

$$\min_{\mathbf{a}_1 \ne \mathbf{a}_2 \in \mathcal{A}} \min_{\mathbf{b}_1, \mathbf{b}_2 \in \mathcal{B}} rank(\mathbf{B}(\mathbf{x}_{\mathbf{a}_1, \mathbf{b}_1}, \mathbf{x}_{\mathbf{a}_2, \mathbf{b}_2})) \ge D_a / M_r \qquad (4.25)$$

$$\min_{\mathbf{b}_1 \ne \mathbf{b}_2 \in \mathcal{B}} \min_{\mathbf{a}_1, \mathbf{a}_2 \in \mathcal{A}} rank(\mathbf{B}(\mathbf{x}_{\mathbf{a}_1, \mathbf{b}_1}, \mathbf{x}_{\mathbf{a}_2, \mathbf{b}_2})) \ge D_b / M_r \qquad (4.26)$$

ここで，$\mathbf{B}$ は式 (4.7) で定義される符号語差分行列である．このことは，基本的にメッセージ集合 $\mathcal{B}$ から選択されるメッセージにかかわらず，特定のメッセージ $\mathbf{a} \in \mathcal{A}$ が送信されると，このメッセージ集合に対するダイバーシチレベル D_a が保証されることを暗に示している．メッセージ集合 $\mathcal{B}$ についても同様の議論となる．この基準を使用することで，いくつかのダイバーシチを内蔵した符号が構築される．これについては以降に議論する．この設計ルールは，4.3.1 項の古典的な STC に対する設計ルールを一般化したものである．

線形ダイバーシチ内蔵符号

参考文献 [23] では，ダイバーシチ内蔵符号の線形構造が示されている．これらの符号設計は，伝送レートに関する多項式だけ（指数関数でない）で求められる平均的な複雑度を有し，高い符号化率の符号を復号するために有効な選択肢であるスフェアデコーダーアルゴリズム [19] を使用して，効率よく復号ができるように，複素平面上では線形である．ここでの符号設計に課せられた別の拘束条件は，信号点配置の回転に基づく設計と対照的に，送信信号点配置まで拡張しないことである．説明のため，参考文献 [23] で示された符号例に着目する．

符号例

メッセージ集合 $\{a(0), a(1)\} \in \mathcal{S}$ と $\{b(0), b(1), b(2), b(3)\} \in \mathcal{S}$ から生成されるメッセージを $\mathcal{A}$ および $\mathcal{B}$ とする．したがって，$R_a = \frac{1}{2} \log |\mathcal{S}|$，$R_b = \log |\mathcal{S}|$ とすると，全伝送レートは $R_a + R_b = \frac{3}{2} \log |\mathcal{S}|$ となる．

4.3 ■時空間符号化（STC）の原理

$$\mathbf{X} = \mathbf{X_a} + \mathbf{X_b} = \begin{bmatrix} a_1 & a_2 & b_3 & b_4 \\ -a_2^* & a_1^* & b_4^* & -b_3^* \\ b_1 & b_2 & a_1^* & -a_2 \\ -b_2^* & b_1^* & a_2^* & a_1 \end{bmatrix} \quad (4.27)$$

ここで，$\mathbf{X_a}$ は変数 a_1 と a_2 の関数で，$\mathbf{X_b}$ は変数 b_1, b_2, b_3, b_4 の関数である．この符号は複素平面上で線形であるため，スフェアデコーダが使用可能 [20] で，平均的な復号の演算量は伝送レートに関して指数関数的でなく多項式的である．この符号が変数 a_1, a_2 に対してダイバーシチ次数 3，変数 b_1, b_2, b_3, b_4 に対してダイバーシチ次数 2 をそれぞれ達成することを証明するには，四元演算が不可欠となる．この符号は，送信側でチャネル情報を必要としないので，時間分割するよりも優れている [23]．準静的なフラットレイリーフェージングチャネルにおいて，完全な CSI と推定した CSI による特性を図 4.7 に示す．

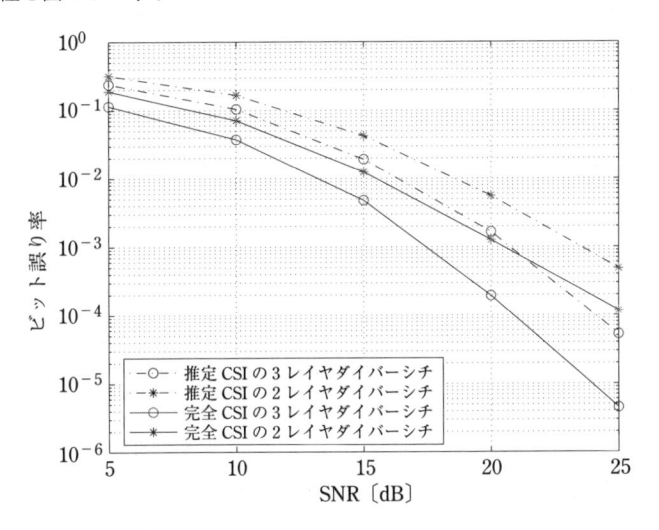

図 4.7　CSI が既知および推定値の場合のダイバーシチ内蔵 STBC の特性

非線形のダイバーシチ内蔵符号

　非線形のダイバーシチ内蔵符号の構造は参考文献 [12, 25] に示されており，ここではこれらの構造の背後に隠れた原理について説明する．この非線形符号の基本的なアイデアは，所望のダイバーシチに内蔵された性質によって複素領域で符号を構築する

場合に，バイナリ行列のランクの性質を使用することである．メッセージ集合 $\mathcal{A}$ と $\mathcal{B}$ が与えられたとき，次に示すように時空間符号語 $\mathbf{X}$ に両方をマッピングする．

$$\mathcal{A}, \mathcal{B} \xrightarrow{f_1} \mathbf{K} = \begin{bmatrix} K(1,1) & \ldots & K(1,T) \\ \vdots & \vdots & \vdots \\ K(M_t,1) & \ldots & K(M_t,T) \end{bmatrix}$$

$$\xrightarrow{f_2} \mathbf{X} = \begin{bmatrix} x(1,1) & \ldots & x(1,T) \\ \vdots & \vdots & \vdots \\ x(M_t,1) & \ldots & x(M_t,T) \end{bmatrix}$$

ここで，$K(m,n) \in \{0,1\}^{\log(|\mathcal{S}|)}$，すなわちバイナリ列 (binary string) で $x(m,n) \in \mathcal{S}$ である．L ビットの信号点配置の点数に対するこの符号構成は，図 4.9 で後述する．基本的なアイデアは，信号点配置を符号化するバイナリ行列の系列が，その中から選択されるメッセージ集合 $\mathcal{K}_1, \ldots, \mathcal{K}_L$ を選択することである．これらのバイナリ行列の集合を選択すると，各メッセージ集合に要求される最大のダイバーシチ次数を反映するランクが保証される．ダイバーシチ次数の要求条件が与えられれば，適切にメッセージ集合を選択することができる．例えば，次数 1 のダイバーシチ（すなわちダイバーシチを内蔵していない）を考える場合，バイナリ行列のすべての組合せが同じになるように選択する．それとは正反対に，ダイバーシチを含む L 個の異なるレベルを実現するには，すべての組合せが異なるように選択する．メッセージ集合が与えられれば，はじめに行列 $\mathbf{K}_1, \ldots, \mathbf{K}_L$ が選択される．行列 $\mathbf{K}_1, \ldots, \mathbf{K}_L$ の対応する要素から得られるビットを L ビットのビット列に連結して，それぞれの要素が構築される行列 $\mathbf{K} \in \mathbb{C}^{M_t \times T}$ を生成することで，第一のマッピング f_1 は得られる．

この行列はこの後，信号点配置マッパー f_2 によって時空間符号語にマッピングされる．これは，直交振幅変調 (QAM：Quadrature Amplitude Modulation)，または PSK の信号点配置の L レベルのバイナリ配分を用いて行われる（図 4.8 参照）．

上記のように，この構成は 1 から L レベルのダイバーシチ次数に対して使用することができる．しかしながら，簡単にするためにレベル 2 のダイバーシチへの着目に限定する（図 4.6 参照）．具体的には，4–QAM の信号点配置でレベル 2 のダイバーシチ次数 D_a, D_b を考える．$L = 2$ では，$D_a \geq D_b$ となるダイバーシチ次数 D_a をレイヤ 1 に，D_b をレイヤ 2 にそれぞれ割り当てる．それぞれ D_a/M_r と D_b/M_r のランクが保証されたバイナリ行列の集合 $\mathcal{K}_1, \mathcal{K}_2$ を選択する．その大きさを $|\mathcal{K}_1| = 2^{TR_a}, |\mathcal{K}_2| = 2^{TR_b}$

4.3 ■時空間符号化（STC）の原理

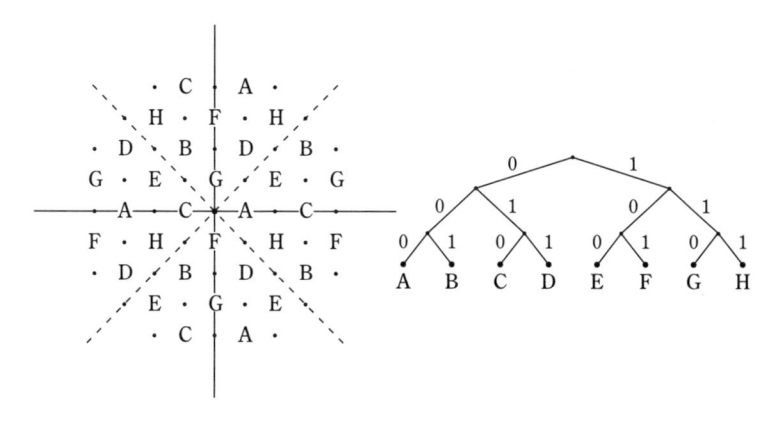

図 4.8　32 値 QAM 信号点配置の 2 値区分

とすると，適切な伝送レート R_a, R_b を得る．したがって，メッセージ $m_a \in \mathcal{A}, m_b \in \mathcal{B}$ が与えられると，メッセージ m_a と m_b に対応した行列 $\mathbf{K}_1 \in \mathcal{K}_1, \mathbf{K}_2 \in \mathcal{K}_2$ を選択する．$\mathbf{K}_1$ と $\mathbf{K}_2$ が与えられると，図 4.9 に示された時空間符号 $\mathbf{X}$ を構築することができる．信号点配置の点数が 2^L かつ $L > 2$ で，なおもレベル 2 のダイバーシチが必要な場合は，レイヤ $1, \ldots, L_a$ を割り当ててランク D_a/M_r が保証される同一のバイナリ行列の集合 $\mathcal{K}_1$ を選択し，レイヤ $L_a + 1, \ldots, L$ を割り当ててランク D_b/M_r が保証されるバイナリ行列の集合 $\mathcal{K}_2$ から選択する．符号語濃度（cardinality）の集合を $|\mathcal{K}_1| = 2^{TR_a/L_a}$ と $|\mathcal{K}_2| = 2^{TR_b/L_b}$ として選択することによって，ダイバーシチ次数 2 に対応する伝送レート R_a, R_b を得る．したがってこれまでのように，メッセージ $m_a \in \mathcal{A}, m_b \in \mathcal{B}$ が与えられると，m_a に基づく行列 $\mathbf{K}_1, \ldots, \mathbf{K}_{L_a} \in \mathcal{K}_1$ の系列と，m_b に基づく行列 $\mathbf{K}_{L_a+1}, \ldots, \mathbf{K}_L \in \mathcal{K}_2$ の系列を選択する．この L 個の行列系列を用いると，図 4.9 で示される時空間符号語が得られる．

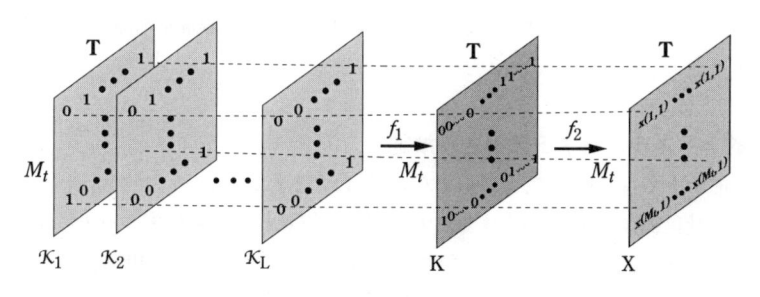

図 4.9　非線形符号の構成図

ここに示したすべてにおいて，バイナリ行列の集合 $\mathcal{K}_l(l = 1,\ldots,L)$ の選択を特定することはできない．しかしながら参考文献 [58] では，$M_t \times T$ 個のバイナリ行列 $\mathcal{P}(\mathcal{M},\mathcal{T},)$ の組合せは $T \geq M_t$ に対して構築されるので，バイナリ行列の組合せの中でどの二つの行列の差分をとってもバイナリフィールド上でランク $\lfloor M_t - r \rfloor$ を有する．このような組合せでは，$|\mathcal{P}(M_t,T,r)| = 2^{T(r+1)}$ の濃度になることを示している．したがって，これらの行列は $r+1$ ビット/送信を達成する．この構成では，$d_l = \lfloor M_t - r_l \rfloor$ かつ $d_1 \geq d_2 \geq \cdots \geq d_L$ となるこれらの行列を使用する．これにより，各レイヤで伝送レート $R_l = r_l + 1$ が達成される．参考文献 [25] では，伝送レート–ダイバーシチのトレードオフポイント $(\sum_l R_l, M_r d_L)$ が得られる全体で等価なシングルレイヤ符号によって，QAM の信号点配置に対してこの構成による伝送レートの組 $(R_1, M_r d_1,\ldots, R_L, M_r d_L)$ を達成する．上記に示したように，同一のダイバーシチ/伝送レートのレイヤのいくつかを選択することで，所望のレイヤ数とすることができる．

最適な復号法は，メッセージ集合を一括復号する最尤復号である．この復号法の特性は，ダイバーシチ内蔵符号の適用と合わせて，4.4.2 項でより詳細に検証する．

4.4 応用例

この節では，エンド–エンドのシステム特性を改善し，実装の回路規模を削減するためには，STC の代数構造をどのように利用するべきかを説明する．信号処理の例を参照し，より上位のネットワーキングレイヤとの相互作用を検証することで，新しい STC 符号を解説する．

4.4.1 信号処理

この項では，チャネル推定とジョイント等化・復号（双方ともチャネル推定に基づく適応制御），非同期検出に対する受信処理アルゴリズムの演算量を削減するため，STC 構造をどのように使用するかを明らかにする．

準静的チャネルに対するチャネル推定

準静的チャネルに対して，各送信ブロックに含まれるトレーニング系列を使用することで，受信機は CSI を推定することが可能となる．単一送信アンテナに対しては，トレーニング系列は "良い"（すなわちインパルスのような）自己相関特性だけが要求される．しかしながら，M_t 本の送信アンテナの場合には，それに加えて M_t 本のト

レーニング系列が"低い"(理想的にはゼロの)相互相関でなければならない.さらに,(アンプの非線形歪を避けるため)定振幅のトレーニング系列が使用される.PRUS (Perfect Root of Unity Sequences:参考文献 [16] 参照)は,理想的な相関特性と定振幅の特長を有している.しかしながら,あるトレーニング系列の長さに対して PRUS は,必ずしも PSK のような標準的な信号点配置とはならない.単一送信アンテナに対する複数送信アンテナシステムのチャネル推定におけるさらなる課題は,推定すべきチャネルパラメータ数が増加し,送信アンテナごとの送信電力が($1/M_t$ に)削減されることである.

参考文献 [35] では,M_t 本のトレーニング系列の生成に対して,時空間符号化器によって一つのトレーニング系列を符号化することを提案している[10].厳密に言うと,このアプローチは準最適である.なぜなら,M_t 本の送信トレーニング系列は,その生成したトレーニング系列に拘束条件を課す時空間符号化器によって相互相関を持ってしまうからである.しかしながら,適切に設計されれば,最適な PRUS トレーニング系列からの特性劣化は無視できるということがわかっている [35].さらに,このアプローチによって,トレーニング系列の検索領域が $(2^b)^{M_t N_t}$ から $(2^b)^{N_t}$ へと削減され(入出力の符号アルファベットサイズが 2^b かつ系列長 N_t で等しいと仮定),低減した検索をより実用的とし,その結果,PSK のような標準的な信号点配置から良いトレーニング系列の識別を容易にしている.

特定の STC の特徴を利用することで,検索領域はさらに削減することができる.例えば等価 CIR が,式 (4.19) で与えられる 2 送信 1 受信アンテナで,8 状態の 8–PSK STTC を考える.ある送信ブロックに対して(固定の 2 チャネル $h_1(D)$,$h_2(D)$ 上で),入力したトレーニング系列によって等価チャネルを決定する.サブ信号点配置からの偶数番目のトレーニングシンボル $C_e = \{0, 2, 4, 6\}$ だけを送信することで,$p_k = +1$ で等価チャネルは $h_e(D) = h_1(D) + Dh_2(D)$ で与えられる.一方,奇数番目のトレーニングシンボル $C_0 = \{1, 3, 5, 7\}$ のみを送信すると,$p_k = -1$ で等価チャネルは $h_o(D) = h_1(D) - Dh_2(D)$ で与えられる.$h_e(D)$ と $h_o(D)$ を推定したのち,式 (4.28) を計算する.

$$h_1(D) = \frac{h_e(D) + h_o(D)}{2} \quad , \quad h_2(D) = \frac{h_e(D) - h_o(D)}{2D} \qquad (4.28)$$

$\mathbf{s} = [\mathbf{s}_e \ \mathbf{s}_o]$ の形式のトレーニング系列を考える場合,$\mathbf{s}_e$ は長さ $N_t/2$ で C_e のサブ信号点配置上の値をとり,$\mathbf{s}_o$ は長さ $N_t/2$ で C_o のサブ信号点配置上の値をとる.$\mathbf{s}_e$

---

[10] 簡単のため,トレーニングシンボルと情報シンボルに対して同じ時空間符号化器と仮定している.しかし,一般的には異なる場合もある.

が $h_e(D)$ を推定する MMSE に関して良い系列であるとすると，$\mathbf{s}_o = a\,\mathbf{s}_e$ となる系列 $\mathbf{s}_o$ が生成される．ここで $a = \exp(i\pi k/4)$ であり，どの $k = 1, 3, 5, 7$ に対しても $h_o(D)$ の推定では同一の MMSE の値となる．したがって，可能性のある 8^{N_t} 本の系列 $\mathbf{s}$ をすべて検索する代わりに，$4^{N_t}/2$ 本の系列 $\mathbf{s}_e$ にまで検索領域をかなり制限することができる．この削減した検索は，系列 $\mathbf{s}_e$ と $\mathbf{s}_o = a\,\mathbf{s}_e$ を同一と見なすことができるので，その結果，チャネル推定 MMSE が達成される．等価符号化器モデルを導出することで，同様な演算量の削減技術を他の STTC に対しても開発できることを強調しておく（図 4.3 参照）．

まとめとして，特性劣化なしに，複数アンテナ送信に対してトレーニング系列を簡単に設計するために，特別な STC 構成が利用可能である．

等化と復号の統合

2 送信アンテナの Alamouti タイプの STBC に注目する．複素信号点配置に対する伝送レートを犠牲にして，直交化設計を使って 2 アンテナ以上に展開が可能である [72]．

STBC の主な興味深い特長は，時空間チャネル行列が四元構造（四元数についてさらに論じている付録 4.1 参照）となることである．これにより，簡易な線形結合器（時空間マッチドフィルタ，この場合は最尤判定器もそうである）を使用して，アンテナ間干渉を抑圧することができる．そしてこれによって，時間領域あるいは周波数領域で実装可能な単一アンテナ向けとして知られたアルゴリズムのどれを使用しても，各アンテナストリームに対するジョイント等化・復号が実行される．説明のため，シングルキャリア周波数等化（SC FDE：Single–Carrier Frequency–Domain–Equalized）–STBC に対するジョイント等化・復号アルゴリズムを次に示す．より詳細な議論と比較は参考文献 [2] に示されている．

SC FDE–STBC 受信機のブロック図を図 4.10 に示す．アナログ–ディジタル（A/D）変換の後，各受信ブロックの CP 部は削除される．数学的に，j 番目のブロック上の入出力関係は次式で表すことができる．

$$\mathbf{y}^{(j)} = \mathbf{H}_1^{(j)} \mathbf{x}_1^{(j)} + \mathbf{H}_2^{(j)} \mathbf{x}_2^{(j)} + \mathbf{z}^{(j)} \tag{4.29}$$

ここで，$\mathbf{H}_1^{(j)}$ と $\mathbf{H}_2^{(j)}$ は，第一カラムが $\mathbf{h}_1^{(j)}$ と $\mathbf{h}_2^{(j)}$ にそれぞれ等しく，$(N-\nu-1)$ 個のゼロが連続する $N \times N$ の循環行列で，$\mathbf{z}^{(j)}$ は雑音ベクトルである．$\mathbf{H}_1^{(j)}$ と $\mathbf{H}_2^{(j)}$ は循環行列なので，固有値分解が可能である．

[図: FDE-STBC 受信機のブロック図]

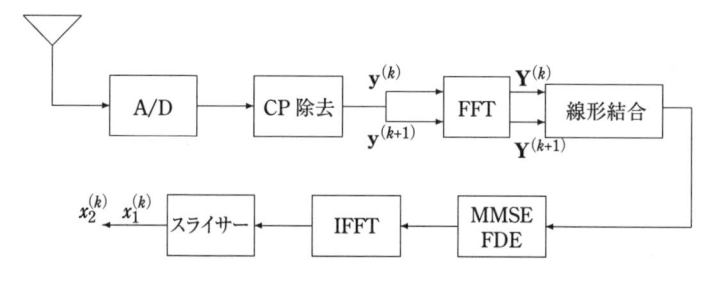

図 4.10 FDE–STBC 受信機のブロック図

$$\mathbf{H}_1^{(j)} = \mathbf{Q}^* \mathbf{\Lambda}_1^{(j)} \mathbf{Q} \quad ; \quad \mathbf{H}_2^{(j)} = \mathbf{Q}^* \mathbf{\Lambda}_2^{(j)} \mathbf{Q}$$

ここで，$\mathbf{Q}$ は正規直交 FFT 行列，$\mathbf{\Lambda}_1^{(j)}$（あるいは $\mathbf{\Lambda}_2^{(j)}$）は (n,n) 要素が $\mathbf{h}_1^{(j)}$（あるいは $\mathbf{h}_2^{(j)}$）の n 番目の FFT 係数に等しい対角行列である．したがって，$\mathbf{y}^{(j)}$ に FFT を適用すると，$(j=k,k+1$ に対して) 次式のようになる．

$$\mathbf{Y}^{(j)} = \mathbf{Q}\mathbf{y}^{(j)} = \mathbf{\Lambda}_1^{(j)}\mathbf{X}_1^{(j)} + \mathbf{\Lambda}_2^{(j)}\mathbf{X}_2^{(j)} + \mathbf{Z}^{(j)}$$

SC FDE–STBC 符号化のルールは Al-Dhahir によって示され，次式の通りである [1]．

$$\mathbf{X}_1^{(k+1)}(m) = \mathbf{X}_2^{*(k)}(m) \ , \ \mathbf{X}_2^{(k+1)}(m) = -\mathbf{X}_1^{*(k)}(m) \tag{4.30}$$

ここで，$m=0,1,\ldots,N-1$, $k=0,2,4,\ldots$ である．FFT の出力である長さ N のブロックは，二つのブロックの組としてその後処理される（ここでの検討では，この二つのブロック上でチャネルは固定と仮定するので，チャネル行列から時間インデックスを削除する）．

$$\underbrace{\begin{bmatrix} \mathbf{Y}^{(k)} \\ \mathbf{Y}^{*(k+1)} \end{bmatrix}}_{\mathbf{Y}} = \underbrace{\begin{bmatrix} \mathbf{\Lambda}_1 & \mathbf{\Lambda}_2 \\ -\mathbf{\Lambda}_2^* & \mathbf{\Lambda}_1^* \end{bmatrix}}_{\mathbf{\Lambda}} \underbrace{\begin{bmatrix} \mathbf{X}_1^{(k)} \\ \mathbf{X}_2^{(k)} \end{bmatrix}}_{\mathbf{X}} + \underbrace{\begin{bmatrix} \mathbf{Z}^{(k)} \\ \mathbf{Z}^{*(k+1)} \end{bmatrix}}_{\mathbf{Z}} \tag{4.31}$$

ここで，$\mathbf{X}_1^{(k)}$ と $\mathbf{X}_2^{(k)}$ は情報ブロック $\mathbf{x}_1^{(k)}$ と $\mathbf{x}_2^{(k)}$ の FFT 出力で，$\mathbf{Z}$ は雑音ベクトルである．式 (4.31) に到達するため，式 (4.30) の符号化ルールを使用した．アンテナ間干渉を抑圧するため，線形結合器 $\mathbf{\Lambda}^*$ を $\mathbf{Y}$ に適用する．$\mathbf{\Lambda}$ の四元構造によって，2 次のダイバーシチ利得が得られる．それから，シンボル間干渉を抑圧するブロック当たり N 個の複素タップからなる MMSE FDE[66] を使用することで，線形結合器

の出力で二つに分離されたブロックを独立に等化する.最後に,IFFTを使用して,MMSE–FDEの出力を判定する時間領域に戻す変換を行う.

適応技術

今まで説明してきた同期受信技術は,各ブロックに挿入されるトレーニング系列あるいはパイロットシンボルを使用して推定・追従するCSIが必要で,最適なジョイント等化・復号の設定値を計算するために使用される.この2ステップのチャネル推定に基づくアプローチに対する他の方法としては,適応的な時空間等化/復号がある.ここでは,受信機においてCSIを正確に推定する必要はない.チャネル変動が存在する場合はこの変動に追従するために,過去の判定結果を使用して適応制御することで最適設定に収束させるトレーニング用オーバーヘッドが,適応受信機では変わらずに必要である.よく知られたLMS(Least Mean Square)アルゴリズム [44] は,その簡易な実装により,今日の単一アンテナの通信システムで広範囲に使用されている.しかしながら,広帯域MIMOチャネルに適用する場合には,同時に扱う必要のある多数のパラメータと,このチャネルで引き起こされる固有値が広く拡散する問題(wide eigenvalue spread problem)により,(最適設定で得られる特性と比較して)遅い収束性と大きな特性劣化を有していることが示されている.RLS(Recursive Least Square)として知られているより高機能なアルゴリズムの実装により,より高速な収束が達成可能である.しかしながら,LMSと比較した演算量と有限精度で実装した場合の特性劣化により,実際にはその能力が制限されてしまう.参考文献 [87] には,LMSタイプの演算量でかつ高速の収束特性を有するRLSタイプの適応FDE–STBCを開発するために,STBCの直交構造が利用できることが示されている.概要を次に示す.

適応アルゴリズムを導出する出発点は,式 (4.32) の関係式となる.

$$\begin{bmatrix} \hat{\mathbf{X}}_1^{(k)} \\ \hat{\mathbf{X}}_2^{(k)} \end{bmatrix} = \begin{bmatrix} \mathbf{A}_1 & \mathbf{A}_2 \\ \mathbf{A}_2^* & -\mathbf{A}_1^* \end{bmatrix} \mathbf{Y} \qquad (4.32)$$

ここで,$\mathbf{Y}$ は式 (4.31) で定義され,$\tilde{\mathbf{\Lambda}}(i,i) = |\mathbf{\Lambda}_1(i,i)|^2 + |\mathbf{\Lambda}_2(i,i)|^2$ とすれば,対角行列 $\mathbf{A}_1$ と $\mathbf{A}_2$ は式 (4.33) から得られる.

$$\mathbf{A}_1 = \mathbf{\Lambda}_1^*.diag\left\{\frac{1}{\tilde{\mathbf{\Lambda}}(i,i) + \frac{1}{\text{SNR}}}\right\}_{i=0}^{N-1} \; ; \; \mathbf{A}_2 = \mathbf{\Lambda}_2^*.diag\left\{\frac{1}{\tilde{\mathbf{\Lambda}}(i,i) + \frac{1}{\text{SNR}}}\right\}_{i=0}^{N-1} \qquad (4.33)$$

代わりに,式 (4.34) で記述することも可能である.

$$\begin{bmatrix} \hat{\mathbf{X}}_1^{(k)} \\ \hat{\mathbf{X}}_2^{(k)} \end{bmatrix} = \begin{bmatrix} diag(\mathbf{Y}^{(k)}) & -diag(\mathbf{Y}^{*(k+1)}) \\ diag(\mathbf{Y}^{(k+1)}) & diag(\mathbf{Y}^{*(k)}) \end{bmatrix} \begin{bmatrix} \mathbf{W}_1^* \\ \mathbf{W}_2 \end{bmatrix} = \mathbf{U}_k \mathcal{W} \quad (4.34)$$

ここで，$\mathbf{W}_1^*$ と $\mathbf{W}_2$ は，それぞれ $\mathbf{A}_1^*$ と $\mathbf{A}_2$ の対角成分を含んだベクトルであり，$\mathcal{W}$ は $\mathbf{W}_1^*$ と $\mathbf{W}_2$ の成分を含んだ $2N \times 1$ のベクトルである．$2N \times 2N$ の四元行列 $\mathbf{U}_k$ には，k と $k+1$ 番目のブロックの受信シンボルが含まれている．次式で示される LMS タイプの反復へと簡易化される $\mathbf{W}$ に対して，その特別な四元構造を使用することで，周波数領域のブロック適応 RLS アルゴリズムの開発に式 (4.34) を使用することができる（導出の詳細は参考文献 [87] 参照）．

$$\mathcal{W}_{k+2} = \mathcal{W}_k + \begin{bmatrix} \mathbf{P}_{k+2} & \mathbf{0} \\ \mathbf{0} & \mathbf{P}_{k+2} \end{bmatrix} \mathbf{U}_{k+2}(\mathbf{D}_{k+2} - \mathbf{U}_{k+2}\mathcal{W}_k) \quad (4.35)$$

ここで，トレーニングモードに対して $\mathbf{D}_{k+2} = \begin{bmatrix} \mathbf{X}_1^{(k+2)} & \mathbf{X}_2^{*(k+2)} \end{bmatrix}^T$，判定指示モードに対しては $\mathbf{D}_{k+2} = \begin{bmatrix} \hat{\mathbf{X}}_1^{(k+2)} & \hat{\mathbf{X}}_2^{*(k+2)} \end{bmatrix}^T$ である．$N \times N$ の対角行列 $\mathbf{P}_{k+2}$ は，次式の反復によって計算される．

$$\mathbf{P}_{k+2} = \lambda^{-1}(\mathbf{P}_k - \lambda^{-1}\mathbf{P}_k \mathbf{\Gamma}_{k+2} \mathbf{P}_k) \quad (4.36)$$

ここで，対角行列 $\mathbf{\Gamma}_{k+2}$ と $\mathbf{\Delta}_{k+2}$ は，次式の反復から計算される．

$$\begin{aligned} \mathbf{\Gamma}_{k+2} &= diag(\mathbf{Y}^{(k)})\mathbf{\Delta}_{k+2} diag(\mathbf{Y}^{*(k)}) \\ &\quad + diag(\mathbf{Y}^{(k+1)})\mathbf{\Delta}_{k+2} diag(\mathbf{Y}^{*(k+1)}) \\ \mathbf{\Delta}_{k+2} &= (\mathbf{I}_N + \lambda^{-1}(diag(\mathbf{Y}^{(k)})\mathbf{P}_k diag(\mathbf{Y}^{*(k)}) \\ &\quad + diag(\mathbf{Y}^{(k+1)})\mathbf{P}_k diag(\mathbf{Y}^{*(k+1)})))^{-1} \end{aligned}$$

初期値は $\mathcal{W}_0 = \mathbf{0}$, $\mathbf{P}_0 = \delta \mathbf{I}_N$, δ は大数，忘却係数 λ は 1 に近い値が選択される．

適応 FDE–STBC のブロック図を図 4.11 に示す．連続する受信ブロックの組は FFT を使用して周波数領域に変換され，式 (4.43) のデータ行列が形成される．フィルタの出力（$\mathbf{U}_k \mathcal{W}_{k-2}$ の積）は逆 FFT を使用して時間領域に戻され，データ推定値を生成するために，判定回路へ入力される．RLS 反復に従って等化器係数の更新に順々に使用されるエラーベクトルを生成するため，適応等化器の出力は所望の応答と比較される．等化器は収束するまでトレーニングモードで動作し，その後に過去の判定がトラッキングに使用される判定指示モードに切り替わる．高速に時変動するチャネル上で動

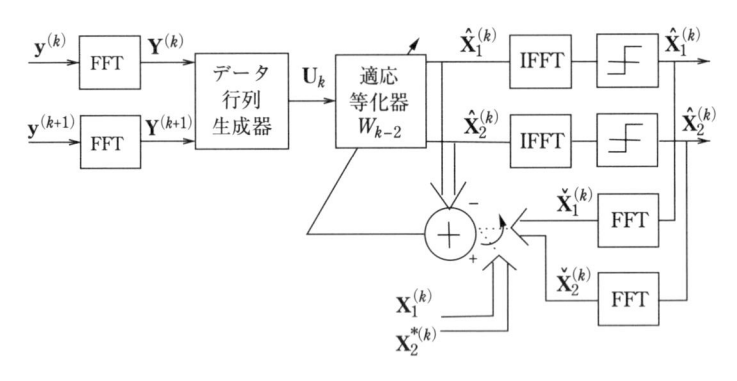

図 4.11 適応 FDE–STBC ジョイント等化・復号器のブロック図

作する場合は，等化器の発散を避けるため，再トレーニングのブロックが周期的に送信される（参考文献 [87] 参照）．

非同期技術

非同期伝送方式はチャネル推定を必要としない．したがって，帯域を消費するトレーニング系列は不要で，端末の回路規模は削減される．このことは，チャネル変動に追従するためには頻繁に再トレーニングが必要で，かつ複数アンテナの広帯域伝送の場合に，より多くのパラメータ（各送受信アンテナ間で複数係数）を推定する必要がある高速なフェージングチャネルに対しては，さらに重要となる．非同期技術の一つの分類は，ブラインド同定/判定である．ここではトレーニングシンボルを除去するため，チャネルの構造（有限のインパルス応答），入力信号点配置（有限符号アルファベット）および出力（周期定常性）が利用される．これらの技術に関しては膨大な文献があり，関心のある読者には良い調査報告として参考文献 [79] を紹介する．非同期技術の別の分類は，参考文献 [82] で一般化された ML 受信機である．

フラットフェージングチャネルに対して，2 送信アンテナ [71]，あるいはさらに多数の送信アンテナ [4] の差動符号化 STBC 方式およびグループ差動符号化 STC 方式（例えば参考文献 [47] およびその参考文献参照）を含んだ，非同期時空間伝送方式がいくつか提案されている．ここで，周波数選択性チャネルに対して，我々が参考文献 [21] で最近提案した，2 送信アンテナ・STC 符号化率 1^{11} によりフルダイバーシチ（空

---

[11]すべての OFDM システムに共通の外符号とキャリア間インタリーブを OFDM–STBC に組み合わせることによる伝送レートの劣化は含まない（さらなる議論は例えば参考文献 [66] 参照）．

間とマルチパス）を達成する差動符号化時空間伝送方式について説明する．この方式は，参考文献 [56] の OFDM–STBC 構造に対しての差動形式である．シングルキャリア伝送で，時間領域の差動符号化時空間伝送方式は，参考文献 [21] で示されている．

PSK 信号点配置から得られる二つのシンボル $X_1(m)$ と $X_2(m)$ を考える．これは，従来の OFDM システムでは，同じサブキャリア m の 2 連続の OFDM ブロック上で送信される．Alamouti の符号化に続いて，二つのソースシンボルは次式のようにマッピングされる．

$$\mathbf{X}^{(1)}(m) = [X_1(m), X_2(m)]^T, \quad \mathbf{X}^{(2)}(m) = [-X_2^*(m), X_1^*(m)]^T \tag{4.37}$$

ここで $\mathbf{X}^{(1)}$ は第一の OFDM ブロックに対する情報から生成されるベクトルで，$\mathbf{X}^{(2)}$ は第二の OFDM ブロックに対応する[12]．N を FFT サイズとすると，$\mathbf{X}^{(1)}$ と $\mathbf{X}^{(2)}$ は，2 本の送信アンテナで送信されるシンボルを保持している長さ $2N$ のベクトルである．したがって，受信機で FFT の後，(サブキャリア m において) 次式を得る．

$$\begin{pmatrix} Y_1(m) & Y_2(m) \\ -Y_2^*(m) & Y_1^*(m) \end{pmatrix} = \begin{pmatrix} H_1(m) & H_2(m) \\ -H_2^*(m) & H_1^*(m) \end{pmatrix} \begin{pmatrix} X_1(m) & -X_2^*(m) \\ X_2(m) & X_1^*(m) \end{pmatrix} + \text{noise} \tag{4.38}$$

ここで，$H_1(m)$ と $H_2(m)$ はサブキャリア m の二つのチャネルの周波数応答である．ブロック k と，サブキャリア m に対して，ソースシンボルを $\mathbf{u}_m^{(k)} = \begin{bmatrix} u_{1,m}^{(k)} & u_{2,m}^{(k)} \end{bmatrix}^T$，送信行列を $\mathbf{X}_m^{(k)}$，受信行列を $\mathbf{Y}_m^{(k)}$ とする．雑音がない場合は，チャネルが 2 連続のブロックで一定と仮定すると，式 (4.38) は $\mathbf{Y}_m^{(k)} = \mathbf{H}_m \mathbf{X}_m^{(k)}$ と記述される．$\mathbf{H}_m$ の四元構造を使用すると，次式のようになる．

$$\mathbf{Y}_m^{*(k-1)} \mathbf{Y}_m^{(k)} = \left(|H_1(m)|^2 + |H_2(m)|^2 \right) \mathbf{X}_m^{*(k-1)} \mathbf{X}_m^{(k)}$$

次式に含まれるソースシンボルを推定するため，差動伝送のルールとして $\mathbf{X}_m^{(k)} = (\mathbf{X}_m^{*(k-1)})^{-1} \mathbf{U}_m^{(k)}$ を定義する．

---

[12]直観的に，各 OFDM サブキャリアではフラットフェージングチャネルとして見なすことができ，Alamouti 符号は各 OFDM サブキャリアに適用される．その結果，Alamouti 符号は各サブキャリアでダイバーシチ利得を得る．

$$\mathbf{U}_m^{(k)} \stackrel{def}{=} \begin{pmatrix} u_{1,m}^{(k)} & -u_{2,m}^{*(k)} \\ u_{2,m}^{(k)} & u_{1,m}^{*(k)} \end{pmatrix}$$

ここで，$\mathbf{X}_m^{*(k-1)}$ の四元構造によって，$(\mathbf{X}_m^{*(k-1)})^{-1}$ の計算における逆行列演算は不要である．図 4.12 は，屋内無線環境での同期方式（完全 CSI を仮定）に比べて差動 OFDM–STBC の 3 dB の SNR 劣化を示している．

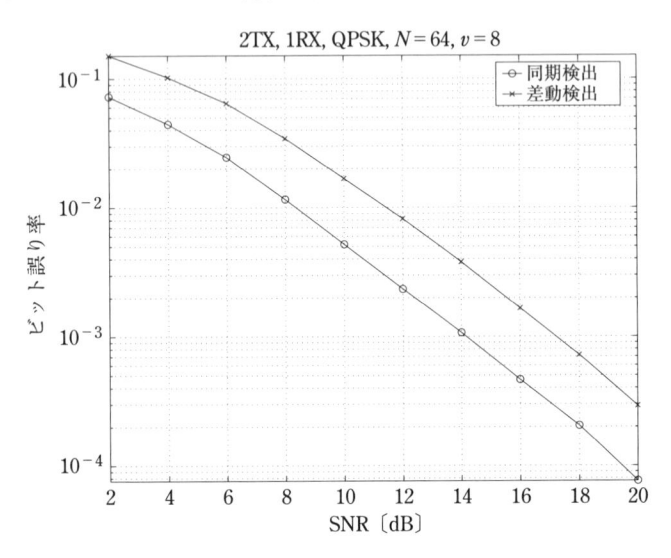

図 4.12　OFDM–STBC における同期検出と差動検出の特性比較（2 送信アンテナ，1 受信アンテナ，QPSK 変調，FTT サイズ=64, $\nu = 8$）

4.4.2 ダイバーシチ内蔵符号の応用

ダイバーシチ内蔵符号が構築可能な場合に，その符号が無線通信システム設計にどのようなインパクトを与えるかについて検証する．Diggavi らが参考文献 [25] で検証した，ダイバーシチ内蔵符号の三つの適用に従う．

(i) 不均一誤り保護（UEP：Unequal Error Protection）が必要なアプリケーションに対して，そのまま適用する方法．例として画像，音声，映像伝送では，メッセージの誤りに敏感であるかそうでないかで複数レベルの誤り保護が必要な場合がある．

(ii) チャネル状態のフィードバックなしに，状態の良いチャネルを便乗利用して全体のスループットを改善する第二の適用法．

(iii) プライオリティ付けされたスケジューリングに対して，異なるダイバーシチ次数を使用してパケット伝送の遅延を低減する第三の適用法．

この項では，従来のシングルレイヤの符号と比較することで，これらの適用法のそれぞれに対してダイバーシチを内蔵する場合の影響を検証する．すべての数値結果は，$M_r = 1$ としたものである．以下で得られる数値結果は，参考文献 [25] で示されている．

$M_t = 2$ で 4–QAM の信号点配置に対するダイバーシチ内蔵符号の特性を図 4.13 に示す．図 4.13(a) において，内蔵符号が，ダイバーシチ次数 $D_a = 2$ では $R_a = 1$ ビット/送信で，$D_b = 1$ では $R_b = 2$ ビット/送信となる．これらの値と，最大レートで最大のダイバーシチ次数の符号（$R = 2$ ビット/送信でダイバーシチ次数 $D = 2$ の Alamouti 符号）を比較する．同時に，伝送レート $R = 4$ ビット/送信でダイバーシチ次数 $D = 1$ の非符号化伝送の特性も示す．定性的に言って，内蔵符号は二つのレベルのダイバーシチを与えることがわかる．予想通り，特定のダイバーシチ次数に対して設計されたシングルレイヤ符号上では，伝送レート（または誤り特性）にペナルティーを払わなければならないが，図 4.13(b) で示されるダイバーシチレイヤの内の一つに対して伝送レートを削減することで，このペナルティは軽減することができる．

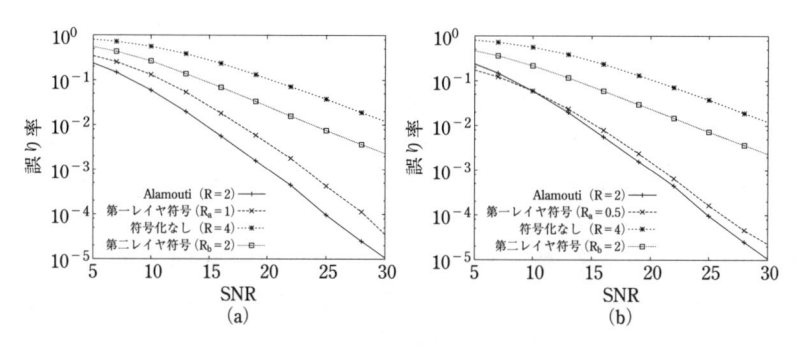

図 4.13　ダイバーシチ内蔵符号の UEP 特性

フィードバックなしに，チャネル状態に便乗して利用するダイバーシチ内蔵符号の利点を図 4.14 に示す．図 4.14(a) では，4–QAM で $M_t = 2$ において，フルダイバー

シチとして設計された Alamouti のシングルレイヤ符号よりもダイバーシチ内蔵符号の特性が優れている．しかしながら，非常に高い SNR では，低いダイバーシチ次数で設計されたシングレイヤ符号の伝送の方が高い伝送レートで送信されるので，ダイバーシチ内蔵符号よりシングルレイヤ符号が優れている．中程度の SNR 領域に対しては，平均スループットの点でダイバーシチ内蔵符号がシングルレイヤ符号よりも特性が良い．8–QAM に対するこのタイプの符号では，信号点配置の点数が増大することを図 4.14(b) が示している．

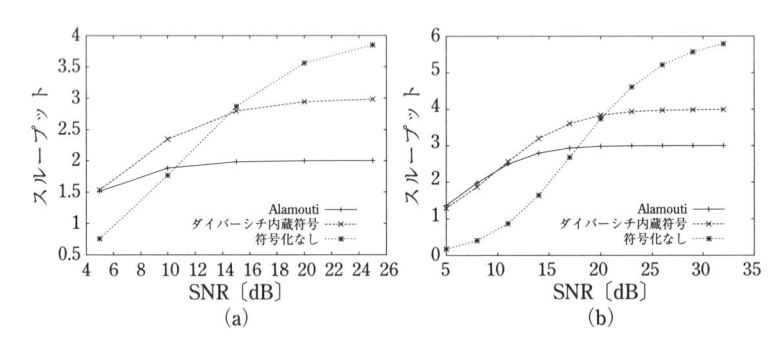

図 4.14 シングルレイヤ符号を用いたダイバーシチ内蔵符号のスループット比較: (a) 4–QAM; (b) 8–QAM

参考文献 [25] に示された第三の適用法では，時空間符号に従って送信された情報に関して，基本的な ACK/NACK のフィードバックを組み合わせるかどうかという遅延特性が検証されている．シングルレイヤ符号では，パケットに誤りがあるかどうかで従来の自動再送要求（ARQ：Automatic Repeat reQuest）が使用され，そのパケットが再送される．ダイバーシチ内蔵符号では，情報の異なる部分で不均一誤り保護を行うことで，ARQ の別の使い方が想定される．二つのダイバーシチレベルに対して，ACK/NACK が各ダイバーシチレイヤで別々に受信されると仮定する．参考文献 [25] で提案されているメカニズムを図 4.15 に示す．高いダイバーシチレベルと低いダイバーシチレベルで 2 系統の情報が送信される．高いダイバーシチレベルのパケットは受信に成功するが低いダイバーシチレベルでは失敗してしまう場合，次の送信では失敗したパケットが高いダイバーシチレベルで送信され，その結果，高い"優先度"で受信される．したがって，低い優先度のパケットを高い優先度のパケットの流れに便乗して送信し，その結果，状態の良いチャネルを便乗して使用したことで，遅延が低減される．

図 4.15 で示した ARQ のメカニズムの影響を図 4.16 に示す．この図では，シングル

4.4 ■応用例

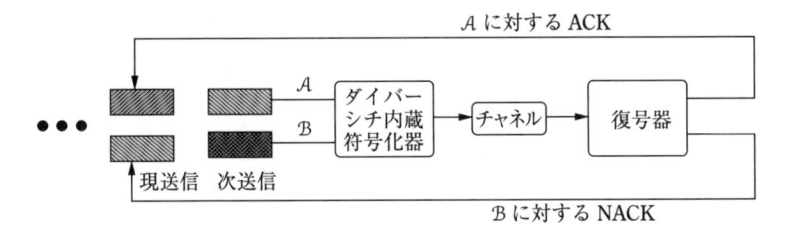

図 4.15 優先スケジューリングを用いたダイバーシチ内蔵符号に対する ARQ メカニズム

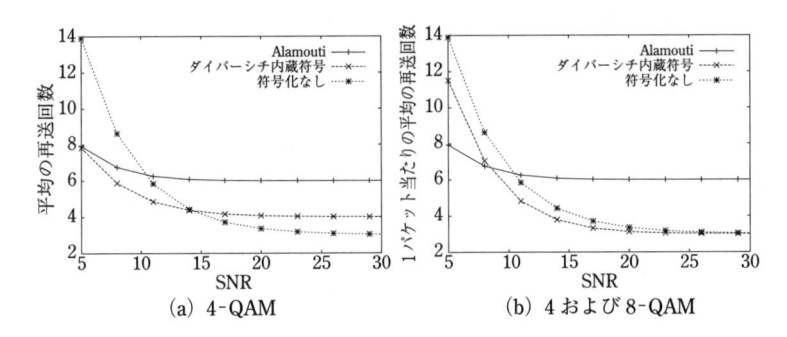

図 4.16 (a) ARQ を用いた場合のシングルレイヤ符号のダーバーシチ内蔵符号における遅延時間比較．(b) では，それぞれのダーバーシチレベルに対して，ダーバーシチ内蔵符号は 2 ビット/送信の伝送レートの 8–QAM を使用する一方で，シングルレイヤ符号は 8–QAM を使用する

レイヤ符号と比較している．図 4.16(a) は，ともに同じ 4–QAM の符号アルファベットを使用したシングルレイヤ符号とダイバーシチ内蔵符号の両方を伝送している．ダイバーシチ内蔵符号は，両方のレベルで別々に ACK/NACK のフィードバックを得ることを仮定している．図 4.16(b) は，ダイバーシチ内蔵符号には 8–QAM，シングルレイヤ符号には 4–QAM とした同じ原理を示している．低い方のダイバーシチ次数 ($D = 1$) のシングルレイヤ符号は，最大ダイバーシチのシングルレイヤ符号の 2 倍の伝送速度となる．比較は同一のパケットサイズに対して行われ，それぞれのパケットの独立した ACK/NACK を得ている．図 4.16 は，ダイバーシチ内蔵符号がシングルレイヤ符号より低い平均遅延を与える SNR の領域があることを示している．定性的に言って，これは図 4.14 のスループットの最大化と同様である．

4.4.3 ■ネットワークレイヤとの相互作用

多元接続：干渉除去

空間ダイバーシチでは，異なるユーザが異なるチャネル状態であることが好ましい．

基地局に第二の受信機を追加し，干渉除去技術を採用することで，STBC ユーザ数（したがってネットワークキャパシティ）を 2 倍とすることができる．並列のデータストリームを多重することでより高速な伝送レートも伝送可能で，これまでに GSM チャネルの標準のデータレートの 2 倍を伝送するためには，基地局の 4 アンテナと移動機の 2 アンテナをどのように使用するべきかを述べてきた．

我々のアプローチは，干渉が存在する場合は干渉を除去し，干渉がないときにはダイバーシチ利得を拡大して伝送する単一受信機構成を設計するために，代数構造を利用することである．受信機の第二アンテナが，それぞれ Alamouti 符号をもった 2 ユーザを分離することができるということを示して，Alamouti 符号に対するアプローチを説明する．まず，ベクトル $\mathbf{r}_1, \mathbf{r}_2$ を考える．ここで $\mathbf{r}_i$ の要素は，2 連続の時間スロット上でアンテナ i により受信した信号である．$\mathbf{c} = (c_1, c_2)$ と $\mathbf{s} = (s_1, s_2)$ を第一ユーザおよび第二ユーザによって送信された符号語とすると，次式のようになる．

$$\mathbf{r} = \begin{bmatrix} \mathbf{r}_1 \\ \mathbf{r}_2 \end{bmatrix} = \begin{bmatrix} \mathbf{H}_1 & \mathbf{G}_1 \\ \mathbf{H}_2 & \mathbf{G}_2 \end{bmatrix} \begin{bmatrix} \mathbf{c} \\ \mathbf{s} \end{bmatrix} + \begin{bmatrix} \mathbf{w}_1 \\ \mathbf{w}_2 \end{bmatrix}$$

ここで，ベクトル $\mathbf{w}_1$ と $\mathbf{w}_2$ は，ゼロ平均で共分散が $N_0 \mathbf{I}_2$ の複素ガウスランダム変数である．行列 $\mathbf{H}_1$ と $\mathbf{H}_2$ は，第一ユーザから第二ユーザの第一と第二の受信アンテナ間のパス利得を表し，行列 $\mathbf{G}_1$ と $\mathbf{G}_2$ は，第二ユーザから第一ユーザの第一と第二の受信アンテナ間のパス利得を示す．重要なことは，これらのすべての行列が Alamouti の構造を共有していることである．定義は次の通りで，

$$\mathbf{D} = \begin{bmatrix} \mathbf{I}_2 & -\mathbf{G}_1 \mathbf{G}_2^{-1} \\ -\mathbf{H}_2 \mathbf{H}_1^{-1} & \mathbf{I}_2 \end{bmatrix},$$

以下のように記述される．

$$\mathbf{Dr} = \begin{bmatrix} \mathbf{H} & 0 \\ 0 & \mathbf{G} \end{bmatrix} \begin{bmatrix} \mathbf{c} \\ \mathbf{s} \end{bmatrix} + \begin{bmatrix} \tilde{\mathbf{w}}_1 \\ \tilde{\mathbf{w}}_2 \end{bmatrix}$$

ここで，$\mathbf{H} = \mathbf{H}_1 - \mathbf{G}_1 \mathbf{G}_2^{-1} \mathbf{H}_2$ および $\mathbf{G} = \mathbf{G}_2 - \mathbf{H}_2 \mathbf{H}_1^{-1} \mathbf{G}_1$ である．

行列 $\mathbf{D}$ は，同一チャネルの 2 ユーザのジョイントディテクションの問題を，時空間の 2 ユーザの個別検出に変換するものである．これは，CDMA システムの相関検出の役割である．符号語 $\mathbf{c}$ の検出は，$[\mathbf{G}_1^T, \mathbf{G}_2^T]$ の直交補空間への投影を介して行われる．Alamouti 符号の代数構造（加算，乗算および逆数演算に閉じている）は，行列

$\mathbf{H}$ と $\mathbf{G}$ が $\mathbf{H}_1, \mathbf{H}_2, \mathbf{G}_1, \mathbf{G}_2$ と同じ構造であることを暗に示している．次に，干渉が存在する場合には干渉除去し，存在しない場合には拡大したダイバーシチ利得をもたらすように，Alamouti 符号の代数構造がどのように単一受信機構成へ導くのかを説明する．受信信号の共分散行列 $\mathbf{M}$ は次式で与えられる．

$$\mathbf{M} = E[\mathbf{rr}^*] = \underbrace{\begin{bmatrix} \mathbf{H}_1 \\ \mathbf{H}_2 \end{bmatrix} \begin{bmatrix} \mathbf{H}_1^* & \mathbf{H}_2^* \end{bmatrix}}_{(\mathbf{h}_1, \mathbf{h}_2) \text{における直交射影}} + \underbrace{\begin{bmatrix} \mathbf{G}_1 \\ \mathbf{G}_2 \end{bmatrix} \begin{bmatrix} \mathbf{G}_1^* & \mathbf{G}_2^* \end{bmatrix}}_{(\mathbf{g}_1, \mathbf{g}_2) \text{における直交射影}} + \frac{1}{\text{SNR}} \mathbf{I}_4$$

ここで次の関係が成り立つと，

$$\begin{bmatrix} \mathbf{H}_1 \\ \mathbf{H}_2 \end{bmatrix} = \begin{bmatrix} \mathbf{h}_1 & \mathbf{h}_2 \end{bmatrix} \quad ; \quad \begin{bmatrix} \mathbf{G}_1 \\ \mathbf{G}_2 \end{bmatrix} = \begin{bmatrix} \mathbf{g}_1 & \mathbf{g}_2 \end{bmatrix},$$

となり，すべての整数 k に対して $i \neq j$ の場合，$\mathbf{h}_i \mathbf{M}^k \mathbf{h}_j^* = \mathbf{g}_i \mathbf{M}^k \mathbf{g}_j^* = 0$ となることがわかる（参考文献 [13] の 4 節参照）．

MMSE 受信機は，符号語 $\mathbf{c}$ のある線形結合 $\beta_1 c_1 + \beta_2 c_2$ に近似した受信信号の線形結合 $\alpha^* \mathbf{r}$ を検索する．その解は次のようになる．

$$\alpha_1 = (\mathbf{M} - \mathbf{h}_2 \mathbf{h}_2^*)^{-1} \mathbf{h}_1; \qquad \beta_1 = 1, \qquad \beta_2 = \frac{\mathbf{h}_2^* \mathbf{M}^{-1} \mathbf{h}_1}{1 - \mathbf{h}_2^* \mathbf{M}^{-1} \mathbf{h}_1}$$

$$\alpha_2 = (\mathbf{M} - \mathbf{h}_1 \mathbf{h}_1^*)^{-1} \mathbf{h}_2; \qquad \beta_2 = 1, \qquad \beta_1 = \frac{\mathbf{h}_1^* \mathbf{M}^{-1} \mathbf{h}_2}{1 - \mathbf{h}_1^* \mathbf{M}^{-1} \mathbf{h}_2}$$

$\beta_1 = 0$ で $\beta_2 = 1$，あるいは $\beta_2 = 0$ で $\beta_1 = 1$ のいずれかとなる！ MMSE 干渉キャンセラは，STBC の分離検出の特長を維持している．すなわち，$\mathbf{c}_1$ の復号誤りは $\mathbf{c}_2$ の復号に影響せず，逆も同じである．周波数選択性チャネルの場合の総括は，参考文献 [28] で論じられている．

物理レイヤ，リンクレイヤ，トランスポートレイヤの統合

無線の物理レイヤにおける誤りはレイヤを超えて伝搬し，TCP（Transport Control Protocl）特性に悪影響を与えることがよく知られている（参考文献 [6] およびその参考文献参照）．

大ざっぱに言って，TCP は，フレーム損失あるいはパケット損失をネットワークの輻輳の合図として解釈し，誤り事象が発生するときはいつでも送信レートを 1/2 に

低減する．リンクレイヤがフレーム誤りを検知し，かつ通知した場合は，TCP はタイムアウトし，長時間何も送信しなくなる．図 4.17（参考文献 [70] の議論参照）は，STBC（この場合は Alamouti 符号）が，TCP が動作不能となる SNR のポイントを平行移動して，スループットに関して大きな改善をもたらす能力があることを示している．この例では，リンクレイヤはフレームを再送せず，その動作点は，単一送信アンテナのビット誤り率（BER：Bit Error Rate）特性が TCP 動作不能の閾値よりも低く，かつ時空間符号の BER 特性がこの閾値よりも高くなるような SNR 領域である．

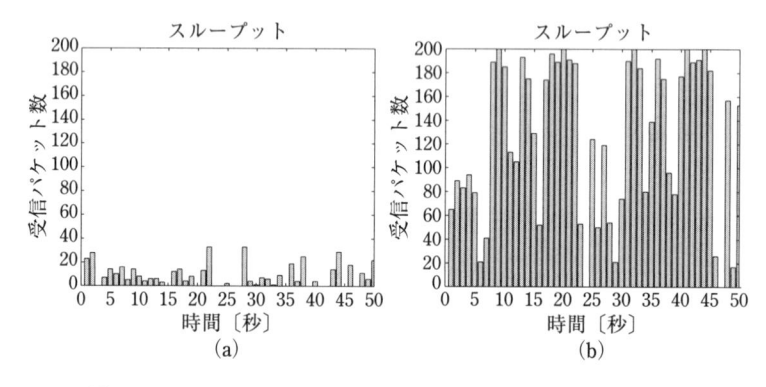

図 4.17 TCP スループット (a) 1 送信アンテナ，(b) 2 送信アンテナ

ネットワークユーティリティの最大化（NUM：Network Utility Maximization）

短いこのパラグラフでは，数学的にも高等で，かつ期待される商用システムへの影響に実行上関係のあるネットワーキングの基礎について少しだけ触れておく（調査は参考文献 [15] 参照）．

レイヤ構成は，ネットワーク設計で最も基本的で有力な構成の一つである．プロトコルスタックの各レイヤは下位レイヤの複雑性を隠蔽し，上位レイヤにサービスを提供する．階層化の一般的な原理は，インターネットの大成功のキーとなった理由の一つとして広く認識されている一方で，有線と無線ネットワークに対する階層化プロトコルスタックの設計過程を，アドホックというよりもシステマティックと見なす定性的な理解はほとんどなされていない．階層化を厳密的に，かつ全体的に理解するための一つの有力な考え方は，色々なプロトコルレイヤを統合して単一の同期理論へと変換することである．それには，暗黙のうちにグローバルな問題を解決するためのネッ

トワーク上に非同期に分散している計算を行うものとして，これらのプロトコルレイヤを認識する必要がある．そのような理論は，プロトコルレイヤ間の相互接続を開示したり，中央集中型の計算を分散させる別の方法として，プロトコルの階層化における特性のトレードオフを厳密に研究するために使用することができる．複雑なシステムは，常により簡易なモジュールに分解されるにもかかわらず，この理論により階層化手順をシステマティックに実行し，設計目標のトレードオフを明確にすることができる．

　NUM形式におけるいくつかのグローバルな最適化問題に対して，この"分散解としてのプロトコル"のアプローチは，TCPに対する継続的なトライアルで検証されている．この研究の流れで重要な新手法は，最適解を導出するものとしてネットワークを見なし，特定のNUMを解決する分散アルゴリズムとして輻輳制御プロトコルを見なすことである．NUMの構想は，リバースエンジニアリングのTCP輻輳制御の解析手段から，レイヤ間の相互作用を理解する一般的なアプローチへと，近年は大きく拡張されてきた．アプリケーション需要が目的関数，すなわち最大化されるべきネットワークユーティリティを形成し，通信インフラの制限は一般化したNUM問題の多くの拘束条件へと変換される．このような問題は，非常に難しい非線形の，整数制限のある非凸最適化（non–convex optimization）である．ある問題を分解する多くの方法があり，それぞれが異なる階層化方式に相応している．これらの分解（すなわち階層化）方式は，効率，安定性，情報や制御の非対称性に関する異なるトレードオフを有する．したがってその内のいくつかいは，ネットワークユーザとマネージャによって設定された基準に関係する他の方式よりも"優れて"いる．

　"最適分解としての階層化"において，重要となるアイデアは以下の通りである．一般化したNUMの形式において，最適化問題の様々な分解を通信ネットワークにおける様々な階層化方式にマッピングし，初期の関数あるいは下位の問題を連携させるラグランジェの双対変数からレイヤ間のインタフェースへマッピングする．様々な分解を様々な階層のアーキテクチャに対応させるため，分解技術の良し悪しを検証することで，"どのように階層化するか，どのように階層化しないか"という問題にも取り組まなければならない．さらに，最適と準最適の分解の様々な形式下で目的関数の値を比較することにより，最適値からの劣化なしとなる正確な階層化が可能な条件で，レイヤ間の"分離定理"を探索することができる．この分離定理の安定性は，最適化理論における感度解析によってより特徴付けられる．これは，ユーティリティ最大化における固定のパラメータが不安定になるにつれ，目的の値の差（異なる階層化方式間で）がどれくらい変動するかということである．

4.5 ■考察と将来の課題

MIMO システムの設計に含まれる課題とトレードオフについては，現在議論の最中である．SNR の高低，移動速度の高低，遅延制限に対する厳緩といった動作環境条件に加えて，ブロック長，キャリア周波数，送受信アンテナ数を含む重要となるシステムパラメータの選択がこれらの課題には含まれる．

送信ブロック長 N（シンボル間隔とチャネルメモリ ν に関係している）は，重要な設計パラメータである．より短いブロックではチャネルの時変動はほとんど無く（ブロック内のチャネルトラッキングは不要），短い遅延で小さい受信機の回路規模となる（一般的に，ブロックごとの信号処理アルゴリズムの回路規模は，ブロックサイズの 2 乗か 3 乗則として拡大する）．一方，オーバーヘッド（ガードシーケンス，同期，トレーニング等を含む多数の機能に必要）により，短いブロックでは深刻なスループットの低下が生じる．

キャリア周波数 f_c に関して，現在のトレンドは，より広い無線周波数（RF：Radio Frequency）帯域幅が可能な，より高い f_c に向かう傾向があり，アンテナサイズが（同じ放射効率で）より小さく，アンテナ間隔の要求条件（独立したフェージングを保証する）は波長が短くなるためそれ程厳しくはない．一方，高い f_c に向かって移行する場合の大きな課題は，信頼性のある RF 部品の実装が高コストであることや伝搬損失の増大，ドップラー効果に対する感度の増大である．

送受信アンテナ数を決定する場合，次に説明するいくつかの実装上の配慮が必要である．厳しい遅延条件では，再送の要求を最小にするため，大きなダイバーシチ利得（すなわち高い信頼性）を達成することが重要となる．アンテナ数が多くなると，送信/受信ダイバーシチ利得は低減してしまうので，回路規模を考慮すると，小型アンテナアレー（一般的に各送受信端では 4 アンテナ以上は使用しない）を使用することになる．現在の技術の限界のため，ユーザ端末よりも基地局でより多くのアンテナを使用することが都合が良い．

遅延を許容するアプリケーション（データファイル転送など）に対しては，高いダイバーシチよりも高いスループットの達成が優先され，多素子のアンテナアレー（もちろんコストやアンテナ配置の拘束条件による制限はそのまま）が，高い空間多重利得を達成するために使用される．同様に，高速移動チャネルの条件は，短いブロックの使用，低いキャリア周波数，非同期あるいは適応受信機技術のようなシステムパラメータの選択に大きな影響を与える．

STTC[74] は複数の送信アンテナを使用して，ダイバーシチ利得と符号化利得を達成する．ダイバーシチ利得は，それ自体が高い SNR における BER–SNR 曲線（ログーログスケール）の傾きを急峻にすることを示している．一方，符号化利得は，それ自体が同じ曲線の水平方向シフトに相当することを示している．高 SNR ではダイバーシチ利得が特性を支配しているのに対し，低い SNR では，符号化利得を最大化することがより重要となってくる．広帯域無線地上リンクでの一般的な SNR 領域に対して，より大きな符号化利得と引き換えに，若干のダイバーシチ利得を犠牲にすることが賢明な場合もある．例えば，16 タップ相当の遅延拡がりのチャネルに対して，2 送信 1 受信アンテナだけを使用する場合，取り得る最大の（空間とマルチパスの）ダイバーシチ利得は $16 \times 2 \times 1 = 32$ となる．10 dB から 25 dB の一般的な SNR 領域で，受信機の回路規模を制限し，より大きな符号化利得を達成する符号設計のための追加の自由度を使うと，より小さいダイバーシチ利得（例えば最大 8）を得る STC を設計するにはこの利得で十分である．STC はネットワークスループットに関して，大きな改善効果をもたらすことも示している [70]．

無線ネットワークは，従来のネットワークレイヤプロトコルの機能抽出を再検討する良い機会をもたらす．無線ネットワークにおけるクロスレイヤの相互作用は，IP プロトコルスタックのレイヤ間で追加の特性情報を開示することでスループットの最適化が図られる．空間ダイバーシチは独立したリンクのデータレートと信頼性を改善するのに重要で，グローバルなスループットを最適化するスケジューリングに関する新しい技術分野へと導く．数の少ない送信・受信アンテナに対して設計された STC は，リンク容量を大きく改善するとともに，リソース配分によってシステム容量も改善することが示されている．実質的に，現在の LSI チップ技術によって実装可能な演算規模を有する理想的な受信機を提供するため，この符号化技術は高度な信号処理技術と統合される．この信号処理の実装限界は，移動端末の電力制限がある場合には重要となる．

高い伝送レートで高信頼の無線伝送を実現するまでの途中には，物理レイヤにおいて多数の課題が存在する．その課題のいくつかを列記して，本章を結ぶ．

信号処理

周波数選択性チャネルで有効なマルチパスダイバーシチを利用する，効率的で実現性のあるジョイント等化・復号方式が開発される一方で，高速時変動チャネルで時間ダイバーシチを十分に利用できるかについてはいまだに解明されていない．ここでの大きな課題は，MIMO チャネルと等化器の双方あるいは一方における多数のタップの高

速変動に追従できる実用的なな適応アルゴリズムの開発である．いくつかの有望な検討がその分野で進んでいる [52, 87] が，優れた特性を満足する許容可能なドップラーレート（移動速度とキャリア周波数によって決まる）はかなり制限されたままである．

その他の信号処理の課題は，受信機の同期誤差（例えば，OFDM の残留周波数オフセット）のような実装機能障害を回復させる MIMO トレーニング系列の設計である．送信パワーアンプの効率を改善することでバッテリー寿命を拡大するため，低い PAPR（Peak to Average Power Ratio）のトレーニング系列を構成することも実装上，重要である．現在の研究の一部が参考文献 [60, 61] に示されている．

符号設計

大きな興味を引かれる最近のチャレンジングな符号設計課題の一つは，伝送レートとダイバーシチの最適なトレードオフ [88] を達成し，実装可能な復号の回路規模を有した実用的な STC の設計である．4.3 節で示したように，いくつかの進捗が参考文献 [32, 75, 86] で示されている．別の大きな課題は，ダイバーシチ内蔵符号の分類に対する非同期の符号化/復号化方式の設計である．

ネットワーキング

4.3 節で説明した干渉除去技術が，複数の方向に発展している．固定のインフラと集中制御を排除したモバイルアドホックネットワークは重要であり，時間同期したユーザの仮定をやめて，非同期の場合を研究することは興味深い．さらに，4 本の送信アンテナの無線システムの商用化を考えると，八元の STBC と 4.3.4 項で説明した四元符号に基づいた干渉除去を研究することが重要である．

別の大きな課題は，ダイバーシチ内蔵の符号化とリンクレイヤの ARQ プロトコル（数々のハイブリッドタイプや選択タイプを含む）の間のクロスレイヤの相互作用の研究である．特に，空間ダイバーシチを伝送レートと引き換える場合に失われる信頼性を，ARQ 再送信で得られる時間ダイバーシチによって回復することができる．反対に，伝送レートを空間ダイバーシチと引き換える場合は，スループット，遅延，消費電力に関して，削減される待ち時間を定量化することが興味深い．

4.6 ■解題

この 10 年で，STC の理解と設計に関して大きな進歩が見られた．STC の情報理論的な基礎は，参考文献 [76] と [33] で示された．これらの著者たちは，複数アンテナ

を用いて無線通信を高速なデータレートの通信路とすることができることを立証した．送信空間ダイバーシチの初歩は参考文献 [81, 84] で提案されているが，現代の STC の基礎は参考文献 [5, 74] で示された．そして，STC は線形（参考文献 [30, 43, 72] およびその参考文献参照）と非線形（参考文献 [42, 59] およびその参考文献参照）の設計を通して発展してきた．別の研究系列として，非同期 STC とその設計，解析および情報理論的な特徴などが，Hochwald と Marzetta[46]，Hochwald と Sweldens[45]，Hughes[47]，Zheng と Tse[89] らによって研究されてきた．

ダイバーシチと多重化のトレードオフは，送信される符号アルファベットサイズに対して参考文献 [74] で最初に示された．参考文献 [89] では，著者に対して決まり切った理論的な疑問（fixed theoretic question）が提示され，それに回答している．そして，ダイバーシチ–多重化のトレードオフを達成する符号の設計における多大な努力があった（参考文献 [32, 75, 86] およびその参考文献参照）．ダイバーシチ内蔵の STC は参考文献 [23] で最初に提案され，ここで設計基準といくつかの構成が示された．情報理論的な観点からのダイバーシチ内蔵 STC は，参考文献 [27] で検証されている．

STC に対する信号処理技術の領域で，広範囲にわたる研究が進められている（例えば，特集号の参考文献 [4] およびその参考文献参照）．ダイバーシチ通信の進展に関するより広範囲な調査は，参考文献 [24] でも見ることができる．近年の教科書のいくつか [40, 80] は，近代無線通信の優れた紹介本となっている．

付録 4.1　代数構造：四元構造

送信ダイバーシチの最も簡単な構成は，Wittneben[84] によって提唱された 2 送信アンテナに対する遅延ダイバーシチ方式である．ここでは，信号は第二アンテナから送信され，その後，1 タイムスロット遅延させてから第一アンテナから送信される．直交化設計 [72] は，信号点配置の点数に比例した復号の複雑性を持つ最大のダイバーシチが達成される STBC の分類である．最もよく知られた例は Alamouti によって発見され [5]，列が異なる時間スロットで行が異なるアンテナを表す 2×2 行列によって表現される．その要素は送信されるシンボルである．符号化のルールを次式とする．

$$\begin{bmatrix} c_1 & c_2 \end{bmatrix} \to \begin{bmatrix} c_1 & c_2 \\ -c_2^* & c_1^* \end{bmatrix}$$

準静的のフラットフェージングチャネルを仮定すると，連続するタイムスロット上で受信される信号 r_1, r_2 は次式で与えられる．

$$\begin{bmatrix} r_1 \\ -r_2^* \end{bmatrix} = \begin{bmatrix} h_1 & h_2 \\ -h_2^* & h_1^* \end{bmatrix} \begin{bmatrix} c_1 \\ -c_2^* \end{bmatrix} + \begin{bmatrix} w_1 \\ -w_2^* \end{bmatrix}$$

ここで，h_1, h_2 は 2 送信アンテナから移動機へのパス利得である．雑音サンプル w_1, w_2 は，複素平面当たりの雑音電力 N_0 を持つゼロ平均の複素ガウスランダム変数の独立したサンプルである．したがって $\mathbf{r} = \mathbf{Hc} + \mathbf{w}$ で，行列 $\mathbf{H}$ は直交行列である．Alamouti 符号が広い商業的関心を集める理由は，同期検出，非同期検出の双方を非常に簡単に実装できることにある．移動機でパス利得が既知の場合（一般的にチャネル推定のためにデータフレーム中にパイロットトーンを挿入することで伝送レートを犠牲にして実行される），受信機は次式を形成する．

$$\mathbf{H}^* \mathbf{r} = \|\mathbf{h}\|^2 \mathbf{c} + \mathbf{w}'$$

新しい雑音項 $\mathbf{w}'$ は白色のままなので，c_1, c_2 は，非常に複雑なジョイント等化・復号方法でなくとも独立に復号することができる．

$u_0, u_1, \ldots, u_{s-1}$ を正の整数とし，$x_0, x_1, \ldots, x_{s-1}$ を可換性不定元 (commuting indeterminate) とする．形式 $(u_0, u_1, \ldots, u_{s-1})$ の実直交化設計において，大きさを N とすると，要素 $0, \pm x_0, \pm x_1, \ldots, \pm x_{s-1}$ の $N \times N$ の行列 $\mathbf{X}$ は次式を満足する．

$$\mathbf{X}\mathbf{X}^T = \sum_{j=0}^{s-1} u_j x_j^2 \mathbf{I}_N$$

s 個の不定元と N タイムスロットがあると，直交化設計の効率は s/N である．

$N = 2$ の場合：形式 $(1,1)$ で大きさ $N = 2$ の実直交化設計は，実数 $\mathbf{R}$ 上で 2×2 の行列代数として複素数 $\mathbf{C}$ を表すことに相当する．複素数 $x_0 + \mathbf{i} x_1$ は次式の行列に相当する．

$$\begin{bmatrix} x_0 & x_1 \\ -x_1 & x_0 \end{bmatrix}$$

$N = 4$ の場合：形式 $(1,1,1,1)$ で大きさ $N = 4$ の実直交化設計は，実数 $\mathbf{R}$ 上で 4×4 の行列代数として四元数 $\mathbf{Q}$ を表現することに相当する．四元数 $x_0 + \mathbf{i} x_1 + \mathbf{j} x_2 + \mathbf{k} x_3$ は次式の行列に相当する．

$$\begin{bmatrix} x_0 & x_1 & x_2 & x_3 \\ -x_1 & x_0 & -x_3 & x_2 \\ -x_2 & x_3 & x_0 & -x_1 \\ -x_3 & -x_2 & x_1 & x_0 \end{bmatrix} = x_0 \mathbf{I}_4 + x_1 \begin{bmatrix} & 1 & & \\ -1 & & & \\ & & & -1 \\ & & 1 & \end{bmatrix}$$

$$+ x_2 \begin{bmatrix} & & 1 & \\ & & & 1 \\ -1 & & & \\ & -1 & & \end{bmatrix} + x_3 \begin{bmatrix} & & & 1 \\ & & -1 & \\ & 1 & & \\ -1 & & & \end{bmatrix}$$

$N = 8$ の場合:形式 $(1,1,\cdots,1)$ で大きさ $N = 8$ の実直交化設計は,実数 $\mathbf{R}$ 上で八元の行列代数として八元数またはケーリー数(Cayley number)を表現することに相当する.この代数は非可換性であるのと同様に,非結合性である.

大きさ N で形式 $(u_0, u_1, \ldots, u_{s-1}; v_1, v_2, \ldots, v_t)$ の複素直交化設計は行列 $\mathbf{Z} = \mathbf{X} + \mathbf{iY}$ である.ここで,$\mathbf{X}$ と $\mathbf{Y}$ はそれぞれの形式が $(u_0, u_1, \ldots, u_{s-1})$ と $(v_1, v_2, \ldots, v_t)$ の実直交化設計で,次式を満足する.

$$\mathbf{ZZ}^* = \sum_{j=0}^{s-1} u_j x_j^2 + \sum_{j=1}^{t} v_j y_j^2 \mathbf{I}_N$$

次に,
$$\mathbf{ZZ}^* = (\mathbf{X} + \mathbf{iY})(\mathbf{X}^T - \mathbf{iY}^T) = (\mathbf{XX}^T + \mathbf{YY}^T) + \mathbf{i}(\mathbf{YX}^T - \mathbf{XY}^T),$$

なので,$\mathbf{YX}^T = \mathbf{XY}^T$ となる.このようにして結合した実直交化設計の組は,友愛数(amicable pair)と呼ばれている(より情報を知りたい場合は参考文献 [37] 参照).$t = s$ とする場合,$\mathbf{X} + \mathbf{iY}$ の要素は複素不定元 $z_k = x_k + \mathbf{i}y_k$ とその複素共役 $z_k^* = x_k - \mathbf{i}y_k$ の線形結合である.実際に参考文献 [72] で示される複素直交化設計の定義は,この不定元に関して与えられる.複素直交化設計の効率は $(s+t)/2N$ となる.

大きさ N で $t = s+1$ の複素直交化設計は,次式の解決法を通して大きさ $2N$ の実直交化設計が決定される.

$$x_0 + \mathbf{i}x_1 \to \begin{bmatrix} x_0 & x_1 \\ -x_1 & x_0 \end{bmatrix}$$

$N=2$ の場合：これは Alamouti の STBC である．四元数を複素数の組として見なすことができる．ここで，四元数 (a,b) と (c,d) の積は $(ac-bd^*, ad+bc^*)$ で与えられる．これは Hamilton の四元数で，(a,b) の組と次式の 2×2 の複素行列とを結びつけると，

$$\begin{bmatrix} a & b \\ -b^* & a^* \end{bmatrix},$$

となり，四元数の乗算と行列乗算が一致することが分かる．

$N=4$ の場合：Alamouti の STBC は，上記の置き換えで得られるフルレートの 4×4 実直交化設計を決定する．しかしながら，フルレートの 8×8 実直交化設計は，4×4 の複素直交化設計から求めることはできない．

複素数の4個の組としての八元数の表現は，極値複素直交化設計の例である．八元数の積 $\mathbf{c}=\mathbf{ab}$ ($\mathbf{a}=(a_0,a_1,a_2,a_3)$ で $\mathbf{b}=(b_0,b_1,b_2,0)$) は次式で与えられる．

$$c_0 = a_0 b_0 - b_1^* a_1 - b_2^* a_2 - a_3^* b_3$$
$$c_1 = b_1 a_0 + a_1 b_0^* - a_3 b_2^* + b_3 a_2^*$$
$$c_2 = b_2 a_0 - a_1^* b_3 + a_2 b_0^* + b_1^* a_3$$
$$c_3 = b_3 a_0^* + a_1 b_2 - b_1 a_2 + a_3 b_0$$

八元数 $\mathbf{a}$ に $\mathbf{b}=(b_0,b_1,b_2,0)$ の形式の八元数を乗算した積の右辺は，$\mathbf{ab}=\mathbf{a}R(b_0,b_1,b_2,0)$ として表記することができる．ここで，

$$R(b_0,b_1,b_2,0) = \begin{bmatrix} b_0 & b_1 & b_2 & 0 \\ -b_1^* & b_0^* & 0 & b_2 \\ -b_2^* & 0 & b_0^* & -b_1 \\ 0 & -b_2^* & b_1^* & b_0 \end{bmatrix} \quad (A4.1)$$

となる．この行列の列要素は直交しており，したがって $R(b_0,b_1,b_2,0)$ は符号化率 $3/4$ の複素直交化設計となる．

t 個の対称でかつ大きさ N の非可換性直交行列が与えられるとき，反対称でかつ t 個の行列の初期設定を変えない大きさ N の非可換性直交行列の数を $\rho_t(N)-1$ とする．次の二つの定理は，クリフォード代数 [17] を使用するものと，Wolfe[85] によるものとである．

定理 A4.1: 大きさ N の実直交化設計の友愛数 $\mathbf{X}, \mathbf{Y}$ が存在する．ここで，$s \leq \rho_t(N) - 1$ のときかつそのときに限り，$\mathbf{X}$ は変数 $x_0, x_1, \ldots, x_{s-1}$ に関して形式 $(1, \ldots, 1)$ となり，$\mathbf{Y}$ は変数 $y_1, y_2, \ldots, y_t$ に関して形式 $(1, \ldots, 1)$ となる．

定理 A4.2: N_0 を奇数とする場合に，$\mathbf{X}, \mathbf{Y}$ を大きさ $N = 2^h N_0$ の実直交化設計の友愛数とする．このとき，$\mathbf{X}$ と $\mathbf{Y}$ の実変数の総数はせいぜい $2h+2$ で，この限界は $\mathbf{X}$ と $\mathbf{Y}$ がそれぞれ $h+1$ 個の変数を含むように設計することで達成される．

事実として，量子化誤差を訂正する符号の構造に見られるパウリ行列群は $\mathbf{X}, \mathbf{Y}$ の組を構成するために使用され，$\mathbf{X}$ の要素は $0, \pm x_0, \ldots, \pm x_s$ で，$\mathbf{Y}$ の要素は $0, \pm y_1, \ldots, \pm y_t$ である [13].

参考文献（第4章）

[1] N. Al-Dhahir, "Single-carrier frequency-domain equalization for space–time block-coded transmissions over frequency-selective fading channels," *IEEE Commun. Letters*, vol. 5, no. 7, pp. 304–306, July 2001.

[2] N. Al-Dhahir, "Overview and comparison of equalization schemes for space–time-coded signals with application to EDGE," *IEEE Trans. Signal Processing*, vol. 50, no. 10, pp. 2477–2488, Oct. 2002.

[3] N. Al-Dhahir, C. Fragouli, A. Stamoulis, Y. Younis, and A. R. Calderbank, "Space–time processing for broadband wireless access," *IEEE Commun. Magazine*, vol. 40, no. 9, pp. 136–142, Sept. 2002.

[4] N. Al-Dhahir, G. Giannakis, B. Hochwald, B. Hughes, and T. Marzetta, "Guest editorial on space–time coding," *IEEE Trans. Signal Processing*, vol. 50, no. 10, pp. 2381–2384, Oct. 2002.

[5] S. Alamouti, "A simple transmit diversity technique for wireless communications," *IEEE J. Select. Areas Commun.*, vol. 16, no. 8, pp. 1451–1458, Oct. 1998.

[6] H. Balakrishnan, V. N. Padmanabhan, S. Seshan, and R. H. Katz, "A comparison of mechanisms for improving TCP performance over wireless links," *IEEE/ACM Trans. Networking*, vol. 5, no. 6, pp. 756–769, Dec. 1997.

[7] G. Bauch and N. Al-Dhahir, "Reduced-complexity space–time turbo-equalization for frequency-selective MIMO channels," *IEEE Trans. Wireless Commun.*, vol. 1, no. 4, pp. 819–828, Oct. 2002.

[8] S. Benedetto and G. Montorsi, "Unveiling turbo codes: some results on parallel concatenated coding schemes," *IEEE Trans. Inform. Theory*, vol. 42, no. 2, pp. 409–428, March 1996.

[9] C. Berrou and A. Glavieux, "Near optimum error correcting coding and decoding: turbo-codes," *IEEE Trans. Commun.*, vol. 44, no. 10, pp. 1261–1271, Oct. 1996. Also see C. Berrou, A. Glavieux, and P. Thitimajshima, *Proceedings of ICC'93*.

[10] K. Boulle and J. C. Belfiore, "Modulation schemes designed for the Rayleigh channel," In *Proc. Conf. Inform. Sci. Syst. (CISS '92)*, pp. 288–293, March 1992.

[11] J. Boutros and E. Viterbo, "Signal space diversity: a power and bandwidth efficient diversity technique for the Rayleigh fading channel," *IEEE Trans. Inform. Theory*, vol. 44, no. 4, pp. 1453–1467, July 1998.

[12] A. R. Calderbank, S. N. Diggavi, and N. Al-Dhahir, "Space–time signaling based on Kerdock and Delsarte–Goethals codes," In *Proc. ICC*, pp. 483–487, June 2004.

[13] A. R. Calderbank and A. F. Naguib, "Orthogonal designs and third generation wireless communication." In J. W. P. Hirschfeld, ed., *Surveys in Combinatorics 2001, London Mathematical Society Lecture Note Series 288*, pp. 75–107. Cambridge University Press, 2001.

[14] A. R. Calderbank, S. Das, N. Al-Dhahir, and S. Diggavi, "Construction and analysis of a new quaternionic space–time code for 4 transmit antennas," *Commun. Inform. Syst.*, vol. 5, no. 1, pp. 97–121, 2005.

[15] M. Chiang, S. H. Low, J. C. Doyle, and A. R. Calderbank, "Layering as optimization decomposition," *Proceedings of the IEEE*. to appear, 2006.

[16] D. Chu, "Polyphase codes with good periodic correlation properties," *IEEE Trans. Inform. Theory*, vol. 18, pp. 531–532, July 1972.

[17] W. K. Clifford, "Applications of Grassman's extensive algebra," *Amer. J. Math.*, vol. 1, pp. 350–358, 1878.

[18] M. O. Damen, K. Abed-Meraim, and J.-C. Belfiore, "Diagonal algebraic space–time block codes," *IEEE Trans. Inform. Theory*, vol. 48, no. 3, pp. 628–636, March 2002.

[19] M. O. Damen, A. Chkeif, and J.-C. Belfiore, "Lattice codes decoder for space–time codes," *IEEE Commun. Letters*, vol. 4, pp. 161–163, May 2000.

[20] M. O. Damen, H. El-Gamal, and N. Beaulieu, "On optimal linear space–time constellations," *Intl. Conf. on Communications. (ICC)*, May 2003.

[21] S. Diggavi, N. Al-Dhahir, A. Stamoulis, and A. R. Calderbank, "Differential space–time coding for frequency-selective channels," *IEEE Commun. Letters*, vol. 6, no. 6, pp. 253–255, June 2002.

[22] S. N. Diggavi, N. Al-Dhahir, and A. R. Calderbank, "Diversity embedded space–time codes," In *IEEE Global Communications Conf. (GLOBECOM)*, pp. 1909–1914, Dec. 2003.

[23] S. N. Diggavi, N. Al-Dhahir, and A. R. Calderbank (2004a). "Diversity embedding in multiple antenna communications," In P. Gupta, G. Kramer, and A. J. van Wijngaarden, eds, *Network Information Theory*, pp. 285–302. *AMS Series on Discrete Mathematics and Theoretical Computer Science*, vol. 66. Appeared as a part of *DIMACS Workshop on Network Information Theory*, March 2003.

[24] S. N. Diggavi, N. Al-Dhahir, A. Stamoulis, and A. R. Calderbank, "Great expectations: the value of spatial diversity to wireless networks," *Proceedings of the IEEE*, vol. 92, pp. 217–270, Feb. 2004.

[25] S. N. Diggavi, S. Dusad, A. R. Calderbank, and N. Al-Dhahir, "On embedded diversity codes," In *Allerton Conf. on Communication, Control, and Computing*, 2005.

[26] S. N. Diggavi and D. N. C. Tse, "On successive refinement of diversity," In *Allerton Conf. on Communication, Control, and Computing*, 2004.

[27] S. N. Diggavi and D. N. C. Tse, "Fundamental limits of diversity-embedded codes over fading channels," In *IEEE Intl. Symp. on Information Theory (ISIT)*, pp. 510–514, Sept. 2005.

[28] S. N. Diggavi, N. Al-Dhahir, and A. R. Calderbank, "Algebraic properties of space-time block codes in intersymbol interference multiple access channels," *IEEE Trans. Inform. Theory*, vol. 49, no. 10, pp. 2403–2414, Oct. 2003.

[29] H. El-Gamal, G. Caire, and O. Damen, "Lattice coding and decoding achieve the optimal diversity–multiplexing of MIMO channels," *IEEE Trans. Inform. Theory*, vol. 50, no. 6, pp. 968–985, June 2004.

[30] H. El-Gamal and O. Damen, "Universal space–time coding," *IEEE Trans. Inform. Theory*, vol. 49, no. 5, pp. 1097–1119, May 2003.

[31] H. El-Gamal and A. R. Hammons, "A new approach to layered space–time coding and signal processing," *IEEE Trans. Inform. Theory*, vol. 47 no. 6, pp. 2321–2334, Sept. 2001.

[32] P. Elia, K. R. Kumar, S. A. Pawar, P. V. Kumar, and H.-F. Lu, "Explicit minimum-delay space–time codes achieving the diversity–multiplexing gain trade off," Submitted September 2004.

[33] G. J. Foschini, "Layered space–time architecture for wireless communication in a fading environment when using multi-element antennas," *Bell Labs Techn. J.*, vol. 1, no. 2, pp. 41–59, 1996.

[34] C. Fragouli, N. Al-Dhahir, and W. Turin, "Effect of spatio-temporal channel correlation on the performance of space–time codes," In *ICC*, vol. 2, pp. 826–830, 2002.

[35] C. Fragouli, N. Al-Dhahir, and W. Turin, "Training-based channel estimation for multiple-antenna broadband transmissions," *IEEE Trans. Wireless Commun.*, vol. 2, no. 2, pp. 384–391, March 2003.

[36] R. G. Gallager, *Low Density Parity Check Codes*, Cambridge, MA: MIT Press, 1963. Available at http://justice.mit.edu/people/gallager.html.

[37] A. V. Geramita and J. Seberry, "Orthogonal Designs, Quadratic Forms and Hadamard Matrices. Lecture Notes in Pure and Applied Mathematics," vol. 43. New York: Marcel Dekker, 1979.

[38] L. Godara, "Applications of antenna arrays to mobile communications. Part I. Performance improvement, feasibility, and system considerations," *Proceedings of the IEEE*, vol. 85, pp. 1031–1060, July 1997.

[39] L. Godara, "Applications of antenna arrays to mobile communications. Part II.

Beamforming and direction-of-arrival considerations," *Proceedings of the IEEE*, vol. 85, pp. 1195–1245, 1997.

[40] A. Goldsmith, *Wireless Communications*, Cambridge: Cambridge University Press, 2005.

[41] J.-C. Guey, M. P. Fitz, M. R. Bell, and W.-Y. Kuo, "Signal design for transmitter diversity wireless communication systems over Rayleigh fading channels," *IEEE Trans. Commun.*, vol. 47, no. 4, pp. 527–537, April 1999.

[42] A. R. Hammons and H. El-Gamal, "On the theory of space–time codes for PSK modulation," *IEEE Trans. Inform. Theory*, vol. 46, no. 2, pp. 524–542, March 2000.

[43] B. Hassibi and B. Hochwald, "High-rate codes that are linear in space and time," *IEEE Trans. Inform. Theory*, vol. 48, no. 7, pp. 1804–1824, July 2002.

[44] S. Haykin, *Adaptive Filter Theory*, 2nd edn. Upper Saddle River, NJ: Prentice-Hall, 1991.

[45] B. Hochwald and W. Sweldens, "Differential unitary space–time modulation," *IEEE Trans. Commun.*, vol. 48, no. 12, pp. 2041–2052, Dec. 2000.

[46] B. M. Hochwald and T. L. Marzetta, "Capacity of a mobile multiple-antenna communication link in Rayleigh flat-fading," *IEEE Trans. Inform. Theory*, vol. 45, no. 1, pp. 139–157, Jan. 1999.

[47] B. L. Hughes "Differential space–time modulation," *IEEE Trans. Inform. Theory*, vol. 46, no. 7, pp. 2567–2578, Nov. 2000.

[48] H. Jafarkhani, "A quasi-orthogonal space–time block code," *IEEE Commun. Letters*, vol. 49, no. 1, pp. 1–4, Jan. 2001.

[49] H. Jafarkhani and V. Tarokh, "Multiple transmit antenna differential detection from generalized orthogonal designs," *IEEE Trans. Inform. Theory*, vol. 47, no. 6, pp. 2626–2631, Sept. 2001.

[50] W. C. Jakes, *Microwave Mobile Communications*. New York: IEEE Press, 1974.

[51] K. J. Kerpez, "Constellations for good diversity performance," *IEEE Trans. Commun.*, vol. 41, no. 9, pp. 1412–1421, Sept. 1993.

[52] C. Komninakis, C. Fragouli, A. Sayed, and R. Wesel, "Multi-input multi-output fading channel tracking and equalization using Kalman estimation," *IEEE Trans. Signal Processing*, vol. 50, no. 5, pp. 1065–1076, May 2002.

[53] E. Lindskog and A. Paulraj, "A transmit diversity scheme for delay spread channels," In *Intl. Conf. on Communications (ICC)*, pp. 307–311, 2000.

[54] Y. Liu, M. Fitz, and O. Takeshita, Space–time codes performance criteria and design for frequency selective fading channels. In *Intl. Conf. on Communications (ICC)*, vol. 9, pp. 2800–2804, 2001.

[55] Y. Liu, M. P. Fitz, and O. Y. Takeshita, "Full rate space–time turbo codes," *IEEE J. Select. Areas Commun.*, vol. 19, no. 5, pp. 969–980, May 2001.

[56] Z. Liu, G. Giannakis, A. Scaglione, and S. Barbarossa, "Decoding and equalization of unknown multipath channels based on block precoding and transmit-antenna diversity," In *Asilomar Conf. on Signals, Systems, and Computers*, pp. 1557–1561, 1999.

[57] B. Lu, X. Wang, and K. R. Narayanan, "LDPC-based space–time coded OFDM systems over correlated fading channels: performance analysis and receiver design," *IEEE Trans. Commun.*, vol. 50, no. 1, pp. 74–88, Jan. 2002

[58] H. F. Lu and P. V. Kumar, "Rate–diversity trade-off of space–time codes with fixed alphabet and optimal constructions for PSK modulation," *IEEE Trans. Inform. Theory*, vol. 49, no. 10, pp. 2747–2752, Oct. 2003.

[59] H. F. Lu and P. V. Kumar, "A unified construction of space–time codes with optimal rate–diversity trade-off," *IEEE Trans. Inform. Theory*, vol. 51, no. 5, pp. 1709–1730, May 2005.

[60] H. Minn and N. Al-Dhahir, "PAR-constrained training signal designs for MIMO OFDM channel estimation in the presence of frequency offsets," In *Vehicular Technology Conf.*, 2005.

[61] H. Minn and N. Al-Dhahir, "Training signal design for MIMO OFDM channel estimation in the presence of frequency offsets," In *Wireless Communications and Networking Conf.*, 2005.

[62] A. Naguib, V. Tarokh, N. Seshadri, and A. R. Calderbank, "A space–time coding modem for high-data-rate wireless communications," *IEEE J. Select. Areas in Commun.*, vol. 16, no. 8, pp. 1459–1477, Oct. 1998.

[63] L. H. Ozarow, S. Shamai, and A. D. Wyner, "Information theoretic considerations for cellular mobile radio," *IEEE Trans. Vehicular Technol.*, vol. 43, no. 2, pp. 359–378, May 1994.

[64] S. Parkvall, M. Karlsson, M. Samuelsson, L. Hedlund, and B. Goransson, "Transmit diversity in WCDMA: link and system level results," In *Vehicular Technology Conf.*, pp. 864–868, 2000.

[65] T. Rappaport, *Wireless Communications*, New York: IEEE Press, 1996.

[66] H. Sari, G. Karam, and I. Jeanclaude, "Transmission techniques for digital terrestrial TV broadcasting," *IEEE Commun. Magazine*, vol. 33, no. 2, pp. 100–109, 1995.

[67] N. Seshadri and J. Winters, "Two signaling schemes for improving the error performance of frequency-division-duplex (FDD) transmission systems using transmitter antenna diversity," In *Vehicular Technology Conf. (VTC)*, pp. 508–511, 1993.

[68] S. Siwamogsatham, M. P. Fitz, and J. H. Grimm, "A new view of performance analysis of transmit diversity schemes in correlated Rayleigh fading," *IEEE Trans. Inform. Theory*, vol. 48, no. 4, pp. 950–956, April 2002.

[69] R. Soni, M. Buehrer, and R. Benning, "Intelligent antenna system for cdma2000," *IEEE Signal Processing Magazine*, vol. 19, no. 4, pp. 54–67, Oct. 2004.

[70] A. Stamoulis and N. Al-Dhahir, "Impact of space–time block codes on 802.11 network throughput," *IEEE Trans. Wireless Commun.*, vol. 2, no. 5, pp. 1029–1039, Sept. 2003.

[71] V. Tarokh and H. Jafarkhani, "A differential detection scheme for transmit diversity," *IEEE J. Select. Areas Commun.*, vol. 18, no. 7, pp. 1169–1174, July 2000.

[72] V. Tarokh, H. Jafarkhani, and A. R. Calderbank, "Space–time block codes from orthogonal designs," *IEEE Trans. Inform. Theory*, vol. 45, no. 5, pp. 1456–1467, 1999.

[73] V. Tarokh, A. Naguib, N. Seshadri, and A. R. Calderbank, "Space–time codes for high data rate wireless communication: performance criteria in the presence of channel estimation errors, mobility, and multiple paths," *IEEE Trans. Commun.*, vol. 47, no. 2, pp. 199–207, Feb. 1999.

[74] V. Tarokh, N. Seshadri, and A. R. Calderbank, "Space–time codes for high data rate wireless communications: performance criterion and code construction," *IEEE Trans. Inform. Theory*, vol. 44, no. 2, pp. 744–765, Mar. 1998.

[75] S. Tavildar and P. Viswanath, "Approximately universal codes over slow-fading channels," *IEEE Trans. Inform. Theory,* vol. 52 no. 7 pp. 3233–3258, July 2006. See also http://www.ifp.uiuc.edu/~pramodv/pubs.html.

[76] I. Telatar, "Capacity of multi-antenna Gaussian channels," *Eur. Trans. Telecomm.*, vol. 10, no. 6, pp. 585–595, 1999.

[77] T.I. "Space–time block coded transmit antenna diversity for WCDMA," Texas Instruments SMG2 document 581/98, submitted October 1998.

[78] TIA, "The CDMA 2000 candidate submission," Draft of TIA 45.5 Subcommittee.

[79] L. Tong and S. Perreau, "Multichannel blind identification: from subspace to maximum likelihood methods," *Proceedings of the IEEE*, vol. 86, no. 10, pp. 1951–1968, Oct. 1998.

[80] D. N. C. Tse and P. Viswanath, *Fundamentals of Wireless Communication*, Cambridge: Cambridge University Press, 2005.

[81] J. Uddenfeldt and A. Raith, "Cellular digital mobile radio system and method of transmitting information in a digital cellular mobile radio system," US Patent no. 5,088,108, 1992.

[82] M. Uysal, N. Al-Dhahir, and C. N. Georghiades, "A space–time block-coded OFDM scheme for unknown frequency-selective fading channels," *IEEE Commun. Letters*, vol. 5, no. 10, pp. 393–395, Oct. 2001.

[83] S. Vaughan-Nichols, "Achieving wireless broadband with WiMAX," *IEEE Computer Magazine*, vol. 37, no. 6, pp. 10–13, June 2004.

[84] A. Wittneben, "A new bandwidth efficient transmit antenna modulation diversity scheme for linear digital modulation," In *Intl. Conf. on Communications (ICC)*, pp. 1630–1634, May 1993.

[85] W. Wolfe, "Amicable orthogonal designs – existence," *Canadian J. Math.*, vol. 28, pp. 1006–1020, 1976.

[86] H. Yao and G. Wornell, "Achieving the full MIMO diversity–multiplexing frontier with rotation based space–time codes," In *Allerton Conf. on Communication, Control, and Computing*, 2003.

[87] W. Younis, A. Sayed, and N. Al-Dhahir, "Efficient adaptive receivers for joint equalization and interference cancellation in multi-user space–time block-coded systems," *IEEE Trans. Signal Processing*, vol. 51, no. 11, pp. 2849–2862, Nov. 2003.

[88] L. Zheng and D. N. C. Tse, "Communication on the Grassmann manifold: a geometric approach to the noncoherent multiple-antenna channel," *IEEE Trans. Inform. Theory*, vol. 48, no. 2, pp. 359–383, Feb. 2002.

[89] L. Zheng and D. N. C. Tse, "Diversity and multiplexing: a fundamental trade off in multiple-antenna channels," *IEEE Trans. Inform. Theory*, vol. 49, no. 5, pp. 1073–1096, May 2003.

[90] A. Zhou and G. B. Giannakis, "Space–time coding with maximum diversity gains over frequency-selective fading channels," *IEEE Signal Processing Letters*, vol. 8, no. 10, pp. 269–272, Oct. 2001.

第5章

受信機設計の基本

5.1 ■はじめに

　本章では，周波数フラットチャネルにおけるシングルユーザのMIMO受信機に注目する（より一般的なチャネルにおけるマルチユーザシステムは次章において説明する）．はじめに，無符号化MIMOシステムの最適（最尤（ML：Maximum-Likelihood））受信機についての簡単な説明を行う．最適受信機は演算量が膨大になるため，実用的ではない．そのため，演算量を許容可能な範囲に抑えつつも最適受信器に近い性能を達成する受信機を見つけ出すことが重要である．それにより，変調多値数を小さく抑えたり，アンテナの数を少なくしたりといった実装面での制限を取り除くことができる．演算量問題を解決する有力な手法として，線形受信機とスフェアディテクションアルゴリズムを基にした受信機について検討する．次に，受信信号の反復処理について述べる．そこでは因子グラフの考え方について説明する．因子グラフを使用することにより，MIMO受信機や各アルゴリズムが基本としている近似演算を，単純な手法で分類することができる．さらに，因子グラフを使用することにより，反復（ターボ）アルゴリズムとEXITチャートを通したターボアルゴリズムの収束特性を"無理なく"説明することができる．そこで，因子グラフを使用し，MIMO信号の受信のための反復アルゴリズムを説明する．また同時に，因子グラフの考え方を用いて容易に展開できる非反復処理についても説明する．

　本章においては，チャネル情報（すなわちすべてのパスの利得の値）が受信機側で既知であり，送信機側ではチャネル分布（すなわち各チャネル利得の結合確率密度関数）のみが既知であると仮定する．さらに，チャネルは準静的（つまり，あるデータフレームあるいは符号語が送信されている間はチャネルの状態が一定）であり，送信信号は2次元であると仮定する．

　本章は以下のように構成される．5.2節において，無符号化信号に対する簡易な受信

機について説明する．5.3 節において因子グラフ，sum–product アルゴリズム，そしてターボアルゴリズムについて述べる．その次の二節においては，因子グラフに基づいて MIMO 受信機を分類する．5.4 節では無符号化 MIMO システムについて，5.5 節では符号化 MIMO システムについて検討する．最後に 5.6 節において，過去の文献において示されている準最適受信機に関する詳細な説明を付け加える．

5.2 ■無符号化信号の受信

まず，無符号化 MIMO 伝送の通常の入出力の関係（図 1.2 参照）について考える．

$$\mathbf{y} = \mathbf{H}\mathbf{x} + \mathbf{n} \tag{5.1}$$

ここで，$\mathbf{n}$ は空間的・時間的に平均値がゼロである円対称複素ガウス（ZMCSCG：Zero-Mean Circularly Symmetric Complex Gaussian）雑音ベクトルであり，その各構成要素の分散値は N_0 である．また，係数 $\sqrt{E_s/M_t}$ については，今後の議論に関係がないことから，簡略化のため省略した．$\mathbf{x}$ を最尤判定するためには，次の式で表される $\mathbf{x}$ に関する二乗ノルムを最小化する必要がある．

$$\widehat{\mathbf{x}} = \arg\min_{\mathbf{x}} \|\mathbf{y} - \mathbf{H}\mathbf{x}\|_F^2 = \arg\min_{\mathbf{x}} \sum_{i=1}^{M_R} \left| y_i - \sum_{j=1}^{M_T} h_{i,j} x_j \right|^2 \tag{5.2}$$

ここで，$h_{i,j}$ は行列 $\mathbf{H}$ の i 行 j 列の要素である．式 (5.2) の右辺を正確に計算するためには，$\mathbf{x}$ の各値につき $M_R \times M_T$ 個の項を加算しなければならない．$\mathbf{x}$ は $M_T \times 1$ 次元のベクトルであるため，その値の候補数は 2^{QM_T} 個である．ここで，2^Q は信号点配置の点数を表しており，Q は信号当たりのビット数である．これが，式 (5.2) で表される $\mathbf{x}$ に関するノルムの最小値を算出するために必要な演算量である．これより最尤受信機の演算量は，Q と M_T に関して指数関数的に増加することがわかる．そのため，最尤受信機の実装を考えたとき，信号点配置の点数と送信アンテナ数は制限される．以降，ある程度の性能劣化を代償に，受信機の演算量を削減することができる信号検出器をいくつか簡単に説明する．次に，少ない演算量で最尤判定と同等の性能を発揮するアルゴリズムについて述べる．

5.2.1 ■線形受信機

線形受信機の基本的な考え方は，受信信号を線形変換することによる前処理である．

$$\tilde{\mathbf{y}} \stackrel{\triangle}{=} \mathbf{A}\mathbf{y} = \mathbf{A}\mathbf{H}\mathbf{x} + \mathbf{A}\mathbf{n}$$

このような線形変換によってチャネル行列 $\mathbf{AH}$ を対角行列に近付けることにより，$\mathbf{x}$ の各要素の検出を別々に行うことが可能となる．この前処理行列 $\mathbf{A}$ は，行列 $\mathbf{AH}$ の非対角要素がゼロになるように選ばれる（ゼロフォーシング受信機）．

$$\tilde{\mathbf{y}} = \mathbf{H}^\dagger \mathbf{y} \tag{5.3}$$

（$\mathbf{H}^\dagger$ は $\mathbf{H}$ の Moore-Penrose の擬似逆行列である）もしくは，前処理行列 $\mathbf{A}$ は，行列 $\mathbf{AH}$ の非対角要素とフィルタを通した雑音 $\mathbf{An}$ を同時に考慮したときの影響を最小にするように選ばれる（線形最小二乗誤差受信機，または LMMSE）．

$$\tilde{\mathbf{y}} = \left(\mathbf{H}^H \mathbf{H} + \frac{N_0}{E}\mathbf{I}\right)^{-1} \mathbf{H}^H \mathbf{y} \tag{5.4}$$

ここで，E と N_0 はそれぞれベクトル $\mathbf{x}$ の一要素の平均エネルギーと雑音の分散値を示しており，$\mathbf{I}$ は $M_T \times M_T$ の単位行列である．特に受信アンテナの数と送信アンテナの数が等しいとき，性能の劣化と引き換えに，線形受信機により受信機の処理が簡略化されることが期待される（例えば参考文献 [11] と [29, p.152 以下] を参照）．

5.2.2 ■判定帰還型受信機

判定帰還型検出の前処理は，チャネル行列 $\mathbf{H}$[24, p.112] の分解を利用する．分解は，式 (5.5) の積の形で表すことができる．

$$\mathbf{H} = \mathbf{QR} \tag{5.5}$$

簡単のため，$M_R \geq M_T$ の場合を仮定する（最も一般的なケースは参考文献 [15] において扱っている）と，$\mathbf{Q}^H \mathbf{Q} = \mathbf{I}$ であり，$\mathbf{R}$ は $M_T \times M_T$ 上三角行列である．この分解を用いて，受信信号ベクトルを変形させることにより，

$$\tilde{\mathbf{y}} = \mathbf{Rx} + \tilde{\mathbf{n}}, \tag{5.6}$$

が算出される．ここで，変形された雑音ベクトル $\tilde{\mathbf{n}} \triangleq \mathbf{Q}^H \mathbf{n}$ は $\mathbf{n}$ の統計的な性質を保持している．距離 $m(\mathbf{x}) \triangleq \|\mathbf{y} - \mathbf{Hx}\|_F^2$ を最少化することと式 (5.7) を最少化することは，等しいことがわかる．

$$\tilde{m}(\mathbf{x}) \triangleq \|\tilde{\mathbf{y}} - \mathbf{Rx}\|_F^2 \tag{5.7}$$

$\mathbf{R}$ の構造から，ベクトル $\mathbf{x}$ の各要素の検出には以下の検出法が用いられる．まず，$|\tilde{y}_{M_T} - r_{M_T,M_T} x_{M_T}|^2$ を最少化することにより x_{M_T} を検出する．そして，判定した $\hat{x}_{M_T}$ を

用い $|\tilde{y}_{M_T-1} - r_{M_T-1,M_T-1}x_{M_T-1} - r_{M_T-1,M_T}\hat{x}_{M_T}|^2 + |\tilde{y}_{M_T} - r_{M_T,M_T}\hat{x}_{M_T}|^2$ を最小化することで，$\hat{x}_{M_T-1}$ を検出する．このアルゴリズムは，誤り伝播を引き起こす傾向がある（つまりある要素の誤った検出はその後に検出される要素の誤った判定を引き起こす傾向がある）．判定帰還形受信機の性能は，アンテナの分類（つまり信号成分を検出する順番）を何らかの手法で最適化することによって改善が可能である．

5.2.3 ■スフェアディテクション

スフェアディテクションアルゴリズム（SDA：Sphere Detection Algorithm）は，最尤判定と同等（もしくはほぼ同等）の性能を少ない演算量で実現することが可能である．基本的な考え方は，最適な $\mathbf{x}$ の探索を一部の可能性の高い候補に制限することである．具体的には，r を半径とする $\mathbf{y}$ を中心とした超球の内部に探索を制限する．

$$\|\mathbf{y} - \mathbf{H}\mathbf{x}\|_F^2 \leq r^2 \tag{5.8}$$

$r = \infty$ である場合，式 (5.8) は最尤判定問題とまったく同じ問題となるために，演算量削減の効果はない．適切な r を選ぶことができた場合に，演算量は削減される．すなわち探索すべき $\mathbf{x}$ の数が大幅に削減できる程度，かつ超球に含まれる成分が空にならない程度に r を選ぶことができた場合に演算量は削減される．

スフェアディテクションの基本的な考え方と実装法がいくつか報告されている [2,6,15]．ここでは，SDA の単純なものについて説明する．そして，その拡張法について簡潔に述べる．末端にある葉がすべての $\mathbf{x}$ の候補に対応している木構造を考える．末端から頂点までの枝は，$\mathbf{x}$ の成分に対応している．図 5.1 に，送信アンテナが 3 本，信号点

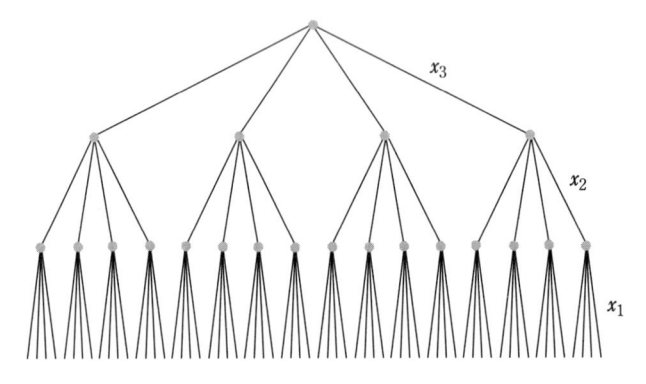

図 5.1　QPSK を用いた $M_T = 3$ の MIMO システムにおける SDA の実装を表した木構造

配置に QPSK を用いた場合の木構造を示す．さらに，式 (5.6) のように $\mathbf{y}$ は $\mathbf{Q}^H$ を乗算されていると仮定する．これによる性能の劣化は起こらない．図 5.1 より，最尤判定はすべての枝に対する距離 $\tilde{m}(x) = \|\tilde{\mathbf{y}} - \mathbf{R}\mathbf{x}\|_F^2$ を計算することによって木を探索し，見つけた最小値を保持しておく手法とみなすことがことができる．SDA は木を剪定することに相当し，探索すべき枝の数を減らすことにより演算量を削減する．

SDA の簡単なアルゴリズムを以下に述べる．5.2.2 節において述べた判定帰還を用いることにより，あらかじめ推定した $\mathbf{x}$ の推定値 $\hat{\mathbf{x}}$ を得る．そして，対応する距離 $\tilde{m}(\hat{\mathbf{x}}) \triangleq \|\tilde{\mathbf{y}} - \mathbf{R}\hat{\mathbf{x}}\|_F^2$ を計算する．この値を，探索する最尤ベクトルが含まれる球の半径の 2 乗として用いる．ここで，木に対して，頂点から末端への深さ優先探索を行う．距離は，式 (5.9) の各項を一つ一つ加算することにより計算される．

$$\|\tilde{\mathbf{y}} - \mathbf{R}\mathbf{x}\|_F^2 = \sum_{i=1}^{M_T} |\tilde{y}_i - (\mathbf{R}\mathbf{x})_i|^2 \tag{5.9}$$

あるノードの探索において，すでに加算されてきた部分的な $\tilde{m}(\hat{\mathbf{x}})$ より合計値が大きい，もしくは等しいことがわかったときはその下の葉を探索することに意味はなくなる．そのため，その葉は剪定され，考慮する必要がなくなる．小さい $\tilde{m}(\hat{\mathbf{x}})$ を持つ新しい $\mathbf{x}$ が見つかった場合，後の工程は新しい $\mathbf{x}$ で置き換えて計算する（幾何学的にこれは探索すべき最尤 $\mathbf{x}$ の超球が収縮することに対応している）．

この基本的なアルゴリズムにはいくつかの種類があり，以下のようなアルゴリズムも考えられる．

(1) 複素信号によって分類された枝を持つ深さ M_T の木構造を使用する代わりに，$\mathbf{x}$ の実数部と虚数部を分けることにに により得られる二つの実信号によって枝を分類した，深さ $2M_T$ の木構造を使用する．この手法では，式 (5.9) の項の数，そなわち探索すべきノードの数が増加する．しかし，一つのノード内の演算量は減少する．参考文献 [6（p.1569, 3-B 章）] において，SDA を超大規模集積回路（VLSI：Very Large Scale Integration）へ実装する場合には，複素信号を用いる方法がより効率的であることが述べられている．

(2) 深さ優先探索の代わりに，幅優先探索もしくは L–ベスト探索を用いる．L–ベスト探索は，幅優先探索を近似したものである．その名の通り，木のそれぞれの深度において，L 個まで最も小さい部分距離を持つノードを保持しておく．この手法は，必ずしも最尤な信号に辿り着くとは限らない（それゆえ準最適である）．しかしこの手法には，確率的に一定な処理速度を持つという有利な点がある．

(3) 実信号によって枝が分類された木構造において，正方形の信号点配置（例えば 64QAM）を用いた場合，ある SDA のアルゴリズムは，各ノードにおいて，下位の枝を分類する信号を探索するための実時間間隔を必要とする．

5.3 ■因子グラフと反復処理

ここでは，反復 MIMO 受信機の検討に移る．例として，因子グラフに基づいた最大事後確率（MAP：Maximum A Posteriori Probability）判定について検討する．具体的には，ベクトル $\mathbf{x} = (x_1, \ldots, x_n)$ の集合である信号空間 $\mathcal{C}$ 上の符号を仮定する．ここで，$\mathbf{x}$ の成分 x_i は信号集合 $\mathcal{X}$ の要素である．MAP 判定は，チャネルへの入力信号 $\mathbf{x}$ の出力 $\mathbf{y} = (y_1, \ldots, y_n)$ を観測し，

$$\hat{x}_i = \arg\max_{x_i \in \mathcal{X}} f(x_i \mid \mathbf{y}), \qquad i = 1, \ldots, n \tag{5.10}$$

を探索することで行われる．ここで，この最大化は符号構造に従う．MAP 判定は，シンボル誤り率を最小化するアルゴリズムである．また，すべてのシンボルが等しく尤もらしい場合，MAP 判定は最尤判定と等価である．

一般的に，ひとたび $f(x_i \mid \mathbf{y})$ を計算すれば，式 (5.10) の最大化は容易である．なぜなら，通常 $\mathcal{X}$ に含まれる x_i の候補数は比較的少なく，すべての x_i の候補に関するこの関数の演算が全体の演算量の大部分を占めるからである．演算が困難であるのは，事後確率（APP：A Posteriori Probabilitie）と呼ばれる関数 $f(x_i \mid \mathbf{y})$ の部分である．事実，この関数の計算には周辺化（marginalize）が必要である．すなわち，

$$f(x_i \mid \mathbf{y}) = \sum_{x_1}\sum_{x_2}\cdots\sum_{x_{i-1}}\sum_{x_{i+1}}\cdots\sum_{x_n} f(\mathbf{x} \mid \mathbf{y}), \tag{5.11}$$

の計算が必要である．ここで，$f(\mathbf{x} \mid \mathbf{y})$ は既知であり，$\mathbf{x} \in \mathcal{C}$ である．加算されるべきインデックスの集合 $x_1, \ldots, x_{i-1}, x_{i+1}, \ldots, x_n$ を簡略化して $\sim x_i$ で表すこととすると，式 (5.11) は以下のように書くことができる．

$$f(x_i \mid \mathbf{y}) = \sum_{\sim x_i} f(\mathbf{x} \mid \mathbf{y}) \tag{5.12}$$

シンボル x_i の MAP 判定は，2 ステップからなる．周辺化（すなわち，$f(x_i \mid \mathbf{y})$ の計算）と，硬判定（すなわち，x_i に関する $f(x_i \mid \mathbf{y})$ の最大化）である．

5.3.1 ■因子グラフ

$x_i \in \mathcal{X}, i = 1, \ldots, n$ について式 (5.11) の演算を行った場合，周辺化の演算量は n に関して指数関数的に増加していく．周辺化されるべき関数 f が n 個以下の変数を持つ関数の積の形に因子分解されるとき，演算量の削減が可能である．例えば，以下のように因子分解できる関数 $f(x_1, x_2, x_3)$ を考える．

$$f(x_1, x_2, x_3) = g_1(x_1, x_2) g_2(x_1, x_3) \tag{5.13}$$

この関数の周辺（marginal）$f_1(x_1)$ は，次のように計算できる．

$$f_1(x_1) \triangleq \sum_{\sim x_1} f(x_1, x_2, x_3)$$
$$= \sum_{x_2} \sum_{x_3} g_1(x_1, x_2) g_2(x_1, x_3) = \sum_{x_2} g_1(x_1, x_2) \sum_{x_3} g_2(x_1, x_3)$$

これより，この周辺化は二つの簡略化された周辺 $\sum_{x_2} g_1(x_1, x_2)$ と $\sum_{x_3} g_2(x_1, x_3)$ を別々に計算し，その後に乗算することで求めることができる．この手順は，因子グラフを用いることで図に示すことができる．図 5.2 に関数 f を式 (5.13) のように因子分解した因子グラフを示す．ここで，それぞれのノードは関数を計算するプロセッサとして見ることができ，その引数はノードに繋がっているエッジとして表される．このエッジは，プロセッサ同士の情報をやり取りするためのチャネルとして見ることができる．g_1 ノードにおいて x_1 と x_2 は既知であるため，最初の加算 $\Sigma_{x_2} g_1(x_1, x_2)$ は g_1 ノードにおいて計算することができる．同様に，二つ目の加算 $\Sigma_{x_3} g_2(x_1, x_3)$ は，g_2 ノードにおいて計算することができる．

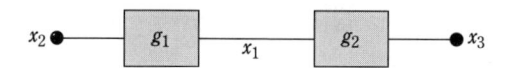

図 5.2　関数 $f(x_1, x_2, x_3) = g_1(x_1, x_2) g_2(x_1, x_3)$ の因子グラフ

形式的に（ノーマル因子）グラフは，ノードとエッジとハーフエッジの組合せにより表される．すべての因子は一つ一つのノードに対応し，すべての変数は一つ一つのエッジもしくはハーフエッジに対応する．変数 x が関数 g の引数である場合のみ，関数 g を表すノードは変数 x を表すエッジもしくはハーフエッジに繋がっている．ハーフエッジは一つのノードにのみ繋がっており，黒丸 ● で終端される．図 5.2 の例では，因子 g_1 と g_2 を表すノードが二つと，一つのエッジ，そして二つのハーフエッジで構

成されている．因子グラフの重要な特徴は，ループの有無である．どこかの（ハーフではない）エッジを取り除くことによって，グラフを二つの独立なサブグラフに分けることができる場合は，そのグラフにループはないと言える．長さ l のループとは，l 個のエッジを持ち，それ自身へまた戻ってくるようなグラフの道筋である．グラフの内周の長さとは，そのグラフの最短のループの長さのことである．

ノーマルグラフの定義は，二つ以上の因子に同じ変数が存在しないグラフである．例えば図 5.3(a) のグラフは，この定義を満たしていない．変数 x_1 が因子 g_1, g_2, g_3 に存在している．そのため，変数 x_1 は一つ以上のエッジに対応している．図 5.3(a) をノーマルグラフにするためには，二つ以上の因子への同じ変数の存在を許容するためのクローンが必要である．クローンを作ることにより，すべての因子グラフをノーマル因子グラフに，一般性と効率性を失うことなく変換することが可能となる．以下では，その変換について説明する．

Iverson 関数

P は，真もしくは偽を表す命題とする．$[P]$ により Iverson 関数を表す．

$$[P] \triangleq \begin{cases} 1, & P \text{ が真である} \\ 0, & P \text{ が偽である} \end{cases}$$

n 個の命題 $P_1, \ldots, P_n$ がある場合，次のような因子分解が可能である．

$$[P_1 \text{ かつ } P_2 \ldots \text{ かつ } P_n] = [P_1][P_2]\cdots[P_n]$$

この関数により，どのようなグラフであってもノーマルグラフに変換することが可能となる．実際に，以下のように（引数が三つある特別な場合），Iverson 関数を用いて"繰り返し"関数 $r_=$ を定義する．

$$r = (x_1, x_1', x_1'') \triangleq [x_1 = x_1' = x_1''] \tag{5.14}$$

図 5.3(a) の分岐点を繰り返し関数を表すノードに変換することで，図 5.3(a) は図 5.3(b) のようなノーマルグラフに変換される．

5.3.2 ■因子グラフの例

ここでは，符号化通信システムの研究において中心的な役割を果たしている因子グラフの例をいくつか説明する．

5.3 ■因子グラフと反復処理

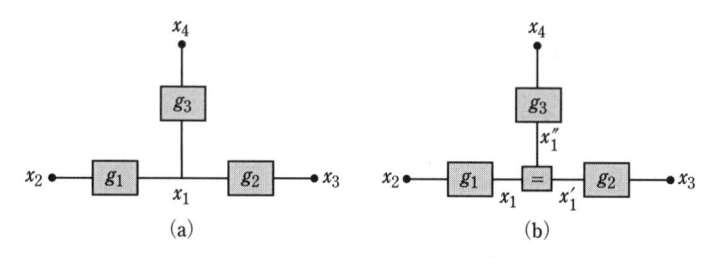

図 5.3 関数 $f(x_1, x_2, x_3, x_4) = g_1(x_1, x_2) g_2(x_1, x_3) g_3(x_1, x_4)$ の因子グラフ：(a) 非ノーマルグラフ形式，(b) ノーマルグラフ形式

タナー（Tanner）グラフ

線形バイナリブロック符号は，タナーグラフにより表される．符号語 $\mathbf{x}$ を含む (N, K) バイナリ線形符号 $\mathcal{C}$ と，次式で与えられる $(N-K) \times n$ パリティ検査行列 $\mathbf{H}$ を考える[1]．

$$\mathbf{H} = \begin{bmatrix} \mathbf{h}_1 \\ \vdots \\ \mathbf{h}_{N-K} \end{bmatrix}$$

N 個のバイナリの組合せである符号語 $\mathbf{x}$ が $\mathcal{C}$ の符号語であるための条件は，次の $(N-K)$ 個の制約が満たされることである．

$$\mathbf{h}_i \mathbf{x}' = 0, \quad i = 1, \ldots, N-K$$

ここで，$(\cdot)'$ は転置を表している．Iverson 関数を用いることにより，以下のように書くことができる．

$$[\mathbf{x} \in \mathcal{C}] = [\mathbf{h}_1 \mathbf{x}' = 0, \ldots, \mathbf{h}_{N-K} \mathbf{x}' = 0] = \prod_{i=1}^{N-K} [\mathbf{h}_i \mathbf{x}' = 0] \quad (5.15)$$

式 (5.15) の右辺の中の i 番目の因子は，枝をつなぐ加算ノード $\oplus$ を用いることにより，図で表すことが可能である．ここで，枝は $\mathbf{h}_i$ により検査される $\mathbf{x}$ の要素に対応している．図 5.4 と図 5.5 は，ループがない場合とある場合のタナーグラフの例をそれぞれ示している．

---

[1] 本章では，MIMO チャネル行列とパリティ検査行列のブロック符号を表すために，双方とも $\mathbf{H}$ を用いている．表記が同じであることに起因する混乱はないと考えられ，また双方ともそれが一般的であり慣例であるため，極力それに従うことにしている．

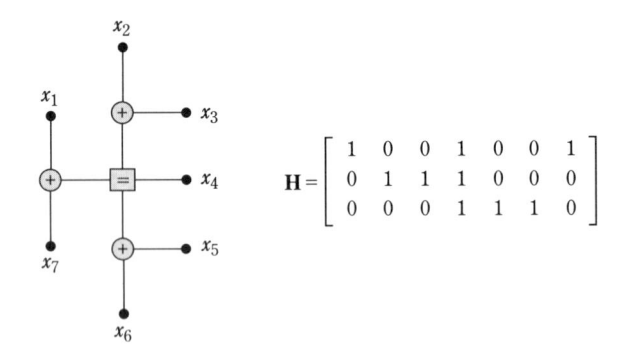

図 5.4 パリティ検査行列 **H** を用いた線形バイナリ符号のノーマルタナーグラフ．このグラフにループは含まれていない

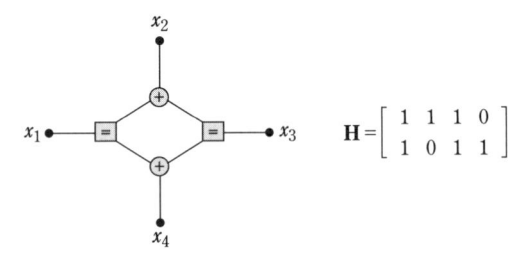

$$\mathbf{H} = \begin{bmatrix} 1 & 0 & 0 & 1 & 0 & 0 & 1 \\ 0 & 1 & 1 & 1 & 0 & 0 & 0 \\ 0 & 0 & 0 & 1 & 1 & 1 & 0 \end{bmatrix}$$

図 5.5 パリティ検査行列 **H** を用いた線形バイナリ符号のノーマルタナーグラフ．このグラフにループは含まれている

$$\mathbf{H} = \begin{bmatrix} 1 & 1 & 1 & 0 \\ 1 & 0 & 1 & 1 \end{bmatrix}$$

TWLK（Tanner–Wiberg–Loeliger–Koetter）グラフ

ノーマルグラフは，元来トレリスにより記述される符号（例えば終端された畳み込み符号）を記述するために用いることも可能である．トレリスは，時刻 $i-1$ $(i=1,\ldots,n)$ のチャネルシンボル x_i と，それにより引き起こされる状態遷移 $\sigma_{i-1} \to \sigma_i$ の組合せ $(\sigma_{i-1}, x_i, \sigma_i)$ として見ることができる．状態 σ_{i-1} から状態 σ_i の遷移を表しているトレリスを $\mathcal{T}_i$ とおく．$\mathcal{T}$ の中における枝の名前は，変数 x_i の範囲で表現される．一方，時刻 $i-1$ および i のノードは状態変数 σ_{i-1} および σ_i の範囲で表現される．最初と最後（それぞれ時刻ゼロと N に相当）の状態変数は，一つの値をとる．i 番目の部分トレリスにおける関数は，

$$[(\sigma_{i-1}, x_i, \sigma_i) \in \mathcal{T}_i], \tag{5.16}$$

であり，全体トレリス（図 5.6）は以下の Iverson 関数の積に対応する．

5.3 ■因子グラフと反復処理

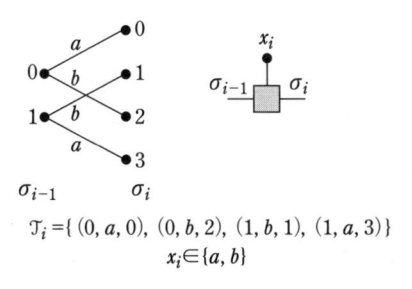

$$\mathfrak{T}_i = \{(0, a, 0), (0, b, 2), (1, b, 1), (1, a, 3)\}$$
$$x_i \in \{a, b\}$$

図 5.6 トレリス部分と，それを表すノーマル TWLK グラフにおけるノード

$$[\mathbf{x} \in \mathcal{C}] = \prod_{i=1}^{n} [(\sigma_{i-1}, x_i, \sigma_i) \in \mathfrak{T}_i] \tag{5.17}$$

このような表現においては，グラフエッジが状態，信号シンボルを有する黒丸，および制約条件のあるノードとどのように関連しているかに注意されたい．また，符号表現は，状態遷移の引き金となる符号化される前の信号シンボルに対応するノードを加えることで，さらに理解が容易になる．これらの符号化される前の信号シンボルを u_i として表すことで，以下のようにトレリスを書くことが可能である．

$$[\mathbf{x} \in \mathcal{C}] = \prod_{i=1}^{n} [(\sigma_{i-1}, u_i, x_i, \sigma_i) \in \mathfrak{T}_i] \tag{5.18}$$

簡単な例として，長さ 4 のバイナリ反復符号のタナーグラフ，トレリス，および TWLK グラフを図 5.7 に示す．図 5.7(b) の反復ノードは，各トレリス区間，符号化シンボル，初期状態，最終状態の四つが一致することを示している．

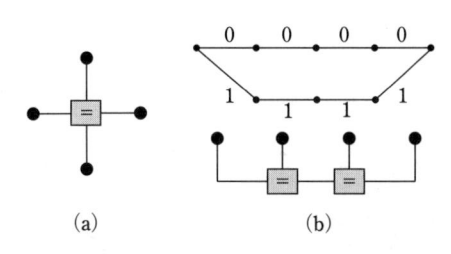

図 5.7 (4,1) バイナリ反復符号の三つの表現：(a) ノーマルタナーグラフ (b) トレリスと TWLK グラフ

第5章 受信機設計の基本

分散チャネルの因子グラフ

ここではチャネルの因子グラフについて検討する．最初の例として，加法性白色ガウス雑音（AWGN：Additive White Gaussian Noise）と線形シンボル間干渉による影響を受けるチャネルについて検討する．具体的には，N 次元複素ベクトル $\mathbf{x} = (x_1,\ldots,x_N)'$ が入力されたときのチャネル応答が，$(N+L)$ 次元ベクトル $\mathbf{y} = (y_1,\ldots,y_{N+L})'$ であるチャネルについて検討する．ここで，

$$y_k = \sum_{i=0}^{L} h_i x_{k-i} + n_k,$$

であり，$i < 0$ のとき $x_i = 0$ である．n_k は複素ガウス雑音であり，$h_0,\ldots,h_L$ は L 個のチャネルメモリのそれぞれのチャネル利得である．$(N+L) \times N$ のチャネル行列 $\mathbf{H}$ を適切に定義することにより，下記のように表すことができる．

$$\mathbf{y} = \mathbf{Hx} + \mathbf{n}$$

ここで，$\mathbf{n}$ は複素ガウス雑音ベクトルであり，その要素は独立で，平均値がゼロ，分散は $\mathcal{E}\,|n_i|^2 = N_0$ ですべての i において等しい．チャネルの入出力の関係は，以下の条件付き確率密度関数（PDF：Probability Density Function）により記述される．

$$f(\mathbf{y}\mid\mathbf{x}) \propto \exp\left(-\|\mathbf{y}-\mathbf{Hx}\|_F^2/N_0\right) = \prod_{k=1}^{N+L} f(y_k\mid\mathbf{x}) \tag{5.19}$$

ここで，

$$f(y_k\mid\mathbf{x}) \triangleq \exp\left(-\Big|y_k - \sum_{i=1}^{N} x_i k_{k-1}\Big|^2/N_0\right), \tag{5.20}$$

である．式 (5.19) の因子分解に対応する因子グラフを図 5.9 に示す．

式 (5.19) の特別なケースとして，$L=0$ の場合（すなわちシンボル間干渉が起こらない場合）はメモリレスチャネルと呼ばれる．したがって

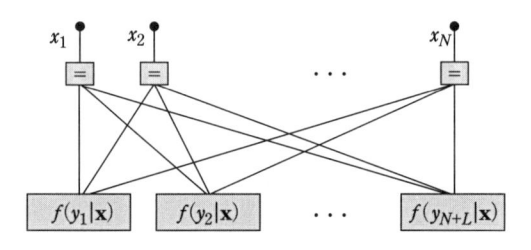

図 5.8 分散チャネルにおける因子グラフ

5.3 ■因子グラフと反復処理

$$f(\mathbf{y} \mid \mathbf{x}) = \prod_{k=1}^{N} f(y_k \mid x_k), \tag{5.21}$$

である.対応する因子グラフは,図 5.9 に示すように,それぞれのノードが独立である.

図 5.9　メモリレスチャネルにおける因子グラフ

MIMO チャネルの因子グラフ

ここでは,式 (5.1) の送信アンテナが M_T 本,受信アンテナが M_R 本である MIMO チャネルを仮定する.チャネルの入出力関係は,式 (5.22) の条件付き確率密度関数によって記述される.

$$f(\mathbf{y} \mid \mathbf{y}) \propto \exp\left(-\|\mathbf{y} - \mathbf{H}\mathbf{x}\|_F^2/N_0\right) = \prod_{k=1}^{M_R} f(y_k \mid \mathbf{x}) \tag{5.22}$$

ここで,

$$f(y_k \mid \mathbf{x}) \triangleq \exp\left(-|y_k - \mathbf{h}_k\mathbf{x}|^2/N_0\right), \tag{5.23}$$

である.また,$\mathbf{h}_k$ は $\mathbf{H}$ の k 行目のベクトルを表している.式 (5.22) の因子分解に対応する因子グラフを図 5.10 に示す.図 5.8 と図 5.10 の類似点は,干渉が存在することである(図 5.8 はシンボル間干渉,図 5.10 は空間干渉)[2].

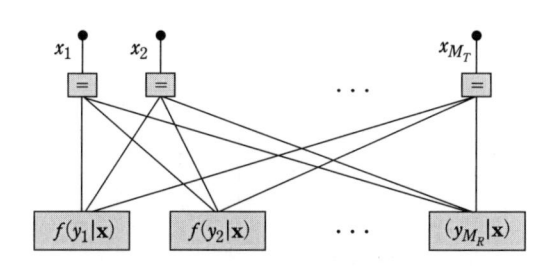

図 5.10　MIMO チャネルにおける因子グラフ

---

[2]ここで,マルチユーザ検出は,この構造としても見ることができる.干渉は複数のユーザが共通のチャネルを使用することに起因する [13].

5.3.3 ■ sum–product アルゴリズム

sum–product アルゴリズム（SPA：Sum–Product Algorithm）は，ノーマル因子グラフで記述可能な因子を持つような関数の周辺を効率的に算出することが可能である．これは，グラフにループがない場合に有効であり，いくつかのステップを経て，それぞれのエッジに関連付けられた変数に対応する周辺関数を導くことができる．

このアルゴリズムにおいては，それぞれのエッジに各方向へ向けたメッセージが一つずつ，合計二つのメッセージが関連付けられている．それぞれのメッセージは $\mu(x_i)$ で表され，方向に依存した変数 x_i の関数である．$\mu(x_i)$ はベクトルの形で与えられ，その要素は x_i に対応するメッセージの実際の値である．バイナリ変数の確率分布であるメッセージは，便宜的に二つの確率の比，もしくはその対数により，一つの値として表される．具体的に MAP 判定に着目すると，メッセージ (μ_0, μ_1) は等価的に $(1, \mu_1/\mu_0)$，もしくは $(0, \log(\mu_1/\mu_0))$ として表される．演算が必要となるのは，このベクトルの二つ目の要素のみである [18, 25]．

因子 $g(x_1, \ldots, x_n)$ を表すノードを考える（図 5.11）．エッジ x_i を通過して，この関数ノードから出力されるメッセージ $\mu_{g \to x_i}(x_i)$ は，以下の関数で表される．

$$\mu_{g \to x_i}(x_i) = \sum_{\sim x_i} g(x_i, \ldots, x_n) \prod_{l \neq i} \mu_{x_l \to g}(x_l) \tag{5.24}$$

ここで，$\mu_{x_l \to g}(x_l)$ はエッジ x_l から g へ入力されるメッセージである．要するに，メッセージ $\mu_{g \to x_i}(x_i)$ は，g と x_i 以外すべてのエッジを通って g へ入力されるメッセージの積を，x_i 以外のすべての変数に関して加算したものである．単一のノードにつながっているハーフエッジは，そのノードに向けて定数 1 のメッセージを送信する．

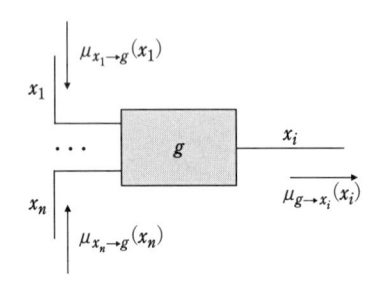

図 5.11　sum–product アルゴリズムの基本ステップ

以下に，二つの特別な重要例を挙げる．

5.3 ■因子グラフと反復処理

(1) g が引数 x_i だけの関数である場合，式 (5.24) の積の項は存在しない．よって，以下の式を得る．
$$\mu_{g \to x_i}(x_i) = g(x_i)$$

(2) g が繰り返し関数 $f_=$ である場合，以下の式を得る．
$$\mu_{f_= \to x_i}(x_i) = \prod_{l \neq i} \mu_{x_l \to f_=}(x_i) \tag{5.25}$$

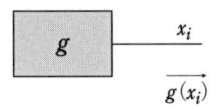

図 5.12 ノードが引数を一つのみ持つ関数であるときの sum–product アルゴリズムの基本ステップ

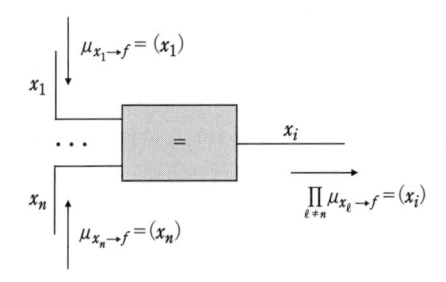

図 5.13 ノードが繰り返し関数 $f_=$ であるときの sum–product アルゴリズムの基本ステップ

簡単な例

以下の関数を考える．
$$f(x_1, x_2, x_3) = g_1(x_1) g_2(x_1, x_2) g_3(x_2, x_3)$$

この関数の因子グラフを図 5.14 に示す．x_2 に関する周辺化は以下のように計算される．
$$f_2(x_2) = \sum_{x_1} \sum_{x_3} g_1(x_1) g_2(x_1, x_2) g_3(x_2, x_3)$$
$$= \underbrace{\sum_{x_1} g_x(x_1, x_2) \underbrace{g_1(x_1)}_{\mu_{g_1 \to x_1}(x_1)} \cdot \underbrace{\sum_{x_3} g_3(x_2, x_3)}_{\mu_{g_3 \to x_2}(x_2)}}_{\mu_{g_2 \to x_2}(x_2)}$$

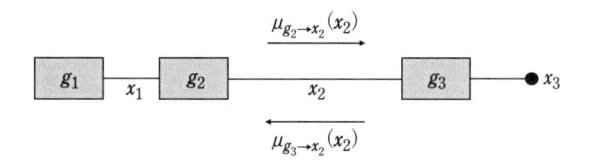

図 5.14 関数 $g_1(x_1)g_2(x_1,x_2)g_3(x_2,x_3)$ の因子グラフと変数 x_2 に関する周辺化を適用した sum–product アルゴリズムによって交換されるメッセージ

この式は，SPA においてエッジ x_2 を通じて交換される，二つのメッセージの積となっている．

スケジューリング

グラフの中のメッセージは，それぞれのエッジにおいて双方向で計算しなければならない．すべてのメッセージをあるスケジュールに沿って計算した後に，あるエッジに関する二つのメッセージを乗算することにより，周辺関数が算出される．ここで，計算のスケジュール設計は，アルゴリズムの効率性に影響を与えるということに注意されたい．スケジュールによっては，どこかの入力メッセージが更新されたとき，すべてのノードにおいてその出力メッセージを更新しなければならない．ループがないグラフにおいては，メッセージの計算は葉からはじめる．そして，式 (5.24) に必要なすべての項が揃った時点で順々に次のノードへと進んでいく．フラッディングスケジュールにおいては，メッセージはすべてのエッジに同時に送信される [25]．

5.3.4 ループがある因子グラフ：反復アルゴリズム

ループがあるグラフにおいても，SPA は応用可能である．その場合，それぞれのノードにおいて個別に，初期値と演算スケジュールと停止ルールを明確にし，式 (5.24) の sum–product 演算を実装することが必要である．しかしながら，この反復（"ターボ"）アルゴリズムは収束しない可能性がある．もしくは，誤った APP 分布に収束する可能性がある（収束のための厳密な条件は近年の研究課題である）．まだ厳密に証明されたわけではないが，収束を妨げる恐れがあるため，短いループは回避すべきであることがよく知られている．しかし，因子グラフの内周が大きい場合，ループはないものとして近似が可能である[3]．ある交点からのある半径内の範囲について考えたと

---

[3]低密度パリティ検査符号の場合は，n が大きい場合においてループがないグラフの仮定が成り立つことが参考文献 [31] で証明されている．一方，ターボ符号の場合は経験則的に成り立つことがわかっている．

きに，どの交点においても局所的にループを持たないグラフを作成可能とするために，十分にグラフの内周を大きくするべきである．そのためには，システムの変数の数を多くするべきである．さらに，インタリーバを導入するべきである．インタリーバは，例えば低密度パリティ検査（LDPC：Low Density Parity Check）符号や，ターボ符号において用いられている．このような条件の下で，実際に多くのケースにおいて，アルゴリズムは正しい判定結果をもたらす確率分布を"収束する"．以上のような理由により，実際に強力な符号の復号が可能となっている（参考文献 [18, 7（9章）] を参照）．

演算量と性能のトレードオフに基づいた反復アルゴリズムの近似も可能である．以下に，MIMO 受信機の具体的な問題に関する例をいくつか説明する．近似は，元の因子グラフをループのない因子グラフへ変換することを目的として行われる．これは，変数の数が少なく，グラフの内周を大きくできない場合に特に有効であり，いくつかのループの除去が可能である[4]．例えば，メッセージを以下のように変形する [18, 20, 43]．

(1) 一つを除いてメッセージのすべての要素が存在しない場合（これはシンボルに対する硬判定に相当する），その反対方向のメッセージを計算する必要がない．

(2) メッセージのすべての要素が等しくなった場合（これはシンボルの消去に相当する），その反対方向のメッセージのみ算出する．

(1) と (2) のケースは両方とも，元々方向性を持たないグラフを部分的に方向性のあるグラフに変換している．ノードのグループ化 [25] によってもループを除去することが可能である．もしくは，元々使用している sum–product アルゴリズムを二つ用いることで，オリジナルのグラフを二つに分けることも可能である [18]．

5.3.5 ■因子グラフと受信機の構成

ここで，送信シンボル x_i の MAP 検出の問題に戻る．MAP 判定のためには，条件付き確率密度関数 $f(x_i \mid \mathbf{y})$ を最大化する x_i を見つければよいということが，これまでの検討によりわかっている．ここで，$\mathbf{y}$ は送信ベクトル $\mathbf{x}$ に対応する受信ベクトルである．$f(x_i \mid \mathbf{y})$ の演算は，2段階で行われる．まず，$f(\mathbf{x} \mid \mathbf{y})$ を因子分解する．次に，それを x_i に関して周辺化する．結果として，次式を得る．

$$f(\mathbf{x} \mid \mathbf{y}) \propto f(\mathbf{x})f(\mathbf{y} \mid \mathbf{x})$$

---

[4]近似をすることなくループを除去することは常に可能である．しかし，膨大な演算量の増加が必要となることがある．

確率密度関数 $f(\mathbf{x})$ は，送信信号の統計的な値に関する既知情報を表している．一方，$f(\mathbf{y} \mid \mathbf{x})$ は，チャネルについての既知情報を表している．次の二つのケースは特に興味深い．

(1) 送信信号が符号化されていない場合

送信信号が独立で，事前確率がわかっていると仮定すると，

$$f(\mathbf{x}) = \prod_{i=1}^{N} f(x_i),$$

である．

(2) 送信ベクトル $\mathbf{x}$ が符号 $\mathcal{C}$ に含まれる等しく尤もらしい符号語である場合

$f(\mathbf{x}) = 1/|\mathcal{C}|$ であるので，$\mathbf{x}$ が符号語であれば，

$$f(\mathbf{x}) \propto [\mathbf{x} \in \mathcal{C}],$$

である（符号 $\mathcal{C}$ の符号語でない場合は $f(\mathbf{x}) = 0$ である）．

特殊なケースは，5.3.2 項においてすでに検討した．

一般的なチャネルにおける復号

以下の関係がわかっている場合，

$$f(\mathbf{x} \mid \mathbf{y}) \propto [\mathbf{x} \in \mathcal{C}] \times f(\mathbf{y} \mid \mathbf{x}),$$

$f(\mathbf{x} \mid \mathbf{y})$ の因子分解の因子グラフは，符号グラフ（関数 $[\mathbf{x} \in \mathcal{C}]$ を表す）をチャネルグラフ（関数 $f(\mathbf{y} \mid \mathbf{x})$ を表す）に結合することで得られる．対応する sum–product アルゴリズムを図 5.15 に示す．ここで，$i(x_i)$ は符号関数の内部メッセージ，$e(x_i)$ は外部メッセージと呼ばれている（チャネル関数からの視点では，"内部"と"外部の関係"が入れ替わる）．

ここで，$i = 1, \ldots, N$ のとき，

$$\begin{cases} i(x_i) = \sum_{\sim x_i} f(\mathbf{y} \mid \mathbf{x}) \prod_{j \neq i} e(x_j) \\ e(x_i) = \sum_{\sim x_i} [\mathbf{x} \in \mathcal{C}] \prod_{j \neq i} i(x_j) \end{cases},$$

である．特殊なメモリレスチャネルの場合，簡単に以下の式で表される．

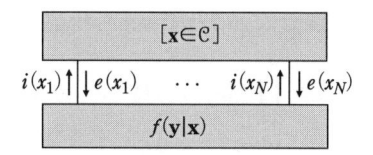

図 5.15 一般的なチャネルの復号に関する sum–product アルゴリズム

$$i(x_i) = f(y_i \mid x_i)$$

この関数は，$e(x_i)$ がどの程度その符号構成と，y_i を除いた **y** の要素に依存しているのかを示している（これがメッセージ $e(x_i)$ が外部メッセージと呼ばれる理由である）．

分散チャネルの等化

ベクトル **x** の要素を独立なランダム変数であると仮定したとき，符号化をしない場合，以下のように書くことができる．

$$f(\mathbf{x} \mid \mathbf{y}) \propto \prod_{i=1}^{N} f(x_i) \times f(\mathbf{y} \mid \mathbf{x})$$

対応する sum–product アルゴリズムを図 5.16 に示す．ここで，

$$\begin{cases} i(x_i) = f(x_i) \\ e(x_i) = \sum_{\sim x_i} f(\mathbf{y} \mid \mathbf{x}) \prod_{j \neq i} i(x_j) \end{cases},$$

である．

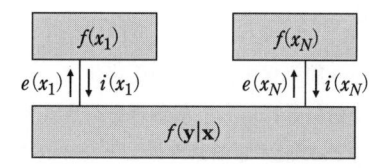

図 5.16 一般的なチャネルの等化に関する sum–product アルゴリズム

5.4 無符号化 MIMO 受信機

前にも触れたように，MIMO チャネルから出力された符号化されていない信号の検出は，一般的なチャネルの等化の特別なケースと考えることができる．ノーマルグラフ

を図 5.17 に示す．この図 5.17 は式 (5.23) で与えられた $f(y_i \mid \mathbf{x})$ を用いた因子分解，

$$\begin{aligned} f(\mathbf{x} \mid \mathbf{y}) &\propto \prod_{i=1}^{M_T} f(x_i) \times f(\mathbf{y} \mid x_1, \ldots, x_{M_T}) \\ &= \prod_{j=1}^{M_T} f(x_i) \times \prod_{j=1}^{M_R} f(y_j \mid \mathbf{x}), \end{aligned} \quad (5.26)$$

に対応している．

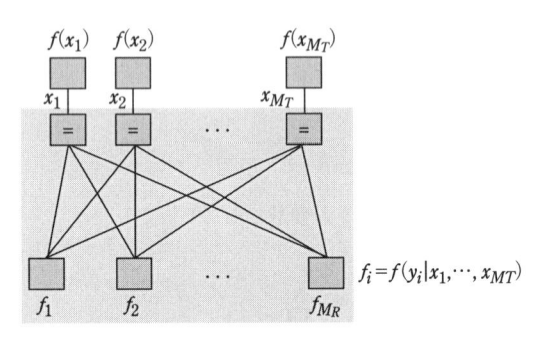

図 5.17 MIMO チャネルの出力における符号化されていない信号の APP 検出を示す因子グラフ

図 5.17 のグラフはループを持っている．しかし実際は，多数のアンテナによって内周が長くならない限り，反復アルゴリズムは適当ではない場合がある．そのため，周辺化を行う複雑さを回避することができる非反復型受信機が推奨される．これらを，因子グラフを用いて分類する．具体的には，準最適 MIMO 受信機を，3 タイプの簡略化を考慮することにより規定する．これらの簡略化手法の組合せにより，受信信号検出アルゴリズムが構成される．

(1) 因子グラフの構造をより簡略化する．この簡略化は，一般的には空間干渉の影響を制限するために，受信信号に対して前処理を行うことにより得られる．観測ベクトル $\mathbf{y}$ をベクトル $\tilde{\mathbf{y}}$ へ変形する前処理のことをインタフェースと呼ぶ．チャネル行列 $\mathbf{H}$ への依存性を強調するための線形インタフェース $\mathbf{A}(\mathbf{H})$ は，5.1 節において簡単に述べたように，$\mathbf{y}$ を以下の式に変形する．

$$\tilde{\mathbf{y}} \triangleq \mathbf{A}(\mathbf{H})\mathbf{y} = \mathbf{A}(\mathbf{H})\mathbf{H}\mathbf{x} + \mathbf{A}(\mathbf{H})\mathbf{n} \quad (5.27)$$

(2) グラフのノード間で交換されるメッセージを簡略化された演算により近似する．
(3) 検出アルゴリズムを，一回の掃引（有限のステップ数を経て実現される）を利用して構成する．

5.4.1 ■線形インタフェース

本節では，5.1 節において検討した二つの線形インタフェースについて検討し，結果としてのアルゴリズムと，それらが因子グラフに及ぼす変更点を示す．

ゼロフォーシングインタフェース

受信信号 $\mathbf{y}$ の線形変換 $\tilde{\mathbf{y}} = \mathbf{H}^\dagger \mathbf{y}$ は，以下のように変換される．

$$\tilde{\mathbf{y}} = \mathbf{x} + \mathbf{H}^\dagger \mathbf{n}$$

この式は，受信信号から空間干渉が完全に除去されること示しており，このインタフェースを Zero-Forcing（ZF）と呼ぶ．そのため，因子グラフは図 5.18 に示すような切り離されたものとなり，シンボルごとの判定が可能となる．ZF のよく知られている欠点は，雑音共分散行列の変更に起因する雑音強調である．

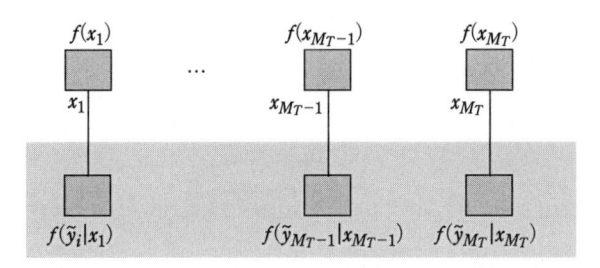

図 5.18 ZF インタフェースを用いた MIMO 受信機の因子分解を示す因子グラフ

線形 MMSE インタフェース

もう一方の前処理技術は，平均二乗誤差（MSE：Mean-Square Error）の最小化に基づいている．送信シンボルは独立で同一な分布（iid：independent, identical distribution）を持つという仮定の下で，線形最小 MSE（LMMSE：Linear Minimum MSE）インタフェースは，下式で与えられる MSE を最小化することで与えられる．

$$\mathcal{E}[\|\mathbf{A}\mathbf{y} - \mathbf{x}\|_F^2]$$

一般的な表現である式 (5.27) において，LMMSE のインタフェースは以下の行列によって表される．

$$\mathbf{A}(\mathbf{H}) = \left(\mathbf{H}^H \mathbf{H} + \frac{N_0}{E_s} \mathbf{I} \right)^{-1} \mathbf{H}^H \tag{5.28}$$

ここで，E_s は送信シンボル一つ当たりの平均エネルギーを表す．行列 $\mathbf{A}(\mathbf{H})$ は，M_T と M_R のすべての組合せについて存在する．

$\mathbf{A}(\mathbf{H})\mathbf{H}$ の非対角成分は，対角成分に比べて小さくなり，すなわち空間干渉が緩和される．そのため，準最適受信機においては空間干渉を無視することができる．LMMSE インタフェースによって簡略化された因子グラフを図 5.19 に示す．ここで，無視された干渉リンクは点線により描かれている．結果的に，多少の空間干渉成分は残存しているが，近似的に無視をすることが可能である．検波アルゴリズムは，次の近似式に基づいている．

$$f(\tilde{y}_i \mid x_1, x_2, \ldots, x_{M_T}) \approx f(\tilde{y}_i \mid x_i) \tag{5.29}$$

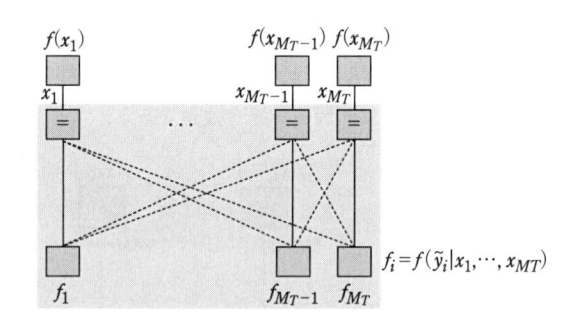

図 5.19　MMSE インタフェースを用いた MIMO 受信機の因子分解を示す因子グラフ

参考文献 [11-28] と [29（p.152 以下）] に示されているように，ZF と LMMSE インタフェースは，M_R が M_T より十分に大きいという条件の下でその性能をよく発揮する．

5.4.2 ■非線形処理を用いた線形インタフェース

V–BLAST と呼ばれる準最適受信機の類は，以下の三つの処理に基づいている．

(1) 空間干渉の無効化

これは，すべての i について y_i を $\tilde{y}_i$ に変形する線形前処理を通して，因子グラフを変換することにより行われる．

(2) 空間干渉キャンセル

これは，関数ノードを以下のように，$i = M_T - 1, M_T - 2, \ldots, 1$ において順に簡略化することで実現される．

$$f(\tilde{y}_i \mid x_i, x_{i+1}, \ldots, x_{M_T}) \approx f(\tilde{y}_i \mid x_i, \hat{x}_{i+1}, \ldots, \hat{x}_{M_T})$$

ここで，$\hat{x}$ は x の判定結果である．

(3) 並べ替え

これは，例えば参考文献 [4, 12] において述べられているように，上記二つのステップが行われるアンテナの順序の並べ替えである．V–BLAST は誤り伝播を引き起こしやすいため，アンテナの順序の並べ替えは受信機の性能に大きな影響を与えるということを容易に理解することができる．

ゼロフォーシング V–BLAST

V–BLAST には種類がいくつか存在する．ゼロフォーシング (ZF) V–BLAST は，式 (5.5) による行列 $\mathbf{H}$ の QR 分解から導かれ，インタフェースは以下の行列により与えられる．

$$\mathbf{A}(\mathbf{H}) = \mathbf{Q}^{\dagger} \tag{5.30}$$

そのため受信信号 $\mathbf{y}$ は，以下のように変換される．

$$\mathbf{A}(\mathbf{H})\mathbf{y} = \mathbf{R}\mathbf{x} + \mathbf{Q}^{\dagger}\mathbf{n}$$

$\mathbf{R}$ は上三角行列であるので，すべての $\tilde{y}_i$ は $i = 1, \ldots, \min(M_T, M_R)$ において，$j = 1, \ldots, t$ における x_j にのみ依存する．簡略化した因子グラフを図 5.20 に示す．

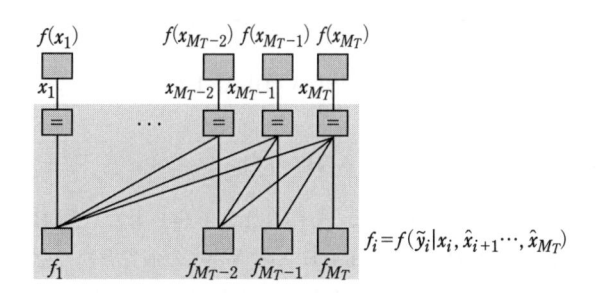

図 5.20　V–BLAST インタフェースを用いた MIMO 受信機の因子分解を示す因子グラフ

図 5.20 のグラフに示される検出アルゴリズムは，近似式 (5.29) に基づき，以下のように掃引を一回行う．

$$\hat{x}_{M_T} = \arg\max_{x \in x} \lim f(\tilde{y}_{M_T} \mid x_{M_T}) \tag{5.31}$$

$$\hat{x}_i = \arg\max_{x \in x} f(\tilde{y}_i \mid x_i, \hat{x}_{i+1}, \ldots, \hat{x}_{M_T}), i = M_T - 1, \ldots, 1 \tag{5.32}$$

この検波アルゴリズムは，掃引を M_T 回行うことで一つの解を得ることができる．

LMMSE V–BLAST

LMMSE V–BLAST は，以下の MSE を最小化することで実現される（ここで $\mathbf{G}$ と $\widehat{\mathbf{R}}$ は未知の行列であり，$\widehat{\mathbf{R}}$ は狭義上三角行列，すなわち $i \leq j$ において $R_{i,j} = 0$ である）．

$$\begin{aligned}\varepsilon^2(\mathbf{G},\widehat{\mathbf{R}}) &\triangleq \mathcal{E}\left[\|\mathbf{Gy}-\widehat{\mathbf{R}}\mathbf{x}-\mathbf{x}\|_F^2\right] \\ &= \mathcal{E}\left[\|(\mathbf{GH}-\widehat{\mathbf{R}}-\mathbf{I})\mathbf{x}+\mathbf{Gn}\|_F^2\right] \\ &= \mathcal{E}\left[\|\mathbf{GH}-\widehat{\mathbf{R}}-\mathbf{I}\|_F^2 + N_0\|\mathbf{G}\|_F^2\right]\end{aligned} \quad (5.33)$$

最適行列は（参考文献 [12] に示されているようにいくつかの演算の後），以下のように与えられる．まず，コレスキー分解を行う．

$$\mathbf{H}^\dagger \mathbf{H} + \delta_s \mathbf{I}_t = \mathbf{S}^\dagger \mathbf{S}$$

ここで，$\mathbf{S}$ は上三角行列である．次に，$\mathbf{G}$ と $\widehat{\mathbf{R}}$ を以下のようにして計算する．

$$\begin{cases}\mathbf{G} &= \mathrm{diag}^{-1}(\mathbf{S})(\mathbf{S}^\dagger)^{-1}\mathbf{H}^\dagger \\ \widehat{\mathbf{R}} &= \mathrm{diag}^{-1}(\mathbf{S})\mathbf{S} - \mathbf{I}\end{cases} \quad (5.34)$$

式 (5.27) の一般的な形で表すと，MMSE V–BLAST のインタフェースは以下の行列で表される．

$$\mathbf{A}(\mathbf{H}) = \mathbf{G} \quad (5.35)$$

そのため，この検出アルゴリズムは，式 (5.34) から得られた行列 $\widehat{\mathbf{R}}$ を用いて，ZF V–BLAST における行列 $\mathbf{R}$ を $\mathbf{R} = \mathbf{I} + \widehat{\mathbf{R}}$ と置き換えた演算と同一である．参考文献 [4] において述べられている通り，MMSE V–BLAST の性能は，特に中程度の SNR において，ZF V–BLAST より優れている．

5.5 符号化信号の MIMO 受信機

符号化信号の MIMO 送受信において，これまで非反復アルゴリズムが提案されてきているが，長い符号語とインターリーバを用いることにより，反復型 SPA に基づ

いた受信機の使用が可能となる．それは，これまで述べてきた符号化をしない MIMO を拡張したものとして見ることができる（詳細は参考文献 [11, 12] 参照）．

ブロック長 N の時空間符号語は，$M_T \times N$ 行列 $\mathbf{X} \triangleq (\mathbf{x}_1, \ldots, \mathbf{x}_N)$ で表される．$\mathbf{X}$ の行インデックスは空間を示し，列インデックスは時間を示す．すなわち，長さ M_T のベクトル $\mathbf{x_n}$ の i 番目の要素 $x_{i,n}$ は，離散時間 n において，i 番目のアンテナから送信された 2 次元信号を表す複素数である $(n = 1, \ldots, N,\ i = 1, \ldots, M_T)$．

$$\mathbf{Y} = \mathbf{HX} + \mathbf{N} \tag{5.36}$$

ここで，$\mathbf{N}$ は分散 N_0，かつ平均がゼロである独立な円対象複素ガウスランダム変数（RV：Random Variable）の行列である．そのため，受信信号に影響を与える雑音は，空間的かつ時間的に白色である．すなわち，$\mathcal{E}[\mathbf{NN}^\dagger] = NN_0 \mathbf{I}_{M_R}$ である．チャネルは，$M_R \times M_T$ 行列 $\mathbf{H}$ で表される．ここで，本章の冒頭と同様に，$\mathbf{H}$ は $\mathbf{X}$ と $\mathbf{N}$ の両方に対して独立であり，ある符号語が送信されている間は変動しない，かつ，その状態（CSI：Channel State Information）は受信機において既知であると仮定する．

時空間符号 $\mathcal{C}$ が用いられた場合，その因子分解は，

$$f(\mathbf{X} \mid \mathbf{Y}) \propto [\mathbf{X} \in \mathcal{C}] \prod_{n=1}^{N} f(\mathbf{y}_n \mid \mathbf{x}_n), \tag{5.37}$$

である．これは，図 5.21（チルダ˜はインタリーブ後の変数を示している）の内周を最大化するインターリーバ $\boldsymbol{\pi}$ を含んだ因子グラフを表している．図 1.2 のブロック図を参照すると，図 5.21 の下部のノードはシンボルデマッパに相当する．

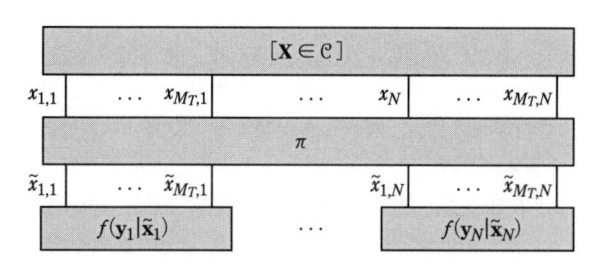

図 5.21　インターリーバを用いた時空間符号化 MIMO を示す因子グラフ

5.5.1 ■反復 sum–product アルゴリズム

もう一度，図 5.21 について検討する．表記の簡略化のため，インターリーバの存在は無視する（すなわち $\tilde{x}_{i,n} = x_{i,n}$ である）．sum–product アルゴリズムの基本的な

ステップによると，上部のノードは関数 $[\mathbf{X} \in \mathcal{C}]$ に相当し，出力メッセージ $\mu_\downarrow(x_{i,n})$ は以下で与えられる．

$$\mu_\downarrow(x_{i,n}) = \sum_{\sim x_{i,n}} [\mathbf{X} \in \mathcal{C}] \prod_{(j,m) \neq (i,n)} \mu_\uparrow(x_{j,m}) \tag{5.38}$$

ここで $\mu_\uparrow(x_{i,n})$ は下部の関数ノード $f(\mathbf{y}_i \mid \mathbf{x}_i)$ からの出力メッセージであり，以下で与えられる．

$$\mu_\uparrow(x_{i,n}) = \sum_{\sim x_{i,n}} f(\mathbf{y}_n|\mathbf{x}_n) \prod_{j \neq i} \mu_\downarrow(x_{j,n}) \tag{5.39}$$

上記メッセージが正確に得られる場合，その APP は以下のように計算される．

$$f(x_{i,n} \mid \mathbf{Y}) \propto \mu_\downarrow(x_{i,n}) \mu_\uparrow(x_{i,n}) \tag{5.40}$$

式 (5.40) の説明のため，まず，図 5.21 の上部の関数ブロックと，そのシンボル $x_{i,n}$ に対応するエッジに注目する．このシンボルの APP は，二つの値

(1) 外部メッセージ $e(x_{i,n}) \triangleq \mu_\downarrow(x_{i,n})$
(2) 内部メッセージ $i(x_{i,n}) \triangleq \mu_\uparrow(x_{i,n})$

の積に比例する．図 5.21 の下部関数ブロックを考えたとき，$\mu_\downarrow(x_{i,n})$ は内部メッセージとなり，$\mu_\uparrow(x_{i,n})$ は外部メッセージとなる．よって，

$$f(x_{i,n} \mid \mathbf{Y}) \propto e(x_{i,n}) i(x_{i,n}), \tag{5.41}$$

である．

この意味で，反復 sum–product ("ターボ") アルゴリズムとは，適切なインタリーブ/デインタリーブの後の外部メッセージを交換するアルゴリズムである．このアルゴリズムは，ある終端基準に達して反復処理が止まるまで，グラフのエッジに関する双方向のメッセージを反復計算し続ける．その後，APP が計算され，MAP 復号が行われる．上部ブロックからの外部メッセージの生成は，$\mathcal{C}$ の "軟判定復号" と呼ばれる．TWLK グラフを通して記述された符号の軟判定復号は，BCJR アルゴリズムもしくはその近似を用いて行われる（例えば参考文献 [5]，[7, 8 章]）[5]．関数 $f(\mathbf{y}_n \mid \tilde{\mathbf{x}}_n)$ は，式 (5.39) の計算の効率化が可能となるような特殊構造を持たないため，下部ブロックから出力される外部メッセージの演算（デマッピングもしくは APP 等化と呼ばれる）

---

[5] $\mathcal{C}$ それ自体がターボ符号であるとき，興味深いことに反復軟判定復号が必要となる．詳細は後述する．

はより複雑である．したがって，式 (5.39) の演算量は，送信アンテナ数と符号語長の積 $M_T N$ に関して指数関数的に増加する．そのため，低演算量の反復型受信機の実現には，この演算の近似が重要である．

5.5.2 ■低演算量の近似

これまで説明してきた反復 sum–product アルゴリズムから，低演算量の近似をいくつか導くことができる．その導出は，2 ステップに分けられる．

(1) 受信信号 $\mathbf{Y}$ を線形処理により変換し，以下の行列を得る．

$$\widetilde{\mathbf{Y}} = \mathbf{A}(\mathbf{H})\mathbf{Y} = \mathbf{A}(\mathbf{H})\mathbf{H}\mathbf{X} + \mathbf{A}(\mathbf{H})\mathbf{N} \tag{5.42}$$

事前処理が重要である最も大きな理由は，因子グラフの簡単化である．例えば，$\mathbf{A}(\mathbf{H})$ が $\mathbf{H}$ の左擬似逆行列である場合，図 5.21 の関数 $f(\mathbf{y}_i \mid \widetilde{\mathbf{x}}_i)$ は M_T 個の因子の積に分解されるため，因子グラフが分離可能になる．これは，大幅に式 (5.39) の計算を簡単にする．

(2) ノード間で交換されるメッセージは，いくつかの簡略化された手法により近似される．この近似は，硬判定干渉除去と軟判定干渉除去に分類される．

メッセージの近似：硬判定と軟判定

反復アルゴリズムにおいて，メッセージが交換されるシンボルを簡略化するための一つの手法は，非ゼロ（ゼロではない）要素を一つだけ持つベクトルにメッセージを近似することである．これは，ランダムに干渉したシンボルを硬判定で置き換えることで行われる．たとえば，メッセージ $\mu_\downarrow(x_{i,n})$ を Iverson 関数で置き換える．

$$\widetilde{\mu}_\downarrow(x_{i,n}) \triangleq [x_{i,n} = \arg\max_x \mu_\downarrow^{(k)}(x_{i,n} = x)]$$

この近似を用いることで，式 (5.39) において加算される項の数を一つにまで削減することができる．そのため，一つの確率 $f(\mathbf{y}_n \mid \mathbf{x}_n)$ を計算するだけでよい．

メッセージ関数を簡単化するもう一つの方法は，同じ平均値をもち，元々（離散的に）同じ分散値を持つガウス分布としてメッセージ関数を近似することである．送信信号が与えられたときの観測信号の条件付き分布が同様にガウス分布であるとき，この"軟判定"近似により演算が簡略化可能である．その場合，以下の式が得られる．

$$f(\mathbf{y}_n \mid \mathbf{x}_n) = (\pi N_0)^{-M_R} \exp(-\|\mathbf{y}_n - \mathbf{H}\mathbf{x}_n\|_F^2 / N_0) \tag{5.43}$$

$x_{i,n}$ の平均は，

$$m_{i,n} \triangleq \sum_{x \in x} x \mu_\downarrow(x_{i,n} = x),$$

であり，分散は，

$$\sigma_{i,n}^2 \triangleq \left\{ \sum_{x \in x} |x|^2 \mu_\downarrow(x_{i,n} = x) \right\} - |m_{i,n}|^2,$$

で与えられる．式 (5.39) を計算するために，$j \neq i$ であるすべての $x_{j,n}$ のランダムガウス近似に関して，$f(\mathbf{y}_n \mid \mathbf{x}_n)$ を平均化する必要がある．$\mathbf{x}$ の分布は，円状に分布した平均 $\mathbf{m}$ で共分散行列 $\mathbf{\Sigma}$ を持つ正規分布である（$\mathbf{x} \sim \mathcal{N}(\mathbf{m}, \mathbf{\Sigma})$ と表す）と仮定すると，

$$\mathbf{x} = \det(\pi\mathbf{\Sigma})^{-1} \exp(-(\mathbf{x} - \mathbf{m})^\dagger \mathbf{\Sigma}^{-1}(\mathbf{x} - \mathbf{m})),$$

である．そして，$\mathbf{y} = \mathbf{H}\mathbf{x} + \mathbf{n}$ から，

$$\mathcal{E}_\mathbf{x}[f(\mathbf{y} \mid \mathbf{x})] = \det(\pi(\mathbf{H}\mathbf{\Sigma}\mathbf{H}^\dagger + N_0 \mathbf{I}_r))^{-1}$$
$$\cdot \exp(-(\mathbf{y} - \mathbf{H}\mathbf{m})^\dagger (\mathbf{H}\mathbf{\Sigma}\mathbf{H}^\dagger + N_0 \mathbf{I}_r)^{-1}(\mathbf{y} - \mathbf{H}\mathbf{m})), \quad (5.44)$$

を得る．次に，

$$(\mathbf{m}_{i,n}(x))_j = \begin{cases} m_{j,n} & j \neq i \\ x & j = i \end{cases} \quad \text{かつ} \quad (\mathbf{\Sigma}_{i,n}(x))_{j,k} = \begin{cases} \sigma_{j,n}^2 & j = k, j \neq i \\ 0 & \text{それ以外} \end{cases},$$

とすると，以下のようにメッセージ $\mu_\uparrow(x_{i,n})$ を近似できる．

$$\tilde{\mu}_\uparrow(x_{i,n} = x) \propto \mathcal{N}\left(\mathbf{m}_{i,n}(x), \mathbf{H}\mathbf{\Sigma}_{i,n}(x)\mathbf{H}^\dagger + N_0 \mathbf{I}_r\right), \quad x \in x$$

5.5.3 ■ EXIT チャート

ターボアルゴリズムは外部確率を計算することによって動作するアルゴリズムであるため，ある時間内に外部確率が改善される程度を検討することにより，収束特性が評価される．この過程をグラフ化したものが EXIT チャートである [33]．EXIT チャートは近似ではあるが，十分に正確な結果を導き出すことができる．EXIT チャートは，入出力外部メッセージに関連する一つのパラメータに起こる変化を表すことで，反復 SDA の収束を描いたグラフである．簡単のために，バイナリ符号アルファベットに注目する．EXIT チャートの論理的根拠は，下式で与えられる対数尤度比（LLR：Logarithmic Likelihood Ratio）[6]，

---

[6] ここで，記号の簡単化のため下付記号 i, n は省略する

5.5 ■符号化信号の MIMO 受信機

$$\Lambda(x) \triangleq \ln \frac{e(x=+1)}{e(x=-1)},$$

が，"一貫性の条件"，

$$|\mu| = \frac{\sigma^2}{2}, \tag{5.45}$$

を満たす確率密度関数 $f(\lambda \mid x)$ を持つ条件付き正規ランダム変数（$\Lambda|x \sim \mathcal{N}(\mu, \sigma^2)$ と書く）によって，精度よく近似されるということにある．ここで，μ と σ^2 はそれぞれ条件付き平均と分散である．そのため，この条件下において，ある一つのパラメータ（例えば σ^2）が完全に $f(\Lambda \mid x)$ を定義する．

上記を説明するため，受信信号が下式で表される AWGN チャネルを仮定する．

$$y = x + z$$

ここで，$z \sim \mathcal{N}(0, \sigma^2)$ である．受信信号の条件付き確率密度関数は，下式のように表される．

$$f(y \mid x) = \frac{1}{\sqrt{2\pi}\sigma_z} e^{-(y-x)^2/2\sigma_z^2}$$

そのため，LLR，

$$\Lambda(y) \triangleq \ln \frac{f(y \mid x=+1)}{f(y \mid x=-1)},$$

は，次式のように表すことができる．

$$\Lambda(y) = \frac{2}{\sigma_z^2}(x + z) \tag{5.46}$$

これより，ある x において，次式に示すように，Λ は条件付きガウス分布である．

$$\Lambda(y) \mid x \sim \mathcal{N}\left(\frac{2}{\sigma_z^2}x, \frac{4}{\sigma_z^2}\right) \tag{5.47}$$

Λ の条件付き平均は分散の $x/2$ 倍に等しいという結果から，LLR の確率密度関数は以下の形で記述できる．

$$f(\Lambda \mid x) = \frac{1}{\sqrt{2\pi}\sigma} e^{-(\Lambda - x\sigma^2/2)^2/2\sigma^2} \tag{5.48}$$

EXIT チャートは，$f(\Lambda \mid x)$ から導かれる一つのパラメータの改善度を表すことで，$f(\Lambda \mid x)$ 自身の改善度を示している．有効なパラメータとして，式 (5.49) で定義される x と Λ の相互情報量 $I(x; \Lambda)$ が通常用いられる[7]．

---

[7] ランダム変数 x とそれがとる値を区別していないので，ここでの表記法は適切ではない．しかしながら，一般的にこの表記法が用いられているため，本書でも使用を許容する．

$$I(x;\Lambda) = \frac{1}{2} \sum_{x \in \{\pm 1\}} \int f(\Lambda \mid x) \log_2 \frac{f(\Lambda \mid x)}{f(\Lambda)} d\Lambda \qquad (5.49)$$

ここで，$f(\Lambda) = 0.5\left[f(\Lambda \mid x = -1) + f(\Lambda \mid x = +1)\right]$ である．

条件式 (5.45) が満たされた場合，$\Lambda|x \sim \mathcal{N}(x\sigma^2/2, \sigma^2)$ となる．したがって，$I(x;\Lambda)$ は σ^2 にのみ依存し，$I(x;\Lambda) = J(\sigma^2)$ と与えられる．ここで，

$$J(\sigma^2) \triangleq 1 - \int_{-\infty}^{\infty} \frac{1}{\sqrt{2\pi}\sigma} e^{-[(w-x\sigma^2/2)^2/2\sigma^2]} \log_2(1 + e^{-xw}) dw, \qquad (5.50)$$

である．この関数 $J(\sigma^2)$ を図 5.22 に示す．

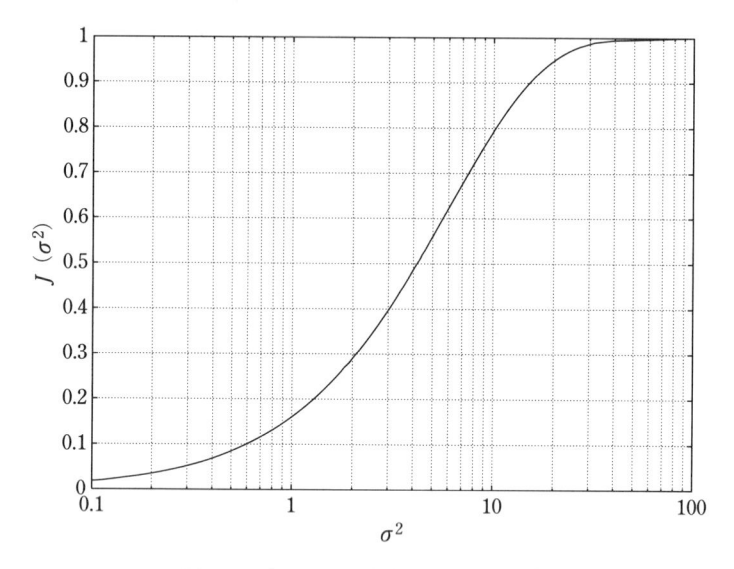

図 5.22 式 (5.50) で定義される関数 $J(\sigma^2)$

$f(\Lambda \mid x)$ が未知である場合，参考文献 [36] において提案された相互情報量式 (5.49) の近似は，次のように表される．

$$I(x;\Lambda) \approx 1 - \frac{1}{S} \sum_{k=1}^{S} \log_2\left(1 + \exp(-x_k \Lambda_k)\right) \qquad (5.51)$$

ここで，Λ_k と x_k はそれぞれランダム変数 Λ と x の $k = 1, \ldots, S$ におけるサンプルを表している．

再度図 5.15 を参照し，検討を進める．$\mathcal{X} = \{\pm 1\}$ を仮定しているため，交換されるメッセージは，確率分布推定値を表すバイナリランダムベクトル $\boldsymbol{\mu}(x) = (\mu(x = +1),$

$\mu(x=-1))$ として表される．$\mu(x=+1)+\mu(x=-1)=1$ であるので，これらのメッセージはその要素の比の対数，すなわち以下の LLR によってまとめて等価的に表される．

$$\Lambda_i = \ln \frac{\mu(x_i = +1)}{\mu(x_i = -1)}$$

これにより，$I(x;\Lambda)$ を $I(x;\boldsymbol{\mu})$ と表すことが可能となる．具体的に，以下の二つのメッセージを考える．

(1) 入力内部メッセージ $\boldsymbol{\mu}^{\mathrm{i}}(x) = i(x)$
(2) 出力外部メッセージ $\boldsymbol{\mu}^{\mathrm{e}}(x) = e(x)$

すなわち，内部メッセージと外部メッセージによる相互情報量は，それぞれ $I^{\mathrm{i}} \triangleq I(x;\boldsymbol{\mu}^{\mathrm{i}})$ と $I^{\mathrm{e}} \triangleq I(x;\boldsymbol{\mu}^{\mathrm{e}})$ によって定義される．

以降では，以下の式で表される外部情報伝達（EXIT：Extrinsic Information Transfer）関数に着目することによって，図 5.15 のそれぞれの機能ブロックの動作を説明する．

$$I^{\mathrm{e}} = T(I^{\mathrm{i}}) \tag{5.52}$$

EXIT 関数は，モンテカルロシミュレーションにより得ることができる．I^{i} から I^{e} を導出するために使われる一般的なアルゴリズム，すなわち EXIT 関数 T は，以下の手順で構成される（参考文献 [23, 33, 37] において例が示されている．その例について以下で説明する）．

(1) K 個の ± 1 のランダム値を用いた入力ベクトルサンプル $\mathbf{x}$ を生成する．
(2) I^{i} の値を選ぶ．そして，$I\left(x:\boldsymbol{\mu}^{\mathrm{i}}(x)\right) = I^{\mathrm{i}}$ の制約の下で，関数ブロックへ入力するメッセージベクトル $\boldsymbol{\mu}^{\mathrm{i}}(\mathbf{x})$ を生成する．
(3) そのブロックの出力として外部メッセージ $e(x)$ を得るために SPA を行う．
(4) 近似式 (5.51) を用いて，I^{e} を推定する．

EXIT チャートによる解析は，無限長インターリーバを用いた場合に成り立つ独立外部確率の仮定に基づいているため，近似であることに注意されたい．それゆえ，多少不正確な点が予想される [26, 33, 37]．しかし，EXIT チャートを収束予測に用いることが実用的であるということに疑う余地はない．

以降，EXIT 関数導出のためのアルゴリズムを，復号器とデマッパへ特化させた検討を行う．

復号器の EXIT チャート

静的メモリレスチャネルを仮定すると，条件付き確率密度関数 $f(\mathbf{y} \mid \mathbf{x})$ は，積 $\prod_i f(y_i \mid x_i)$ に因子分解が可能である．そして，内部情報は，式 (5.50) を用いて，受信信号から以下の式で得られる．

$$I^{\mathrm{i}} = J(\sigma_{\mathrm{i}}^2)$$

ここで，σ^2 は加法性雑音の分散である．

$K \leq N$ の条件の下で，符号化されていないシンボルのランダムベクトル $\boldsymbol{\mu} \in \{\pm 1\}^K$ が生成される場合を考える．生成されたランダムベクトル $\boldsymbol{\mu} \in \{\pm 1\}^K$ は，(N,K) 符号の符号化器へ入力される．符号化器は，符号語 $\mathbf{x} \in \pm 1^N$ を出力する．ガウシアンランダム雑音生成器は，$\mathbf{x}$ のそれぞれの要素 x において，下式を満たす LLR λ^{i} を出力する．

$$\Lambda^{\mathrm{i}} \mid x \sim \mathcal{N}\left(x\frac{\sigma_{\mathrm{i}}^2}{2}, \sigma_{\mathrm{i}}^2\right)$$

ここで，$\sigma_{\mathrm{i}}^2 = J^{-1}(I^{\mathrm{i}})$ である．復号器は，LLR Λ^{e} を出力する．S 個の Λ^{e} のサンプルは，式 (5.51) を通してガウシアン仮定に Λ^{e} が含まれないように，I^{e} を近似するために用いられる．

異なる生成器と状態数を用いた，符号化率 1/3，1/2 ならびに 2/3 の再帰的組織畳み込み（RSC：Recursive Systematic Covolutional）符号における EXIT 関数を図 5.23 に示す．符号化率 2/3 は，符号化率 1/2 の符号を間引きすることによって得られる．この図の曲線は，相互情報量 I^{e} に対する I^{i} をプロットしたものである．これらの EXIT チャートの把握すべき特徴は，I^{i} の値が符号化率 R と等しくなったときに発生する単位ステップ関数を滑らかにしたものとみなすことができることである．これは，I^{i} が送信シンボル x と受信信号 y との間で交換される相互情報量と等価であると考えることで可能となる見方である．そのため，I^{i} は伝送容量に等しいと言える．ある容量 R を達成可能な符号は，$I^{\mathrm{i}} > R$ となる場合にのみ信頼性の高い通信が可能となる．そのため，その EXIT 曲線は $I^{\mathrm{i}} = R$ の点において，外部相互情報量がゼロ（信頼性の低い通信）から 1（信頼性の高い通信）へと鋭い遷移を見せる．有限の複雑さを持つ符号は，図 5.23 の EXIT 曲線のように滑らかな曲線を持つ．

図 5.24 は，符号化率 1/2 の並列連接型ターボ符号を用いた場合の EXIT チャートである．ターボ符号は，符号化率 1/2 の (5,7) 生成器を備えた RSC 符号化器によって構成されている．この曲線は，ターボ復号アルゴリズムの反復回数を変化させたときの，相互情報量 I^{i} に対する I^{e} を示している．畳み込み復号器の場合は R の近傍に

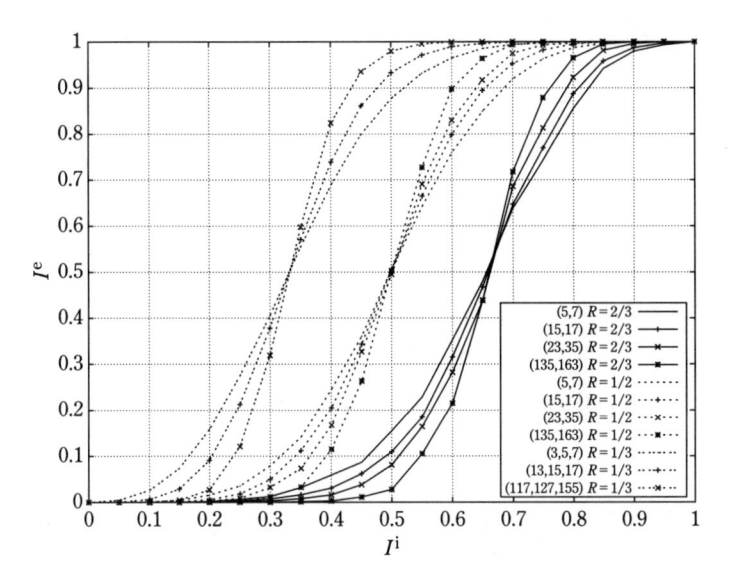

5.5 ■符号化信号の MIMO 受信機

図 5.23　凡例内に示されている符号化率 1/3, 1/2 並びに 2/3 の RSC 符号の EXIT 関数 (符号化率 2/3 は対応する符号化率 1/2 の符号をパンクチャすることにより得られる). 曲線は，I^i に対する I^e を示している

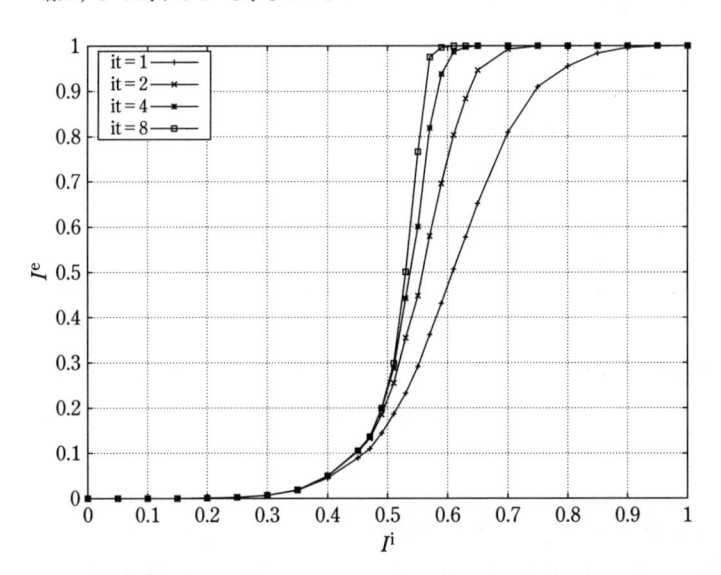

図 5.24　生成器 (5,7) をもつ RSC 符号化器によって構成された，符号化率 1/2 の並列連接型ターボ符号の EXIT 関数を示している．曲線は，ターボ復号アルゴリズムの反復回数を変化させたときの I^i に対する I^e を示している

おける遷移が対称となるが，ターボ復号器では非対称になる様子に注意されたい．これは，ターボ符号が同符号化率の畳み込み符号に比べると，I^i の増加に対して "信頼性の低い通信" から抜け出すのが遅いが，反復回数が増加するにしたがって "信頼性の高い通信" により早く移行できることを示している．

デマッパの EXIT チャート

デマッパの EXIT チャートを評価するために，バイナリ m-ベクトルからのマップ（変調器）を定義する．

$$\mathbf{x}_i = (x_{i1}, \ldots, x_{im})^T$$

ここで，$x_{ij} \in \{\pm 1\}$ であり，ϕ_m によって信号集合 $\mathcal{S}$ へ写像される．

$$\phi_m : \{\pm 1\}^m \mapsto \mathcal{S}$$

ベクトル $\mathbf{x} = (\mathbf{x}_1^T, \ldots, \mathbf{x}_t^T)^T$ がまず生成され，変調器を通して以下のベクトルが出力される．

$$\mathbf{s} = \mathbf{m}(\mathbf{x}) \triangleq (\phi_m(\mathbf{x}_1), \ldots, \phi_m(\mathbf{x}_t))^T,$$

そして，MIMO チャネルを通り，以下の受信ベクトルを得る．

$$\mathbf{y} = \mathbf{H}\mathbf{m}(\mathbf{x}) + \mathbf{n},$$

可能性のあるすべての $\mathbf{x} \in \{\pm 1\}^{mt}$ の値においてサンプルされた，下式 (5.53) の条件付き確率密度関数を用いて構成されるメッセージ $\boldsymbol{\mu}^i$ を，ベクトル $\mathbf{y}$ から算出する．

$$f(\mathbf{y} \mid \mathbf{x}) = (\pi \sigma_i^2)^{-M_R} \exp(-\|\mathbf{y} - \mathbf{H}\mathbf{m}(\mathbf{x})\|_F^2 / \sigma_i^2) \tag{5.53}$$

外部確率分布（メッセージ $\boldsymbol{\mu}^e$）の算出は，APP デマッパの近似法に依存する．

近似を用いない場合

近似を用いない APP デマッパを考えたとき，一般に外部メッセージの正確な演算は複雑である．近似式 (5.51) をサンプル Λ_{ij}^e に適用してもよい．

線形フィルタを用いた干渉キャンセラ

干渉除去（IC：Interference Cancellation）は，空間干渉を反復処理によって除去するために，送信シンボルベクトル $\mathbf{s}$ の軟推定値 $\hat{\mathbf{s}}$ を生成することを基本としている．各送信アンテナ $i = 1, \ldots, M_T$ において，軟推定値は以下のように算出される．

$$\hat{s}_i = \sum_{s_i \in \mathcal{S}} s_i f(s_i) \tag{5.54}$$

ここで，送信シンボル s に寄与するビットは独立であると仮定すると，$s_i = \phi_m(\mathbf{x}_i)$ の場合，$f(s_i) = f(\mathbf{x}_i) = \prod_{j=1}^{m} f(x_{ij})$ である．

そこで，各アンテナ i における IC ブロックの出力は，式 (5.55) の軟判定値の形で与えられる．

$$\begin{aligned}\widehat{\mathbf{y}}_i &= \mathbf{y} - \mathbf{H}\widehat{\mathbf{s}} + \mathbf{h}_i \hat{s}_i \\ &= \mathbf{h}_i s_i + \sum_{j \neq i} \mathbf{h}_j (s_j - \hat{s}_j) + \mathbf{n}\end{aligned} \tag{5.55}$$

この式は以下に述べる通り，アンテナごとの線形フィルタによって逐次的に処理される．

MMSE フィルタ：

MMSE フィルタは，$\mathbf{f}$ を用いた平均二乗誤差 $\mathcal{E}[|\mathbf{f}_i^H \widehat{\mathbf{y}}_i - x_i|^2]$ を最小化することにより実現される．結果としてフィルタベクトル $\mathbf{f}_i$ は，式 (5.56) として得られる．

$$\mathbf{f}_i = \left[\sigma_z^2 \mathbf{I}_r + \mathbf{H} \mathbf{\Sigma}_i^2 \mathbf{H}^H \right]^{-1} \mathbf{h}_i \tag{5.56}$$

ここで，$\mathbf{\Sigma}_i^2 = \mathrm{diag}(\sigma_1^2, \ldots, \sigma_{i-1}^2, 1, \sigma_{i+1}^2, \ldots, \sigma_t^2)$ であり，分散 σ_i^2 は，

$$\begin{aligned}\sigma_i^2 &= \mathcal{E}[|s_i - \hat{s}_i|^2] \\ &= \sum_{s_i \in \mathcal{S}} |s_i|^2 f(s_i) - |\hat{s}_i|^2,\end{aligned} \tag{5.57}$$

と与えられる．式 (5.54) を再度考えると，i 番目のフィルタ出力は，

$$\widetilde{y}_i = \alpha_i c_i + \beta_i, \tag{5.58}$$

と与えられる．ここで，$\mu_i = \mathbf{f}_i^H \mathbf{h}_i$ であり，β_i は以下の分散 $\sigma_{\beta_i}^2$ を持つ平均ゼロの複素ガウスランダム変数である．

$$\sigma_{\beta_i}^2 = \alpha_i - \alpha_i^2$$

外部確率は，最終的に以下のように算出される．

$$e(x_{ij}) = \sum_{\mathbf{x}_{i \sim j}} f(\widetilde{y}_i | \mathbf{x}_i) \prod_{j' \neq j} f(x_{ij'}) \tag{5.59}$$

ここで，$x_{i \sim j}$ は j 番目の要素を取り除いたベクトル $\mathbf{x}_i$ を表す．$e(x_{ij})$ の算出に必要な演算量は，M_T に関して線形に増加し，シンボル当たりのビット数である m に関して指数関数的に増加する．

最大比合成フィルタ：

最大比合成（MRC：Maximum Ratio Combining）フィルタは，フィルタベクトル $\mathbf{f}_i = \mathbf{h}_i$ に基づいている．このフィルタ出力は，式 (5.58) と同様に書くことが可能である．このとき，$\alpha_i = \mathbf{h}_i^H \mathbf{h}_i$ であり，

$$\sigma_{\beta_i}^2 = \sum_{j \neq i} |\mathbf{h}_i^H \mathbf{h}_j|^2 \sigma_j^2 + \sigma_z^2 \mathbf{h}_i^H \mathbf{h}_i,$$

である．

これまで検討した APP デマッパ，MMSE–IC デマッパおよび MRC-IC デマッパの EXIT 関数を図 5.25 に示す．ここで 4 送信アンテナ，4 受信アンテナ，参考文献 [23] と同様の複素チャネル行列 $\mathbf{H}$，四相位相変調（QPSK：Quadrature Phase-Shift Keying）信号，そして $1/\sigma_i^2 = E_b/N_0 = -2$ dB（実線）もしくは -5 dB（破線）の場合を仮定する．この図より，APP デマッパの曲線は，すべての I^i において他のすべての処理と比べて良好な I^e を達成していることから，APP デマッパが最も優れていることがわかる．SNR が増加すると，伝達関数曲線は上方へ移動する．一方，アンテナ数が増加すると，曲線の傾きが増加する（参考文献 [4, p.77 以下] を参照）．

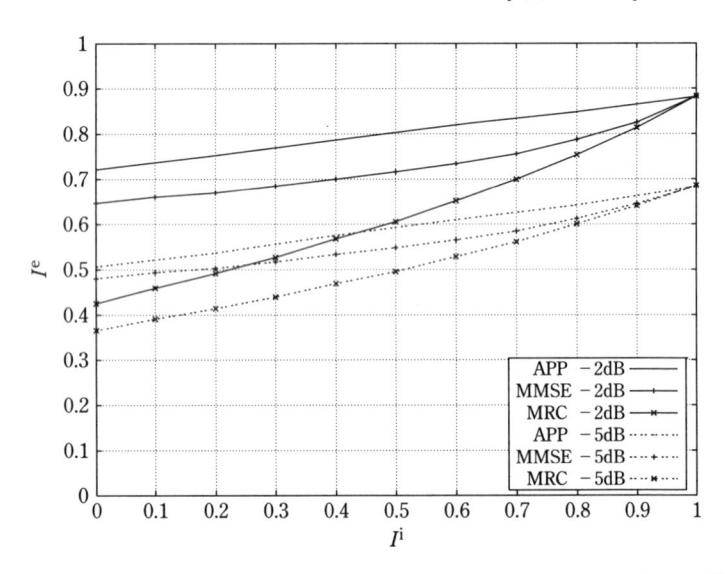

図 5.25 $E_b/N_0 = -2$ dB および -5 dB の静的チャネルにおける QPSK 変調を用いた様々なデマッパに関する相互情報量伝達関数の例

EXIT チャートの収束解析

二つの関数ブロックの EXIT 関数は，単一の表の上に描くことができる．一つ目のブロックの出力がもう一方のブロックの入力となるため，一つ目の伝達関数を描き，横軸と縦軸を入れ替えた後に二つ目の伝達関数を描く．反復復号アルゴリズムの挙動は，軌跡（すなわち EXIT 関数のペアを通じた横軸と縦軸の移動の反復）によって説明される．

図 5.26 は，二つの例の収束の様子について定性的に示している．低 SNR 環境においては，二つの EXIT 曲線は交差しており，軌跡の進行が阻まれている．そのため，相互情報量の大きな値（すなわち小さな誤り率）へ収束しない．一方，高 SNR 環境においては，相互情報量の大きな値へ収束する．収束は，二つの曲線の間の空間がより大きいとき，より速く達成される．

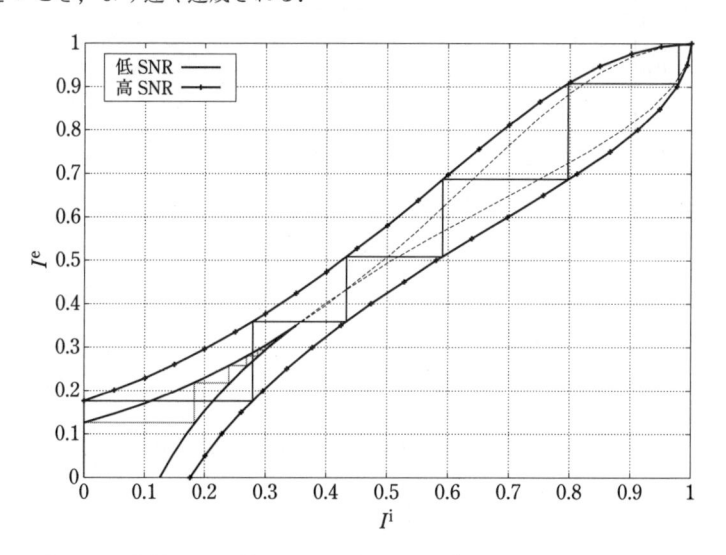

図 5.26 2 種類の SNR 値における反復アルゴリズムに関する EXIT チャート

反復アルゴリズムの収束に関するより詳細な解析を行うと，EXIT チャートから符号化システムの誤り率を推定することが可能であり，EXIT チャートにより受信機の性能に対する見識を得ることができる．APP の分布を考える．条件付きランダム LLR $\Lambda^{\mathrm{p}}|x$ を平均 $\sigma_{\mathrm{p}}^2/2$，分散 σ_{p}^2 を持つガウシアンであると仮定すると，ビット誤り率（BER：Bit Error Rate）$P_b(e)$ は，以下のように近似される．

$$P_b(e) \approx Q\left(\frac{\mu_{\mathrm{p}}}{\sigma_{\mathrm{p}}}\right) = Q\left(\frac{\sigma_{\mathrm{p}}}{2}\right) \tag{5.60}$$

ここで，$Q(\cdot) \triangleq (2\pi)^{-1/2} \int_0^\infty \exp(-z^2/2) dz$ はガウステール関数（Gaussian tail function）である．$\Lambda^{\mathrm{p}} = \Lambda^{\mathrm{i}} + \Lambda^{\mathrm{e}}$ であるため，LLR は独立であるという仮定より，以下の式が導かれる [33]．

$$\sigma_{\mathrm{p}}^2 = \sigma_{\mathrm{i}}^2 + \sigma_{\mathrm{e}}^2$$

この式により，順々に，

$$P_b(e) \approx Q\left(\frac{\sqrt{J^{-1}(I^{\mathrm{i}}) + J^{-1}(I^{\mathrm{e}})}}{2}\right), \tag{5.61}$$

が得られる．図 5.27 は，I^{i} と I^{e} の関数として BER を示している．

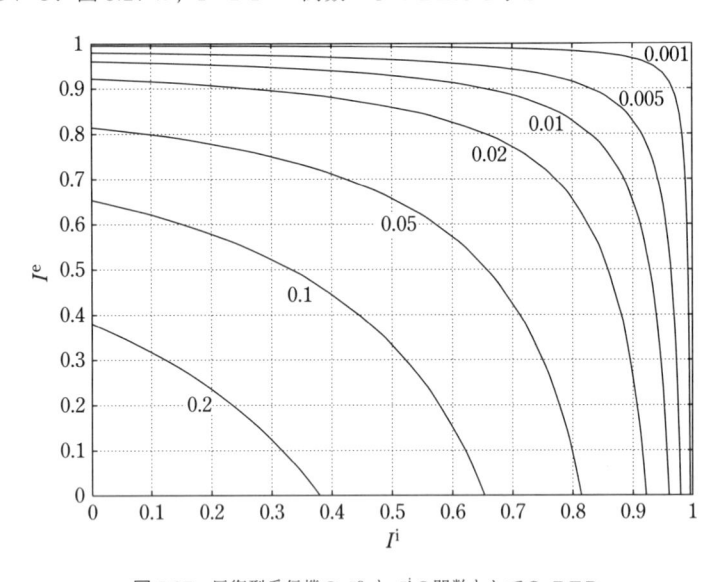

図 5.27　反復型受信機の I^{e} と I^{i} の関数としての BER

例：ここでは，生成器 (5,7) による符号化率 1/2 の畳み込み符号に基づいた復号器と，MMSE–IC デマッパの組合せについて考える．MIMO チャネルは，4 送信アンテナ，4 受信アンテナを備える．さらに QPSK 変調と $E_b/N_0 = -5$ dB を仮定し，チャネル行列 **H** は参考文献 [23] と同様とした．ターボアルゴリズムの反復を数回行った場合における復号器とデマッパの EXIT チャートを図 5.28 に示す．破線が復号器の EXIT 関数を表し，実線がデマッパの EXIT 関数を表している．これらは，それぞれ図 5.23（軸を入替えた後）と図 5.25 を参照している．点線は，式 (5.61) を用いて算出され

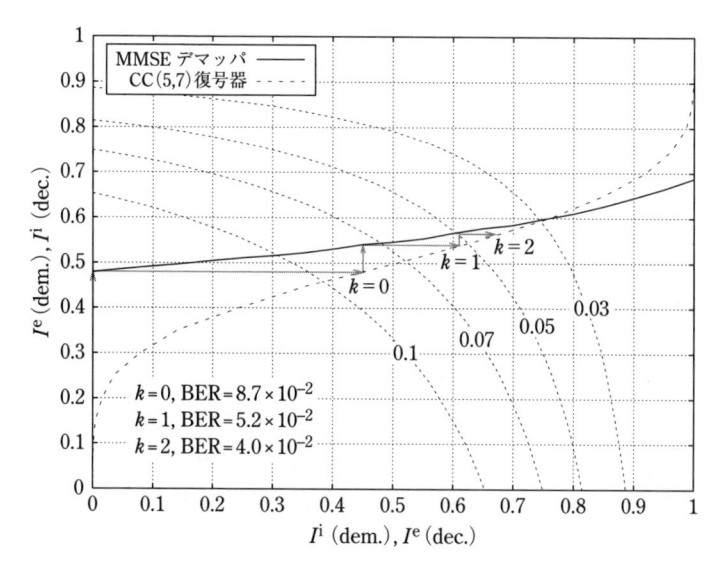

5.5 符号化信号の MIMO 受信機

図 5.28 QPSK 変調および $E_b/N_0 = -5$ dB における復号器(生成器 (5,7) を用いた符号化率 1/2 の畳み込み符号)とデマッパ(送受信アンテナをそれぞれ 4 本持つ MIMO システムにおける MMSE IC)を組み合わせたシステムの復号経路

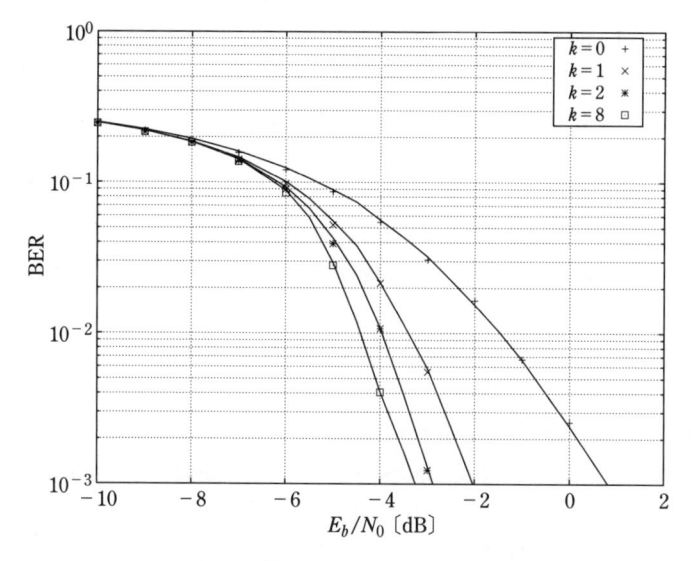

図 5.29 $M_T = M_R = 4$ の QPSK 変調を用いたシステムにおける同一チャネル条件下で,シミュレーションにより得られた BER と EXIT チャート解析により得られた BER の比較

た，BER を一定としたときのグラフである．矢印は，ターボアルゴリズムの反復演算の中で，最初の数回によるアルゴリズムの振舞いを示している．上向きの矢印は IC の動作に対応しており，右向きの矢印は復号の動作に対応している．$k = 0, 1, 2$ と示されている点は，k 回反復した後の，復号器の出力における外部相互情報量を示している．式 (5.61) を用いて算出された BER 値との比較のために，モンテカルロシミュレーションにより得られた BER 値を図 5.28 の左下に示す．図 5.29 は，同じシステムにおける反復回数 $k = 0, 1, 2, 8$ の場合の，シミュレーションにより得られた BER（実線）と，EXIT チャート解析によって得られた BER（点）を示している．

5.5.4 ■準静的チャネル

これまでの検討は，固定チャネルを想定したものであった．準静的チャネルの条件の下では，チャネル行列 **H** はランダムで，符号語ごとに変化する．これはデマッパの EXIT 関数が **H** によって変化することを意味し，システムの誤り率性能を評価するためには多数のサンプル数に渡って評価すべきである．収束解析に必要となる演算量は膨大である．しかし，デマッパの EXIT 関数は多くの場合においてほぼ線形動作を示すということ，そして関数の直線近似をするために必要な点は二つのみであるということを考慮すると，部分的に演算を省くことが可能である．

この近似を図 5.30 に示す．図 5.30 は，同じシステムにおける直線近似されたデマッパの EXIT 関数を図 5.28 に追加したものである．デマッパと復号器の EXIT 関数の交点から得られる収束点を，近似なしの場合と近似の場合とそれぞれ C と C' で表す．明らかに，両方の点は復号器の EXIT 関数上に位置し，ある有限の反復回数において達成可能な漸近性能を示している．デマッパの EXIT 関数は凸関数であるため，直線近似により推定される収束点が変化するということに注意して欲しい．それにもかかわらず，数値解析による結果は，この近似が非常に正確なものであることを示している．

同じシステムパラメータにおける収束点の分布を図 5.31 に示す．収束点は，平均ゼロで単位分散を持つ iid の円対称複素ガウスランダム変数を要素とする，ランダムに生成された行列 **H**（独立な MIMO レイリーフェージングチャネル）を用いて得られたものである．収束点が集中して分布していることが見て取れる．そのため，その分散は十分ゼロに近いという近似の有効性を示している．反復回数 $k = 0, 1, 2, 8$ におけるシミュレーションにより得られた BER（実線）と，"線形近似" された EXIT チャート解析により得られた BER（点）の比較を図 5.32 に示す．

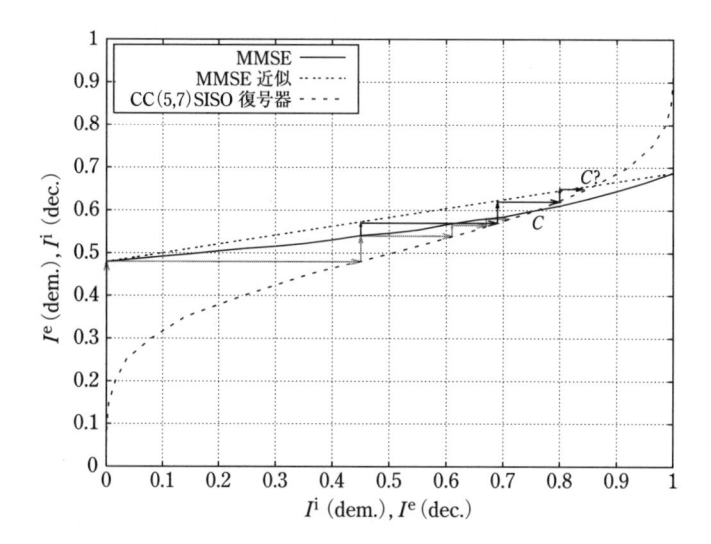

図 5.30　$E_b/N_0 = -5$ dB の場合の QPSK 変調を用いた $M_T = M_R = 4$ の MMSE 干渉キャンセラと $R = 1/2$, $(5, 7)$ の畳み込み符号を組み合わせたシステムにおける，近似した復号軌跡と正確な復号軌跡

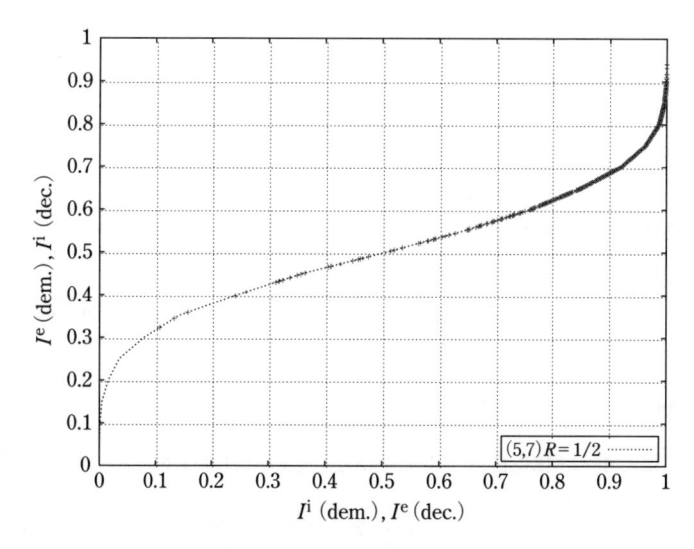

図 5.31　$E_b/N_0 = -5$ dB の場合の QPSK 変調を用いた $M_T = M_R = 4$ の MMSE 干渉キャンセラと $R = 1/2$, CC$(5, 7)$ の畳み込み符号を組み合わせたシステムにおける収束点の分布

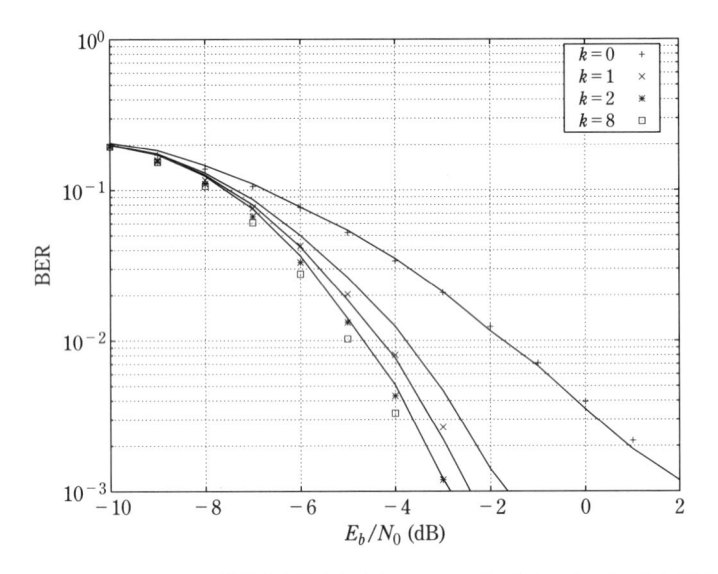

図 5.32 $M_T = M_R = 4$ の準静的な独立レイリーフェージング MIMO チャネルの場合の，QPSK 変調と MMSE 干渉除去を用いたシステムにおける，シミュレーションにより得られた BER と"線形近似"された EXIT チャート解析により得られた BER

5.6 ■反復型受信機の例

本節では，2 種類の反復型受信機の具体的な実装について述べる．この受信機の一般的な考え方は，前節において述べた．ブロック図を図 5.33 と図 5.34 に示す．前者（以降，MMSE+IC 受信機と呼ぶ）は，IC ループの前に MMSE フィルタを持つ．後者（以降，IC+MMSE 受信機と呼ぶ）は IC ループの中に MMSE フィルタを持つ．MMSE フィルタバンクが各反復において演算されるため，IC+MMSE 受信機の演算量は MMSE+IC 受信機よりも大きい．

5.6.1 ■ MMSE+IC 受信機

受信信号は，まず MMSE フィルタを通り，その出力は以下の式で表される．

$$\widetilde{\mathbf{Y}} = \mathbf{GY} = \mathbf{X} + \mathbf{LX} + \mathbf{GN} \tag{5.62}$$

ここで，

$$\mathbf{G} \triangleq \mathbf{D}^{-1}\mathbf{A}, \tag{5.63}$$

5.6 ■反復型受信機の例

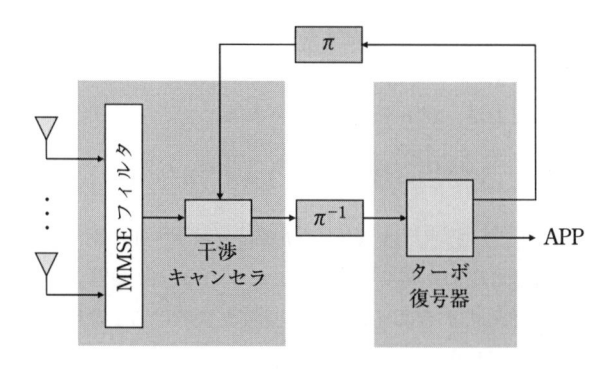

図 5.33 ターボ受信機の準最適な実装：MMSE+IC 受信機

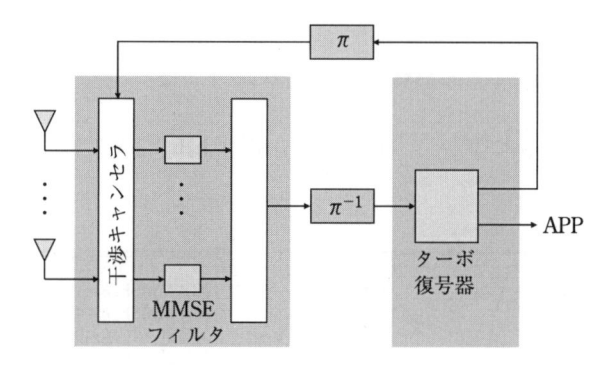

図 5.34 ターボ受信機のもう一つの準最適受信機：IC+MMSE 受信機

であり，$\mathbf{A} \triangleq (\mathbf{H}^H\mathbf{H} + \delta_s\mathbf{I})^{-1}\mathbf{H}^H$，$\mathbf{D} \triangleq \mathrm{diag}(\mathbf{AH})$，$\mathbf{L} \triangleq (\mathbf{D}^{-1}\mathbf{AH} - \mathbf{I}_t)$ および $\delta_s = (E_s/N_0)^{-1}$ である．反復回数 k において，ターボ復号器は送信信号 $\mathbf{X}$ の軟推定値 $\widehat{\mathbf{X}}^{(k)}$ を算出する．反復回数 k における IC ブロックの出力は，

$$\widetilde{\mathbf{Y}}^{(k)} = \widetilde{\mathbf{Y}} - \mathbf{L}\widehat{\mathbf{X}}^{(k)}, \tag{5.64}$$

である．

5.6.2 ■ IC+MMSE 受信機

図 5.34 に掲載されている受信機（IC+MMSE 受信機）は M_T 個の MMSE フィルタによるフィルタバンクを基礎としており，MMSE フィルタは IC ループの内側に各送信アンテナごとに配置されている．そのため，MMSE フィルタは反復のたびに更新される．IC+MMSE 受信機は，フィルタにより残留干渉を軽減することができるた

271

め,MMSE+IC 受信機より優れた性能を持つことが期待できる.

l 番目の信号区間を考える.k 回の反復におけるアンテナ $i = 1, \ldots, M_T$ に対応する干渉キャンセラの出力は,以下の式で与えられる.

$$\tilde{\mathbf{y}}_i^{(k+1)} = \mathbf{H}(\mathbf{x} - \hat{\mathbf{x}}^{(k)}) + \hat{x}_i^{(k)} \mathbf{h}_i + \mathbf{n} \tag{5.65}$$

ここで,$\hat{\mathbf{x}}^{(k)} = [\hat{x}_1^{(k)}, \ldots, \hat{x}_t^{(k)}]^T$ は $\widehat{\mathbf{X}}^{(k)}$ の l 番目列ベクトルであり,反復回数 $k > 0$ の場合における復号器の出力を示している($k = 0$ の場合は $\hat{\mathbf{x}}^{(0)} \triangleq \mathbf{0}$ である).

参考文献 [10] に示されているように,反復回数 k における i 番目 MMSE フィルタの出力信号は以下の式で与えられる.

$$\tilde{y}_i^{(k)} = \mathbf{f}_i^{(k)H} \mathbf{y}_i^{(k)}$$

ここで,正規化された i 番目 MMSE フィルタベクトルは,

$$\mathbf{f}_i^{(k)} = (\alpha_i^{(k)})^{-1} \left[\sum_{j \neq i} (1 - v_j^{(k)}) \mathbf{h}_j \mathbf{h}_j^H + \mathbf{h}_i \mathbf{h}_i^H + \delta_s \mathbf{I}_r \right]^{-1} \mathbf{h}_i,$$

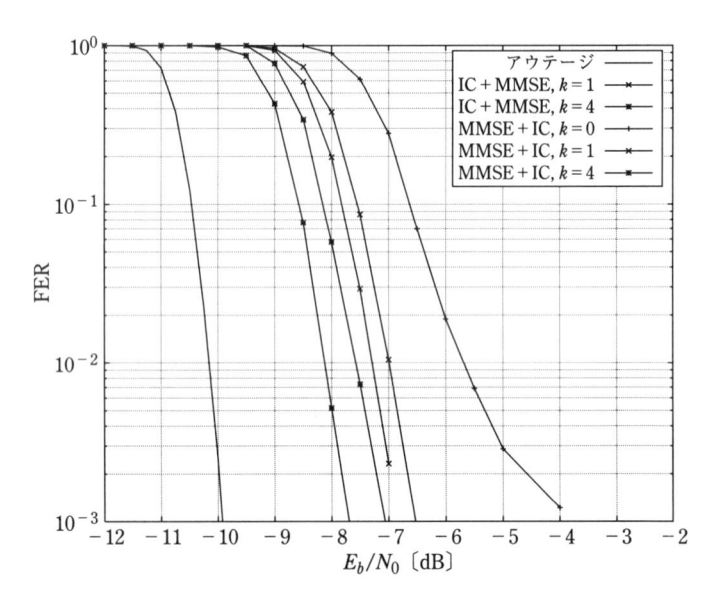

図 5.35 $M_T = M_R = 16$ の準静的フェージングチャネルにおける MMSE+IC 受信機と IC+MMSE 受信機の FER 特性比較.マーカなしの実線は,アウテージ確率の下限を示している.マーカありの実線は,$k = 0, 1, 4$ 回の干渉除去を反復したときの受信機性能を表している(詳細は参考文献 [10] 参照)

である．さらに，$v_j^{(k)} \triangleq \mathcal{E}[|\hat{x}_j^{(k)}|^2]/E_s$ であり，正規化係数 $\alpha_i^{(k)}$ は以下のように与えられる（詳細は参考文献 [10] を参照）．

$$\alpha_i^{(k)} = \mathbf{h}_i^H \left[\sum_{j \neq i} (1 - v_j^{(k)}) \mathbf{h}_j \mathbf{h}_j^H + \mathbf{h}_i \mathbf{h}_i^H + \delta_s \mathbf{I}_r \right]^{-1} \mathbf{h}_i$$

5.6.3 ■数値解析結果

図 5.35 は，$M_T = M_R = 16$ の場合の両受信機の性能を比較したものである．パンクチャされた符号化率 1/2 の 4 状態再帰的組織畳み込み符号を二つ並列連接することにより得られる符号化率 1/2 のターボ符号化と共に QPSK 変調が用いられている．受信機においては，1 回の IC 反復につき，8 回のターボ復号反復が行われる．符号語長 N は $N = 130$ である．MMSE+IC 受信機に対する IC+MMSE 受信機の演算量増加分は，詳細な計算により，20%を超えないことがわかる．また，図 5.35 の場合には，増加分は 5%である．反復回数 $k = 4$ における IC+MMSE 受信機の性能は，MMSE+IC 受信機に比べて 1 dB 以上改善している．

5.7 ■解題

スフェアディテクションは，最初に Viterbo と Biglieri によってディジタル検出問題に適用された [41]．オリジナルの SDA のフローチャートは，参考文献 [42] において明記されている．そこでは，単一アンテナ独立レイリーフェージングチャネルにおける回転ラティス信号点配置の検出に SDA が適用されている．MIMO への適用は参考文献 [14] において提唱されている．近年の研究開発については，参考文献 [2, 6, 15, 21, 30, 34, 39, 40] とその文献中の参考文献を参照されたい．VLSI への実装は参考文献 [6] において述べられている．

因子グラフと sum–product アルゴリズムについては，参考文献 [25, 27] と [7] の第 8 章を参照されたい．ノーマルグラフは参考文献 [18] において，Forney によって紹介されている．参考文献 [28] は，確率伝播理論（belief-propagation theory）とターボアルゴリズムのつながりについて述べている．

BLAST 構造は参考文献 [19] において紹介されている．MIMO 受信機向けターボアルゴリズムは参考文献 [3, 9, 22, 32] において提唱されている．

周波数選択性 MIMO チャネル向けターボアルゴリズムに関する近年の研究については，参考文献 [1, 16, 35] を参照されたい．反復型受信機のための逐次モンテカルロプロセッサは，参考文献 [17] において述べられている．

参考文献（第 5 章）

[1] T. Abe and T. Matsumoto, "Space–time turbo equalization in frequency-selective MIMO channels," *IEEE Trans. Vehicular Technol.*, vol. 52, no. 3, pp. 469–475, May 2003.

[2] E. Agrell, T. Eriksson, A. Vardy, and K. Zeger, "Closest point search in lattices," *IEEE Trans. Inform. Theory*, vol. 48, no. 8, pp. 2201–2214, Aug. 2002.

[3] S. L. Ariyavisitakul, "Turbo space–time processing to improve wireless channel capacity," *IEEE Trans. Commun.*, vol. 48, no. 8, pp. 1347–1359, Aug. 2000.

[4] S. Bäro, *Iterative Detection for Coded MIMO Systems*. Fortschritt-Berichte VDI, Reihe 10, Nr. 752. Düsseldorf: VDI Verlag, 2005.

[5] L. Bahl, J. Cocke, F. Jelinek, and J. Raviv, "Optimal decoding of linear codes for minimizing symbol error rate," *IEEE Trans. Inform. Theory*, vol. 20, no. 2, pp. 284–287, March 1974.

[6] A. Burg, M. Borgmann, M. Wenk, M. Zellweger, W. Fichtner, and H. Bölcskei, "VLSI implementation of MIMO detection using the sphere decoding algorithm," *IEEE J. Solid-State Circuits*, vol. 40, no. 7, pp. 1566–1577, July 2005.

[7] E. Biglieri, *Coding for Wireless Channels*. New York: Springer, 2005.

[8] E. Biglieri, A. Nordio, and G. Taricco, "Doubly-iterative decoding of space–time turbo codes with a large number of antennas," *IEEE Intl. Conf. Commun. (ICC 2004)*, Paris, France, June 20–24, 2004.

[9] E. Biglieri, A. Nordio, and G. Taricco, "Iterative receivers for coded MIMO signaling," *Wireless Commun. Mob. Comput.*, vol. 4, no. 7, pp. 697–710, Nov. 2004.

[10] E. Biglieri, A. Nordio, and G. Taricco, "MIMO doubly-iterative receivers: pre- vs. post-cancellation filtering," *IEEE Commun. Letters*, vol. 9, no. 2, pp. 106–108, Feb. 2005.

[11] E. Biglieri, G. Taricco, and A. Tulino, "Performance of space–time codes for a large number of antennas," *IEEE Trans. Inform. Theory*, vol. 48, no. 7, pp. 1794–1803, July 2002.

[12] E. Biglieri, G. Taricco, and A. Tulino, "Decoding space–time codes with BLAST architectures," *IEEE Trans. Signal Processing*, vol. 50, no. 10, pp. 2547–2552, Oct. 2002.

[13] J. Boutros and G. Caire, "Iterative multiuser joint detection: unified framework and asymptotic analysis," *IEEE Trans. Inform. Theory*, vol. 48, no. 7, pp. 1772–1793, July 2002.

[14] M. O. Damen, A. Chkeif, and J.-C. Belfiore, "Lattice codes decoder for space–time codes," *IEEE Commun. Letters*, vol. 4, pp. 161–163, May 2000.

[15] M. O. Damen, H. El Gamal, and G. Caire, "On maximum-likelihood detection and the search for the closest lattice point," *IEEE Trans. Inform. Theory*, vol. 49, no. 10, pp. 2389–2402, Oct. 2003.

[16] B. Dong and X. Wang, "Sampling-based soft equalization for frequency-selective MIMO channels," *IEEE Trans. Commun.*, vol. 53, no. 2, pp. 278–288, Feb. 2005.

[17] B. Dong, X. Wang, and A. Doucet, "A new class of soft MIMO demodulation algorithms," *IEEE Trans. Signal Processing*, vol. 51, no. 11, pp. 2752–2763, Nov. 2003.

[18] G. D. Forney, Jr., "Codes on graphs: normal realizations," *IEEE Trans. Inform. Theory*, vol. 47, no. 2, pp. 520–548, Feb. 2001.

[19] G. J. Foschini, "Layered space–time architecture for wireless communication in a fading environment when using multi-element antennas," *Bell Labs. Tech. J.*, vol. 1, no. 2, pp. 41–59, Autumn 1996.

[20] B. J. Frey and F. R. Kschischang, "Early detection and trellis splicing: reduced-complexity iterative decoding," *IEEE J. Select. Areas Commun.*, vol. 16, no. 2, pp. 153–159, Feb. 1998.

[21] B. Hassibi and H. Vikalo, "On sphere decoding algorithm. I. Expected complexity," *IEEE Trans. Signal Processing*, vol. 53, no. 8, pp. 2806–2818, August 2005.

[22] S. Haykin, M. Sellathurai, Y. de Jong, and T. Willink, "Turbo-MIMO for wireless communications," *IEEE Commun. Magazine*, vol. 42, no. 10, pp. 48–53, Oct. 2004.

[23] C. Hermosilla and L. Szczeciński, "EXIT charts for turbo receivers in MIMO systems," *Proc. 7th Intl. Symp. Signal Processing and its Applications (ISSPA 2003)*, pp. 209–212, July 1–4, 2003.

[24] R. A. Horn and C. R. Johnson, *Matrix Analysis*. Cambridge: Cambridge University Press, 1991.

[25] F. R. Kschischang, B. J. Frey, and H.-A. Loeliger, "Factor graphs and the sum–product algorithm," *IEEE Trans. Inform. Theory*, vol. 47, no. 2, pp. 498–519, Feb. 2001.

[26] S.-J. Lee, A. C. Singer, and N. R. Shanbhag, "Analysis of linear turbo equalizer via EXIT chart," *Proc. IEEE Global Telecomm. Conf. (GLOBECOM 2003)*, vol. 4, pp. 2237–2242, Dec. 2003.

[27] H.-A. Loeliger, "An introduction to factor graphs," *IEEE Signal Processing Magazine*, vol. 21, no. 1, pp. 28–41, Jan. 2004.

[28] R. J. McEliece, D. J. C. MacKay, and J.-F. Cheng, "Turbo decoding as an instance

of Pearl's 'belief propagation' algorithm," *IEEE J. Select. Areas Commun.*, vol. 16, no. 2, pp. 140–152, Feb. 1998.

[29] A. Paulraj, R. Nabar, and D. Gore, *Introduction to Space–Time Wireless Communications*. Cambridge: Cambridge University Press, 2003.

[30] G. Rekaya and J.-C. Belfiore, "Complexity of ML lattice decoders for the decoding of linear full-rate space–time codes," *IEEE Trans. Wireless Commun.*, to be published.

[31] T. J. Richardson and R. L. Urbanke, "The capacity of low-density parity-check codes under message-passing decoding," *IEEE Trans. Inform. Theory*, vol. 47, no. 2, pp. 599–618, Feb. 2001.

[32] M. Sellathurai and S. Haykin, "TURBO-BLAST for wireless communications: theory and experiments," *IEEE Trans. Signal Processing*, vol. 50, no. 10, pp. 2538–2546, Oct. 2002.

[33] S. ten Brink, "Convergence behavior of iteratively decoded parallel concatenated codes," *IEEE Trans. Commun.*, vol. 49, no. 10, pp. 1727–1737, October 2001.

[34] L. M. G. M. Tolhuizen, "Soft-decision sphere decoding for systems with more transmit antennas than receive antennas," *12th Annual Symp. of the IEEE/CVT*, Enschede, The Netherlands, Nov. 3, 2005.

[35] A. Tonello, "MIMO MAP equalization and turbo decoding in interleaved space–time coded systems," *IEEE Trans. Commun.*, vol. 51, no. 2, pp. 155–160, Feb. 2003.

[36] M. Tüchler and J. Hagenauer, "EXIT charts of irregular codes," in *2002 Conf. on Information Sciences and Systems*, Princeton, NJ, March 2002.

[37] M. Tüchler, R. Koetter, and A. Singer, "Turbo-equalization: principles and new results," *IEEE Trans. Commun.*, vol. 50, no. 5, pp. 754–767, May 2002.

[38] M. Tüchler, S. ten Brink, and J. Hagenauer, "Measures for tracing convergence of iterative decoding algorithms," *Proc. 4th IEEE/ITG Conf. on Source and Channel Coding*, Berlin, Germany, pp. 53–60, Jan. 2002.

[39] H. Vikalo and B. Hassibi, "Maximum-likelihood sequence detection of multiple antenna systems over dispersive channels via sphere decoding," *EURASIP J. Appl. Signal Processing*, no. 5, pp. 525–531, May 2002.

[40] H. Vikalo, B. Hassibi, and T. Kailath, "Iterative decoding for MIMO channels via modified sphere decoding," *IEEE Trans. Wireless Commun.*, vol. 3, no. 6, pp. 2299–2311, Nov. 2004.

[41] E. Viterbo and E. Biglieri, "A universal lattice decoder," in *14-ème Colloque GRETSI*, Juan-les-Pins, France, Sept. 1993.

[42] E. Viterbo and J. Boutros, "A universal lattice code decoder for fading channels," *IEEE Trans. Inform. Theory*, vol. 45, no. 5, pp. 1639–1642, July 1999.

[43] A. P. Worthen and W. E. Stark, "Unified design of iterative receivers using factor graphs," *IEEE Trans. Inform. Theory*, vol. 47, no. 2, pp. 843–849, Feb. 2001.

# 第6章

マルチユーザ受信機の設計

6.1 ■ はじめに

 前章ではシングルユーザシステムにおける MIMO 受信機のシステム設計を考えてきた．しかし第 2 章や第 4 章で言及した通り，複数の送信機が同一の無線資源を共有するシェアドアクセス型の無線通信ネットワークが増えてきている．これは，シェアドアクセス型のシステムが，柔軟な制御を実現したり，統計的な多重化手法を活用できたり，アンライセンスバンド上での伝送をサポートできたりすることが大きな理由となっている．本章では，マルチユーザ，特に MIMO 多重アクセス向けの受信機構造に合わせ，第 5 章で取り扱った内容を拡張する．また，第 5 章で取り扱ったフラットフェージングチャネルよりも一般的な条件を考慮に入れるため，伝送路モデルの一般化も行う．これらの議論のために，まずマルチユーザ MIMO 伝送のための一般化伝送モデルを記述し，その伝送モデルにおいて最適となる受信機構成について説明する．一般化伝送モデルには，上述のように無線資源の共有により生じる多重アクセス干渉，伝送路の時間分散により生じるシンボル間干渉，複数送信アンテナの利用により生じるアンテナ間干渉など，MIMO 無線システムで生じる種々の干渉波が含まれている．本章では，これらあらゆる種類の干渉波を軽減するアルゴリズムについて言及し，周波数選択性チャネル上のマルチユーザ MIMO 通信に適した一般化受信機構成を導出する．これらの基本的アルゴリズムは概ね第 3 章や第 5 章で記述したアルゴリズムに類似している．こうした条件下における最適受信機は概して極めて複雑となるため，本章の大半は，繰り返し処理や適応処理を行うことで複雑度を軽減した，より実用的な準最適受信機構成に焦点を当てている．本章の構成は次の通りである．

 6.2 節では MIMO システムの受信機で受信される信号を表現する簡単かつ実用的なモデルを紹介する．このモデルはほとんどの無線通信チャネルの重要な性質をよく捉えたもので，簡潔な表現ではあるが，実環境において受信機で生じる基本的な要素を

理解し，問題点を把握するのに十分である．本章では，標準的なマルチユーザ MIMO 受信機の構成についても説明し，本構成で説明されるいくつかの受信機例について議論する．また，本章後半で述べる適応システムの議論に有効なディジタル受信機の実装についても言及する．

上述の通り，マルチユーザ受信機の設計や実装をする際，複雑度は大きな問題となる．本章の残りは，マルチユーザ MIMO システムの複雑度を削減するための課題について述べる．ここでいう複雑度とは次の二種類に分かれる．演算量すなわち実装面での複雑度と，情報のやり取りの困難さという観点での複雑度である．

前者の複雑度とは，受信機アルゴリズムを実装するのに必要な資源の量を指す．この点において，マルチユーザ MIMO の最適受信機アルゴリズムは一般に極めて複雑度が高く，ゆえに主要課題は演算量削減と言える．6.3 節と 6.4 節では，実用的なマルチユーザ受信機において演算量を削減するための主要な方法，すなわち，仮判定値を繰り返し更新していく反復型アルゴリズムについて説明する．演算量と性能との様々なトレードオフを持つ反復型の演算法が数多く存在し，またそれらは対象とするシステムにも依存している．これらについては 6.3 節で記述する．6.4 節では，マルチユーザ MIMO システムで第 4 章で述べたような時空間符号化信号を受信する際に生じるさらなる複雑度について言及する．ここでは，第 5 章で示したものに類似した反復型アルゴリズムを用いて，演算量の大幅増大を抑えつつ時空間符号の構成を活かす解法を示す．

後者の複雑度とは，信号を正しく受信するために必要な受信信号の構造に関する情報量の問題を指す．マルチユーザ MIMO を最適に受信するためには，チャネルを共有する全ユーザの送信信号波形と送受信機間の物理チャネル構造がわかっていれば良い，というのは当然のことではある．しかし，実際のマルチユーザ無線システムにおいては，こうした情報が得られることはまず考えられない．したがって，そのような情報がなくても動作する，もしくは限られた既知情報のみで動作する適応受信機アルゴリズムを考える必要がある．こうした種類のアルゴリズムは，マルチユーザ MIMO の適応受信機を概説する 6.5 節で取り扱う．

本章の結びとなる 6.6 節と 6.7 節においては，本章の要旨と，この分野におけるさらなる興味を述べて結論付ける．

6.2 ■多元接続 MIMO システム

先述の通り，本節ではマルチユーザ MIMO 受信機を設計する際の問題点について

一般的な取り扱いを示す．ここでは，モデル化と最適受信機構成について焦点を当て，マルチユーザ MIMO システムの信号受信に潜む主要課題を浮き彫りにするとともに，後続節で実用的なアルゴリズムを説明するための前準備としたい．

6.2.1 ■信号モデルとチャネルモデル

マルチユーザ MIMO 受信機の構造を議論するためには，マルチユーザ環境（図 6.1 参照）において，MIMO 受信機で受信される信号の一般化モデルをまず定義しておくと都合がよい．ここでは，第 1 章で示した信号モデルを拡張し，本章の目的にかなった物理チャネル表現を導出する．有効ユーザ数 K，送信アンテナ数 M_T，受信アンテナ数 M_R のマルチユーザ MIMO システムにおいて B シンボル周期にフレームを送信する場合の受信信号モデルは次式で示される．

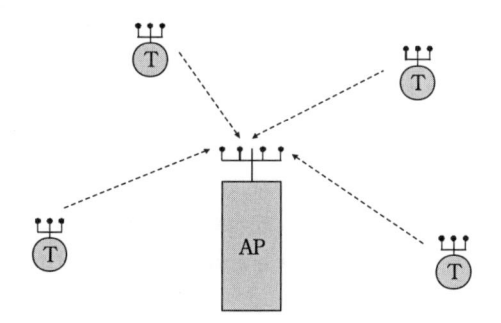

図6.1　マルチユーザ MIMO システム

$$r_p(t) = \sum_{k=1}^{K} \sum_{m=1}^{M_T} \sum_{i=0}^{B-1} b_{k,m}[i] g_{k,m,p}(t - iT_s) + n_p(t), \qquad p = 1, \ldots, M_R \qquad (6.1)$$

ただし，変数の定義は下記に従うものとする．

- $r_p(\cdot)$：p 番受信アンテナの受信信号
- $b_{k,m}[i]$：i 番シンボル区間における m 番アンテナ上のユーザ k の送信シンボル
- $g_{k,m,p}(\cdot)$：ユーザ k の m 番送信アンテナから送信され P 番受信アンテナで受信された信号の信号波形
- T_s：シンボル周期
- $n_p(\cdot)$：p 番受信アンテナ上の雑音成分

各信号波形 $g_{k,m,p}(\cdot)$ は,

$$g_{k,m,p}(t) = \int_{-\infty}^{\infty} s_{k,m}(u) f_{k,m,p}(t-u)\,du, \tag{6.2}$$

のようにモデル化される.ここで,

- $s_{k,m}(\cdot)$:ユーザ k の m 番アンテナの信号波形

- $f_{k,m,p}(\cdot)$:ユーザ k の m 番送信アンテナと p 番受信アンテナ間のチャネルのインパルス応答

である.さらに,無線システムにおいて適当な線形変調と線形チャネルモデルを仮定する.また,本モデルでは $g_{k,m,p}(\cdot)$ はシンボル番号 i の関数ではないため,送信フレーム(BT_s 秒)内でチャネル変動はなく,各シンボル周期ごとに同一の信号波形を使用できるものとして良い.前者の仮定条件は,コヒーレンス時間や対象システムの信号パラメータに対して有効となるが,後者については,特にセルラシステムでは条件が崩れる場合がある.しかしながら,6.5 節の適応受信機を例外とすれば,時変動の要素について本節の結果に組み込むのは難しいことではなく,式の簡易化のためここでは割愛するものとする(例えば参考文献 [46] 参照).

このモデルのパラメータ数を最小化するために,信号波形はエネルギー総和で正規化するものとすると,

$$\int_{-\infty}^{\infty} [s_{k,m}(t)]^2\,dt = 1, \quad k=1,\ldots,K, \quad m=1,\ldots,M_T, \tag{6.3}$$

となる.

実際には,各ユーザ端末は各々の送信電力で送信しているので,送信信号波形は異なり,単位エネルギーにはならない.しかしながら,受信機設計の観点で重要なスケールパラメータとなるのは 1 ユーザの受信電力で,それはそのユーザの送信電力とチャネル利得に依存している.ゆえに,あらゆるスケーリング信号をチャネルインパルス応答 $f_{k,m,p}(\cdot)$ にひとまとめにして,式 (6.3) で表される送信正規化信号波形を簡易化しても問題ない.ただしその場合,受信機側からは,チャネル利得の影響と送信電力の影響とを分離することは不可能となる.同様に簡単化するために,送信信号波形が単一シンボル区間のみ送信されると仮定すると都合が良い.

$$s_{k,m}(t) = 0, \quad t \notin [0, T_s] \tag{6.4}$$

単一シンボル区間を越える受信波形の重なりはチャネル応答の時間分散によって表現されるため，式 (6.3) の正規化処理と同様に，この仮定も一般性を欠くことはない．典型的かつ有用なチャネル応答モデルは，離散マルチパスモデルで表される．

$$f_{k,m,p}(t) = \sum_{l=1}^{L} h_{k,m,p,\ell}\delta(t - \tau_{k,m,p,\ell}) \tag{6.5}$$

$\delta(\cdot)$ はディラックデルタ関数，$h_{k,m,p,\ell}, \tau_{k,m,p,\ell} > 0$ はそれぞれ，p 番受信アンテナの出力とユーザ k の m 番送信アンテナ間の伝送チャネルの l 番パスのチャネル利得と伝搬遅延を表している．[1] この場合，信号波形 $g_{k,m,p}(\cdot)$ は次式の形で表される．

$$g_{k,m,p}(t) = \sum_{l=1}^{L} h_{k,m,p,\ell} s_{k,m}(t - \tau_{k,m,p,\ell}) \tag{6.6}$$

つまり，ユーザ k の任意の送信アンテナ m から送信され任意の受信アンテナ p で受信された信号波形は，送信信号波形 $s_{k,m}(\cdot)$ を L で定数倍し遅延させた複製成分の重ね合わせになっている．特記のない限り，今後はこのモデルをチャネル応答として用いるものとする．

送信信号波形 $s_{k,m}(\cdot)$ は様々な形式を取り得る．信号波形は一般性を持つものとして考えることもできるが，ここでは典型例として直接拡散符号分割多重アクセス（DS/CDMA：Direct-Sequence/Code-Division Multiple Access）形式の送信信号を考える．DS/CDMA は無線システムにおいて非常に広範に用いられる送信信号形式（第三世代セルラシステム標準としても活用されている）で，本節以降で議論されるシミュレーションでも使用している．注釈として，次に DS/CDMA の信号形式を記述する．

DS/CDMA の送信信号

DS/CDMA 形式では，あらゆる送信機の送信信号波形は，スペクトル拡散信号の形式で表される．すなわち，式 (6.1) の信号波形 $\{s_{k,m}(\cdot)\}$ は，

$$s_{k,m}(t) = \frac{1}{\sqrt{N}} \sum_{j=0}^{N-1} c_{k,m}^{(j)} \psi(t - (j-1)T_c), \quad 0 \leq t \leq T_s, \tag{6.7}$$

で表される．

---
[1] 簡単のため，本章では無線チャネル自体の影響と，アンテナ応答による影響とを，同一項 $h_{k,m,p,\ell}$ に集約しているが，これら二つを分離しても勿論よい（例えば参考文献 [46] 参照）．しかし，これらを集約した場合においても，解析や説明にあたり一般性を欠くことはない．

ここで，N はシステムの拡散利得，$c_{k,m}^{(0)}, c_{k,m}^{(1)}, c_{k,m}^{(2)}, \ldots, c_{k,m}^{(N-1)}$ はユーザ k の m 番送信アンテナに関連付けられた拡散符号（符号系列），T_c はチップ間隔，$\psi(\cdot)$ は単位エネルギーと概ね時間間隔 T_c を有する 1 チップあたりの信号波形（スペクトル拡散信号の一般的な議論は例えば参考文献 [48] を参照）である．この信号形式におけるチップの信号波形 $\psi(\cdot)$ は，チップ間隔 T_c の単位エネルギーを持つパルス波でよくモデル化される．

$$\psi(t) = \begin{cases} \dfrac{1}{\sqrt{T_c}} & t \in [0, T_c] \\ 0 & \text{それ以外} \end{cases} \tag{6.8}$$

再度述べるが，本章の結果のほとんどは，一般的な信号波形についても成立するもので，ここで記述していない信号形式まで詳しく説明する必要はない．これらの送信信号波形，シンボル，雑音，チャネル応答は（暗に仮定してきた実数ではなく）複素数の形式で記述されることも追記しておく．6.5 節までこれらの一般性を欠くことはないので，（小）変更が必要になるまではそうした議論は省略するものとする．上記モデルの複素数表現は参考文献 [46] で示されており，このモデルに取り込めるように，QPSK や QAM のような 2 次元の送信信号点配置も表現することができるようになる．

さらに，雑音過程 $n_p(\cdot), p = 1, \ldots, M_R$ は各々独立した，共通のスペクトル強度 σ^2 の白色ガウス雑音過程であると仮定する．また，送信シンボルの取り得る値は有限符号アルファベット $\mathcal{A}$ であり，$\mathcal{A}$ は $|\mathcal{A}|$ 個の要素を含むものとする．6.3 節の冒頭では，簡単のため符号アルファベットをバイナリ信号 $\mathcal{A} = \{-1, +1\}$ に特化するが，本章の結果のほとんどは，より一般的な送信符号アルファベットにおいても成り立つ．最後に，M_T, B, L は通常ユーザ間で異なり，L についてはアンテナペア間においても異なるものである．しかし議論の簡単化を図るため，忠実に変数で表現した本節の議論の延長という位置付けで，以降では定数として扱う．

6.2.2 ■受信機の基本構造

マルチユーザ MIMO の基本的な受信機の構造は，二つの部分に分けることができる．フロントエンド（ハードウェア）部と，判定アルゴリズム（ソフトウェア）部である．実際的には，フロントエンドがソフトウェアの一部として実装される場合など，必ずしもこれらが明確に分離されているわけではないが，説明の便宜上二つに分離するものとする．

このようなシステムの基本のフロントエンド構成は一般に統計的推定論に基づいて形成されており，特にある送信シンボル系列 $\{b_{k,m}[i]\}_{k=1,\ldots,K;\, m=1,\ldots,M_T;\, i=0,\ldots,B-1}$

に対する受信可能系列の尤度関数と呼ばれるものを評価することが興味深い．白色ガウス雑音を仮定しているので，この尤度関数の対数は Cameron–Martin の公式 [29] により，

$$\sum_{k=1}^{K}\sum_{m=1}^{M_T}\sum_{i=0}^{B-1}b_{k,m}[i]z_{k,m}[i] - \frac{1}{2}\sum_{k,k'=1}^{K}\sum_{m,m'=1}^{M_T}\sum_{i,i'=0}^{B-1}b_{k,m}[i]b_{k',m'}[i']C(k,m,i;k',m',i'), \tag{6.9}$$

となる．ここで $k=1,\ldots,K, m=1,\ldots,M_T, i=0,\ldots,B-1$ について，

$$z_{k,m}[i] = \sum_{\ell=1}^{L}\sum_{p=1}^{P} h_{k,m,p,\ell} \int_{-\infty}^{\infty} r_p(t)s_{k,m}(t-\tau_{k,m,p,\ell}-iT_s)\,dt, \tag{6.10}$$

となる．また，$k,k'=1,\ldots,K, m,m'=1,\ldots,M_T, i,i'=0,\ldots,B-1$ について，

$$C(k,m,i;k',m',i') = \sum_{p=1}^{P}\sum_{\ell,\ell'=1}^{L} h_{k,m,p,\ell}h_{k',m',p,\ell'}$$
$$\times \int_{-\infty}^{\infty} s_{k,m}(t-\tau_{k,m,p,\ell}-iT_s)s_{k',m'}(t-\tau_{k',m',p,\ell'}-i'T_s)\,dt, \tag{6.11}$$

のように（スカラーの掛け算の形）で記述される．式 (6.9) の表現は一見複雑に見えるが，アンテナ出力 $r_1(t), r_2(t), \ldots, r_P(t)$ が，観測系列 $\{z_{k,m}[i]\}_{k=1,\ldots,K; m=1,\ldots,M_T; i=0,\ldots,B-1}$ のみに関する尤度関数に入力されていることが特筆すべき点である．つまり，一致する送信シンボル系列 $\{b_{k,m}[i]\}_{k=1,\ldots,K; m=1,\ldots,M_T; i=0,\ldots,B-1}$ を推定するにあたり，この変数系列が十分統計量 [29] であり，送信シンボルを復調し判定するためのシステムやアルゴリズムを設計する際に，注目すべき対象を観測系列のみに絞れるということを意味している．

アルゴリズムの説明に入る前に，観測系列についてもう少し詳しく説明しておく．式 (6.10) は三つの基本的な演算から構成されていることがわかる．

1. 積分演算：$x_{k,m,p,\ell}[i] = \int_{-\infty}^{\infty} r_p(t)s_{k,m}(t-\tau_{k,m,p,\ell}-iT_s)\,dt;$
2. 相関演算：$y_{k,m,\ell}[i] = \sum_{p=1}^{P} h_{k,m,p,\ell}\, x_{k,m,p,\ell}[i];$
3. 総和演算：$z_{k,m}[i] = \sum_{\ell=1}^{L} y_{k,m,\ell}[i].$

第一の演算はマッチドフィルタ処理であり，各受信アンテナの出力を，各ユーザのシンボルごとの各送信アンテナから到来する各々の伝送パスで受信される信号波形に整合したフィルタを通過させている．したがって，$K \times M_R \times B \times L \times M_T$ 個の

第6章■マルチユーザ受信機の設計

マッチドフィルタ出力が存在しており，信号区間の区間端でサンプリング（つまり時刻 $iT_s, i = 0, \ldots, B-1$ 上のサンプル）するフィルタが集合した線形フィルタバンクとして考えることができる．

第二の演算は，マッチドフィルタの出力 $\{x_{k,m,p,\ell}[i]\}$ について，受信アンテナアレーのチャネル/アンテナ利得 $\{h_{k,m,p,\ell}\}$ との相関をとっているもので，受信アレーにより得られる空間領域上のビームフォーミング処理として見なすことができる．$h_{k,m,p,\ell}$ の項は，チャネル利得も含むので，厳密には，一般的に知られている単純なビームフォーミングではないが，アレーの持つ空間領域を同時に分離する効果という観点では同一である．ちなみにビームフォーミング後は観測系列数が $K \times B \times L \times M_T$ になる．

第三の演算は，ビームフォーミング後の出力 $\{y_{k,m,\ell}[i]\}$ を加算するマルチパス結合器で，マルチパスチャネルに対する空間次元上の RAKE 演算と言える．一般には，RAKE 受信機はチャネルごとのマルチパス係数との相関演算を行うが，ここでは相関演算はビームフォーミング演算処理の一部としている．したがって，第二の演算と第三の演算を組み合わせると，ビームフォーミング後に RAKE 合成を行うのと等価となり，実際的には別の方法によりそれぞれの動作が分離される場合もある．第三の演算の後には，$K \times M_T \times B$ 個の観測系列に対し，各ユーザのフレームごとに，シンボルあたり 1 系列が残ることになる．

図 6.2 に示すように，基本的なマルチユーザ受信機のフロントエンド部（ハードウェア）はこれら三種の演算により構成されている．このフロントエンドは時空間マッチドフィルタとして呼ばれることもある．この構造は一見複雑に見えるものの，標準的な通信システムの構成要素である，マッチドフィルタ，ビーム形成器，RAKE 受信器で構成されることに注意されたい．

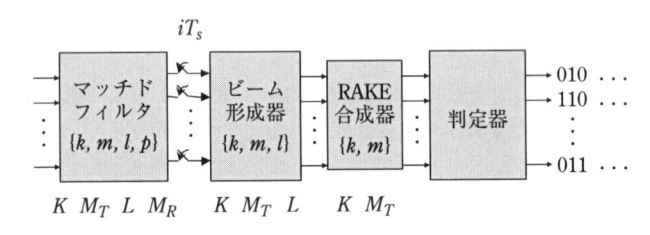

図 6.2　MIMO マルチユーザ受信機の基本構造

この式で表現される一般的なフロントエンド構造が，通信における三つの干渉軽減課題を包含していることは特筆すべきである．この点を議論するために，次のパラメータを定義する．

6.2 ■多元接続 MIMO システム

$$\Delta = \left\lceil \frac{\max_{k,m,p,\ell}\{\tau_{k,m,p,\ell}\}}{T_s} \right\rceil \tag{6.12}$$

$\lceil x \rceil$ とは x より大きな最小の整数である．Δ は式 (6.5) で表される無線チャネルの最大遅延拡がりを，シンボル時間を 1 単位として表したもので，あるユーザが別のユーザに与える干渉の最大シンボル範囲を示している．話を一般的な受信機構造に戻すと，1970 年代には $K = M_T = 1, \Delta > 1$ におけるチャネル等化が盛んに検討されていた．1980 年代に入ると $M_T = \Delta = 1, K > 1$ における初歩的なマルチユーザ検出問題が盛んに検討された．そして，1990 年代に入ると，いよいよ $K = \Delta = 1, M_T > 1$ における標準的な MIMO 通信の問題が BLAST 型の研究によって検証された．これらの難題の組み合わせと，その上での技術改良が，ここ数十年から今日に至るまでのディジタル通信の研究開発の柱となってきた．これら様々な問題に対する本章の結果の適用性を知っておくことは，今後の議論において有益となると心に留めておいていただきたい．つまり，本節で記述された受信機の構造はマルチユーザ MIMO 通信以外の通信形態に対しても適用可能であり，またその多くが，上述の特定例に留まらず解決法を一般化できるということである．

6.2.3 ■マルチユーザ検出アルゴリズムの基本

図 6.2 に示したように，マルチユーザ受信機のフロントエンドの KM_TB 個の出力を用いて，KM_TB 個の送信シンボル $\{b_{k,m}[i]\}$ の値を推定する判定アルゴリズムの演算を行う．この判定アルゴリズムは様々な形式を取り得るため，あらゆる統計的信号処理の宝庫となっている．例えば最尤推定法や最大事後確率法に基づく最適アルゴリズム，線形アルゴリズム，反復アルゴリズム，そして適応アルゴリズムなどである．これらの方法の各々について，以降本節で簡単に紹介し，6.3 節および 6.5 節にて詳しく述べる．これらのアルゴリズムについて議論する前に，観測系列 $\{z_{k,m}[i]\}$ と対応して推定シンボル $\{b_{k,m}[i]\}$ との関係についてまず明らかにする．まず便宜上，推定シンボル $\{b_{k,m}[i]\}$ をシンボル番号，ユーザ番号，アンテナ番号の順に並べ替え，長さ KM_TB の列ベクトル $\mathbf{b}$ を得る．つまり $\mathbf{b}$ は式 (6.13) で表される．

$$\mathbf{b} = \left\{ \begin{array}{c} \mathbf{b}[0] \\ \mathbf{b}[1] \\ \vdots \\ \mathbf{b}[N-1] \end{array} \right\} \tag{6.13}$$

ここで，

第 6 章 ■ マルチユーザ受信機の設計

$$\mathbf{b}[i] = \left\{ \begin{array}{c} \mathbf{b}_1[0] \\ \mathbf{b}_2[1] \\ \vdots \\ \mathbf{b}_K[i] \end{array} \right\}, \tag{6.14}$$

また，

$$\mathbf{b}_k[i] = \left\{ \begin{array}{c} \mathbf{b}_{k,1}[0] \\ \mathbf{b}_{k,2}[1] \\ \vdots \\ \mathbf{b}_K[i] \end{array} \right\}, \tag{6.15}$$

である．同様に，観測系列 $\{z_{k,m}[i]\}$ の集合を $\mathbf{b}$ と同様の規範で長さ KM_TB の列ベクトルに並べ替えベクトル $\mathbf{z}$ を得る．さらに $KM_TB \times KM_TB$ の相互相関行列 $\mathbf{R}$ を定義し，その (n,n') 番要素は式 (6.11) から得られる相互相関値 $C(k,m,i;k',m',i')$ で与え，添え字は対応する $\mathbf{b}$ の要素（$\mathbf{z}$ の要素も同様）に合わせるものとする．つまり $b_n = b_{k,m}[i]$，$b_{n'} = b_{k',m'}[i']$ ただし $n = [iK+(k-1)]M_T+m$ and $n' = [i'K+(k'-1)]M_T+m'$ である．これらの定義を用いて，観測系列と送信シンボルは，

$$\mathbf{z} = \mathbf{Rb} + \mathbf{n}, \tag{6.16}$$

により関連付けられる．ここで，$\mathbf{n}$ は長さ KM_TB，分散ベクトル $\mathcal{N}(\mathbf{0},\sigma^2\mathbf{R})$ の雑音ベクトルである（ただし $\mathbf{0}$ は，全要素がゼロで長さが KM_TB の列ベクトルを表している）．

簡単な例として，フラットフェージング環境かつ，すべての信号が同一のシンボルタイミングにて受信アレーに到来するような同期環境を考える．この条件は，式 (6.5) で表される離散マルチパスモデルの $L=1, \tau_{k,m,p,\ell} \equiv 0$ の場合に相当する．

$$f_{k,m,p}(t) = h_{k,m,p,1}\delta(t) \tag{6.17}$$

この場合行列 $\mathbf{R}$ は，KM_T 行 $\times KM_T$ 列の $\mathbf{B}$ 個の同一ブロックを対角線上に有するブロック対角行列となる．これらの正方部分行列は異なるユーザの各アンテナから到来した信号との相互相関値も含んでいる．例えばこの例では，最初のブロックは，

$$\mathbf{R}_{n,n'} = \int_{\infty}^{\infty} s_{k,m}(t) s_{k',m'}(t)\, dt \times \sum_{p=1}^{P} h_{k,m,p,1} h_{k',m',p,1}, \quad n,n' = 1,2,\ldots,KM_T, \tag{6.18}$$

で与えられる.

　添え字の n や n' はそれぞれ,ゼロ番目のシンボル区間におけるユーザ k の m 番アンテナ,ユーザ k' の m' 番アンテナに対応する.このブロックが行列 $\mathbf{R}$ の対角線に沿って B 回繰り返される.この例は,単一受信アンテナの場合 ($M_R = 1$) を考えるとよく分かる.つまり最初の対角ブロックは,

$$\mathbf{R}_{n,n'} = \int_{\infty}^{\infty} s_{k,m}(t) s_{k',m'}(t) \, dt \, A_{k,m} A_{k',m'}, \qquad n, n' = 1, 2, \ldots, KM_T, \quad (6.19)$$

に簡略化される.ただし $A_{k,m} = h_{k,m,1,1}$, $k, m = 1, \ldots, K, M_T, n = (k-1)M_T + m, n' = (k'-1)M_T + m'$ である.ゆえに,このブロックは,

$$\mathbf{A}\overline{\mathbf{R}}\mathbf{A}, \qquad (6.20)$$

の形で表すことができる.ここで $\mathbf{A}$ は,受信振幅 $A_{1,1}, \ldots, A_{1,M_T}, A_{2,1}, \ldots, A_{2,M_T}, A_{K,1}, \ldots, A_{K,M_T}$ を対角成分に有する対角行列,$\overline{\mathbf{R}}$ は次式で表される信号の掛け算によって求まる正規化相互相関行列である.

$$\overline{\mathbf{R}}_{n,n'} = \int_{\infty}^{\infty} s_{k,m}(t) s_{k',m'}(t) dt, \qquad n, n' = 1, 2, \ldots, KM_T \quad (6.21)$$

例えば,式 (6.7) 式 (6.8) の DS/CDMA の場合では,この正規化相互相関行列は,

$$\overline{\mathbf{R}}_{n,n'} = \frac{1}{N} \sum_{j=0}^{N-1} c_{k,m}^{(j)} c_{k',m'}^{(j)}, \qquad n, n' = 1, 2, \ldots, KM_T, \quad (6.22)$$

と表され,正規化相互相関行列はシステムで使用する拡散符号の相互相関値によって与えられる.この行列の構造は,各ユーザの各アンテナにどのように拡散符号を割り当てるかで決まる.あるシステムでは,同一ユーザの全アンテナで同一の拡散符号を使用し,またあるシステムでは全アンテナで異なる符号を使用する.例えば,拡散符号がいわゆる M 系列(参考文献 [48] 参照)である場合,複数アンテナで同一の拡散符号を使用する前者では $\overline{\mathbf{R}}_{n,n'} = 1$,他ユーザのいずれのアンテナでも異なる拡散符号を用いる後者では $\overline{\mathbf{R}}_{n,n'} = -1/N$ となる.

　伝送チャネルの周波数応答がフラットではない,もしくはユーザ間が同期していないような一般的条件においては,本例におけるブロック対角行列の部分は,ブロックテプリッツ行列で置き換わる.詳しくは 6.3 節で議論する.式 (6.16) より,$\mathbf{z}$ と $\mathbf{b}$ の基本的な関係は,雑音が存在する線形モデルであるということがわかる.したがって

図 6.2 の判定アルゴリズムで解決すべき基本問題はそうしたモデルへ適合させることであると言える．一見すると，線形モデルの適合問題は統計学上の古典的問題であるので，比較的に率直な問題に見えるものの，適合化に用いるベクトル $\mathbf{b}$ は離散値の要素（つまり ± 1）を持つがために，このモデル式 (6.16) の適合化処理はかなり複雑なものになっている．

一般に，データ検出においてもっとも強力な手法は，最尤推定（ML）検出と最大事後確率（MAP）検出である．ML では，式 (6.9) で示される対数尤度関数を最大化するシンボル系列を選択することで式 (6.1) に示した送信シンボルの推定を行う．この処理を簡単に理解するためには，式 (6.16) を簡易表記し，対数尤度関数式 (6.9) を，

$$\mathbf{b}^T \mathbf{z} - \frac{1}{2} \mathbf{b}^T \mathbf{R} \mathbf{b}, \tag{6.23}$$

で書き換えると良い．

つまり，ML シンボル判定では，次の最適化問題を解くことになる．

$$\max_{\mathbf{b} \in \mathcal{B}} \left[\mathbf{b}^T \mathbf{z} - \frac{1}{2} \mathbf{b}^T \mathbf{R} \mathbf{b} \right] \tag{6.24}$$

ここで $\mathcal{B} = \mathcal{A}^{KM_T B}$ である．式 (6.24) の最適化問題は，整数の二次計画問題で，NP 完全問題として知られている．$\mathcal{B}$ の探索数は $|\mathcal{A}|^{KM_T B}$ によっては莫大となるため，この問題を解くのは一見不可能である[2]．しかし，実際の無線チャネルの多くの場合では，行列 $\mathbf{R}$ は数多くのゼロ要素を持つため，この問題を解くための演算量を劇的に低減することができる．実際，送信信号波形 $\{s_{k,m}(\cdot)\}$ の送出時間が単一シンボル区間に限られると仮定し，有限のマルチパスチャネルモデル式 (6.5) の適用を考えた場合，行列 $\mathbf{R}$ は特定数の対角要素以外の要素はすべてゼロである斑模様の行列（banded matrix）となる．つまり，$|n - n'| > KM_T \Delta$ のとき $\mathbf{R}_{n,n'} = 0$ であり，ここで再掲となるが，Δ は無線チャネル式 (6.5) の最大遅延拡がりを 1 シンボル区間式 (6.12) を単位として表したものである．この斑模様の特徴により演算量を，ML 解法の完全探索に必要であった $|\mathcal{A}|^{KM_T B}$ オーダから，動的プログラミングによる探索（参考文献 [30] 参照）に必要な（シンボルあたり）$|\mathcal{A}|^{KM_T \Delta}$ オーダへと，削減することができる．多くの無線チャネルにおいては，最大遅延拡がりはフレーム長 B よりも格段に小さいが，ユーザ数が数十，ユーザあたりのアンテナ数が数本，遅延拡がりが数シンボルとなるような典型事例では指数関数項の $KM_T \Delta$ が極めて大きくなるため，削減されたこの演算量をもってしても実用するのは難しい．

---

[2] 典型的には K は数十程度，M_T は 10 未満，B は数百程度の値をとる．

ML 検出器は最適ジョイント（JO：Jointly Optimum）ディテクタと呼ばれることもある．

MAP 検出は受信機が送信シンボルの事前確率を知っている場合に適用可能な検出手法である．この場合，観測系列で条件付けられたシンボルの事後確率分布を考慮することで，最大事後確率（APP）を持つシンボルを推定することが可能となる．すなわち，次の基準によって任意のシンボル b_n を $\hat{b}_n$ として検出することができる．

$$\hat{b}_n = \arg\left\{\max_{a \in \mathcal{A}} P(b_n = a|\mathbf{z})\right\} \tag{6.25}$$

ベイズの公式を用いると，APP は，

$$P(b_n = a|\mathbf{z}) = \frac{\sum_{\mathbf{b} \in \mathcal{B}_{n,a}} \ell(\mathbf{z}|\mathbf{b}) w(\mathbf{b})}{\sum_{\mathbf{b} \in \mathcal{B}} \ell(\mathbf{z}|\mathbf{b}) w(\mathbf{b})}, \tag{6.26}$$

として表せる．

ここで，$\mathcal{B}_{n,a}$ は n 番要素が a に固定された $\mathcal{B}$ の部分集合であり，$w(\mathbf{b})$ は $\mathbf{b}$ の事後確率，$\ell(\mathbf{z}|\mathbf{b})$ は任意の $\mathbf{b}$ に対する $\mathbf{z}$ の尤度関数である．

$$\ell(\mathbf{z}|\mathbf{b}) = e^{(\mathbf{b}^T \mathbf{z} - \frac{1}{2}\mathbf{b}^T \mathbf{R}\mathbf{b})/\sigma^2} \tag{6.27}$$

一般に，シンボルベクトル $\mathbf{b}$ は領域 $\mathcal{B}$ において一様分布すると仮定できるので，

$$w(\mathbf{b}) \equiv |\mathcal{A}|^{-KM_T B}, \tag{6.28}$$

となる．

この仮定は，全シンボルが時刻間，ユーザ間そしてアンテナ間で独立同一分布（i.i.d.：independent and identically distributed）であり，$\mathcal{A}$ の要素の中から各シンボルが等確率で選択される状況と等価である．この仮定は，以下で議論するように常に有効であるとは限らない．しかし，有効である場合においては，APP の計算から事前確率の項は除外され，MAP 基準は，

$$\hat{b}_n = \arg\left\{\max_{a \in \mathcal{A}} \sum_{\mathbf{b} \in \mathcal{B}_{n,a}} \ell(\mathbf{z}|\mathbf{b})\right\}, \tag{6.29}$$

となる．

式 (6.26) の APP の分母は特定のシンボル値に依存しないため，最大化には無関係となる．MAP 検出器は，単一シンボルの判定基準に従い各シンボル検出を行うことから，個別最適化（IO：Individually Optimal）検出器と呼ばれることもある．

ML 検出器のように，式 (6.29) を用いたシンボル判定の演算は一般に極めて複雑になる．具体的には，個々のシンボル値に対する APP の計算は $|\mathcal{A}|^{KM_TB-1}$ 個のシンボルベクトルの総和演算を含む．しかし，やはり ML 検出器と同様に，チャネルが Δ シンボル区間分の遅延拡がりを持つ場合は，動的プログラミングによって演算量をシンボルあたり $|\mathcal{A}|^{KM_T\Delta}$ オーダまで削減することができる [30, 39]．

ここまでの議論から，ML(JO) や MAP(IO) によるデータ検出には，検出シンボルごとに $|\mathcal{A}|^{KM_T\Delta}$ オーダの演算量が必要となることがわかった．つまり，演算量はユーザ数，アンテナ数，遅延拡がりの増加に伴い増大する．ゆえに，シングルユーザ（$K=1$）や，単一アンテナ（$M_T=1$），あるいはフラットフェージング（$\Delta=1$）の条件であっても，他のパラメータ次第ではこの演算量の問題は残存してしまう可能性がある．これらのいずれの条件も満たす場合のみ，ML および MAP 検出の双方について，受信機は次式の簡易な量子化構造で表すことができる．

$$\hat{b}_n = Q(z_n) \tag{6.30}$$

ここで，$Q: R \to \mathcal{A}$ は量子化演算である．例えばバイナリシンボル（$\mathcal{A} = \{-1, +1\}$）の場合，Q は符号関数の形をとる．

$$Q(z) = \text{sgn}(z) = \begin{cases} -1 & z < 0 \\ +1 & z \geq 0. \end{cases} \tag{6.31}$$

通常，伝送レート（例えば 1 秒あたり数千キロビット）に合わせて限られた計算資源（つまり受信機）でデータ検出を行う必要があるため，上述のような最適受信機の代案を考える必要がある．その種の受信機の例が線形マルチユーザ検出器と呼ばれるもので，IO 検出または JO 検出の検出能力と，簡易な検出器である式 (6.30) の簡易性とのバランスをとることができる．線形検出は，十分統計量 $\mathbf{z}$ に，適切に選択した正方行列を乗算したものを量子化することで実現できる．

$$\hat{b}_n = Q(v_n) \tag{6.32}$$

ここで，

$$\mathbf{v} = \mathbf{Mz}, \tag{6.33}$$

となり，また $\mathbf{M}$ は $KM_TB \times KM_TB$ の行列である．この種の検出器は図 6.3 で表される．行列 $\mathbf{M}$ の選び方によって様々な種類の検出器の実装が可能であるが，代表的な三例を以下に記す．

図 6.3 線形マルチユーザ検出アルゴリズム

時空間マッチドフィルタ/RAKE 受信機

線形検出器の最も簡単な例は，$\mathbf{M}$ が $KM_TB \times KM_TB$ の単位行列 $\mathbf{I}$ となるようにした場合で，このとき線形検出器の演算量は式 (6.30) の検出器の演算量まで削減できる．この検出器は，AWGN チャネルにおいて最適となる従来の時空間マッチドフィルタ受信機である．この受信機の欠点は，白色雑音のみを対象としているために，異なるシンボル間の相互相関を無視している点，つまり $\mathbf{R}$ の非対角要素を無視している点である．

相関検出型（ゼロフォーシング）受信機

送信シンボル $\mathbf{b}$ から観測系列 $\mathbf{z}$ へのマッピングは（二乗）線形変換と雑音の和であり，検出の基本手法は，行列 $\mathbf{R}$ の相互相関値で表される干渉を除去するゼロフォーシング操作に他ならない．$\mathbf{R}$ が非特異であるとすると，この操作は $\mathbf{M} = \mathbf{R}^{-1}$ なる線形検出器で実現することができる．この検出器は相関検出器（デコリレータ）として知られている．相関検出器は変数 $\mathbf{v} = \mathbf{R}^{-1}\mathbf{z}$ を，

$$\mathbf{v} = \mathbf{b} + \mathbf{R}^{-1}\mathbf{n}, \tag{6.34}$$

のように量子化する．これらの変換された観測系列は無論，(ユーザ間，アンテナ間，シンボル間) 干渉とは無縁である．しかしながら，この受信機はマッチドフィルタ受信機の対極で，干渉抑圧の際に白色雑音を無視しているという欠点がある．多変数のガウス分布の性質から，式 (6.34) の雑音項の分布は，

$$\mathbf{R}^{-1}\mathbf{n} \sim \mathcal{N}\left(0, \sigma^2 \mathbf{R}^{-1}\right), \tag{6.35}$$

となる．$\mathbf{R}$ の構造により，$\mathbf{R}$ の逆行列は極めて大きな対角成分を持つために雑音強調を招き，結果として誤り率は高くなってしまう（この問題は等化処理の分野 [33] においてよく知られている）．$\mathbf{R}$ は少なくとも非負であるので，一般に $\mathbf{R}$ が可逆行列であるとしても限定的ではない．しかし，$\mathbf{R}$ が特異となり相関検出器が動作しないような無視できない状況もある．

MMSE 受信機

マッチドフィルタは白色雑音のみを対象とし，相関検出器は干渉成分のみを対象とするのに対し，最小平均二乗誤差（MMSE）マルチユーザ検出器は，シンボルベクトル $\mathbf{b}$ の MMSE 推定値として，$\mathbf{M}$ の変形であるベクトル $\mathbf{v} = \mathbf{Mz}$ を選択することで，雑音と干渉の双方の影響を対象としている．この検出を実効的にするためには，$\mathbf{b}$ の事前モデルを定義する必要がある．$\mathbf{b}$ の要素は平均ゼロで相互に無相関であるものとすると，MMSE 検出器の動作は次の行列 $\mathbf{M}$ を選択することに等しい．

$$\mathbf{M} = \left(\mathbf{R} + \sigma^2 \mathbf{I}\right)^{-1} \tag{6.36}$$

既出であるが，$\mathbf{I}$ は $KM_TB \times KM_TB$ の単位行列である．上式から MMSE 検出器はマッチドフィルタ（$\mathbf{M} = \mathbf{I}$）と相関検出器（$\mathbf{M} = \mathbf{R}^{-1}$）の動作を調整する折衷型の処理であることが分かる．信号強度の要素が $\mathbf{R}$ に組み込まれており，これら二つの処理の相対的な結合関係は雑音レベル（より正確に言えば信号対雑音電力比（SNR））によって調整される．干渉電力が支配的（高 SNR）な場合は MMSE 検出器は相関検出器に近い動作をし，雑音電力が支配的（低 SNR）な場合はマッチドフィルタに近い動作をする．概して，MMSE 検出器はこれら二つの動作のバランスをとっていると言える．

一般には，線形マルチユーザ検出器の演算量は行列の逆行列演算によって決まり，$(KM_TB)^3$ のオーダとなる．ML 法や MAP 法と同様に，遅延拡がりが短い場合には，行列が斑模様であるという特徴を活用しこの演算量を削減することが可能である．しかしながら，ほとんどの無線システムでは送信信号波形やユーザ数，チャネルパラメータはフレームごとに異なるので，そうした演算量削減は難しい．ゆえに演算量のオーダが指数関数から多項式関数に減ったとしても，実システムにおいては依然として演算量は懸念材料である．さらに線形検出，非線形検出のどちらにおいても，時空間符号やチャネル符号化による送信シンボルの拘束条件が，実質的にはその演算量に影響を及ぼす [30]．

これらの理由から，多元接続干渉存在下においても良好な性能を保持しつつ演算量を削減することを目的とした，様々なマルチユーザ受信法が検討されてきている．その中で，式 (6.16) の線形モデルに適合するような反復型アルゴリズムを使用する手法が実用的である．このアルゴリズムでは，最終段の量子化処理による線形検出（反復型線形検出）も可能であるし，逐次量子化による非線形検出（干渉除去としても知られる）も可能である．6.3 節ではマルチユーザ MIMO システムにおけるこれらの処理について詳しく議論する．第 5 章（におけるターボ型のアルゴリズム）で記したような

チャネル符号化では，反復型アルゴリズムを活用することで，許容可能な演算量で優れた復号性能を得ることができる．この話題については 6.4 節で述べる．

既に述べた通り，受信信号からモデル式 (6.1) の受信波形 $\{g_{k,m,p}(\cdot)\}$ を知る必要性から生じる，情報の複雑さもある．この要求に対しては二つの潜在的な問題がある．一つは，送受信機間のチャネル状態が，一般には動的なものであり，ランダムな振る舞いを見せるということである．(チャネル状態をパラメータで表現できるとしても) 受信機でチャネルパラメータを知るのは簡単ではない．もう一つの問題は，受信機で全ユーザの送信信号波形を知るのは難しいということである．例えば一部のユーザの信号のみを受信しようとしている場合が考えられる．いずれの問題においても，未知の送信信号の性質にも適応できる受信機が必要となる．この目的にかなう受信機構成については 6.5 節で述べるが，その前準備として，適応受信機アルゴリズムの検討や議論に適した受信信号の離散時間信号モデルを，次節にて述べる．

6.2.4 ■ディジタル受信機の実装

受信機の実装，特に 6.5 節で議論するような適応アルゴリズムの実装を行うために，これまで示してきた信号や観測系列のディジタル表現を考えると都合がよい．この種の表現は一般に，受信信号式 (6.1) を，有限自由度の大きな対象信号のモデルから得られる有限集合関数へと投影することで得られる (実際的にも，ほとんどの信号表現がこの性質を持っている)．本節では，この条件下における上述の構造を説明する．特に送信信号波形が，第 1 章ほか先に述べた DS/CDMA 型である事例について詳しく解説する．このモデルは 6.5 節でも用いる．ただし，同様の手法は，有限自由度モデルを有するあらゆるシステムに対して適用可能であることを列記しておく．DS/CDMA 以外の注目すべき事例として直交周波数分割多元接続 (OFDMA：Orthogonal Frequency-Division Multiple-Access) が挙げられる．OFDMA では，離散フーリエ変換 (DFT：Discrete Fourier Transform) を利用して入力信号を直交したサブキャリアへと分解する．

話を DS/CDMA 型に戻すと，あらゆる送信機で使用される送信信号波形は式 (6.7) の形式に従っている．ここでは，チップ波形が単位パルス式 (6.8) で表される具体例を考える．この種のシステムにおける観測系列は，受信信号式 (6.1) を，チップ波形 $\psi(\cdot)$ を時間シフトしたものに投影することで得られる．

$$r_p[j] = \int_\infty^\infty r_p(t)\psi(t-jT_s)\,dt = \int_{jT_c}^{(j+1)T_c} r_p(t)\,dt, \qquad j=0,1,\ldots \qquad (6.37)$$

システムの遅延がすべてチップ時間の整数倍で表される場合 (チップ同期の場合と呼ぶ)，図 6.2 のマッチドフィルタバンクの出力として観測系列が得られるためこの演算

によって失われる情報はない．したがって十分統計量 z は，これらの観測系列から抽出されるため，チップ非同期の場合は，この演算によって推定情報を失う可能性もあるが，多くの場合この影響は小さく，観測対象を離散時間系列に絞ることによる信号処理上の利点がそれを上回る（チップ非同期の場合の別手法として，より短い時間間隔で積分し信号をオーバーサンプリングする方法もあるが，ここでは説明を割愛する．詳しい議論については参考文献 [46] を参照されたい）．

既に述べた通り，チップ同期の場合は，十分統計量 z は観測系列 $\{r_p[j]\}$ の関数となるので，ML 検出器や MAP 検出器もこれら観測系列の関数となり，また前節の線形検出器も同様である．後者については，受信機フロントエンドの線形演算と図 6.2 の判定アルゴリズム演算のすべてを，単一の線形変換処理にひとまとめにすると都合がよく，このときシンボル検出は，

$$\hat{b}_{k,m}[i] = Q\left(\sum_{p=1}^{M_R}\sum_j w_{k,m,p}^{(j)}[i] r_p[j]\right), \qquad (6.38)$$

の形で表される．ここで係数 $\left\{w_{k,m,p}^{(j)}[i]\right\}$ は適切に選択されるものとした．この構造は重み係数の調整が可能な標準的な適応アルゴリズムに適用できる．この構造は，複数アンテナ・複数ユーザ向け受信機設計における，多くの適応アルゴリズムの基本構造になっている．この種の適応化にからむいくつかの問題として時空間結合の分解といったものが挙げられるが，詳しい扱いは参考文献 [46] に譲るものとし，本章では 6.5 節にて MIMO の場合について詳説する．

6.3 ■反復型時空間マルチユーザ検出

マルチユーザ検出のような高度な信号処理は，一般に演算量と引き替えにシステム性能を改善することができる．6.1 節に記したように，現行のほとんどの用途に対し，最適最尤マルチユーザ検出器は極めて大きな演算量を要するため，十分な性能を保持したまま計算負荷を軽減する種々の線形・非線形マルチユーザ検出器が提案されてきた [38, 46]．しかし大規模な統合システム（大きなアレーサイズ，大きな遅延拡がり，大きなユーザ数，あるいはこれらの条件の組合せ）においては，これらの準最適手法をそのまま実装しただけでは，依然として演算量は極めて大きなものになってしまう．本節では，MIMO システムにおける効率的な時空間マルチユーザ検出を実現する反復型演算手法について議論を行う [7, 8, 45]．反復法はマルチユーザ検出の中でもっとも実用的なものである．一例として，第三世代セルラシステムにおける実装法が参考文

献 [19] に記載されている．

6.3.1 ■システムモデル

6.1 節で記述したように，ここでは以下のモデルに注目するものとする．

$$\mathbf{z} = \mathbf{R}\mathbf{b} + \mathbf{n} \tag{6.39}$$

$\mathbf{R}$ は相互相関行列，$\mathbf{b}$ はシンボルベクトル，$\mathbf{n}$ は図 6.2 の判定回路における入力段の背景雑音である．最適最尤時空間マルチユーザ検出器は式 (6.23) の対数尤度関数を最大化するが，特にシステム規模が大きい場合においては，この最大化の演算規模が関心事となる．以下では図解説明の都合上マルチパス CDMA チャネルを用いるが，もちろん他の MIMO システムの場合においても同じ手法が適用できることを列記しておく．原理的には，ML 検出の演算量は，ユーザ数 K，送信アンテナ数 M_T，データフレーム長 B のマルチパス・マルチユーザ MIMO チャネルにおいて，$\mathbf{R}$ の大きさに対し指数関数的に増大する．データフレーム長がマルチパス遅延拡がり Δ より典型的には極めて大きいので，R は次式で示されるようなブロックテプリッツ構造をとる．

$$\mathbf{R} \equiv \begin{bmatrix} \underline{R}^{[0]} & \underline{R}^{[1]} & \cdots & \underline{R}^{[\Delta]} & & & & \\ \underline{R}^{[-1]} & \underline{R}^{[0]} & \underline{R}^{[1]} & \cdots & \underline{R}^{[\Delta]} & & & \\ & \underline{R}^{[-\Delta]} & \cdots & \underline{R}^{[0]} & \cdots & \underline{R}^{[\Delta]} & & \\ & & \underline{R}^{[-\Delta]} & \cdots & \underline{R}^{[-1]} & \underline{R}^{[0]} & \underline{R}^{[1]} \\ & & & & \underline{R}^{[-\Delta]} & \cdots & \underline{R}^{[-1]} & \underline{R}^{[0]} \end{bmatrix} \tag{6.40}$$

6.1 節で述べたように，動的プログラミングにより ML 検出の演算量を送信シンボルあたり $O(|\mathcal{A}|^{KM_T\Delta})$ オーダまで削減することができる．要求される演算量は，$|\mathcal{A}|, M_T, \Delta, K$ が極めて小さい値である場合を除き，依然として極めて大きなものとなってしまう．

6.3.2 ■線形反復型時空間マルチユーザ検出

ここでは，様々な時空間マルチユーザ検出器の実装における反復型処理の適用について，代数表現で説明する．線形時空間マルチユーザ検出（ST MUD：Space-Time Multi-User Detection）の一般化式表現を述べた後，線形一次方程式の集合を繰り返

し解く一般的な二つのアプローチについて議論を行う．その後で，非線形反復型アルゴリズムについて取り扱う．

6.1 節で記した通り，式 (6.39) の構造における線形マルチユーザ検出器は，

$$\hat{\mathbf{b}} = \operatorname{sgn}(\operatorname{Re}\{\mathbf{Mz}\}), \tag{6.41}$$

の形で表される．$\mathbf{M}$ は線形検出行列である．また，線形相関検出（ゼロフォーシング）器として，

$$\mathbf{M}_d = \mathbf{R}^{-1}, \tag{6.42}$$

を与える．線形最小二乗誤差（MMSE）検出器については，

$$\mathbf{M}_m = (\mathbf{R} + \sigma^2 \mathbf{I})^{-1}, \tag{6.43}$$

となる．（ブロックテプリッツ構造を適用後の）式 (6.42) および式 (6.43) の逆行列演算量はシンボルあたりユーザごとに $O((KM_T)^2 B\Delta)$ オーダとなる．

線形マルチユーザ検出器で式 (6.41) を推定するということは，以下の線形方程式を解くと考えることができる．

$$\mathbf{Cv} = \mathbf{z} \tag{6.44}$$

相関検出器については $\mathbf{C} = \mathbf{R}$，MMSE 検出器については $\mathbf{C} = \mathbf{R} + \sigma^2 \mathbf{I}$ である．Jacobi と Gauss–Seidel の二つの反復法が式 (6.44) のような線形方程式を解くための低演算量の繰り返しアルゴリズムとして知られている [14]．ここで，行列 $\mathbf{C}$ を $\mathbf{C} = \mathbf{C}_L + \mathbf{D} + \mathbf{C}_U$ と分解する．ただし $\mathbf{C}_L$ は下三角部，$\mathbf{D}$ は対角成分，$\mathbf{C}_U$ は上三角部を表す．この時，Jacobi の反復法は，

$$\mathbf{v}_m = -\mathbf{D}^{-1}(\mathbf{C}_L + \mathbf{C}_U)\mathbf{v}_{m-1} + \mathbf{D}^{-1}\mathbf{z}, \tag{6.45}$$

で表され，Gauss–Seidel の反復法は，

$$\mathbf{v}_m = -((\mathbf{D} + \mathbf{C}_L)^{-1}\mathbf{C}_U)\mathbf{v}_{m-1} + (\mathbf{D} + \mathbf{C}_L)^{-1}\mathbf{z}, \tag{6.46}$$

で表される．

式 (6.45) から，Jacobi の反復法は，線形並列型干渉除去として考えることができる．その収束は一般には保証されないが，収束のための十分条件の一つは，$\mathbf{D} - (\mathbf{C}_L + \mathbf{C}_U)$ の成分が正である場合である．一方で，Gauss–Seidel の反復法は，式 (6.46) から線形直列型の干渉除去として考えることができる．その $\mathbf{C}$ が対称行列で成分が正である

という緩い制約条件においては，いかなる初期値に対してもその線形方程式の解に収束する．この条件は MMSE 検出器の場合，常に真である．

線形方程式 (6.44) を解くための，別の一般的解法としては，最急降下法や共役傾斜法などの傾斜法が挙げられる [14]．式 (6.44) を解くということは，以下のコスト関数を最小化するということと等価である．

$$\Phi(\mathbf{v}) = \frac{1}{2}\mathbf{v}^H \mathbf{C} \mathbf{v} - \mathbf{v}^H \mathbf{z} \tag{6.47}$$

傾斜法の考え方は，このコスト関数を次式のように $\{\mathbf{p}_m\}$ に沿って連続的に減少させてゆくというものである．

$$\mathbf{v}_m = \mathbf{v}_{m-1} + \alpha_m \mathbf{p}_m \tag{6.48}$$

ここで，

$$\alpha_m = \mathbf{p}_m^H \mathbf{q}_{m-1} / \mathbf{p}_m^H \mathbf{C} \mathbf{p}_m, \tag{6.49}$$

および，

$$\mathbf{q}_m = -\nabla \Phi(\mathbf{v})|_{\mathbf{v}=\mathbf{v}_m} = \mathbf{z} - \mathbf{C}\mathbf{v}_m, \tag{6.50}$$

である．

$\{\mathbf{p}_m\}$ の組の選び方次第で，異なるアルゴリズムが生成される．探索方向 $\mathbf{p}_m$ がコスト関数 $\mathbf{q}_{m-1}$ の負の傾き方向となるように選定した場合，このアルゴリズムは最急降下法となり，大域収束性が保証される．探索方向に依っては，冗長な最小化試行により収束速度が極めて遅くなる場合もある．代わりに，探索方向として $\mathbf{C}$ の共役を考える．

$$\mathbf{p}_m = \underset{\mathbf{p} \in \Lambda_{m-1}^{\perp}}{\arg\min} \|\mathbf{p} - \mathbf{q}_{m-1}\| \tag{6.51}$$

低ランクの摂動（low-rank perturbation）という観点，あるいはノルムという観点で行列 $\mathbf{C}$ が単位行列に近付くとき，共役傾斜法となり収束が保証され，良好な性能を示す．ただし $\Lambda_m = \mathrm{span}\{\mathbf{C}\mathbf{p}_1, \ldots, \mathbf{C}\mathbf{p}_m\}$ である．Gauss–Seidel 法と共役傾斜法の演算量は同程度であり，シンボルあたりユーザごとに $O(KM_T \Delta \overline{m})$ オーダである．ここで，$\overline{m}$ は繰り返し回数である．大規模な方程式に対しても安定した解を得るために Gauss–Seidel 法や共役傾斜法で必要となる繰り返し回数は，シミュレーション上では同程度であることが知られている．

6.3.3 ■反復型非線形時空間マルチユーザ検出

一般に非線形型のマルチユーザ検出は，繰り返し処理によるブートストラップ法に基づいたものが多い．本節では，時空間次元における判定帰還型マルチユーザ検出の反復処理について考える．また，次節で議論する EM アルゴリズムに基づく繰り返し ST MUD 法の前説明として，マルチステージ型 ST MUD について簡単に言及する．簡単のため，ここでは送信符号語はバイナリ $\mathcal{A} = \{-1, +1\}$ とする．

コレスキーの判定帰還繰り返し相関検出型 ST MUD

判定帰還繰り返し相関検出型マルチユーザ検出 (DDF MUD:Decorrelating Decision-Feedback Multi-User Detection) 法では，コレスキー分解 $\mathbf{R} = \mathbf{F}^H\mathbf{F}$ を活用して，次式のアルゴリズムにより判定に使用するフィードフォワード行列およびフィードバック行列を決定している．

$$\hat{\mathbf{b}} = \mathrm{sgn}(\mathbf{F}^{-H}\mathbf{z} - (\mathbf{F} - \mathrm{diag}(\mathbf{F}))\hat{\mathbf{b}}) \tag{6.52}$$

ただし，$\mathbf{F}$ は下三角成分を表している．

ここからの議論は MMSE を用いた判定帰還型検出にも同様に適用するものとする．

検出シンボル b_n に注目する．フィードフォワード行列 $\mathbf{F}^{-H}$ は，"後続ユーザ" $\{s_{n+1}, \ldots, s_{KM_TB}\}$ に対して雑音の白色化と相関検出を行うものであり，一方でフィードバック行列 $\mathbf{F} - \mathrm{diag}(\mathbf{F})$ は先行ユーザ $\{s_1, \ldots, s_{n-1}\}$ に対する干渉除去を目的としている．DDF MUD の性能はユーザ間で一様ではなく，最初のユーザは相関検出器を使って復調されるが，最後のユーザについては先行ユーザの判定が正しかった場合，その性能は基本的にはシングルユーザ下限となる．コレスキー分解の変形表現で，フィードフォワード行列 $\mathbf{F}$ が上三角成分となるものもある．この表現を式 (6.52) の代わりに用いると，マルチユーザ検出の処理は逆方向に行われ，ユーザ間の性能差についても逆の関係となる．コレスキーの繰り返し DDF ST-MUD 法は，次に示すように，これら二つのコレスキー分解を交互に使用するという考え方に基づいている．下三角コレスキー分解 $\mathbf{F}_1$ において，最初のフィードフォワードフィルタは次式で表される．

$$\overline{\mathbf{z}}_1 = \mathbf{F}_1^{-H}\mathbf{z} \tag{6.53}$$

ただし $\overline{z}_{1,i} = \mathbf{F}_{1,ii}b_i + \sum_{j=1}^{i-1}\mathbf{F}_{1,ij}b_j + \overline{n}_{1,i}, i = 1, \ldots, KM_TB$ であり，$\overline{n}_{1,i}, i = 1, \ldots, KM_TB$ は各々独立同一分布 (i.i.d) を有するゼロ平均で分散 σ^2 のガウス雑音成分である．"後続ユーザ" への影響が軽減され，雑音成分が白色化されていることが

わかる．したがって，"先行ユーザ"からの干渉を除去するためにフィードバックフィルタを用いると次式のようになる．

$$\mathbf{u}_1 = \overline{\mathbf{z}}_1 - (\mathbf{F}_1 - \mathrm{diag}(\mathbf{F}_1))\hat{\mathbf{b}} \tag{6.54}$$

ここで，$u_{1,i} = \overline{z}_{1,i} - \sum_{j=1}^{i-1} \mathbf{F}_{1,ij}\hat{b}_j \approx \mathbf{F}_{1,ii}b_i + \overline{n}_{1,i}$, $i = 1, \ldots, KM_TB$ である．同様に，上三角コレスキー分解 $\mathbf{F}_2$ については次式のようになる．

$$\overline{\mathbf{z}}_2 = \mathbf{F}_2^{-\mathsf{H}}\mathbf{z} \tag{6.55}$$

ここで，$\overline{z}_{2,i} = \mathbf{F}_{2,ii}b_i + \sum_{j=i+1}^{KM_TB} \mathbf{F}_{2,ij}b_j + \overline{n}_{2,i}$, $i = KM_TB, \ldots, 1$ であり，また，

$$\mathbf{u}_2 = \overline{\mathbf{z}}_2 - (\mathbf{F}_2 - \mathrm{diag}(\mathbf{F}_2))\hat{\mathbf{b}}, \tag{6.56}$$

となる．ただし，$u_{2,i} = \overline{z}_{2,i} - \sum_{j=i+1}^{KM_TB} \mathbf{F}_{2,ij}\hat{b}_j \approx \mathbf{F}_{2,ii}b_i + \overline{n}_{2,i}$, $i = KM_TB, \ldots, 1$ である．これらの処理を（交互に）実行し，次に示す対数尤度比を計算する．

$$L_i = 2\,\mathrm{Re}(\mathbf{F}_{1/2,ii}^* u_{1/2,i})/\sigma^2 \tag{6.57}$$

ここで，$\mathbf{F}_{1/2}$ と $\mathbf{u}_{1/2}$ は，二つのそれぞれの手法について簡易表現したものである．つづいて対数尤度比を最終保存値と比較し，新しい値がより信頼性が高い場合は新しい値で置き換える．つまり，

$$L_i^{stored} = \begin{cases} L_i^{stored} & if |L_i^{stored}| > |L_i^{new}| \\ L_i^{new} & \text{それ以外} \end{cases}, \tag{6.58}$$

となる．最後に，繰り返し処理の中間点で $\hat{b}_i = \tanh(L_i/2)$ の軟判定を行う．このようにすると，繰り返し処理の中間点で硬判定したり，繰り返し処理の最終点で $\hat{b}_i = \mathrm{sgn}(L_i/2)$ の硬判定を行うよりも，良好な性能を示す．通常数回繰り返し処理を行えば，発振の無い安定状態に落ち着く．コレスキーの判定帰還繰り返し相関検出型 ST-MUD 法の構造（$M_T = 1$ を仮定）を図 6.4 に示す．

ブロックテプリッツ行列 $\mathbf{H}$（式 (6.40) 参照）のコレスキー分解を再帰的に行うと，$\Delta = 1$ について，

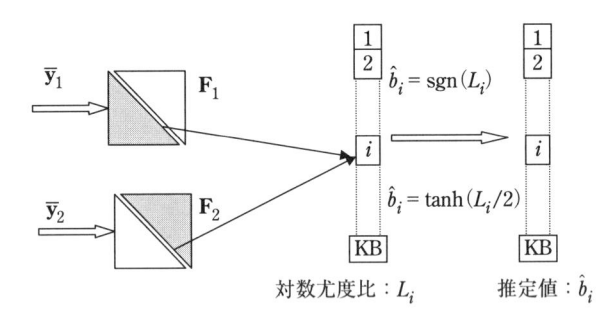

第 6 章 マルチユーザ受信機の設計

図 6.4 コレスキーの判定帰還繰り返し相関検出型 ST-MUD 法

$$\mathbf{F} = \begin{bmatrix} \underline{F}_1(0) & 0 & \cdots & 0 & 0 \\ \underline{F}_2(1) & \underline{F}_2(0) & \cdots & 0 & 0 \\ 0 & & & & \\ \vdots & & & & \\ 0 & 0 & \cdots & \underline{F}_M(1) & \underline{F}_M(0) \end{bmatrix}, \tag{6.59}$$

となる.ここで,上記の行列の要素は次のように再帰的に導出する.

$$\underline{V}_B = \underline{R}^{[0]} \tag{6.60}$$

また,$i = B, B-1, \ldots, 1$ について,低ランク化した行列 $\underline{V}_i$ をコレスキー分解し $\underline{F}_i(0)$ を求めると次式となる.

$$\underline{V}_i = \underline{F}_i^{\mathsf{H}} \underline{F}_i(0) \tag{6.61}$$

ただし,$\underline{F}_i(1)$ は,

$$\underline{F}_i(1) = (\underline{F}_i^{\mathsf{H}}(0))^{-1} \underline{R}^{[-1]}, \tag{6.62}$$

により求まる.最終的に,

$$\underline{V}_{i-1} = \underline{R}^{[0]} - \underline{R}^{[1]} \underline{V}_i^{-1} \underline{R}^{[-1]}, \tag{6.63}$$

が得られ,本式を次回の繰り返し処理に使用する.$\Delta > 1$ の場合についても同様に拡張することができるが,ここでの議論は割愛する.

マルチステージ干渉除去型 ST-MUD

マルチステージ干渉除去（IC：interference cancellation）は，各段の終了時に式 (6.45) でフィードバックされる線形項の代わりに硬判定を行うことを除けば，Jacobi の反復法と同じである．つまり，

$$\hat{\mathbf{b}}_m = \text{sgn}(\mathbf{z} - (\mathbf{C}_L + \mathbf{C}_U))\hat{\mathbf{b}}_{m-1} = \text{sgn}(\mathbf{z} - (\mathbf{H} - \mathbf{D}))\hat{\mathbf{b}}_{m-1}, \tag{6.64}$$

である．この手法の裏には，推定器-減算器の構造が送信データストリームの離散符号アルファベットの特性を活用しているという関係が潜んでいる．一般的に，この非線形硬判定演算は高 SNR 環境において，より正確な推定を実現することができる．最適判定は非線形変換式 (6.64) 上の定点であるが，マルチステージ干渉除去では発振して収束しないという問題がある．次節では，時空間マルチステージ干渉除去型 MUD におけるいくつかの改善法を議論する．コレスキー分解を除くと，コレスキーの判定帰還型繰り返し相関検出 ST-MUD 法の演算量は，マルチステージ干渉除去型 ST-MUD と同一であり，つまり線形干渉キャンセラと同じでシンボルあたりユーザごとに $O(KM_T\overline{\Delta m})$ のオーダである．

6.3.4 ■ EM アルゴリズムを用いた時空間符号化繰り返しマルチユーザ検出

本節では，マルチステージ干渉除去 MUD の収束・安定度の問題を解決する，期待値最大化に基づくマルチユーザ検出を紹介する．

EM アルゴリズム [10] は，

$$\hat{\theta}(\mathbf{Z}) = \arg\max_{\theta \in \Lambda} \log f(\mathbf{Z}; \theta), \tag{6.65}$$

のような最尤推定問題を解くための反復解法である．ここで $\theta \in \Lambda$ は推定パラメータ，$f(\cdot)$ は観測系列 $\mathbf{Z}$ に関するパラメータとして扱える確率密度関数である．EM アルゴリズムの考え方は，欠測値 $\mathbf{W}$ を慎重に選択し，パラメータ推定により完全なるデータ $\mathbf{X} = \{\mathbf{Z}, \mathbf{W}\}$ を構築し，そして次式に示す新たな目的関数を反復試行により最大化するというものである．

$$Q(\theta; \overline{\theta}) = E\left[\log f(\mathbf{Z}, \mathbf{W}; \theta) | \mathbf{Z} = \mathbf{z}; \overline{\theta}\right] \tag{6.66}$$

ここで，θ は推定するべき尤度関数のパラメータであることを再度強調しておく．$\overline{\theta}$ は，先行繰り返し処理で推定されたパラメータの事前値である．これらの値を観測し，事前推定値を用いて，完全なるデータ $\mathbf{X} = \{\mathbf{Z}, \mathbf{W}\}$ に関する対数尤度関数の期待値を計

算する.具体的に言うと,任意の初期推定値 θ^0 について,EM アルゴリズムは次に示す二つのステップを交互に試行する.

1. E ステップ:完全データの十分統計量十分統計量 $Q(\theta;\theta^i)$ を計算する
2. M ステップ:$\theta^{i+1} = \arg\max_{\theta \in \Lambda} Q(\theta;\theta^i)$ により推定値を更新する

参考文献 [10] によると,ある条件下において EM アルゴリズムが尤度を単調増加させるように推定し,ML 法の解に達するまで安定して収束する様子が示されている.

EM アルゴリズムの使用にあたり,実装の簡易さと収束速度とのトレードオフが争点となる."欠測値"を増やしてより情報度の高いデータ空間を作り,元々の設計式 (6.65) よりも EM アルゴリズムの実装を簡単化するという向きもある.しかし,アルゴリズムの収束速度は,完全データ空間に含まれる Fisher 情報に反比例する.このトレードオフはオリジナルの EM アルゴリズムでは M ステップを同時更新するために生じるものである [11].結果的に,参考文献 [11] では一般化 EM アルゴリズム(SAGE:space-alternating generalized EM)が提案され,多次元パラメータの推定における収束速度を改善している.SAGE は,パラメータをいくつかのグループ(部分空間)に分割し,各反復試行毎に一つのグループのみの更新を行うという考え方に基づいており,最適化問題の制御性を保持しながら,全体の複数の情報度の低い"欠測値"列を関連付け,収束速度を改善することが可能になっている.繰り返しごとに,パラメータの部分集合 θ_{S_i} と対応する欠測値 $\mathbf{W}^{S_i}$ を選択し,これを定義ステップと呼ぶ.続いて,EM アルゴリズムと同様に,E ステップにおいて次の計算を行う.

$$Q^{S_i}(\theta_{S_i};\theta^i) = E\left[\log f(\mathbf{Z},\mathbf{W}^{S_i};\theta_{S_i},\theta^i_{\bar{S}_i}|\mathbf{Z}=\mathbf{z};\theta^i)\right] \quad (6.67)$$

ここで,$\theta_{\bar{S}_i}$ は θ_{S_i} の補集合である.M ステップでは選択されたパラメータを更新し,その他のパラメータは保持するので,

$$\begin{cases} \theta^{i+1}_{S_i} = \arg\max_{\theta_{S_i} \in \Lambda_{S_i}} Q^{S_i}(\theta_{S_i};\theta^i) \\ \theta^{i+1}_{\bar{S}_i} = \theta^i_{\bar{S}_i} \end{cases}, \quad (6.68)$$

となる.ここで Λ_{S_i} は,全パラメータ空間を S_i の次元に合わせて制限したものである.従来の EM 推定法と同様に SAGE 法は,適当な条件下では尤度を単調増加させ,ML 法の解まで安定して収束させることができる [11].

EM アルゴリズムを次のように時空間マルチユーザ検出に適用する.ビット $b_n, n \in \{1,2,\ldots,KM_TB\}$ を検出対象パラメータとすると,干渉ユーザのビット $b_{\bar{k}} = \{b_j\}_{j \neq n}$

は欠測値として取り扱うことになる．完全データの十分統計量は，($\mathbf{R}_{nm}$ を行列 $\mathbf{R}$ の n 行 m 列目の要素として)，

$$Q(b_n; b_n^i) = \frac{1}{2\sigma^2}\left(-\mathbf{R}_{nn}b_n^2 + 2b_n\left(z_n - \sum_{m \neq n}\mathbf{R}_{nm}\widetilde{b}_m\right)\right), \tag{6.69}$$

で表すことができる．ここで，

$$\widetilde{b}_m = E\left[b_m | \mathbf{Z} = \mathbf{z}; b_n = b_n^i\right] = \tanh\left(\frac{\mathbf{R}_{mm}}{\sigma^2}(z_m - \mathbf{R}_{mn}b_n^i)\right), \tag{6.70}$$

であり，EM アルゴリズムの E ステップ部に相当する．M ステップ部は以下の通りである．

$$b_n^{i+1} = \arg\max_{b_n \in \Lambda} Q(b_n; b_n^i) = \begin{cases} \text{sgn}(z_n - \sum_{m \neq n}\mathbf{R}_{nm}\widetilde{b}_m) & \Lambda = \{\pm 1\} \\ \dfrac{1}{\mathbf{R}_{nn}}(z_n - \sum_{m \neq n}\mathbf{R}_{nm}\widetilde{b}_m) & \Lambda = \Re \end{cases} \tag{6.71}$$

ここで，$\Lambda = \Re$（実数集合）は軟判定が中間ステージにおいて必要であることを意味する．E ステップ式 (6.70) において，ユーザ $j \neq n$ からの干渉は "欠測値" として取り扱うために考慮に入れていない．ただし，このことは欠点とはならない．それは SAGE アルゴリズムを適用すると，全ユーザのシンボルベクトル $\mathbf{b} = \{b_j\}_{j=1}^{KM_TB}$ は推定パラメータとして取り扱うことになり，欠測値は必要ないためである．このアルゴリズムは $i = 0, 1, \ldots$ について次のように表すことができる．

1. 定義ステップ：$S_i = 1 + (i \mod KM_TB)$
2. M ステップ：

$$\begin{cases} b_n^{i+1} = \text{sgn}(z_n - \sum_{m \neq n}\mathbf{R}_{nm}b_m^i) & n \in S_i \\ b_m^{i+1} = b_m^i & m \notin S_i \end{cases} \tag{6.72}$$

欠測値がなく，他ユーザからの干渉は事前推定値から再生して減算するため，E ステップは存在しない．結果としてこの受信機は，シンボル推定が並列ではなく逐次的に行われるということを除くと，マルチステージ干渉除去型 MUD（式 (6.64) 参照）とよく似た構成となる．しかし，この簡易な逐次型干渉除去の概念を用いることで，マルチユーザ受信機は SAGE アルゴリズムにより収束が保証される．一方で 6.3.3 項で議論したマルチステージ干渉除去型 MUD は，必ずしも収束しない．この SAGE 繰り返し ST-MUD 法の演算量もまた，シンボルあたりユーザごとに $O(K\Delta\overline{m})$ である．

6.3.5 ■シミュレーション結果

本項では，上述した時空間マルチユーザ検出器の特性を，CDMA を例にとり計算機シミュレーションによって明らかにする．$K = 8$ ユーザ，拡散利得 $N = 16$ の CDMA システムを仮定する．各ユーザは単一の送信アンテナを備え，基地局（またはアクセスポイント）に届くまでに $L = 3$ パスの経路を通過するものとし，受信側では半波長間隔で配置した $M_R = 3$ 素子のリニアアレーで受信する．最大遅延拡がりは $\Delta = 1$ とする．各マルチパス経路の複素ゲインおよび遅延量と到来方向はランダムに生成され，データフレーム内ではそれらの値は一定であるものとする．すなわちスローフェージング環境を想定する．全ユーザの拡散符号はランダムに生成され，すべてのシミュレーションにおいて同一とした．まずはじめに，数種類の時空間マルチユーザ受信機および時空間シングルユーザ受信機の特性を図 6.5 にて比較する．ここでは 5 種類の受信機を考える．シングルユーザマッチドフィルタ（マッチドフィルタ），シングルユーザ MMSE 受信機（シングルユーザ MMSE），Gauss–Seidel の反復法ないし共役傾斜法

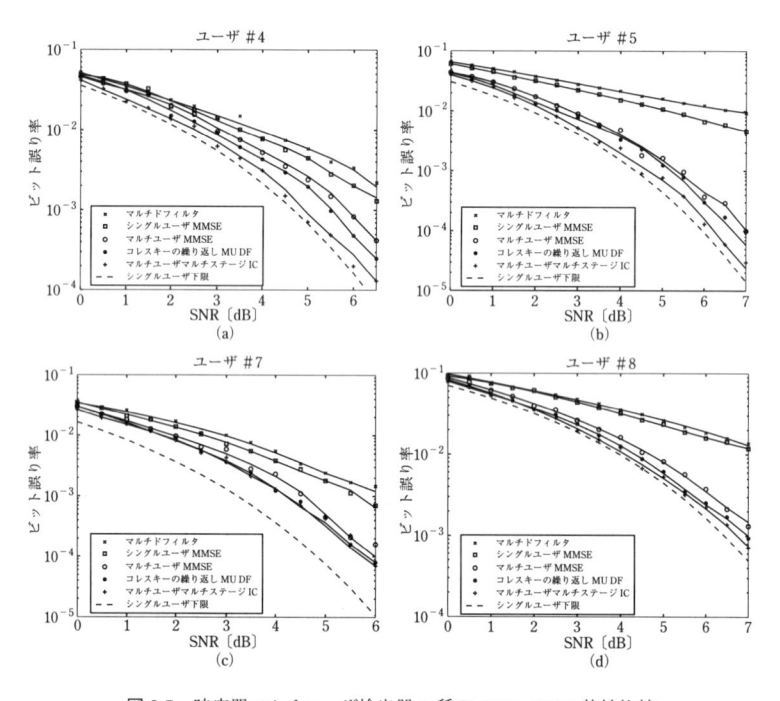

図 6.5　時空間マルチユーザ検出器 5 種の SNR–BER 特性比較

(性能はどちらも同一)を用いたマルチユーザ MMSE 受信機(マルチユーザ MMSE),コレスキーの判定帰還繰り返し相関検出型マルチユーザ受信機(コレスキーの繰り返し MU DF),そしてマルチステージ干渉除去型マルチユーザ受信機(マルチユーザマルチステージ IC)である.シングルユーザ受信機の導出に興味のある読者は参考文献 [45] を参照されたい.反復型アルゴリズムは収束後に評価を行っている.マルチステージ IC MUD は収束挙動が良くないため,3 ステージ後に測定を行った.比較基準としてシングルユーザ性能の下限についても掲載している.図よりマルチユーザ検出による手法の性能が,シングルユーザ検出に基づく手法の性能を凌駕していることがわかる.非線形 MUD は線形 MUD よりも大きな利得が得られており,マルチステージ IC MUD は収束の挙動が良好である場合においては最適性能に近い性能を有している(図 6.7 に見られるように,必ずしもそうではない).空間(受信アンテナ)ダイバーシチおよびスペクトラム(RAKE 合成)ダイバーシチを導入することで,同一 BER を達成するための SNR を大幅に低減できることも併記しておく.

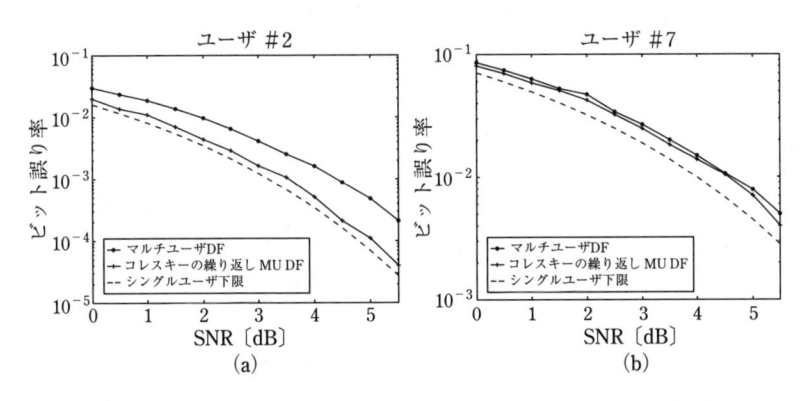

図 6.6 判定帰還型 ST MUD とコレスキーの反復型 ST MUD の性能比較

図 6.6 は 2 ユーザの場合の,コレスキーの判定帰還繰り返し相関検出型 ST-MUD の性能を示している.非反復処理の場合と比較して,コレスキーの反復処理により一様に利得が得られていることがわかる.信号やチャネル状態によっては,この利得はあるユーザにとっては十分な量であったり,また別のユーザにとっては無視できる程度の量であったりする.

最後にアルゴリズムの収束速度という観点で,EM アルゴリズムに基づく(SAGE)反復型検出とマルチステージ干渉除去型 MUD とを比較する.図 6.7 より,マルチステージ干渉除去型 ST-MUD の収束は遅く,振動しているような振る舞いを見せるの

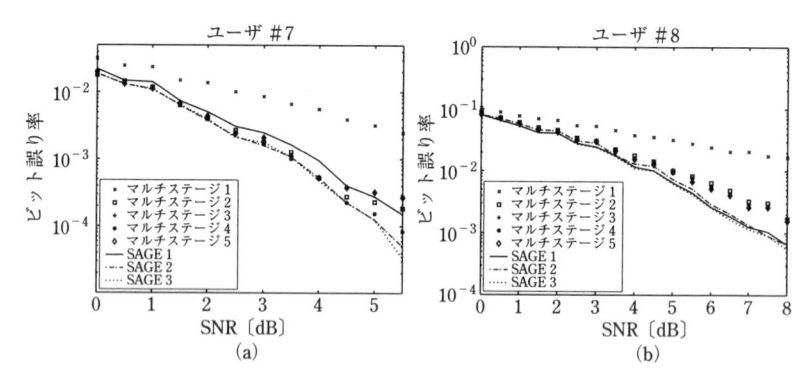

図 6.7 マルチステージ干渉除去型 ST MUD と EM アルゴリズムに基づく反復型 ST MUD の収束挙動の性能比較

に対し，SAGE ST-MUD 法の収束は速くマルチステージ干渉除去型 MUD を凌駕していることがわかる．マルチステージ干渉除去型 MUD では復号性能の揺らぎに起因する性能劣化が不可避のため，統計学的には最適な繰り返し処理回数を選択できないことを意味している．

6.3.6 まとめ

本節では，様々な反復型の時空間マルチユーザ検出について議論してきた．繰り返し処理を実装した線形および非線形型マルチユーザ受信機の性能は，さほど演算量は増えないにも関わらず最適性能に迫る．これらの反復型処理の中で SAGE 時空間マルチユーザ受信機は，同程度の演算量を必要とする他方式よりも性能が優れている．ここでは単一セルの通信環境を考慮したが，今回議論された全ての技術は，より厳しい要求条件がアルゴリズムに課せられるマルチセル環境への適用へと拡張することができる [6]．

6.4 時空間符号化システムにおけるマルチユーザ検出

第 4 章で言及した強力な時空間符号化手法が 1990 年代後期に考案されて以来，これらを多元接続システムへ適用する検討が増えてきている．初期の時空間符号化構造はシングルユーザチャネル [1, 36, 37（第 4 章参照）] を想定していたが，その後，マルチユーザチャネルにおいてもほとんどの性能基準で有効であることが示されてきた [21]．時空間ブロック符号化が参考文献 [9, 4, 25] にて多元接続システムへ適用され，

6.4 ■時空間符号化システムにおけるマルチユーザ検出

これに関して積極的に時空間ブロック符号化を採り入れた受信機が良好な特性を示すことが示された [23, 27].

ここでは，時空間符号化多元接続システムにおけるマルチユーザ検出を考える．周知の通り，そうしたシステムでは最尤ジョイントディテクションの演算量は極めて大きくなるため，低演算量で準最適な受信機構造を探求することにする．マルチユーザ検出と時空間復号とを2ステージに分離した分割型時空間マルチユーザ検出器について詳しく述べる．分割型受信機の第一ステージでは，線形法，非線形法ともに考慮し，演算量と性能のトレードオフについて議論する．

第5章で述べたターボ符号の発展 [3, 4] に触発され，近年では多元接続チャネル向けの様々な繰り返し検出・復号法が提案されてきた．これらの提案は一般に，反復型受信機は非反復型受信機に比べ大きく性能を改善することができる．好例は参考文献 [44] で，畳み込み符号化 CDMA 向けにソフト干渉除去型ターボ受信機が提案されている．そのシミュレーション結果によると，非同期のマルチパス CDMA チャネルにおいて，数回繰り返しでシングルユーザの性能に近い性能を得ることができている．本節ではその他の内，参考文献 [20, 21, 26] で示されるような時空間符号化 CDMA システムに対し，この概念を一般化して説明する．

参考文献 [21] の検討に続き，時空間符号化システム向けのマルチユーザターボ受信機の検討が進展している．ここでは具体例として，参考文献 [26] で示されている空間分割多元接続とは異なり，DS-CDMA 型式に基づいた多元接続システムを仮定する．CDMA 型の複数送信アンテナシステムの実装法は2種類存在する．一つは，各ユーザに単一の拡散符号を割り当て，すべてのアンテナから送信される信号が同一の符号で拡散されるものである．本書ではこのタイプの設計を想定する．別の実装法は，ユーザ毎に複数の拡散符号を割り当て，各アンテナから送信される信号は各々異なる符号で拡散されるというものである [9, 17, 18, 28].

時空間符号化システム向けの低演算量のマルチユーザ受信機構造については参考文献 [26, 47] で言及されている．例えば参考文献 [47] では，ターボ符号と時空間ブロック符号とを使用したシステムに適したマルチステージ型受信機が提案されている．参考文献 [20, 21, 26] では時空間ブロック符号とトレリス符号を使用した多元接続システム向けのターボ受信機構造が検討されている．一般にこれらのターボ受信機では，検出と復号との二つの独立したステージに分離して演算を行う．最初のステージでは，マルチユーザ検出を用い，ユーザごとに軟出力を生成する．次のステージでは，受信機は複数の復号器（チャネル復号，時空間復号）を備えており，ユーザごとにチャネル復号と時空間復号を行う．これらの復号器は，符号化シンボルに関する軟判定情報

を更新し，次の繰り返し段の第一ステージにおける事前情報としてフィードバックされる．同じステップを繰り返し処理を続行する．

6.4.1 項では，同期型の時空間符号化マルチユーザシステムについて簡易な信号モデルを定義し，6.4.2 項では，最適 ML ジョイント検出/判定器を導出する．6.4.3 項では，時空間復号ステージとマルチユーザ検出ステージとを分離することで低演算量を実現した，時空間符号化マルチユーザシステム向けの受信機構造について説明する．ここでは線形および非線形マルチユーザ検出ステージの両方を考慮する．本節では具体的に，非線形干渉除去マルチユーザ検出ステージを元に受信機構造を二分割した場合と同様に，線形相関検出器及び線形 MMSE 推定器を元にステージを分離した時空間マルチユーザ受信機を考慮する．6.4.4 項では，干渉除去型受信機の第二ステージで使用する軟入力軟出力（SISO：Soft-Input Soft-Output）最大事後確率（MAP）復号器 [2]（MAP 復号器のより詳細な説明については 5 章を参照されたい）について詳説する．

6.4.1 ■信号モデル

K 人のユーザが各々 M_T 送信アンテナを用いて独立した時空間符号化を行うシステムを考える．ユーザ k（$k = 1, \ldots, K$）のバイナリ情報系列 $\{d_k[n]\}_{n=0}^{\infty}$ は，まず時空間符号化器で符号化され，続いて符号化データは直列並列変換器を通して M_T ストリームに分割される（一般には各ユーザの送信アンテナ数は異なるが，ここでは簡単のため全ユーザが同一数の送信アンテナを備えるものとした）．各並列ストリームの符号ビットはブロックインタリーブされ，BPSK シンボルマッピングにより適当な信号波形 $s_k(t)$ を変調し，M_T 送信アンテナから同時に送信される．本章では，ユーザ k は全 M_T 送信アンテナから同じ送信信号 $s_k(t)$ を送信するものと仮定していることに留意されたい（つまり，$s_{k,m}(t) = s_k(t), m = 1, \ldots, M_T$）．

ユーザ k の時刻 t における送信信号は次式で表される[3]．

$$x_k(t) = \frac{A_k}{\sqrt{M_T}} \sum_{i=0}^{B-1} \sum_{m=1}^{M_T} b_{k,m}[i] s_k(t - iT) \tag{6.73}$$

ここで $\{b_{k,m}[i] \in +1, -1\}_{i=0}^{B-1}$ は時刻 i におけるユーザ k の m 番送信アンテナから出力される，シンボルマッピングされた時空間符号化データである．B は 1 データフレームあたりのユーザごとのチャネルシンボル数で，ここでは時空間符号の符号語と同

---

[3]本章では，正規化した送信信号を考え，送信機出力の振幅はチャネル応答に含むと仮定している．式 (6.20) と同様に，本節においては送信時振幅を明示するために，チャネル応答内の項を分離して表現している．

一長と仮定している．各ユーザの信号波形は $0 \leq t \leq T$ の区間のみを用いるものとし，$\int_0^T s_k^2(t)\mathrm{d}t = 1, k = 1, \ldots, K$ となるように振幅の正規化を行う．したがって，$A_k{}^2$ はユーザ k のビット当たりの送信エネルギーで，これは送信アンテナ数に依存しない．式 (6.73) のモデルは送信信号形式以外は一般性を欠かないので，以後の結果はあらゆる送信信号方式に適用できるものである．ただし，ここで詳説するのは，CDMA のような非直交型の送信方式である．

受信データフレーム長に対しフェージング速度が十分遅く，フレーム内では一定であると仮定すると，ある受信アンテナで受信される信号は次式で表される．

$$r(t) = \sum_{i=0}^{B-1} \sum_{k=1}^{K} \frac{A_k}{\sqrt{M_T}} \sum_{n_T=1}^{M_T} h_{k,m} b_{k,m}[i] s_k(t - iT) + n(t) \quad (6.74)$$

ここで $n(t)$ は平均ゼロ，分散 $N_0/2$ の，各アンテナごとの複素白色ガウス雑音である．ユーザ k の送信アンテナ m と受信機との間の複素フェージング係数 $h_{k,m}$ は，平均ゼロで単位分散を持つガウスランダム変数で，実部および虚部で独立であると仮定している．つまり $h_{k,m}$ は位相が一様でレイリー分布の振幅を持ち，これは一般にレイリーフェージングモデルと呼ばれている．これらのフェージング係数は k および m について各々独立している．以降では，受信機において式 (6.74) モデルの全パラメータは既知であり，送信シンボルのみが未知であるものとする．

6.4.2 ■時空間符号化マルチユーザシステムにおける最尤マルチユーザジョイント判定・復号法

6.4.1 項のモデルで，シンボルの最尤ジョイント判定・復号を考える．そのためにまず，いくつか表記を行う．これまでと同様，時刻 i におけるユーザ k の（M_T アンテナ上の）送信シンボルベクトルをベクトル $\left[\mathbf{b}_k[i] = b_{k,1}[i] \ldots b_{k,M_T}[i] \right]^T$ を使って表す．$BK \times M_T K$ のジョイント符号語行列 $\mathbf{D}$ を定義すると，全ユーザについて次式となる．

$$\mathbf{D} = \begin{bmatrix} \mathbf{D}_1 & \mathbf{0}_{B \times M_T} & \cdots & \mathbf{0}_{B \times M_T} \\ \mathbf{0}_{B \times M_T} & \mathbf{D}_2 & \cdots & \mathbf{0}_{B \times M_T} \\ \vdots & \vdots & \ddots & \vdots \\ \mathbf{0}_{B \times M_T} & \mathbf{0}_{B \times M_T} & \cdots & \mathbf{D}_K \end{bmatrix} \quad (6.75)$$

ただし $k = 1, \ldots, K$ について，

$$\mathbf{D}_k = \begin{bmatrix} \mathbf{b}_k^\mathsf{T}[0] \\ \vdots \\ \mathbf{b}_k^\mathsf{T}[B-1] \end{bmatrix}, \tag{6.76}$$

である.ここで $k = 1, \ldots, K$ について $\mathbf{D}_k \in \{+1, -1\}^{B \times M_T}$ である.ここでは全ユーザのジョイント符号語 $\mathbf{D}$ をスーパー符号語と呼ぶことにする.時刻 i において全ユーザから出力される時空間符号化器の出力は $K \times KM_T$ の行列 $\mathbf{D}[i]$ で表せ,

$$\mathbf{D}[i] = \begin{bmatrix} \mathbf{b}_1^\mathsf{T}[i] & \mathbf{0}_{1 \times M_T} & \cdots & \mathbf{0}_{1 \times M_T} \\ \mathbf{0}_{1 \times M_T} & \mathbf{b}_2^\mathsf{T}[i] & \cdots & \mathbf{0}_{1 \times M_T} \\ \vdots & \vdots & \ddots & \vdots \\ \mathbf{0}_{1 \times M_T} & \mathbf{0}_{1 \times M_T} & \cdots & \mathbf{b}_K^\mathsf{T}[i] \end{bmatrix}, \tag{6.77}$$

となる.ユーザ k のフェージング係数はベクトル $\mathbf{h}_k = [h_{k,1}, \ldots, h_{k,M_T}]^\mathsf{T} \in \mathbf{C}^{M_T \times 1}$ に集約されている.また,これらの全フェージング係数を一つのベクトル $\mathbf{h} = [\mathbf{h}_1^\mathsf{T} \ldots \mathbf{h}_K^\mathsf{T}]^\mathsf{T} \in \mathbf{C}^{KM_T \times 1}$ にまとめる.この表記に従うと,i 番目のシンボル区間における,K 個のマッチドフィルタ群(各々はユーザ固有の信号波形 $s_k(t)$ に整合している)の出力 $\mathbf{z}[i] = [z_1[i] \ldots z_K[i]]^\mathsf{T}$ は,

$$\mathbf{z}[i] = \overline{\mathbf{R}} \mathbf{A} \mathbf{D}[i] \mathbf{h} + \boldsymbol{\eta}[i], \tag{6.78}$$

と表せる.対角行列 $\mathbf{A}$ は $\mathbf{A} = \mathrm{diag}(\frac{A_1}{\sqrt{M_T}}, \ldots, \frac{A_K}{\sqrt{M_T}})$ で定義している.また $\overline{\mathbf{R}}$ はユーザごとの信号波形の(正規化された)相互相関行列,$\boldsymbol{\eta}(i) \sim \mathcal{N}(\mathbf{0}, N_0 \overline{\mathbf{R}})$ である.

誤りなしに受信された符号語 $\mathbf{z}_k = [z_k(0) \ldots z_k(B-1)]^\mathsf{T}$ に対応する k 番マッチドフィルタの出力の B 個のベクトルと,完全な符号語 $\mathbf{z} = [\mathbf{z}_1 \ldots \mathbf{z}_K]^\mathsf{T}$ に対応するマッチドフィルタの全出力である BK 個のベクトルを定義すると,次のように記述できる.

$$\mathbf{z} = (\overline{\mathbf{R}} \mathbf{A} \otimes \mathbf{I}_B) \mathbf{D} \mathbf{h} + \boldsymbol{\eta} \tag{6.79}$$

ここで,$\boldsymbol{\eta} \sim \mathcal{N}(\mathbf{0}, N_0 \overline{\mathbf{R}} \otimes \mathbf{I}_B)$,$\mathbf{I}_B$ であり,$\mathbf{I}_B$ は $B \times B$ の単位行列,$\otimes$ はクロネッカー積を表している.時空間符号化 CDMA システムにおけるジョイント ML マルチユーザ検出は次式で表現される.

$$\hat{\mathbf{D}} = \arg_D \max p(\mathbf{z}|\mathbf{D}, \mathbf{h})$$
$$= \arg_D \max [2\mathrm{Re}\{\mathbf{h}^H \mathbf{D}^T (\mathbf{A} \otimes \mathbf{I}_B) \mathbf{z}\} - \mathbf{h}^H \mathbf{D}^T (\mathbf{A} \otimes \mathbf{I}_B)(\overline{\mathbf{R}} \otimes \mathbf{I}_B)(\mathbf{A} \otimes \mathbf{I}_B) \mathbf{D} \mathbf{h}]$$

ただし，最大化はすべての有効スーパー符号語に対して行うものとする．また，一般的な行列 $\mathbf{A}, \mathbf{B}, \mathbf{C}, \mathbf{D}$ において，異なる次元を持つ行列同士の積の定義が明確である場合に成り立つ $(\mathbf{A} \otimes \mathbf{B})(\mathbf{C} \otimes \mathbf{D}) = (\mathbf{AC} \otimes \mathbf{BD})$ の関係を用いている [22]．このジョイント ML 検出復号器は，全ユーザの時空間符号のトレリスを結合して作るスーパートレリス上の全探索を行う．

時空間符号の漸近性能はダイバーシチ利得と呼ばれるものによって定量化できる．ダイバーシチ利得は対数スケール上の誤り率曲線の傾きの漸近値を定める．第 4 章で議論したように，レイリーフェージングチャネルにおいてダイバーシチ利得を最大化するためには，任意の二つの符号語に，可能な限り大きな符号語間距離を有する最小ランクの符号語差分行列を与えることが望ましい [15, 36]．異なる符号語ペアの中で最も小さなランクは最大正数 M_T であり，このとき，時空間符号においてフルダイバーシチ利得が得られる．

参考文献 [21] では，単一ユーザ環境においてフルダイバーシチ利得を獲得するための時空間符号は，CDMA マルチユーザ環境においても SNR が十分大であればフルダイバーシチに漸近する利得が得られることが示されている．有効誤り符号語 $\mathbf{E}_k = \mathbf{D}_k - \hat{\mathbf{D}}_k$ の最小ランクが r_k（ただし $r_k \leq M_T$）であるならば，マルチユーザ環境におけるユーザ k の時空間符号による漸近ダイバーシチ次数は r_k に等しい．具体的には，単一ユーザ環境においてユーザ k の時空間符号が M_T 次のフルダイバーシチを達成できるならば，マルチユーザ環境においても，信号波形の相互相関行列が非特異となる SNR においては M_T 次のフルダイバーシチ効果が得られるということである．

図 6.8 は，時空間符号化を行った同期型多元接続システムで，相互相関が 0.4 である等電力の 2 ユーザ環境におけるジョイント ML 検出器の受信性能を示している．ここでの最大の関心事は送信ダイバーシチによる効果であるので，受信ダイバーシチ効果を排除するために受信アンテナ数を 1 とした．図 6.8 では，二つのシステムのジョイント ML 受信機の特性結果が示されている．一つは 2 送信アンテナのシステム，もう一つは 4 送信アンテナのシステムである．いずれのシステム拘束長 $\nu = 5$ の時空間トレリス符号を用いたフルダイバーシチの BPSK 変調を採用しており，参考文献 [16] が詳しい．具体的には，2 送信アンテナ，4 送信アンテナシステムそれぞれについて，参考文献 [16] でも示されている，8 進生成多項式 (46,72)・符号化率 1/2 の畳み込み符号化器，または 8 進生成多項式 (52,56,66,76)・符号化率 1/4 の畳み込み符号化器を用いて時空間符号化を行っている．評価規範としてはフレーム誤り率（FER：Frame Error Rate）を使用している．また同図では，時空間符号化を用いない等価システムの結果も併せて示している．図 6.8 によると，マルチユーザシステムにおいて時空間

符号化により特筆すべき利得が得られていることがわかる．さらに，ジョイント ML 受信機の性能は，上で予想した通りシングルユーザ限界値に極めて近くなっていることがわかる．

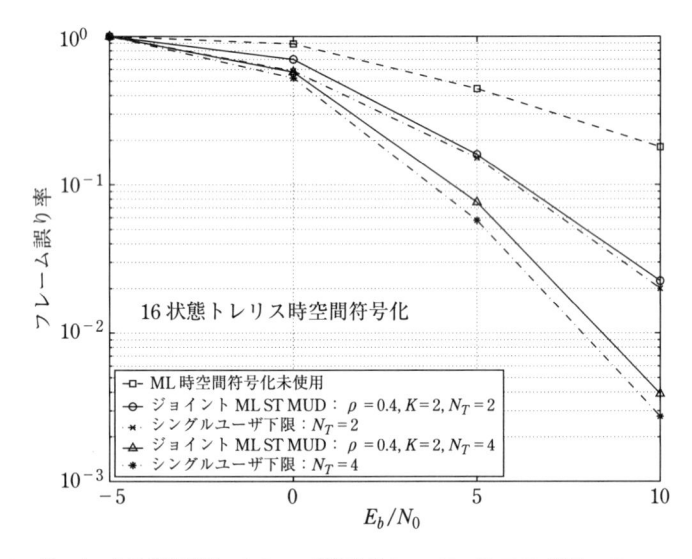

グラフ内凡例：
- ML 時空間符号化未使用
- ジョイント ML ST MUD：$\rho = 0.4, K = 2, N_T = 2$
- シングルユーザ下限：$N_T = 2$
- ジョイント ML ST MUD：$\rho = 0.4, K = 2, N_T = 4$
- シングルユーザ下限：$N_T = 4$

グラフタイトル：16 状態トレリス時空間符号化
縦軸：フレーム誤り率
横軸：E_b/N_0

図 6.8 ジョイント最尤時空間マルチユーザ検出器の E_b/N_0 対 FER 特性：$K = 2, \rho = 0.4$

前述の ML パス探索は，全ユーザの時空間符号トレリスを結合して得られるスーパートレリス上の，ビタビアルゴリズムを用いた最尤パス探索として実装される．このことは，参考文献 [12] で言及されている畳み込み符号化 CDMA チャネルの最適復号器でも同様である．（簡単のため）全ユーザが拘束長 ν の畳み込み符号に基づく時空間符号化法を使用するものとすると，スーパートレリスは全部で $K(\nu - 1)$ の状態数を持つことになるため，ユーザごとの総演算量は約 $\mathcal{O}(2^{K\nu}/K)$ オーダで，$K\nu$ の指数関数となる．また，M_T 本の送信アンテナシステムにおいて，フルダイバーシチ利得 M_T を獲得するためには $\nu \geq M_T$ でなければならない [16, 37]．つまり，仮にユーザ数が少なかったとしても，受信機の演算量は極めて莫大になる可能性があるということが容易にわかる．それゆえ，時空間符号化マルチユーザシステムにおける低演算量で準最適な受信機構造の検討が必要である．

ジョイント最尤判定法に劣らぬ性能を維持しながらジョイントマルチユーザ検出・時空間復号の演算量を削減するために，分離型の受信機構造を採用すると良い．具体的には，参考文献 [13] で言及されているように，（単一アンテナの）畳み込み符号化

6.4 ■時空間符号化システムにおけるマルチユーザ検出

CDMA チャネルを対象としたマルチユーザ検出と時空間復号を二つのステージに分離するというものである．分離型受信機の第一ステージでは，マルチユーザ検出を行う．マルチユーザ検出の出力は，システム内で関連する K ユーザについて各々そのシングルユーザ時空間復号器群に入力する．これによりあるユーザの時空間復号処理を他のユーザの時空間復号処理とを独立に行う．もちろん，ML 復号器や MAP 復号器を第二ステージのシングルユーザ時空間復号器として使用することもできる．また第一ステージにおいて，任意のマルチユーザ検出を導入しても良い．以下では，この分離型時空間マルチユーザ検出器の第一ステージで線形型，非線形型両方のマルチユーザ検出の適用を考え，これらの受信機の性能と実現可能な最高性能とを比較する．

6.4.3 ■時空間マルチユーザシステムにおける低演算量の分離型受信機構成

ここでは分離型受信機に基づく線形マルチユーザ検出器について議論し，続いて非線形マルチユーザ検出手法について述べる．線形マルチユーザ検出器においては，相関検出器と線形 MMSE 検出器の両方を取り扱う [38]．非線形型の手法については干渉除去やターボ理論に基づく簡易な反復型受信機と，干渉除去処理の後に瞬時 MMSE フィルタリングを行う改良化反復型受信機について取り扱う．

相関検出に基づく分離型時空間マルチユーザ受信機

i 番シンボル時間における相関検出器の出力は参考文献 [38] により，

$$\hat{\mathbf{z}}[i] = \overline{\mathbf{R}}^{-1}\mathbf{z}[i] = \mathbf{A}\mathbf{D}[i]\mathbf{h} + \hat{\boldsymbol{\eta}}, \tag{6.80}$$

となる．ただし $\hat{\boldsymbol{\eta}} \sim \mathcal{N}(\mathbf{0}, N_0\overline{\mathbf{R}}^{-1})$ である．受信機の第一ステージでは，時刻 i における各ユーザの送信シンボルベクトルに対応する軟出力を計算する．この軟出力は各ユーザの送信シンボルベクトルの事後確率（APP）であり，$l = 1, \ldots, 2^{M_T}$ および $i = 0, \ldots, B-1$（ただし w^{M_T} は送信シンボルベクトルの候補数とする）について次のように定義される．

$$p_{k,l}[i] = \mathrm{P}\left[\mathbf{b}_k[i] = \mathbf{s}_l | \hat{\mathbf{z}}[i], \mathbf{h}\right] \quad \text{for } \mathbf{s}_l \in \{+1, -1\}^{M_T \times 1}$$

式 (6.80) より，この事後確率は，

$$p_{k,l}[i] = C_1 \exp\left(-\frac{1}{N_0(\overline{\mathbf{R}}^{-1})_{kk}}\left|\hat{z}_k[i] - \frac{A_k}{\sqrt{M_T}}\mathbf{s}_l^{\mathsf{T}}\mathbf{h}_k\right|^2\right),$$

と表すことができる．ここで $(\overline{\mathbf{R}}^{-1})_{kk}$ は行列 $\overline{\mathbf{R}}^{-1}$，$\hat{z}_k[i]$ の (k, k) 番要素，$\hat{z}_k[i]$ はベクトル $\hat{\mathbf{z}}[i]$ の k 番要素，C_1 は正規化のための定数である．

分離型受信機の第二ステージでは，この事後確率を入力値とするシングルユーザの時空間ビタビ復号器群を用いる．ユーザ k の復号器はユーザ k に対応するシンボルベクトル確率のみを取り扱う．そのため，分散化した受信機の実装が可能となる．この分離型受信機は，雑音分散値が異なることをのぞけば，明らかにシングルユーザの時空間符号化システムと等価である．このことから，相関検出に基づく分離型時空間マルチユーザ受信機のペアワイズ誤り率の上界を次のように導出することができる．

$$P_e^{k,(d)}[\mathbf{D}_k \to \hat{\mathbf{D}}_k] \leq \frac{1}{\prod_{n=1}^{r_k} \lambda_{k,n}(\mathbf{E}_k)} \left(\frac{A_k^2/M_T}{4N_0(\overline{\mathbf{R}}^{-1})_{kk}} \right)^{-r_k}$$

ここで，r_k は符号語誤り行列 $\mathbf{E}_k = \mathbf{D}_k - \hat{\mathbf{D}}_k$ のランク，$\lambda_{k,n}(\mathbf{E}_k), n = 1, \ldots, r_k$ は $M_T \times M_T$ の行列 $\mathbf{E}_k^\mathsf{T} \mathbf{E}_k$ の非ゼロの固有値である．

線形 MMSE に基づく分離型時空間マルチユーザ受信機

雑音電力が支配的となる場合，相関検出器は雑音成分の存在を無視しているために，その性能は劣化することがよく知られている [38]．時空間受信機の第一ステージに線形 MMSE フィルタを使用することで，多元接続干渉（MAI：Multiple-Access Interference）と背景雑音とを抑圧する，より優れた妥協策を得ることができる．シンボル時刻 i における線形 MMSE マルチユーザ検出器の出力は参考文献 [38] により次式で与えられる．

$$\hat{\mathbf{z}}[i] = \mathbf{A}^{-1}(\overline{\mathbf{R}} + N_0 \mathbf{A}^{-2})^{-1}\mathbf{z}[i]$$

ユーザ k に対応する判定統計量は，

$$\begin{aligned}
\hat{z}_k[i] &= \frac{A_k}{M_T} \sum_{j=1}^{K} \mathbf{M}_{kj} A_j \mathbf{b}_j^\mathsf{T}[i] \mathbf{h}_j + \hat{\eta}_k[i] \\
&= \frac{A_k^2}{M_T} \mathbf{M}_{kk} \mathbf{b}_k^\mathsf{T}[i] \mathbf{h}_k + \frac{A_k}{M_T} \sum_{j \neq k} \mathbf{M}_{kj} A_j \mathbf{b}_j^\mathsf{T}[i] \mathbf{h}_j + \hat{\eta}_k[i], \quad (6.81)
\end{aligned}$$

と表すことができる．ただし，$\mathbf{M} = (\mathbf{A}^2 + N_0 \overline{\mathbf{R}}^{-1})^{-1}$ および $\hat{\eta}_k[i] \sim \mathcal{N}(0, \frac{A_k^2}{M_T} N_0 (\mathbf{M}\overline{\mathbf{R}}^{-1}\mathbf{M})_{kk})$ である．

第一ステージの最終段で事後確率の軟出力を計算するために，MMSE マルチユーザ検出器で出力される雑音成分（残留した MAI と背景雑音の総和）はガウス分布でモデル化されるという仮定をする [32]．これにより式 (6.81) は，

6.4 時空間符号化システムにおけるマルチユーザ検出

$$\hat{z}_k[i] = \frac{A_k^2}{M_T}\mathbf{M}_{kk}\mathbf{b}_k^\mathsf{T}[i]\mathbf{h}_k + \tilde{\eta}_k[i], \quad (6.82)$$

でモデル化できる．ただし，$\tilde{\eta}_k[i] \sim \mathcal{N}(0, \nu_k^2[i])$ であり，

$$\nu_k^2[i] = 4\frac{A_k^2}{M_T}\left[\sum_{j\neq k}\frac{A_j^2}{M_T}\mathbf{M}_{kj}^2|\mathbf{h}_j[i]|^2 + N_0(\mathbf{M}\overline{\mathbf{R}}^{-1}\mathbf{M})_{kk}\right], \quad (6.83)$$

が成り立つ．このモデルを用いて，線形 MMSE マルチユーザ検出器における事後確率の軟出力は，

$$\begin{aligned}p_{k,l}[i] &= \mathrm{P}\left[\mathbf{b}_k[i] = \mathbf{s}_l | \hat{\mathbf{z}}[i], \mathbf{h}\right] \\ &= C_2 \exp\left(-\frac{1}{\nu_k^2[i]}|\hat{z}_k[i] - \frac{A_k^2}{M_T}\mathbf{M}_{kk}\mathbf{s}_l^\mathsf{T}\mathbf{h}_k|^2\right),\end{aligned}$$

と表すことができる．ただし，C_2 は正規化のための定数である．

この受信機の第二ステージは，相関検出に基づく分離型受信機とまったく同様である．
図 6.9 はユーザあたり 2 送信アンテナで計 4 ユーザのシステムにおける，線形第一ステージマルチユーザ検出器に基づく分離型時空間マルチユーザ受信機と ML シングルユーザ復号器の FER 特性を示したものである．これまでと同様，8 進生成多項

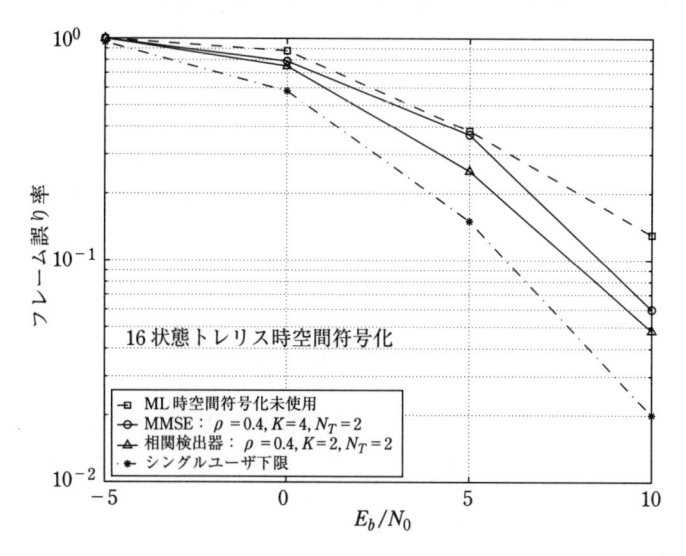

図 6.9 線形第一ステージマルチユーザ検出器に基づく分離型時空間マルチユーザ受信機の FER–E_b/N_0 特性：$K=4, \rho=0.4, M_T=2$

式 (46, 72)・符号化率 1/2 で拘束長 $\nu = 5$ の時空間トレリス符号と, BPSK 変調を用い, フルダイバーシチ構成としている [16]. $k \neq j$ を満たすユーザ間の相互相関は全て $\rho_{jk} = 0.4$ であると仮定した.

図 6.9 より, 線形第一ステージに基づく分離型時空間マルチユーザ受信機は, 時空間符号化で得られる最大利得を獲得するには至っていないものの, シングルアンテナシステムと比較してある程度のダイバーシチ利得を得られていることがわかる. このことは, 図 6.9 に示されているように, 線形第一ステージに基づく分離型受信機の特性と, シングルユーザ限界の特性との間に大きな隔たりがあることから明らかである. この性能劣化は, ユーザ間の相互相関が増大するにつれ大きな問題となる. この結果から, (この後に示すような) 厳しい多元接続干渉環境下においてもシングルユーザ時の性能に迫る反復型手法の妥当性が示されたとも言える. ある相互相関値に対しては, 相関検出に基づく第一ステージよりも MMSE の第一ステージの特性は劣っている. ここでの計算条件よりも多元接続干渉が小さかった場合は, もちろん MMSE の第一ステージは相関検出に基づく受信機を凌駕する性能を示す. なぜならば, その場合は背景雑音が支配的な雑音源となるためである. しかしいずれの場合においても, 時空間符号化で実現可能な最大利得を得るまでには至らない.

時空間符号化 CDMA における繰り返し干渉除去型 MUD

ここでは, 干渉除去とターボ理論に基づいた簡易な反復型受信機を紹介する. 受信機の第一ステージにおいて, 全ユーザの送信シンボルベクトルの事前確率 $p_{k,l}[i]_2^p = P[\mathbf{b}_k[i] = \mathbf{s}_l], l = 1, \ldots, 2^{M_T}, k = 1, \ldots, K, i = 0, \ldots, B-1$ がわかっているものとする. ここで, 下付き文字の 2 と上付き文字 p は, この事前確率が, 実際には前回の繰り返し処理の第二ステージ (つまり, シングルユーザの時空間復号器) で生成されたということを示している. この事前確率 $p_{k,l}[i]_2^p$ を使用して, 受信機の第一ステージにおいて, 干渉除去マルチユーザ検出器は,

$$\hat{\mathbf{b}}_k[i] = \sum_{l=1}^{2^{M_T}} \mathbf{s}_l p_{k,l}[i]_2^p, \qquad (6.84)$$

によって, 全ユーザの送信シンボルベクトルの軟推定を行う.

これらの軟推定値は, ユーザ k のマッチドフィルタの出力から多元接続干渉を除去するために使用する. ユーザ k に対応する干渉が除去された後の出力値は, ベクトルの k 番要素として次式で求められる.

$$\hat{\mathbf{z}}_k[i] = \hat{\mathbf{z}}[i] - \overline{\mathbf{R}}\mathbf{A}\hat{\mathbf{D}}_k[i]\mathbf{h} \qquad (6.85)$$

ただし，$\hat{\mathbf{D}}_k[i] = \text{diag}(\hat{\mathbf{b}}_1[i],\ldots,\hat{\mathbf{b}}_{k-1}[i],\mathbf{0},\hat{\mathbf{b}}_{k+1}[i],\ldots,\hat{\mathbf{b}}_K[i])$ である．式 (6.85) より，て $\hat{\mathbf{z}}_k[i]$ の k 番要素を意味するで $\hat{z}_k[i]$ は，

$$\hat{z}_k[i] = \frac{A_k}{\sqrt{M_T}}\mathbf{b}_k^{\mathsf{T}}\mathbf{h}_k + \sum_{j\neq k}\rho_{kj}\frac{A_j}{\sqrt{M_T}}(\mathbf{b}_j - \hat{\mathbf{b}}_j)^{\mathsf{T}}\mathbf{h}_j + \eta_k[i], \quad (6.86)$$

と表すことができる．

$\eta_k[i] \sim \mathcal{N}(0,N_0)$ であるので，前回繰り返し時のシンボルベクトルの推定値がすべて正しいと仮定すると，繰り返し干渉除去型時空間マルチユーザ受信機（IC-ST-MUD）は，ユーザ k，$k=1,\ldots,K$ について，

$$\begin{aligned}\mathrm{P}\left[\mathbf{b}_k[i]=\mathbf{s}_l|\mathbf{z}[i],\{\hat{\mathbf{b}}_j\}_{j=1,j\neq k}^K\right] &= C_3\exp\left[-\frac{1}{N_0}|\hat{z}_k[i]-\frac{A_k}{\sqrt{M_T}}\mathbf{s}_l^{\mathsf{T}}\mathbf{h}_k|^2\right]p_{k,l}[i]_2^p \\ &= p_{k,l}[i]_1 p_{k,l}[i]_2^p,\end{aligned}$$

として送信シンボルベクトルの事後確率の軟出力を計算する．ただし，C_3 は正規化のための定数である．

ターボ復号法に従い，$p_{k,l}[i]_1$ の項は，時空間マルチユーザ検出器で計算されるので，外部事後確率と呼ばれる．この外部事後確率 $p_{k,l}[i]_1$ はデインタリーブ後，6.4.4 項で言及する（より一般的なグラフ解釈については第 5 章を参照されたい）K 個のシングルユーザの軟入力軟出力（SISO）時空間 MAP 復号器群 z を通過させる．ユーザ k の SISO 時空間 MAP 復号器は，フレーム内の全シンボルについて送信シンボルベクトルの事後確率を計算する [44]．これらシンボルベクトル APP の外部要素 $p_{k,l}[i]_2$ は，インタリーブ後，IC-ST-MUD の第一ステージにフィードバックされ，事前確率 $p_{k,l}[i]_2^p$ として利用される．最後の繰り返し処理時に，時空間 MAP 復号器は情報シンボルの硬判定値を出力する．この繰り返し干渉除去型時空間マルチユーザ検出器のブロックダイアグラムを図 6.10 に示す．

図 6.9 で考慮した各ユーザが 2 アンテナを有する計 4 ユーザ等電力システムと同じ条件における，繰り返し干渉除去型時空間マルチユーザ検出器の FER 特性を図 6.11 に示す．図 6.11 より 4 回繰り返しで，繰り返し復号処理で得られる利得がほぼ獲得できていることがわかる．特筆すべきは ρ の中央値で，この簡易な干渉除去法が，数回繰り返しのシングルユーザ復号に迫る性能を示していることであり，先ほど議論していた線形第一ステージの手法では実現不可能なことである．

しかし，この簡易な繰り返し干渉除去型検出器は，ユーザ間の相互相関が増大するにつれ性能が劣化する．この場合，繰り返し回数を増やしても性能は改善しない．なぜならば，ユーザ間の相互相関値が大きい場合，最初の繰り返し処理の最終段の推定

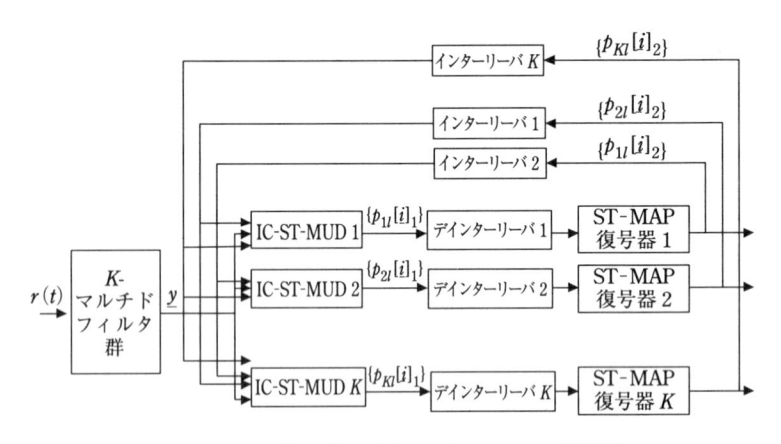

第6章 マルチユーザ受信機の設計

図 6.10 繰り返し干渉除去型時空間マルチユーザ検出器

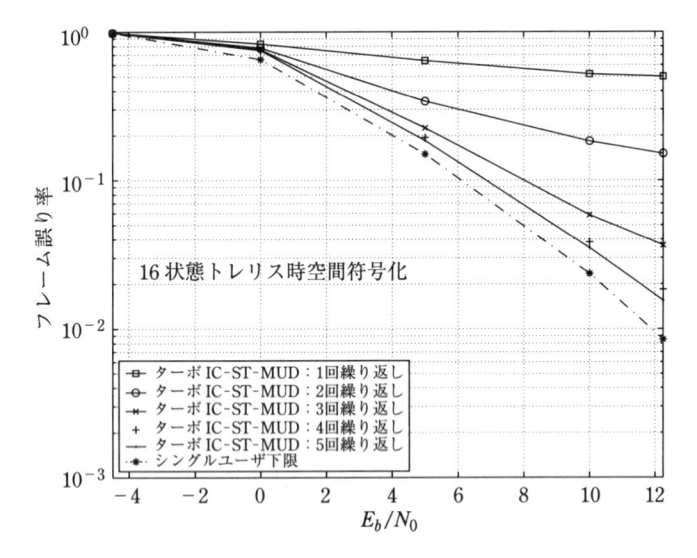

図 6.11 干渉除去型時空間マルチユーザ検出器に基づく分離型受信機の FER-E_b/N_0 特性：$K = 4, \rho = 0.4, M_T = 2$

値の品質は極めて悪く（シングルユーザのマッチドフィルタフロントエンドを使用した場合も同様），後続の繰り返し処理はこの品質の悪い推定値に基づいて行われるためである．

従来のマッチドフィルタの演算量は $O(1)$ のオーダである．各繰り返しごとに，受信機の第一ステージでは 2^{M_T} シンボルベクトルの事後確率を計算する必要がある．し

たがってこの分離型受信機の演算量は，各繰り返しでユーザごとに $\mathcal{O}(2^{M_T} + 2^\nu)$ オーダとなる．MAP 復号法，ML 復号法とも $\mathcal{O}(2^\nu)$ オーダの演算量になるものの，一般に MAP 復号の方が ML 復号よりも要求する演算量は多くなる．MAP 復号は ML 復号に比べおよそ 4 倍の演算量が必要となることが参考文献 [40] で示されている．

時空間符号化マルチユーザシステムにおける干渉除去および MMSE フィルタリングを用いた反復型 MUD 法

既に言及したとおり，前項で提案した繰り返し IC-ST MUD は，相互相関値が中から大である場合に特性が劣化する．特に，ユーザ間相関が大きく，初回繰り返し時の軟推定値の品質が極めて低い場合，後続の繰り返し処理を行っても大きな特性改善は見込めない．本項ではこの欠点を克服するために，前項で提案した反復型受信機を改良し，瞬時フィルタを追加する．この受信機は，参考文献 [44] で提案されている畳み込み符号化 CDMA チャネルにおける反復型復号器に似ている．

具体的には，干渉抑圧後の出力とユーザ k のフェージングの影響を受けた送信シンボルベクトルとの平均二乗誤差を最小とする線形 MMSE フィルタを使用する．多元接続干渉の軟推定値の品質が極めて低い場合，もしくは軟推定値がまったく得られない場合（本例では初回繰り返し時に相当）においても，明らかに，このフィルタリング処理を用いることで受信機の性能を許容し得るレベルに維持することができ，そのシミュレーション結果については後ほど紹介する．

シンボル時刻 i において，ユーザ k の線形 MMSE フィルタは，式 (6.85) の干渉抑圧後の出力 $\hat{\mathbf{z}}_k[i]$ に対して，次式で決定される重み $\mathbf{w}_k[i]$ を適用する．

$$\mathbf{w}_k[i] = \arg\min_{\mathbf{w}} \mathrm{E}\left[\|\mathbf{b}_k^T[i]\mathbf{h}_k - \mathbf{w}^H \hat{\mathbf{z}}_k[i]\|^2\right] \tag{6.87}$$

式 (6.87) の解は次式で簡単に示される．

$$\mathbf{w}_k[i] \;=\; \mathrm{E}\left[\hat{\mathbf{z}}_k[i]\hat{\mathbf{z}}_k^{\mathsf{H}}[i]\right]^{-1} \mathrm{E}\left[\hat{\mathbf{z}}_k[i]\mathbf{b}_k^{\mathsf{T}}[i]\mathbf{h}_k\right] \tag{6.88}$$

ただし，

$$\mathrm{E}\left[\hat{\mathbf{z}}_k[i]\hat{\mathbf{z}}_k^{\mathsf{H}}[i]\right] \;=\; \overline{\mathbf{R}}\mathbf{V}_k[i]\overline{\mathbf{R}} + N_0\overline{\mathbf{R}},$$

および，

$$\mathrm{E}\left[\hat{\mathbf{z}}_k[i]\mathbf{b}_k^{\mathsf{T}}[i]\mathbf{h}_k\right] \;=\; \frac{A_k}{\sqrt{M_T}}|\mathbf{h}_k|^2 \overline{\mathbf{R}}\mathbf{e}_k,$$

で，行列 $\mathbf{V}_k[i]$ は，

$$\mathbf{V}_k[i] = \mathrm{diag}\left(\frac{A_1^2}{M_T}\sum_{m=1}^{M_T}(1-\hat{b}_{1,m}^2)|h_{1,m}|^2, \ldots, \frac{A_k^2}{M_T}|\mathbf{h}_k|^2, \ldots, \frac{A_K^2}{M_T}\sum_{m=1}^{M_T}(1-\hat{b}_{K,m}^2)|h_{K,m}|^2\right),$$

で定義され，$\mathbf{e}_k$ は k 番単位ベクトルである．行列 $\left(\overline{\mathbf{R}}\mathbf{V}_k[i]\overline{\mathbf{R}} + N_0\overline{\mathbf{R}}\right)^{-1}$ を $\mathbf{M}_k[i]$ で表示すると，シンボル時刻 i におけるユーザ k に対応した瞬時線形 MMSE フィルタは次式のようになる．

$$\begin{aligned}\mathbf{w}_k[i] &= \frac{A_k}{\sqrt{M_T}}|\mathbf{h}_k|^2\left(\overline{\mathbf{R}}\mathbf{V}_k[i]\overline{\mathbf{R}} + N_0\overline{\mathbf{R}}\right)^{-1}\overline{\mathbf{R}}\mathbf{e}_k \\ &= \frac{A_k}{\sqrt{M_T}}|\mathbf{h}_k|^2 \mathbf{M}_k[i]\overline{\mathbf{R}}\mathbf{e}_k \end{aligned} \quad (6.89)$$

ここで再び，ガウス分布を用いて線形 MMSE フィルタの出力の残留雑音成分をモデル化する．つまり，シンボル時刻 i におけるユーザ k に対応した線形 MMSE フィルタの出力 $v_k[i]$ について下記のモデルを用いる．

$$v_k[i] = \mathbf{w}_k^\mathsf{H}[i]\hat{\mathbf{z}}_k[i] = \mu_k[i]\mathbf{b}_k^\mathsf{T}[i]\mathbf{h}_k + u_k[i] \quad (6.90)$$

ここで，$u_k[i] \sim \mathcal{N}(0,\nu_k^2[i])$ である．また，

$$\mu_k[i] = \frac{A_k^2}{M_T}|\mathbf{h}_k|^2(\mathbf{M}_k[i])_{k,k}, \quad (6.91)$$

および，

$$\nu_k^2[i] = |\mathbf{h}_k|^2\left(\mu_k[i] - \mu_k^2[i]\right), \quad (6.92)$$

が成り立つ．

ユーザ k に対応する送信シンボルベクトルの事後確率を計算するために，MMSE フィルタリングを用いた軟出力の干渉除去マルチユーザ検出器について式 (6.90) のモデルを利用すると，次式が得られる．

$$\begin{aligned}\mathrm{P}\left[\mathbf{b}_k[i] = \mathbf{s}_l \mid \mathbf{z}[i], \{\hat{\mathbf{b}}_j\}_{j=1,j\neq k}^K\right] &= C_4 \exp\left[-\frac{|v_k[i] - \mu_k[i]\mathbf{s}_l\mathbf{h}_k|^2}{\nu_k^2[i]}\right] p_{k,l}[i]_2^p \\ &= p_{k,l}[i]_1 p_{k,l}[i]_2^p \end{aligned}$$

ただし，C_4 は正規化のための定数である．

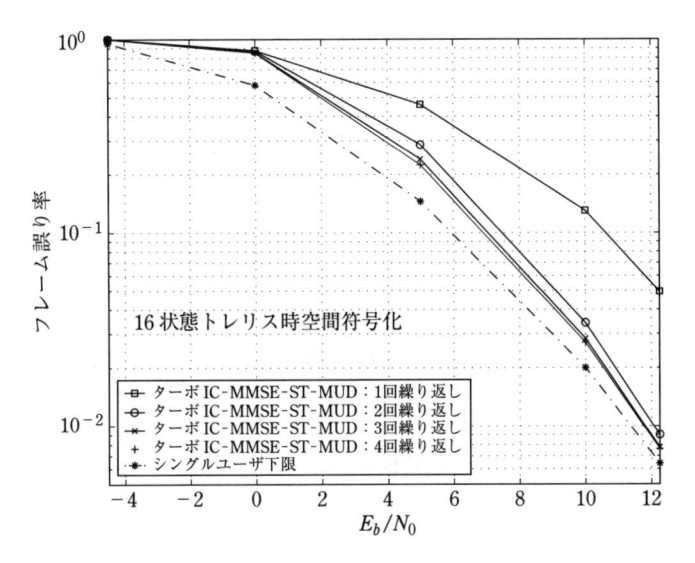

6.4 ■時空間符号化システムにおけるマルチユーザ検出

図 6.12　干渉除去および線形 MMSE フィルタリングによるマルチユーザ検出ステージを用いた時空間マルチユーザ分離・反復型受信機の FER-E_b/N_0 (dB) 特性：$K = 4, \rho = 0.75, M_T = 2$

　この改良化反復型受信機の第二ステージは，前項で示した受信機とまったく同一の SISO 時空間 MAP 復号器である．この復号器については次の小節にて簡潔に記述する．

　図 6.12 は，これまでと同様の計ユーザシステムでユーザ間の相互相関値をすべて 0.75 とした環境下における，瞬時線形 MMSE フィルタリングを用いた干渉除去時空間マルチユーザ受信機の FER 特性である．この改良化反復型受信機は優れた性能を有しており，大きな MAI の存在下においても，数回の繰り返し（2〜3 回繰り返し）だけでシングルユーザの性能に近づいていることがわかる．

　この MMSE に基づく干渉除去分離型検出器の演算量は，各繰り返しでユーザごとにおよそ $\mathcal{O}(K^2 + 2^{M_T} + 2^\nu)$ オーダである．この反復型受信機は，干渉を抑圧するのに空間ダイバーシチを利用せず，基地局の受信機で想定されるマルチユーザ信号の構造を活用している点に留意されたい．

6.4.4 ■単一ユーザにおける軟入力軟出力型時空間 MAP 復号器

　ここでは，上で議論してきた繰り返し受信機での使用が想定される，シングルユーザの軟入力軟出力型時空間 MAP 復号器について簡単に概説を行う．各ユーザの時空間符号化器は，トレリスを常にゼロ状態に終端させるために，大きさ B' の情報ビットブロックに合わせてゼロビットを適宜付加するものとする．ゆえに，実際の時空間

符号化ブロック長は $B = B' + \nu - 1$（ここでは時空間符号化率 $= 1$ を仮定しているため）である．ただし ν は畳み込み符号の拘束長である．本節では，全シンボルベクトルと情報ビットの事後確率を計算するために MAP 復号アルゴリズム [2] を用いる．

参考文献 [44] の表記と同様に，時刻 i における時空間トレリスの状態を $(\nu - 1)$ 個の要素からなる $S_i = (s_i^1, \ldots, s_i^{\nu-1}) = (d_{i-1}, \ldots, d_{i-\nu-1})$ で表す．ここで d_i は時刻 i に時空間符号化器へ入力される情報ビットを表している．対応する出力符号シンボルベクトルは $\mathbf{b}_i$ で表記する（ここでは，時間インデックスを表すのに下付き文字を用いていることに留意されたい）．$S_{i-1} = s'$ から $S_i = s$ へと状態遷移させる入力情報ビットを $d(s', s)$ とし，対応する長さ M_T の出力ビットベクトルは $\mathbf{b}(s', s)$ とする．

前方回帰および後方回帰 [2] を，

$$\alpha_i(s) = \sum_{s'} \alpha_{i-1}(s') \mathrm{P}[\mathbf{b}_i(s', s)], \qquad i = 1, \ldots, B, \tag{6.93}$$

および,

$$\beta_i(s) = \sum_{s'} \beta_{i+1}(s') \mathrm{P}[\mathbf{b}_{i+1}(s', s)], \qquad i = B - 1, \ldots, 0, \tag{6.94}$$

で定義する．ここで $\mathrm{P}[\mathbf{b}_i(s', s)] = \mathrm{P}[\mathbf{b}_i = \mathbf{b}(s', s)]$ である．式 (6.93) および式 (6.94) の初期条件は，$\alpha_0(\mathbf{0}) = 1$, $\alpha_0(s \neq \mathbf{0}) = 0$, $\beta_B(\mathbf{0}) = 1$, $\beta_B(s \neq \mathbf{0}) = 0$ で与える．総和演算は，符号トレリス上で状態遷移 (s', s) が起こるすべての状態 s' について行う．ここでは詳細については割愛するが，参考文献 [44] と同様，計算上不安定になるのを避けるため，前方回帰および後方回帰について変数の正規化処理を行うものとする．

状態遷移に対応する出力シンボルベクトルが $\mathbf{s}_l$ となるような状態ペア (s', s) の組を $\mathcal{S}^l$ で表す．ユーザ k の SISO ST MAP 復号器は，シンボルベクトルの事後確率を,

$$\begin{aligned}
\mathrm{P}[\mathbf{b}_k[i] = \mathbf{s}_l | \{p_{k,l'}[i]_1\}_{i=0}^{B-1}, l' = 1, \ldots, L] &= \sum_{(s', s) \in \mathcal{S}^l} \alpha_{i-1}(s') \beta_i(s) \mathrm{P}[\mathbf{b}_i(s', s)] \\
&= \left(\sum_{(s', s) \in \mathcal{S}^l} \alpha_{i-1}(s') \beta_i(s) \right) \mathrm{P}[\mathbf{b}_k[i] = \mathbf{s}_l] \\
&= p_{k,l}[i]_2 p_{k,l}[i]_1, \tag{6.95}
\end{aligned}$$

のように更新する．上記のシンボルベクトル事後確率の外部値部分 $p_{k,l}[i]_2$ は，インタリーブ後干渉除去型時空間マルチユーザ検出器にフィードバックされ，次回繰り返し時に事前確率 $p_{k,l}[i]_2^p$ として利用される．

最終繰り返し時には，SISO ST MAP 復号器は情報ビットの事後 LLR も計算する．再び参考文献 [44] 内の表記と同様に，対応する入力情報ビットが +1 となるような状態ペア (s', s) 群を $\mathcal{U}^+$ で表すものとする．$\mathcal{U}^-$ も同様に定義する．このとき，

$$\Lambda[d_k[i]] = \frac{\mathrm{P}[d_k[i] = +1]}{\mathrm{P}[d_k[i] = -1]}$$
$$= \log \frac{\sum_{\mathcal{U}^+} \alpha_{i-1}(s')\beta_i(s)\mathrm{P}[\mathbf{b}_i(s', s)]}{\sum_{\mathcal{U}^-} \alpha_{i-1}(s')\beta_i(s)\mathrm{P}[\mathbf{b}_i(s', s)]},$$

となる．これらの事後対数尤度比に基づき，最終繰り返し処理時に，復号器は情報ビット $d_k[i], i = 1, \ldots, B' - 1$ に対する最終硬判定値を出力する．

6.4.5 ■まとめ

本節では，準静的レイリーフェージング環境下における，多元接続システムへの時空間符号化の適用を議論してきた．まず第一に，時空間符号化 CDMA マルチユーザチャネルに対するジョイント ML 受信機を導出した．この ML 受信機は，個々の時空間符号がフルダイバーシチであるならば，各ユーザごとにフルダイバーシチ利得を得られることを示した．また受信機においてマルチユーザ検出と時空間復号化とを 2 ステージに分けることで，より優れた性能と演算量のトレードオフ関係が得られた．具体例として，干渉除去を用いた非線形反復型受信機と瞬時 MMSE フィルタリング法では，数回の繰り返し処理だけで，多元接続チャネルにおける時空間符号化により得られる利得をほぼ獲得できることを示した．

6.5 ■適応線形時空間マルチユーザ検出

本節では，式 (6.1) のいくつかのパラメータが未知であるという条件を想定し，通信環境に適応することが要求される受信機に関して述べる．このことを議論するために，2 種類の線形マルチユーザ MIMO 受信手法として，ダイバーシチ型マルチユーザ検出と時空間マルチユーザ検出を紹介する．そして，時空間符号化法の利点を論じることで，フラットフェージング環境下の同期型 CDMA システムに対する，バッチ型適応アルゴリズム・逐次型適応アルゴリズムを含む線形の適応アルゴリズムの実装法を示す．最後にマルチパスフェージング環境下における非同期型 CDMA システムに議論を拡張して，本節の結論とする．これらの技術の一部は参考文献 [35] で初めて登場したものである．

6.5.1 ■ダイバーシチ型マルチユーザ検出 対 時空間マルチユーザ検出

拡散利得 N，ユーザ数 K の符号分割多重アクセス（CDMA）システムを M_R 受信アンテナ，M_T 送信アンテナを用いてフラットフェージング環境下で運用することを想定する．説明を簡単にするため，本節においては $M_T = M_R = 2$ および BPSK 変調のみを考えるものとする．他のアンテナ構成や変調方式への議論の拡張ももちろん可能である．送信機で 2 本のアンテナを使用する場合，2 本のアンテナに跨ってどのように情報シンボルを送信するかをまず決める必要がある．ここでは第 1 章で議論した Alamouti の時空間ブロック符号化法 [1, 36] を適用するものとする．具体的には，各ユーザ k は，二つの情報シンボル $b_{k,1}$ と $b_{k,2}$ を 2 シンボル区間に渡り送信する．最初に時間区間で，シンボルペア $(b_{k,1}, b_{k,2})$ を 2 アンテナで送信する．そして，次の時間区間で，シンボルペア $(-b_{k,2}, b_{k,1})$ を送信する．チップを $\psi(t)$ についてマッチドフィルタ処理とチップレートサンプリングを行った後の，2 シンボル区間におけるアンテナ 1 の受信信号は[4]，

$$\mathbf{r}_{1,1} = \sum_{k=1}^{K} [h_{k,1,1} b_{k,1} + h_{k,2,1} b_{k,2}] \mathbf{s}_k + \mathbf{n}_{1,1}, \quad (6.96)$$

および，

$$\mathbf{r}_{2,1} = \sum_{k=1}^{K} [-h_{k,1,1} b_{k,2} + h_{k,2,1} b_{k,1}] \mathbf{s}_k + \mathbf{n}_{2,1}, \quad (6.97)$$

である．そして，アンテナ 2 の受信信号は，

$$\mathbf{r}_{1,2} = \sum_{k=1}^{K} [h_{k,1,2} b_{k,1} + h_{k,2,2} b_{k,2}] \mathbf{s}_k + \mathbf{n}_{1,2}, \quad (6.98)$$

および，

$$\mathbf{r}_{2,2} = \sum_{k=1}^{K} [-h_{k,1,2} b_{k,2} + h_{k,2,2} b_{k,1}] \mathbf{s}_k + \mathbf{n}_{2,2}, \quad (6.99)$$

で表される．既に本章で議論をしている通り，$h_{k,i,j}, i,j \in \{1,2\}$ はユーザ k の送信アンテナ i と受信アンテナ j 間の複素チャネル応答で，$\mathbf{s}_k = [c_k^{(0)} c_k^{(1)} \cdots c_k^{(N-1)}]^T \in \{\pm 1/\sqrt{N}\}^N$ はユーザ k に割り当てる拡散符号である．

雑音ベクトル $\mathbf{n}_{1,1}, \mathbf{n}_{1,2}, \mathbf{n}_{2,1}, \mathbf{n}_{2,2}$ は分布 $\mathcal{N}(\mathbf{0}, \sigma \mathbf{I}_N)$ の独立同一分布を持つものとする．

---
[4]本節では，複素信号波形と複素チャネル係数を仮定する．

線形ダイバーシチ型マルチユーザ検出器

まず,次式を定義する.

$$\mathbf{S} \triangleq [\mathbf{s}_1 \cdots \mathbf{s}_K]$$

$$\overline{\mathbf{R}} \triangleq \mathbf{S}^T \mathbf{S}$$

対象ユーザをユーザ1とする.線形相関検出器[38]のユーザ1に対する合成重み係数は次式でで表される.

$$\mathbf{w}_1 = \mathbf{S}\overline{\mathbf{R}}^{-1} \mathbf{e}_1 \tag{6.100}$$

ただし,$\mathbf{e}_1$は$\Re^K$における先頭の単位ベクトルである.ここで考える線形ダイバーシチ型マルチユーザ検出の最初の検出手法は,式(6.100)で表されるマルチユーザ検出器$\mathbf{w}_1$を四つの受信信号$\mathbf{r}_{1,1}, \mathbf{r}_{1,2}, \mathbf{r}_{2,1}, \mathbf{r}_{2,2}$各々に対して適用し,続いて時空間復号を行うというものである.具体的には,フィルタ出力は次式で表される.

$$z_{1,1} \triangleq \mathbf{w}_1^T \mathbf{r}_{1,1} = h_{1,1,1} b_{1,1} + h_{1,2,1} b_{1,2} + u_{1,1}, \tag{6.101}$$

$$z_{2,1} \triangleq \left(\mathbf{w}_1^T \mathbf{r}_{2,1}\right)^* = -h_{1,1,1}^* b_{1,2} + h_{1,2,1}^* b_{1,1} + u_{2,1}^*, \tag{6.102}$$

$$z_{1,2} \triangleq \mathbf{w}_1^T \mathbf{r}_{1,2} = h_{1,1,2} b_{1,1} + h_{1,2,2} b_{1,2} + u_{1,2}, \tag{6.103}$$

$$z_{2,2} \triangleq \left(\mathbf{w}_1^T \mathbf{r}_{2,2}\right)^* = -h_{1,1,2}^* b_{1,2} + h_{1,2,2}^* b_{1,1} + u_{2,2}^* \tag{6.104}$$

ここで,

$$u_{i,j} \triangleq \mathbf{w}_1^T \mathbf{n}_{i,j} \sim \mathcal{N}_c\left(\mathbf{0}, \frac{\sigma^2}{\eta_1^2}\right), \qquad i,j = 1,2 \tag{6.105}$$

となる.ただし,$\eta_1^2 \triangleq 1/\left[\overline{\mathbf{R}}^{-1}\right]_{1,1}$である.

ここで次のベクトルを定義する.

$$\mathbf{z} \triangleq [z_{1,1} z_{2,1} z_{1,2} z_{2,2}]^T$$

$$\mathbf{u} \triangleq [u_{1,1} u_{2,1}^* u_{1,2} u_{2,2}^*]^T$$

$$\mathbf{h}_{1,1} \triangleq [h_{1,1,1} h_{1,2,1}]^H$$

$$\mathbf{h}_{1,1} \triangleq [h_{1,2,1} - h_{1,1,1}]^T$$

$$\mathbf{h}_{1,2} \triangleq [h_{1,1,2} h_{1,2,2}]^H$$

$$\mathbf{h}_{1,2} \triangleq [h_{1,2,2} - h_{1,1,2}]^T.$$

これにより，式 (6.101)–式 (6.105) は次式で表すことができる．

$$\mathbf{z} = \underbrace{\left[\mathbf{h}_{1,1}\bar{\mathbf{h}}_{1,1}\mathbf{h}_{1,2}\bar{\mathbf{h}}_{1,2}\right]^H}_{\mathbf{H}_1^H} \begin{bmatrix} b_{1,1} \\ b_{2,1} \end{bmatrix} + \mathbf{u} \quad (6.106)$$

ただし，

$$\mathbf{u} \sim \mathcal{N}_c\left(\mathbf{0}, \frac{\sigma^2}{\eta_1^2}\cdot\mathbf{I}_4\right), \quad (6.107)$$

である．また，明らかに次式が成り立つことがわかる．

$$\mathbf{H}_1\mathbf{H}_1^H = \begin{bmatrix} E_1 & 0 \\ 0 & E_1 \end{bmatrix}, \quad (6.108)$$

$$E_1 \triangleq |h_{1,1,1}|^2 + |h_{1,1,2}|^2 + |h_{1,2,1}|^2 + |h_{1,2,2}|^2 \quad (6.109)$$

最尤判定法の統計量を示すため，$\mathbf{z}$ に左から $\mathbf{H}_1$ を掛けて次式を得る．

$$\begin{bmatrix} d_{1,1} \\ d_{1,2} \end{bmatrix} \triangleq \mathbf{H}_1\mathbf{z} = E_1\begin{bmatrix} b_{1,1} \\ b_{1,2} \end{bmatrix} + \mathbf{v} \quad (6.110)$$

ここで，

$$\mathbf{v} \sim \mathcal{N}_c\left(\mathbf{0}, \frac{E_1\sigma^2}{\eta_1^2}\cdot\mathbf{I}_2\right), \quad (6.111)$$

である．対応するシンボル推定は次式で表される．

$$\begin{bmatrix} \hat{b}_{1,1} \\ \hat{b}_{1,2} \end{bmatrix} = \mathrm{sign}\left(\Re\left\{\begin{bmatrix} d_{1,1} \\ d_{1,2} \end{bmatrix}\right\}\right) \quad (6.112)$$

ビット誤り率は，

$$\begin{aligned} P_1^{\mathrm{D}}(e) &= P\Big(\Re\{d_{1,1}\} < 0 \mid b_{1,1} = +1\Big) \\ &= P\left[E_1 + \mathcal{N}\left(0, \frac{E_1\sigma^2}{2\eta_1^2}\right) < 0\right] = Q\left(\frac{\sqrt{2E_1}}{\sigma}\cdot\eta_1\right), \end{aligned} \quad (6.113)$$

で表され，達成可能なアンテナダイバーシチをすべて活用することができる．

線形時空間マルチユーザ検出器

ここでは次の代数を考える.

$$\tilde{\mathbf{r}} \triangleq \begin{bmatrix} \mathbf{r}_{1,1} \\ \mathbf{r}_{2,1}^* \\ \mathbf{r}_{1,2} \\ \mathbf{r}_{2,2}^* \end{bmatrix}, \ \tilde{\mathbf{n}} \triangleq \begin{bmatrix} \mathbf{n}_{1,1} \\ \mathbf{n}_{2,1}^* \\ \mathbf{n}_{1,2} \\ \mathbf{n}_{2,2}^* \end{bmatrix}, \ \mathbf{h}_k \triangleq \begin{bmatrix} h_{k,1,1} \\ h_{k,2,1}^* \\ h_{k,1,2} \\ h_{k,2,2}^* \end{bmatrix}, \ \bar{\mathbf{h}}_k \triangleq \begin{bmatrix} h_{k,2,1} \\ -h_{k,1,1}^* \\ h_{k,2,2} \\ -h_{k,1,2}^* \end{bmatrix} \quad (6.114)$$

したがって，式 (6.96)–式 (6.99) は次式で表される.

$$\tilde{\mathbf{r}} = \sum_{k=1}^{K} \left(b_{k,1} \mathbf{h}_k \otimes \mathbf{s}_k + b_{k,2} \bar{\mathbf{h}}_k \otimes \mathbf{s}_k \right) + \tilde{\mathbf{n}} = \tilde{\mathbf{S}} \mathbf{b} + \tilde{\mathbf{n}}, \quad (6.115)$$

ここで，

$$\tilde{\mathbf{S}} \triangleq \begin{bmatrix} \mathbf{h}_1 \otimes \mathbf{s}_1, \mathbf{h}_1 \otimes \mathbf{s}_1, \ldots, \mathbf{h}_K \otimes \mathbf{s}_K, \mathbf{h}_K \otimes \mathbf{s}_K \end{bmatrix}_{4N \times 2K} \quad (6.116)$$

$$\mathbf{b} \triangleq \begin{bmatrix} b_{1,1} b_{1,2} b_{2,1} b_{2,2} \cdots b_{K,1} b_{K,2} \end{bmatrix}^T, \quad (6.117)$$

である. $\mathbf{h}_k^H \bar{\mathbf{h}}_k = 0$ であるので, $\hat{\mathbf{r}}$ に基づく相関検出器の判定は次式で簡単に示すことができ,

$$\tilde{\mathbf{w}}_{1,1} = \frac{\mathbf{h}_1 \otimes \mathbf{w}_1}{\|\mathbf{h}_1\|^2}, \quad (6.118)$$

となる．これを線形時空間マルチユーザ検出と呼ぶ．ゆえに，この場合，線形時空間マルチユーザ検出器の出力は次式で与えられる．

$$\tilde{z}_1 = \tilde{\mathbf{w}}_{1,1}^H \tilde{\mathbf{r}} = b_{1,1} + u_1 \quad (6.119)$$

ここで，

$$u_1 \triangleq \tilde{\mathbf{w}}_{1,1}^H \tilde{\mathbf{n}} \sim \mathcal{N}_c \left(0, \sigma^2 \|\tilde{\mathbf{w}}_{1,1}\|^2 \right), \quad (6.120)$$

であり，

$$\|\tilde{\mathbf{w}}_{1,1}\|^2 = \frac{\|\mathbf{w}_1\|^2}{\|\mathbf{h}_1\|^2} = \frac{1}{E_1 \eta_1^2}, \quad (6.121)$$

である．ゆえに，誤り率は次式で与えられる．

$$P_1^{\text{ST}}(e) = P\big(\Re\{\tilde{z}_1\} < 0 \mid b_{1,1} = +1\big)$$
$$= P\left[1 + \mathcal{N}\left(0, \frac{1}{2E_1\eta_1^2}\right) < 0\right] = Q\left(\frac{\sqrt{2E_1}}{\sigma} \cdot \eta_1\right) \quad (6.122)$$

式 (6.122) と式 (6.113) を比較すると，2 本の送信アンテナと 2 本の受信アンテナを使用し時空間ブロック符号化をして信号を送信する場合，線形ダイバーシチ型マルチユーザ受信機と線形時空間受信機はまったく同一の性能であることがわかる．では，時空間検出による利点は何であろうか？以下はこの点について記述している．

1. CDMA システムのユーザ容量は，合成された信号波形間の相関値によって制約を受ける．信号波形が存在するベクトル空間の大きさが増大すると，この多元接続干渉は減少する傾向にある．線形ダイバーシチ型マルチユーザ検出において信号波形の長さを N とすると，C^N のベクトル空間に信号は存在することになる．時空間検出を行う場合は受信信号を記憶しておく必要があるため，2 送信アンテナ 1 受信アンテナの場合信号波形は C^{2N} のベクトル空間に，2 送信アンテナ 2 受信アンテナの場合は C^{4N} のベクトル空間に存在する．その結果，任意の性能評価点において，線形ダイバーシチ型検出よりも時空間検出を用いたがより多くのユーザを収容することができる．この現象の具体例は 6.5.3 項にて議論する．

2. 適応構成に対しては，線形ダイバーシチ型マルチユーザ検出では，四つの受信信号それぞれについて検出を行う必要があるため，同時に動作する四つの独立した部分空間毎にトラッキング回路が必要となる．時空間符号化検出器では一つの部分空間トラッキング回路だけで済む．

6.5.2 ■ フラットフェージング環境における CDMA 向け適応線形時空間マルチユーザ検出

信号モデル

これまでの議論を動機として，ここでは 2 送信アンテナ 2 受信アンテナシステム向けの適応時空間マルチユーザ検出アルゴリズムについて議論する．対象ユーザの信号波形についてのみ既知であれば良い，つまりは検出処理を行うために，事前チャネル情報も干渉ユーザの拡散符号も知らなくて良い．したがって，この種のアルゴリズムはブラインド型と言える．これまでと同様，Alamouti の時空間ブロック符号化を伝送に使用する場合，ブロック i の 1 番目のシンボル区間においてユーザ k は 2 本の送信アンテナから $(b_{k,1}[i], b_{k,2}[i])$ を送信する．2 番目のシンボル区間においてユーザ k は $(-b_{k,2}[i], b_{k,1}[i])$ を送信する．複数送信アンテナシステムのあらゆるブラインド型

6.5 ■適応線形時空間マルチユーザ検出

受信機に共通する問題は曖昧さである．ユーザの両方のアンテナから同一の拡散信号が送信された場合，ブラインド型受信機はどのシンボルがどちらのアンテナから送信されたかを区別することができないということである．この曖昧さを解消するために，ここでは二つの異なる拡散信号を各ユーザに割り当てる．つまり，ユーザ k がシンボル $b_{k,j}[i]$ を送信するのに拡散符号 $\mathbf{s}_{k,j}, j \in \{1,2\}$ を用いる．基地局のアンテナ 1 において離散時間間隔で 2 シンボル区間に渡り受信された N ベクトルは，ブロック i について，

$$\mathbf{r}_{1,1}[i] \triangleq \sum_{k=1}^{K}(h_{k,1,1}b_{k,1}[i]\mathbf{s}_{k,1} + h_{k,2,1}b_{k,2}[i]\mathbf{s}_{k,2}) + \mathbf{n}_{1,1}[i], \quad (6.123)$$

および，

$$\mathbf{r}_{2,1}[i] \triangleq \sum_{k=1}^{K}(-h_{k,1,1}b_{k,2}[i]\mathbf{s}_{k,2} + h_{k,2,1}b_{k,1}[i]\mathbf{s}_{k,1}) + \mathbf{n}_{2,1}[i], \quad (6.124)$$

で表される．アンテナ 2 で対応して受信される信号は同様に，

$$\mathbf{r}_{1,2}[i] \triangleq \sum_{k=1}^{K}(h_{k,1,2}b_{k,1}[i]\mathbf{s}_{k,1} + h_{k,2,2}b_{k,2}[i]\mathbf{s}_{k,2}) + \mathbf{n}_{1,2}[i], \quad (6.125)$$

および，

$$\mathbf{r}_{2,2}[i] \triangleq \sum_{k=1}^{K}(-h_{k,1,2}b_{k,2}[i]\mathbf{s}_{k,2} + h_{k,2,2}b_{k,1}[i]\mathbf{s}_{k,1}) + \mathbf{n}_{2,2}[i], \quad (6.126)$$

で表される．ここで，受信信号ベクトルをまとめて書き換える．

$$\tilde{\mathbf{r}}[i] \triangleq \begin{bmatrix} \mathbf{r}_{1,1}[i] \\ \mathbf{r}_{2,1}^{*}[i] \\ \mathbf{r}_{1,2}[i] \\ \mathbf{r}_{2,2}^{*}[i] \end{bmatrix}, \quad \tilde{\mathbf{n}}[i] \triangleq \begin{bmatrix} \mathbf{n}_{1,1}[i] \\ \mathbf{n}_{2,1}^{*}[i] \\ \mathbf{n}_{1,2}[i] \\ \mathbf{n}_{2,2}^{*}[i] \end{bmatrix},$$

$$\mathbf{h}_k \triangleq \begin{bmatrix} h_{k,1,1} \\ h_{k,2,1}^{*} \\ h_{k,1,2} \\ h_{k,2,2}^{*} \end{bmatrix}, \quad \mathbf{h}_k \triangleq \begin{bmatrix} h_{k,2,1} \\ -h_{k,1,1}^{*} \\ h_{k,2,2} \\ -h_{k,1,2}^{*} \end{bmatrix} \quad (6.127)$$

これらを用いると，

$$\tilde{\mathbf{r}}[i] = \sum_{k=1}^{K} \left(b_{k,1}[i]\mathbf{h}_k \otimes \mathbf{s}_{k,1} + b_{k,2}[i]\mathbf{h}_k \otimes \mathbf{s}_{k,2} \right) + \tilde{\mathbf{n}}[i] \quad (6.128)$$

$$= \tilde{\mathbf{S}}\mathbf{b}[i] + \tilde{\mathbf{n}}[i], \quad (6.129)$$

と表すことができる．ここで，

$$\tilde{\mathbf{S}} \triangleq \left[\mathbf{h}_1 \otimes \mathbf{s}_{1,1}, \mathbf{h}_1 \otimes \mathbf{s}_{1,2}, \ldots, \mathbf{h}_K \otimes \mathbf{s}_{K,1}, \mathbf{h}_K \otimes \mathbf{s}_{K,2} \right]_{4N \times 2K}$$

$$\mathbf{b}[i] \triangleq \left[b_{1,1}[i] b_{1,2}[i] b_{2,1}[i] b_{2,2}[i] \cdots b_{K,1}[i] b_{K,2}[i] \right]_{2K \times 1}^{T},$$

であり，$\otimes$ はクロネッカー積である．保存された信号 $\tilde{\mathbf{r}}[i]$ の自己相関行列である $\mathbf{C}$ と，その固有値分解は次式で与えられる．

$$\mathbf{C} = \mathsf{E}\left[\tilde{\mathbf{r}}[i]\tilde{\mathbf{r}}[i]^H \right] = \tilde{\mathbf{S}}\tilde{\mathbf{S}}^H + \sigma^2 \mathbf{I}_{4N} \quad (6.130)$$

$$= \mathbf{U}_s \mathbf{\Lambda}_s \mathbf{U}_s^H + \sigma^2 \mathbf{U}_n \mathbf{U}_n^H \quad (6.131)$$

ここで，$\mathbf{\Lambda}_s = \mathrm{diag}\{\lambda_1, \lambda_2, \ldots, \lambda_{2K}\}$ は，$\mathbf{C}$ の最大 $(2K)$ 固有値を含んでおり，$\mathbf{U}_s$ の列ベクトルは対応する固有ベクトル，そして $\mathbf{U}_n$ の列ベクトルは最小の固有値 σ^2 に対応する $(4N - 2K)$ 固有ベクトルである．

多元接続干渉の抑圧とシンボル $[\mathbf{b}[i]]_1 = b_{1,1}[i]$ の時空間復号を同時に行うブラインド型の線形時空間 MMSE フィルタは，次の最適化問題の解で与えられる．

$$\mathbf{w}_{1,1} \triangleq \arg \min_{\mathbf{w} \in C^{4N}} \mathsf{E}\left[\left| b_{1,1}[i] - \mathbf{w}^H \tilde{\mathbf{r}}[i] \right|^2 \right] \quad (6.132)$$

参考文献 [43, 46] では，信号部分空間の項を，

$$\mathbf{w}_{1,1} = \mathbf{U}_s \mathbf{\Lambda}_s^{-1} \mathbf{U}_s^H \left(\mathbf{h}_1 \otimes \mathbf{s}_{1,1} \right), \quad (6.133)$$

として定数倍した解が示されている．そして，

$$z_{1,1}[i] = \mathbf{w}_{1,1}^H \tilde{\mathbf{r}}[i], \quad (6.134)$$

$$\hat{b}_{1,1}[i] = \mathrm{sign}\left[\Re\left(z_{1,1}[i] \right) \right] \quad (同期検出), \quad (6.135)$$

および，

$$\hat{\beta}_{1,1}[i] = \mathrm{sign}\left[\Re\left(z_{1,1}[i-1]^* z_{1,1}[i] \right) \right] \quad (差動検出), \quad (6.136)$$

6.5 適応線形時空間マルチユーザ検出

に従ってシンボル判定が行われる．

具体的な適応一括処理あるいは逐次処理を取り扱う前に，これらのアルゴリズムは，線形グループブラインド型マルチユーザ検出器 [41] を用いても実装可能であることを記しておく．この線形グループブラインド型マルチユーザ検出器は，ブラインド型検出器とは異なり，有効ユーザの部分集合について拡散符号に関する既知情報を持っている．たとえば，セルラ網のアップリンク環境のように受信機がセル内の全ユーザの信号波形を知っているが，セル外の干渉ユーザの波形は未知であるというような例では適切な選択となる．具体的には，式 (6.129) を書き直して次式を得る．

$$\tilde{r}[i] = \check{S}\check{b}[i] + \bar{S}\bar{b}[i] + \tilde{n}[i] \tag{6.137}$$

ここではユーザを二つのグループに分割している．既知ユーザの信号系列は $\check{S}$ の列ベクトルで，未知ユーザの信号系列は $\bar{S}$ の列ベクトルで表している．これより，シンボル $b_{1,1}[i]$ を検出するためのグループブラインド線形ハイブリッド型検出器は次式で与えられる [41]．

$$\mathbf{w}_{1,1}^{GB} = \mathbf{U}_S \mathbf{\Lambda}_S^{-1} \mathbf{U}_S^H \check{\mathbf{S}} \left[\check{\mathbf{S}}^H \mathbf{U}_S \mathbf{\Lambda}_S^{-1} \mathbf{U}_S^H \check{\mathbf{S}} \right]^{-1} (\mathbf{h}_1 \otimes \mathbf{s}_{1,1}) \tag{6.138}$$

この検出器を用いることで，一部の干渉ユーザの信号系列が既知である環境において，式 (6.133) のブラインド型手法よりも大きな性能改善が得られる．

一括ブラインド型線形時空間マルチユーザ検出

式 (6.133) を実装するには，信号の部分空間の項とチャネルに関する情報が必要となる．部分空間の項は受信信号の自己相関行列サンプルを用いて受信信号からブラインドで推定することが可能である．$\mathbf{h}_1$ を推定するために，ここでは信号と雑音との部分空間の直交性，つまり $\mathbf{U}_n^H (\mathbf{h}_1 \otimes \mathbf{s}_{1,1}) = \mathbf{0}$ を利用することを考える．具体的には，以下のように表される．

$$\begin{aligned}
\hat{\mathbf{h}}_1 &= \arg\min_{\mathbf{h} \in C^4} \left\| \mathbf{U}_n^H (\mathbf{h} \otimes \mathbf{s}_{1,1}) \right\|^2 \\
&= \arg\max_{\mathbf{h} \in C^4} \left\| \mathbf{U}_s^H (\mathbf{h} \otimes \mathbf{s}_{1,1}) \right\|^2 \\
&= \arg\max_{\mathbf{h} \in C^4} \left(\mathbf{h}^H \otimes \mathbf{s}_{1,1}^T \right) \mathbf{U}_s \mathbf{U}_s^H (\mathbf{h} \otimes \mathbf{s}_{11}) \\
&= \arg\max_{\mathbf{h} \in C^4} \mathbf{h}^H \underbrace{\left[\left(\mathbf{I}_4 \otimes \mathbf{s}_{1,1}^T \right) \mathbf{U}_s \mathbf{U}_s^H \left(\mathbf{I}_4 \otimes \mathbf{s}_{1,1} \right) \right]}_{\mathbf{Q}} \mathbf{h} \qquad (6.139) \\
&= \text{principal eigenvector of } \mathbf{Q} \qquad (6.140)
\end{aligned}$$

式 (6.140) で，$\hat{\mathbf{h}}_1$ は任意の複素スケールファクター α を用いて $\hat{\mathbf{h}}_1 = \alpha \mathbf{h}_1$ と表されるが，この曖昧さは別の変調方式や検出を用いることで回避することができる．以下の議論は，2 送信アンテナ/2 受信アンテナの場合における一括ブラインド型時空間マルチユーザ検出の概要となっている．ただしチャネル状態は少なくとも一括サイズ M の間は一定であるものとする．

アルゴリズム 1 (一括ブラインド型線形時空間マルチユーザ検出器：同期 CDMA，2 送信/2 受信アンテナの場合)

- 部分空間推定

$$\hat{\mathbf{C}} = \frac{1}{M} \sum_{i=0}^{M-1} \tilde{\mathbf{r}}[i] \tilde{\mathbf{r}}[i]^H \tag{6.141}$$

$$= \hat{\mathbf{U}}_s \hat{\mathbf{\Lambda}}_s \hat{\mathbf{U}}_s^H + \hat{\mathbf{U}}_n \hat{\mathbf{\Lambda}}_n \hat{\mathbf{U}}_n^H \tag{6.142}$$

- チャネル推定

$$\hat{\mathbf{Q}}_1 = \left(\mathbf{I}_4 \otimes \mathbf{s}_{1,1}^T \right) \hat{\mathbf{U}}_s \hat{\mathbf{U}}_s^H \left(\mathbf{I}_4 \otimes \mathbf{s}_{1,1} \right), \tag{6.143}$$

$$\hat{\mathbf{Q}}_2 = \left(\mathbf{I}_4 \otimes \mathbf{s}_{1,2}^T \right) \hat{\mathbf{U}}_s \hat{\mathbf{U}}_s^H \left(\mathbf{I}_4 \otimes \mathbf{s}_{1,2} \right), \tag{6.144}$$

$$\hat{\mathbf{h}}_1 = \text{principal eigenvector of } \hat{\mathbf{Q}}_1, \tag{6.145}$$

$$\hat{\mathbf{h}}_1 = \text{principal eigenvector of } \hat{\mathbf{Q}}_2. \tag{6.146}$$

- 検出

$$\hat{\mathbf{w}}_{1,1} = \hat{\mathbf{U}}_s \hat{\mathbf{\Lambda}}_s^{-1} \hat{\mathbf{U}}_s^H \left(\hat{\mathbf{h}}_1 \otimes \mathbf{s}_{1,1} \right) \tag{6.147}$$

$$\hat{\mathbf{w}}_{1,2} = \hat{\mathbf{U}}_s \hat{\mathbf{\Lambda}}_s^{-1} \hat{\mathbf{U}}_s^H \left(\hat{\hat{\mathbf{h}}}_1 \otimes \mathbf{s}_{1,2} \right) \tag{6.148}$$

- 差動検出

$$z_{1,1}[i] = \hat{\mathbf{w}}_{1,1}^H \tilde{\mathbf{r}}[i], \tag{6.149}$$

$$z_{1,2}[i] = \hat{\mathbf{w}}_{1,2}^H \tilde{\mathbf{r}}[i], \tag{6.150}$$

$$\hat{\beta}_{1,1}[i] = \text{sign} \left(\Re \left\{ z_{1,1}[i] z_{1,1}[i-1]^* \right\} \right), \tag{6.151}$$

$$\hat{\beta}_{1,2}[i] = \text{sign} \left(\Re \left\{ z_{1,2}[i] z_{1,2}[i-1]^* \right\} \right), \tag{6.152}$$

$$i = 0, \ldots, M-1$$

式 (6.147) と式 (6.148) に簡単な改良を加えることで，一括グループブラインド型時空間マルチユーザ検出を実装することができる．

適応ブラインド型線形時空間マルチユーザ検出

適応逐次ブラインド型受信機を実現するためには，伝送路推定と信号の部分空間成分 $\mathbf{U}_s, \mathbf{\Lambda}_s$ の推定とを逐次的に行う適応アルゴリズムが必要である．まず，逐次的適応チャネル推定について言及する．保存した信号 $\tilde{\mathbf{r}}[i]$ を雑音部分空間に投影させたものを $\mathbf{z}[i]$ とおくと次式となる．

$$\mathbf{z}[i] = \tilde{\mathbf{r}}[i] - \mathbf{U}_s \mathbf{U}_s^H \tilde{\mathbf{r}}[i] \qquad (6.153)$$

$$= \mathbf{U}_n \mathbf{U}_n^H \tilde{\mathbf{r}}[i] \qquad (6.154)$$

$\mathbf{z}[i]$ は雑音部分空間に存在するので，信号部分空間上のどの信号に対しても直交しており，具体的には $(\mathbf{h}_1 \otimes \mathbf{s}_{1,1})$ に直交している．したがって $\mathbf{h}_1$ は，次に示す条件付き最適化問題の解となる．

$$\begin{aligned}
\min_{\mathbf{h}_1 \in C^4} &\mathsf{E}\left[\left\|\mathbf{z}[i]^H (\mathbf{h}_1 \otimes \mathbf{s}_{1,1})\right\|^2\right] \\
&= \min_{\mathbf{h}_1 \in C^4} \mathsf{E}\left[\left\|\mathbf{z}[i]^H (\mathbf{I}_4 \otimes \mathbf{s}_{1,1}) \mathbf{h}_1\right\|^2\right] \\
&= \min_{\mathbf{h}_1 \in C^4} \mathsf{E}\left[\left\|\left[(\mathbf{I}_4 \otimes \mathbf{s}_{1,1}^T) \mathbf{z}[i]\right]^H \mathbf{h}_1\right\|^2\right] \text{ s.t.} \|\mathbf{h}_1\| = 1 \quad (6.155)
\end{aligned}$$

上記の最適化問題を解く逐次型アルゴリズムを得るために，ここでは次に示す（自明な）状態空間形式で記述する．

$$\begin{aligned}
\mathbf{h}_1[i+1] &= \mathbf{h}_1[i], & \text{状態方程式} \\
0 &= \left[(\mathbf{I}_4 \otimes \mathbf{s}_{1,1}^T) \mathbf{z}[i]\right]^H \mathbf{h}_1[i], & \text{観測方程式}
\end{aligned}$$

標準的なカルマンフィルタを上記システムに適用すると，以下のように表すことができる．ここで $\mathbf{x}[i] \triangleq (\mathbf{I}_4 \otimes \mathbf{s}_{1,1}^T) \mathbf{z}[i]$ とすると，

$$\mathbf{k}[i] = \mathbf{\Sigma}[i-1]\mathbf{x}[i]\left(\mathbf{x}[i]^H \mathbf{\Sigma}[i-1]\mathbf{x}[i]\right)^{-1} \qquad (6.156)$$

$$\mathbf{h}_1[i] = \left(\mathbf{h}_1[i-1] - \mathbf{k}[i](\mathbf{x}[i]^H \mathbf{h}_1[i-1])\right)/\|\mathbf{h}_1[i-1] - \mathbf{k}[i](\mathbf{x}[i]^H \mathbf{h}_1[i-1])\| \quad (6.157)$$

$$\mathbf{\Sigma}[i] = \mathbf{\Sigma}[i-1] - \mathbf{k}[i]\mathbf{x}[i]^H \mathbf{\Sigma}[i-1], \qquad (6.158)$$

となる．

ブロック i でチャネル推定ができると，信号部分空間成分と合成して式 (6.133) の検出器を構築することができる．また，様々な演算量の部分空間トラッキングアルゴリズムが文献に存在している．受信信号ベクトルを保存するということと，部分空間トラッキングの演算量は信号部分空間の大きさに少なくとも比例して増大するということから，最小の演算量で済むアルゴリズムを選択することが必要となる．このような目的で最も簡易なアルゴリズムは雑音平均化 Hermitian–Jacobi 高速部分空間トラッキング法（NAHJ–FST：Noise-Averaged Hermitian-Jacobi Fast Subspace Tracking）である．このアルゴリズムは同種のアルゴリズムの中で最も演算量が少なく，マルチパスフェージング環境における信号部分空間トラッキングに使用した際にも良好な性能を示す．$\mathbf{U}_s$ の大きさは $4N \times 2K$ であるので，演算量は繰り返し処理ごとに $40 \times 4N \times 2K + 3 \times 4N + 7.5(2K)^2 + 7 \times 2K$ の浮動小数点演算となる．このアルゴリズムとマルチユーザ検出へ適用した場合の考察が参考文献 [34] で示されている．その適用例はここで議論しているトラッキングの問題と同様であるため，ここでの詳しい議論は割愛する．

アルゴリズム 2（一括ブラインド型線形時空間マルチユーザ検出：同期 CDMA，2 送信/2 受信アンテナの場合）

- 適当な信号部分空間トラッキングアルゴリズム（NAHJ–FST など）を用いて，各ブロック i ごとに信号部分空間成分 $\mathbf{U}_s[i], \mathbf{\Lambda}_s i]$ を更新

- 次のように伝送路状態 $\mathbf{h}_1[i], \bar{\mathbf{h}}_1[i]$ にトラッキング

$$\mathbf{z}[i] = \tilde{\mathbf{r}}[i] - \mathbf{U}_s[i]\mathbf{U}_s[i]^H \tilde{\mathbf{r}}[i] \tag{6.159}$$

$$\mathbf{x}[i] = \left(\mathbf{I}_4 \otimes \mathbf{s}_{1,1}^T\right) \mathbf{z}[i] \tag{6.160}$$

$$\bar{\mathbf{x}}[i] = \left(\mathbf{I}_4 \otimes \mathbf{s}_{1,2}^T\right) \mathbf{z}[i] \tag{6.161}$$

$$\mathbf{k}[i] = \mathbf{\Sigma}[i-1]\mathbf{x}[i] \left(\mathbf{x}[i]^H \mathbf{\Sigma}[i-1]\mathbf{x}[i]\right)^{-1} \tag{6.162}$$

$$\bar{\mathbf{k}}[i] = \bar{\mathbf{\Sigma}}[i-1]\bar{\mathbf{x}}[i] \left(\bar{\mathbf{x}}[i]^H \bar{\mathbf{\Sigma}}[i-1]\bar{\mathbf{x}}[i]\right)^{-1} \tag{6.163}$$

$$\mathbf{h}_1[i] = \left(\mathbf{h}_1[i-1] - \mathbf{k}[i](\mathbf{x}[i]^H \mathbf{h}_1[i-1])\right) / \left\|\mathbf{h}_1[i-1] - \mathbf{k}[i](\mathbf{x}[i]^H \mathbf{h}_1[i-1])\right\| \tag{6.164}$$

6.5 ■適応線形時空間マルチユーザ検出

$$\bar{\mathbf{h}}_1[i] = \left(\bar{\mathbf{h}}_1[i-1] - \bar{\mathbf{k}}[i]\left(\bar{\mathbf{x}}[i]^H \bar{\mathbf{h}}_1[i-1]\right)\right) / \left\|\bar{\mathbf{h}}_1[i-1] - \bar{\mathbf{k}}[i]\left(\bar{\mathbf{x}}[i]^H \bar{\mathbf{h}}_1[i-1]\right)\right\| \tag{6.165}$$

$$\mathbf{\Sigma}[i] = \mathbf{\Sigma}[i-1] - \mathbf{k}[i]\mathbf{x}[i]^H \mathbf{\Sigma}[i-1] \tag{6.166}$$

$$\bar{\mathbf{\Sigma}}[i] = \bar{\mathbf{\Sigma}}[i-1] - \bar{\mathbf{k}}[i]\bar{\mathbf{x}}[i]^H \bar{\mathbf{\Sigma}}[i-1] \tag{6.167}$$

- 検出

$$\hat{\mathbf{w}}_{1,1}[i] = \mathbf{U}_s[i]\mathbf{\Lambda}_s^{-1}\mathbf{U}_s[i]^H \left(\mathbf{h}_1[i] \otimes \mathbf{s}_{1,1}\right) \tag{6.168}$$

$$\hat{\mathbf{w}}_{1,2}[i] = \mathbf{U}_s[i]\mathbf{\Lambda}_s^{-1}\mathbf{U}_s[i]^H \left(\mathbf{h}_1[i] \otimes \mathbf{s}_{1,2}\right) \tag{6.169}$$

- 差動検出

$$z_{1,1}[i] = \hat{\mathbf{w}}_{1,1}[i]^H \tilde{\mathbf{r}}[i], \tag{6.170}$$

$$z_{1,2}[i] = \hat{\mathbf{w}}_{1,2}[i]^H \tilde{\mathbf{r}}[i], \tag{6.171}$$

$$\hat{\beta}_{1,1}[i] = \text{sign}\left(\Re\left\{z_{1,1}[i]z_{1,1}[i-1]^*\right\}\right), \tag{6.172}$$

$$\hat{\beta}_{1,2}[i] = \text{sign}\left(\Re\left\{z_{1,2}[i]z_{1,2}[i-1]^*\right\}\right) \tag{6.173}$$

グループブラインド型適応逐次時空間マルチユーザ検出も同様に実装することができる．図 6.13 は適応受信機構成を示している．

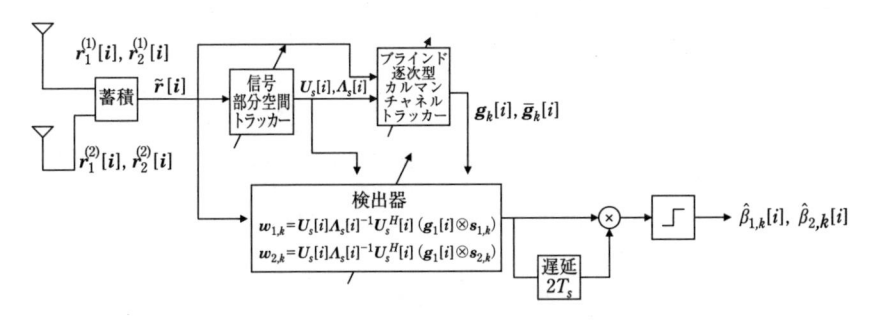

図 6.13 線形時空間マルチユーザ検出器の適応受信機構成

6.5.3 ■マルチパスフェージング環境における非同期 CDMA 向けブラインド型適応時空間マルチユーザ検出

信号モデル

これまでの議論を非同期マルチパスチャネルに拡張するために，まず連続時間のベー

スバンド信号モデルから話を始める必要がある.時間区間 $i \in \{0, 1, \ldots, M-1\}$ にお いてアンテナ 1,2 から送信されるユーザ k の信号は次式で表される.

$$x_{k,1}(t) = \sum_{i=0}^{M-1} \left[b_{k,1}[i] s_{k,1}(t - 2iT_s) - b_{k,2}[i] s_{k,2}(t - (2i+1)T_s) \right] \quad (6.174)$$

$$x_{k,2}(t) = \sum_{i=0}^{M-1} \left[b_{k,2}[i] s_{k,2}(t - 2iT_s) + b_{k,1}[i] s_{k,1}(t - (2i+1)T_s) \right] \quad (6.175)$$

ここで M はデータフレーム長であり,T_s は情報シンボル時間長,$\{b_k[i]\}_i$ はユーザ k のシンボルストリームである.ここでは非同期システムを対象としているが,記述を簡単にするため各ユーザの送信信号の遅延は省略して式 (6.3) のパス遅延へ組み込むものとした.ユーザ k ごとにシンボルストリーム $\{b_k[i]\}_i$ は $+1$ および -1 の二値で,それぞれが等確率で生じる独立したランダム変数であるものと仮定する.さらに,異なるユーザのシンボルストリームは独立であるものとする.送信信号波形 $\{s_{k,m}(t)\}$ は式 (6.26) で記述される.ユーザ k の時空間符号化信号 $x_{k,1}(t)$ および $x_{k,2}(t)$ は,式 (6.3) で記述されるマルチパスフェージングチャネルを介して送信機から受信機へと伝搬する.ここで,$\tau_{k,m,p,l}$ は $\tau_{k,m,p,1} \le \tau_{k,m,p,2} \le \cdots \le \tau_{k,m,p,L}$ を満足する,ユーザ k のパス遅延および初期送信遅延の総和である.チャネル状態はゆっくりと変化し,パス利得と遅延時間は 1 信号フレーム (MT_s) の間は一定であるものとする.

送信された $x_{k,1}(t)$ および $x_{k,2}(t)$ が伝送路を通過して,受信アンテナ 1,2 で受信される受信信号成分は,次式で与えられる.

$$y_{k,1}(t) = x_{k,1}(t) \star h_{k,1,1}(t) + x_{k,2}(t) \star h_{k,2,1}(t), \quad (6.176)$$

$$y_{k,2}(t) = x_{k,1}(t) \star h_{k,1,2}(t) + x_{k,2}(t) \star h_{k,2,2}(t) \quad (6.177)$$

受信アンテナ $b \in \{1,2\}$ の全受信信号は次のように表される.

$$r_b(t) = \sum_{k=1}^{K} y_{k,b}(t) + n_b(t) \quad (6.178)$$

受信機では,受信信号はチップ波形に整合したマッチドフィルタを通過させた後にチップレート,つまりサンプリング時間 T_c でサンプリングされる.ここで N はシンボル区間のサンプル総数,$2N$ は時間スロットごとのサンプル総数である.スロット i における n 番目のマッチドフィルタの出力は,

$$r_b[i,n] \triangleq \int_{2iT_s + nT_c}^{2iT_s + (n+1)T_c} r_b(t) \psi(t - 2iT_s - nT_c) \mathrm{d}t, \quad (6.179)$$

6.5 ■適応線形時空間マルチユーザ検出

となる.（シンボル区間における）最大遅延時間は,

$$\iota_{k,m,p} \triangleq \left\lceil \frac{\tau_{k,m,p,L} + T_c}{T_s} \right\rceil \quad \text{and} \quad \iota \triangleq \max_{k,m,p} \iota_{k,m,p}, \tag{6.180}$$

と表される．マッチドフィルタの出力 $r_b[i,n]$ の閉形式の表現は参考文献 [35] で示されている．

達成可能なダイバーシチ利得を最大限活用するために，両受信アンテナから得られるマッチドフィルタの出力を蓄積し，次のベクトルを得る．

$$\underline{r}[i] \triangleq \begin{bmatrix} \underline{r}_1[i] \\ \underline{r}_2[i] \end{bmatrix}_{4N \times 1} \tag{6.181}$$

ここで, $b \in \{1,2\}$ について,

$$\underline{r}_b[i] \triangleq \begin{bmatrix} r_b[i,0] \\ \vdots \\ r_b[i,2N-1] \end{bmatrix}_{2N \times 1}, \tag{6.182}$$

である．連続した $\bar{m}$ サンプルベクトルを蓄積することで,

$$\mathbf{r}[i] \triangleq \begin{bmatrix} \underline{r}[i] \\ \vdots \\ \underline{r}[i+m-1] \end{bmatrix}_{4N\bar{m} \times 1} \tag{6.183}$$

$$= \mathbf{H}\mathbf{b}[i] + \mathbf{n}[i], \tag{6.184}$$

を得る．ここで，$\mathbf{H}$ は拡散符号，伝送路状態，チップ波形の関数で（詳細は参考文献 [35] を参照），$\mathbf{n}[i]$ は加法性白色ガウス雑音である．また,

$$\mathbf{b}[i] \triangleq \begin{bmatrix} \underline{b}[i - \lceil \iota/2 \rceil] \\ \vdots \\ \underline{b}[i+m-1] \end{bmatrix}_{r \times 1}, \quad \underline{b}[i] \triangleq \begin{bmatrix} b_{1,1}[i] \\ \vdots \\ b_{K,1}[i] \\ b_{1,2}[i] \\ \vdots \\ b_{K,2}[i] \end{bmatrix}_{2K \times 1}, \tag{6.185}$$

であり，$r \triangleq 2K(\bar{m} + \lceil \iota/2 \rceil)$ である．

また，チャネル同定のためにスムージングファクター $\bar{m}$ を次のように定義する．

$$\bar{m} \geq \left\lceil \frac{N(\iota+1) + K\lceil \iota/2 \rceil + 1}{2N - K} \right\rceil \tag{6.186}$$

詳しくは後述する．ただし，$\mathbf{H}$（合成された信号ベクトル）の列ベクトルにはユーザごとのタイミング情報とマルチパスチャネルの複素パス利得に関する情報も含まれているものとする．ゆえに，これらの信号波形を推定することでタイミング情報 $\{\tau_{k,m,p,l}\}$ を別途分離する必要がなくなる．

ブラインド型 MMSE 時空間マルチユーザ検出

雑音は白色雑音，つまり $\mathsf{E}\left[\mathbf{n}[i]\mathbf{n}[i]^H\right] = \sigma^2 \mathbf{I}_{4N\bar{m}}$ であるので，式 (6.184) において受信信号の自己相関行列は次式となる．

$$\mathbf{C_r} \triangleq \mathsf{E}\left[\mathbf{r}[i]\mathbf{r}[i]^H\right] = \mathbf{H}\mathbf{H}^H + \sigma^2 \mathbf{I}_{4N\bar{m}} \tag{6.187}$$

$$= \mathbf{U}_s \boldsymbol{\Lambda}_s \mathbf{U}_s^H + \sigma^2 \mathbf{U}_n \mathbf{U}_n^H \tag{6.188}$$

ここで，式 (6.188) は $\mathbf{C_r}$ の固有値分解である．$\mathbf{U}_s$ の大きさは $4N\bar{m} \times r$，$\mathbf{U}_n$ の大きさは $4N\bar{m} \times (4N\bar{m} - r)$ である．

$b_{k,a}[i], a \in \{1,2\}$ のシンボル推定を行うジョイント MMSE マルチユーザ検出・時空間復号器は，

$$\mathbf{w}_{k,a}[i] \triangleq \arg\min_{\mathbf{w} \in C^{4P\bar{m}}} \mathsf{E}\left[\left|b_{k,a}[i] - \mathbf{w}^H \mathbf{r}[i]\right|^2\right] \tag{6.189}$$

$$\hat{b}_{k,a}[i] = \text{sign}\left[\text{Re}\left\{\mathbf{w}_{k,a}[i]^H \mathbf{r}[i]\right\}\right], \tag{6.190}$$

で表される．式 (6.189) の解は参考文献 [42] の信号部分空間要素の形式で，

$$\mathbf{w}_{k,a}[i] = \mathbf{U}_s \boldsymbol{\Lambda}_s^{-1} \mathbf{U}_s^H \mathbf{h}_{k,a}, \tag{6.191}$$

と表すことができる．ここで，$\mathbf{h}_{k,a} \triangleq \mathbf{He}_{K(2\lceil \iota/2 \rceil + a - 1) + k}$ はユーザ k のシンボル $a \in \{1,2\}$ に関する合成信号波形である．同期システムの場合，（ブラインドによる）チャネル推定値と，対象ユーザの信号系列の情報のみを必要とするブラインド型の実装が可能である．

6.5 ■適応線形時空間マルチユーザ検出

ブラインド型逐次カルマンチャネル推定

非同期マルチパス環境における離散時間チャネルモデルの詳細な記述は参考文献 [35] に示されている．要約すると，ユーザ k のシンボル a に関する合成された信号波形は次式で表される．

$$\mathbf{h}_{k,a} = \overline{\mathbf{C}}_{k,a}\mathbf{f}_{k,a} \tag{6.192}$$

ここで $\overline{\mathbf{C}}_{k,a}$ は，ユーザ k に割り当てられた a 番拡散符号で構成される大きさ $4N(\lceil \iota/2 \rceil + 1) \times (2N(\iota+1)+2)$ の行列である．大きさが $(2N(\iota+1)+2) \times 1$ のベクトル $\mathbf{f}_{k,a}$ は，ユーザ"k の CSI の関数でやはり参考文献 [35] で定義されている．ブラインド型のチャネル推定の問題点は，受信信号 $\mathbf{r}[i]$ から $\mathbf{f}_{k,a}(1 \leq k \leq K, a=1,2)$ を推定するという点にある．同期システムの場合と同様に，ここでも信号部分空間と雑音部分空間との間に成り立つ直交性を活用することを考える．具体的には，$\mathbf{U}_n$ は $\mathbf{H}$ の列空間に直交しているため，以下のとおりとなる．

$$\mathbf{U}_m^H \mathbf{h}_{k,a} = \mathbf{U}_n^H \overline{\mathbf{C}}_{k,a}\mathbf{f}_{k,a} = \mathbf{0} \tag{6.193}$$

ここで，受信信号 $\mathbf{r}[i]$ を雑音部分空間に投影したものを $\mathbf{z}[i]$ として表すと，次式となる．

$$\begin{align}
\mathbf{z}[i] &= \mathbf{r}[i] - \mathbf{U}_s\mathbf{U}_s^H\mathbf{r}[i] \tag{6.194}\\
&= \mathbf{U}_n\mathbf{U}_n^H\mathbf{r}[i] \tag{6.195}
\end{align}$$

式 (6.193) を用いると，

$$\mathbf{f}_{k,a}^H \overline{\mathbf{C}}_{k,a}^H \mathbf{z}[i] = 0, \tag{6.196}$$

と表される．ここでの伝送路推定の問題は，$\|\mathbf{f}\| = 1$ を制約条件とする次の最適化問題を含んでいる．

$$\hat{\mathbf{f}}_{k,a} = \arg\min_{\mathbf{f}} \mathsf{E}\left[\left|\mathbf{f}^H \overline{\mathbf{C}}_{k,a}^H \mathbf{z}[i]\right|^2\right] \tag{6.197}$$

$\mathbf{x}[i] \triangleq \overline{\mathbf{C}}_{k,a}^H \mathbf{z}[i]$ と定義すると，$\mathbf{h}_1[i]$ を $\mathbf{f}_{k,a}[i]$ で置換することで式 (6.156)–式 (6.158) に記したカルマン型アルゴリズムを適用することができる．

ここで，一意のチャネル推定を可能とするための必要条件は，行列 $\mathbf{U}_n^H \overline{\mathbf{C}}_{k,a}$ が $4N\bar{m} - 2K(\bar{m} + \lceil \iota/2 \rceil) \geq 2N(\iota+1)+2$ を満足するような縦長の行列となることである．したがって，スムージングファクター $\bar{m}$ は，

$$\bar{m} \geq \left\lceil \frac{N(\iota+1) + K\lceil \iota/2 \rceil + 1}{2N - K} \right\rceil, \tag{6.198}$$

を満たす．同じ制約条件において，固定値 m に対する収容可能な最大ユーザ数は以下で表される．

$$\min\left\{\left\lfloor\frac{N(2\bar{m}-\iota-1)-1}{\bar{m}+\lceil\iota/2\rceil}\right\rfloor,\left\lfloor\frac{N}{2}\right\rfloor\right\} \tag{6.199}$$

線形ダイバーシチ型受信機構造における最大ユーザ数

$$\left\lfloor\frac{N(\bar{m}-\iota)}{2(\bar{m}+\iota)}\right\rfloor, \tag{6.200}$$

より式 (6.199) が大きくなるように $\bar{m},\iota$ を選ぶのが適切と言える．これは 6.5.1 項で議論された時空間マルチユーザ検出によるユーザ容量利得の定量解析例とも言える．

チャネル状態の推定値 $\hat{\mathbf{f}}_{k,a}$ が得られれば，ユーザ k のシンボル a に関する合成信号ベクトルは式 (6.192) で与えられる．ただし，推定されたチャネル状態の位相情報は曖昧さをもつため，送信データの差動符号化および差動復号が必須であることに注意されたい．

アルゴリズムの概略

アルゴリズム 3（ブラインド型適応線形時空間マルチユーザ検出：非同期マルチパス CDMA，2 送信アンテナ 2 受信アンテナの場合）

- 式 (6.179) のマッチドフィルタ出力を保存し，$\mathbf{r}[i]$ を算出

- $\overline{\mathbf{C}}_{k,a}$ を算出

- 適切な信号部分空間トラッキングアルゴリズム（NAHJ–FST など）を使用して，時間スロット i ごとに信号部分空間の要素 $\mathbf{U}_s[i],\boldsymbol{\Lambda}_s[i]$ を更新．

- 次のようにチャネル状態 $\mathbf{f}_{k,a}(1\leq k\leq K,a=1,2)$ にトラッキング

$$\mathbf{z}[i] = \mathbf{r}[i]-\mathbf{U}_s[i]\mathbf{U}_s[i]^H\mathbf{r}[i] \tag{6.201}$$

$$\mathbf{x}[i] = \overline{\mathbf{C}}_{k,a}^H\mathbf{z}[i] \tag{6.202}$$

$$\mathbf{k}[i] = \boldsymbol{\Sigma}[i-1]\mathbf{x}[i]\left(\mathbf{x}[i]^H\boldsymbol{\Sigma}[i-1]\mathbf{x}[i]\right)^{-1} \tag{6.203}$$

$$\mathbf{f}_{k,a}[i] = \left(f_{k,a}[i-1]-\mathbf{k}[i]\left(\mathbf{x}[i]^H\mathbf{f}_{k,a}[i-1]\right)\right)/\|\mathbf{f}_{k,a}[i-1]-$$
$$\mathbf{k}[i]\left(\mathbf{x}[i]^H\mathbf{f}_{k,a}[i-1]\right)\| \tag{6.204}$$

$$\boldsymbol{\Sigma}[i] = \boldsymbol{\Sigma}[i-1]-\mathbf{k}[i]\mathbf{x}[i]^H\boldsymbol{\Sigma}[i-1] \tag{6.205}$$

- 検出

$$\mathbf{w}_{k,a}[i] = \mathbf{U}_s[i]\mathbf{\Lambda}_s^{-1}\mathbf{U}_s[i]^H\overline{\mathbf{C}}_{k,a}\mathbf{f}_{k,a}[i] \tag{6.206}$$

- 差動検出

$$\begin{align}
z_{k,a}[i] &= \mathbf{w}_{k,a}[i]^H\mathbf{r}[i] \tag{6.207}\\
\hat{\beta}_{k,a}[i] &= \text{sign}\left(\Re\left\{z_{k,a}[i]z_{k,a}[i-1]^*\right\}\right) \tag{6.208}
\end{align}$$

6.5.4 ■シミュレーション結果

ここでは，ブラインド型適応時空間マルチユーザ検出の性能を評価するためにシミュレーション結果を示す．まずは同期型フラットフェージング環境について確認し，続いて非同期マルチパスフェージング環境について議論する．すべてのシミュレーションにおいて2送信アンテナ2受信アンテナのアンテナ構成とした．ユーザに割り当てる拡散符号は系列長15のM系列と，それをシフトした系列とした．チップのパルス波形はロールオフ率0.5のレイズドコサインパルスとした．マルチパスフェージング環境においては，各ユーザは$L=3$パスを有するものとし，各遅延パスは$[0, T_s]$区間に一様に分布するものとした．つまり，最大遅延拡がりは1シンボル区間であり，$\iota=1$である．各ユーザのチャネルのフェージング利得は複素ガウス分布によって与え，すべてのシミュレーションにおいて固定とした．ユーザのチャネルごとのパス利得は正規化され，したがって受信機に達する全ユーザの信号の電力は同一である．平滑化係数は$\bar{m}=2$で，部分空間トラッキングアルゴリズムに用いる忘却係数はすべてのシミュレーションにおいて0.995とした．評価規範はビット誤り率，および，干渉ユーザのデータシンボルと白色雑音電力に関する期待値を用いてSINR $\triangleq E^2\{\mathbf{w}^H\mathbf{r}\}/\text{Var}\{\mathbf{w}^H\mathbf{r}\}$で定義される信号対干渉雑音電力比（SINR）とした．シミュレーション上では期待値演算は時間平均化処理で置き換えた．SINRはMMSE検出器の利点を示すのに特に適切な値である．なぜならば，参考文献[32]に示されるようにMMSE検出器の出力は概ねガウス分布を有するので，（おおよその）SINR値を用いて，$\Pr(e) \approx Q\left(\sqrt{\text{SINR}}\right)$により直接的にかつ簡単にビット誤り率に変換することができるためである．図中に描かれた水平の線は，各ビット誤り率を実現するSINR閾値を示している．最初の1500回繰り返し時のユーザ数は4である．1501回目の繰り返し時に，3ユーザが追加されシステムはフルロードとなる．3001回目の繰り返し時に，5ユーザを削減している．

図6.14は，同期型フラットフェージング環境における適応性能を示している．SNRは8dBに固定している．図6.15は非同期マルチパスフェージング環境における適応

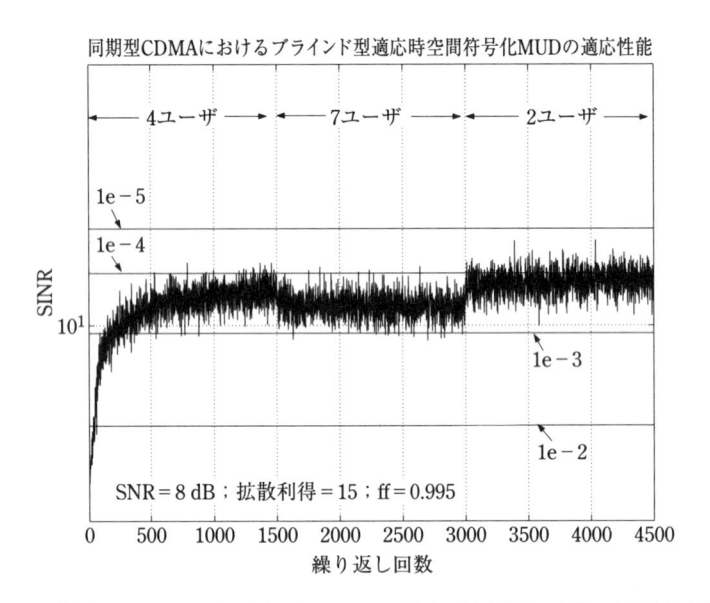

図 6.14　同期型 CDMA における時空間マルチユーザ検出の適応性能：水平に表示された線は各ビット誤り率を実現する SINR 閾値を示している

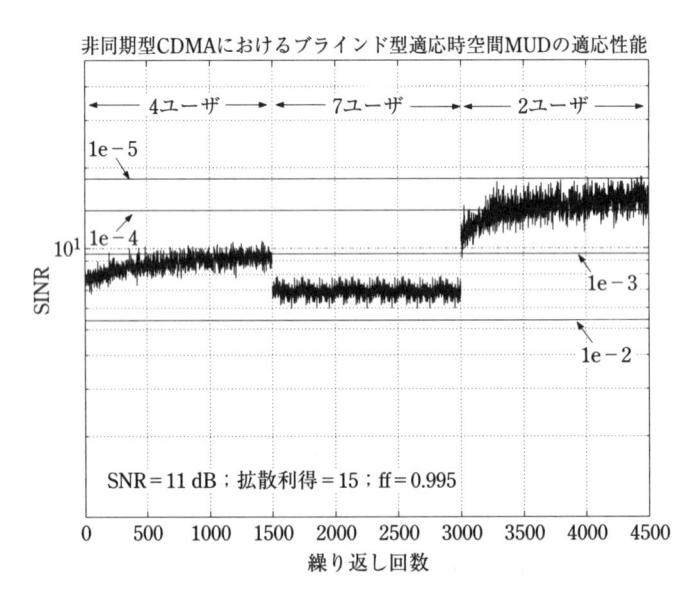

図 6.15　非同期型 CDMA における時空間マルチユーザ検出の適応性能：水平に表示された線は各ビット誤り率を実現する SINR 閾値を示している

性能を示している．こちらは SNR を 11 dB としている．いずれの環境においても，ユーザが増減する遷移点においてさえも，ビット誤り率が許容し得るレベルを著しく下回らないことが分かる．ユーザが減少する際，SINR は最大値へ瞬時に収束している．また，ユーザが増加する際には 500 回程度の繰り返し演算を必要とすることがわかる．

6.6 ■ まとめ

　本章では，前章までの内容を様々な角度から検証に取り入れた．6.2 節では MIMO チャネルにおける多元接続送信信号の一般化モデルを示し，このモデルを使ってマルチユーザ MIMO システム向けの基本的な受信機構造を導出した．これは，第 2 章で議論したマルチユーザ MIMO チャネルモデルと，第 3 章および第 5 章で述べた受信機設計とを結びつけるものであり，その後，多元接続や周波数選択性チャネルにまでその領域を拡張した．6.3 節では，第 3 章および第 5 章で述べた検出に関連する問題点を再掲し，特に MIMO 受信機の演算量削減には繰り返しアルゴリズムが重要であることを再度強調した．6.4 節では第 4 章で述べた時空間符号化法を第 5 章のターボ型繰り返し手法とうまく組み合わせて活用することで，さほど演算量を増大させずに受信機性能全体を大きく引き上げられることを示した．これらの技術のほとんどは一般的な干渉型チャネル（多元接続干渉，シンボル間干渉，アンテナ間干渉）に対して適用できるものであるが，本章では第 1 章で取り上げた直接拡散型の CDMA チャネルについて重点的に述べた．6.5 節では適応処理の恩恵を受けやすいチャネルについて具体的に取り扱った．さらに 6.5 節では，第 1 章と第 4 章で言及した Alamouti の時空間符号化構造を適応アルゴリズムに取り入れて活用している．

6.7 ■ 解題

　6.2 節で述べたように，本章で議論された数々の手法は数十年に渡って進展を遂げてきている．多元接続干渉存在下あるいはアンテナ間干渉存在下における技術は主として 1980 年代，1990 年代にそれぞれ始まったが，チャネル符号化システムや，シンボル間干渉存在下における受信機設計に関する早期の研究は，それぞれ 1960 年代および 1970 年代に登場している．これらの進展に関する概要は参考文献 [30] に述べられている．そしてこれらの進展を経て，1990 年代に大きな興味を集めたターボ型アルゴリズムのような，反復型アルゴリズムや，適応処理による演算量の削減が主たる関

心事となってきている（繰り返し処理に関する概説は参考文献 [31] を参照されたい）．ここ 10 年も目を見張る進展を遂げているが，とりわけ統計物理学を用いた新しい解析手法や，適応処理・繰り返し処理の改良，解析，研究といった分野の進展がめざましい．しかし，これらの分野が研究され尽くしたということではなく，今日も新たなる進展を見せている．おそらく最も重要と思われるのは，いかにこれらの手法を広範囲な実用例へと適用していくかということであろう．本章に見られるいくつかの手法については，現在の無線システムや標準規格で取り入れられているものもあるが，今後の無線システムの実用開発においてまだまだ数多くの可能性を残している．繰り返し処理や適応処理については，まさにその実用化に向けて研究開発が進められている．

　本章の内容に関して理解を深めるのに役立つ書物としては，Verdu [38] や，Wang and Poor [46]，Comaniciu et al. [5] らの著書を参考にされたい．Verdu の著書にはマルチユーザ検出の原理に関する優れた解説が掲載されている．Wang, Poor らの著書ではより詳細な説明に加え，6.2 節で扱ったモデル例が記述されており，さらに適応受信機や繰り返し受信機に関する様々な手法について重要な議論を行っている．本章では取り扱わなかったフラットフェージング環境での OFDM システムなどの事例についても言及されている．Comaniciu et al の著書では，これらの手法が高レイヤのネットワークに及ぼす効果として，リソース割り当て，QoS，ネットワーク性能などについて議論がなされている．

参考文献（第 6 章）

[1] S. M. Alamouti, "A simple transmit diversity technique for wireless communications," *IEEE J. Select. Areas. Commun.*, vol. 16, no. 8, pp. 1451–1458, 1998.

[2] L. R. Bahl, J. Cocke, F. Jelinek, and J. Raviv, "Optimum decoding of linear codes for minimizing symbol error rate," *IEEE Trans. Inform. Theory*, vol. 20, no. 3, pp. 284–287, 1974.

[3] C. Berrou and A. Glavieux, "Near optimum error-correcting coding and decoding: turbo codes," *IEEE Trans. Commun.*, vol. 44, no. 10, pp. 1261–1271, 1996.

[4] C. Berrou, A. Glavieux, and P. Thitimajshima, "Near Shanon limit error-correcting coding and decoding: turbo codes," *Proc. 1993 IEEE Intl. Conf. Commun.*, Geneva, Switzerland, vol. 2, pp. 1064–1070, 1993.

[5] C. Comaniciu, N. Mandayam, and H. V. Poor, "Wireless Networks: Multiuser Detection in Cross-layer Design." New York: Springer, 2005.

[6] H. Dai, A. F. Molisch, and H. V. Poor, "Downlink capacity of interference-limited MIMO systems with joint detection," *IEEE Trans. Wireless Commun.*, vol. 3, no. 2, pp. 442–453, 2004.

[7] H. Dai and H. V. Poor, "Sample-by-sample adaptive space–time processing for multiuser detection in multipath CDMA systems," *Proc. 2001 Fall IEEE Vehicular Technology Conf.*, Atlantic City, NJ, Oct. 2001.

[8] H. Dai and H. V. Poor, "Iterative space–time processing for multiuser detection in multipath CDMA channels," *IEEE Trans. Signal Processing*, vol. 50, no. 9, pp. 2116–2127, 2002.

[9] M. O. Damen, A. Safavi, and K. Abed-Meriam, "On CDMA with space–time codes over multipath fading channels," *IEEE Trans. Wireless Commun.*, vol. 2, pp. 11–19, 2003.

[10] A. P. Dempster, N. M. Laird, and D. B. Rubin, "Maximum-likelihood from incomplete data via the EM algorithm," *J. Royal Statist. Soc. B*, vol. 39, pp. 1–38, 1977.

[11] J. A. Fessler and A. O. Hero, "Space-alternating generalized EM algorithm," *IEEE Trans. Signal Processing*, vol. 42, no. 10, pp. 2664–2677, 1994.

[12] T. R. Giallorenzi and S. G. Wilson, "Multiuser ML sequence estimator for convolutionally coded asynchronous DS-CDMA systems," *IEEE Trans. Commun.*, vol. 44, no. 8, pp. 997–1008, 1996.

[13] T. R. Giallorenzi and S. G. Wilson, "Suboptimum multiuser receivers for convolutionally coded asynchronous DS-CDMA systems," *IEEE Trans. Commun.*, vol. 44

no. 9, pp. 1183–1196, 1996.
[14] G. H. Golub and C. F. Van Loan, "Matrix Computation." Baltimore, MD: Johns Hopkins University Press, 1996.
[15] J.-C. Guey, M. P. Fitz, M. R. Bell, and W.-Y. Kuo, "Signal design for transmitter diversity wireless communication systems over Rayleigh fading channels," *Proc. IEEE Vehicular Technol. Conf.*, Atlanta, GA, pp. 136–140, 1996.
[16] A. R. Hammons and H. El Gamal, "On the theory of space–time codes for PSK modulation," *IEEE Trans. Inform. Theory*, vol. 46, no. 2, pp. 524–542, 2000.
[17] B. Hochwald, T. L. Marzetta, and C. B. Papadias, "A novel space–time spreading scheme for wireless CDMA systems," *Proc. 37th Ann. Allerton Conf. Commun., Contr., Comput.*, Monticello, IL, Sept. pp. 22–24, 1999.
[18] B. Hochwald, T. L. Marzetta, and C. B. Papadias, "A transmitter diversity scheme for wideband CDMA systems based on space–time spreading," *IEEE J. Select. Areas. Commun.*, vol. 19, pp. 48–60, 2001.
[19] J. Hou, J. E. Smee, H. D. Pfister, and S. Tomasin, "Implementing interference cancellation to increase the EV-DO REV A link capacity," *IEEE Commun., Magazine*, vol. 44, no. 2, pp. 96–102, 2006.
[20] S. K. Jayaweera and H. V. Poor, "Iterative multiuser detection for space–time coded synchronous CDMA," *Proc. IEEE Vehicular Technol. Conf.*, Atlantic City, NJ, vol. 4, Fall 2001, pp. 2736–2739.
[21] S. K. Jayaweera and H. V. Poor, "Low complexity receiver structures for space-time coded multiple-access systems," *EURASIP J. Appl. Signal Processing* (special issue on space–time coding), vol. 2002, pp. 275–288, 2002.
[22] P. Lancaster and M. Tismenetsky, *The Theory of Matrices with Applications*. Orlando, FL: Academic Press, Inc., 1985.
[23] H. Li, X. Lu, and G. B. Giannakis, "Capon multiuser receiver for CDMA systems with space–time coding," *IEEE Trans. Sig. Processing*, vol. 50, pp. 1193–1204, 2002.
[24] J. Liu, J. Li, H. Li, and E. G. Larsson, "Differential space–time modulatio for interference suppression," *IEEE Trans. Sig. Processing*, vol. 49, pp. 1786–1795, 2001.
[25] Z. Liu, G. B. Giannakis, B. Muquet, and S. Zhou, "Space–time coding for broadband wireless communications," *Wireless Syst. Mobile Comput.*, vol. 1, pp. 35–53, 2001.
[26] B. Lu and X. Wang, "Iterative receivers for multiuser space–time coding systems," *IEEE J. Select. Areas Commun.*, vol. 18, no. 11, pp. 2322–2335, 2000.

[27] A. Naguib and N. Seshadri, "Combined interference cancellation and ML decoding of space–time block codes," *Proc. 7th Commun. Theory Mini-conference at Globecom'98*, Sydney, Australia, 1998.

[28] I. Oppermann, "CDMA space–time coding using an LMMSE receiver," *Proc. Intl. Conf. Commun. (ICC'99)*, Vancouver, BC, Canada, pp. 182–186, 1999.

[29] H. V. Poor, *An Introduction to Signal Detection and Estimation*. New York: Springer-Verlag, 1994.

[30] H. V. Poor, "Dynamic programming in digital communications: Viterbi decoding to turbo multiuser detection," *J. Optimiz. Theory Applic.* vol. 115, no. 3, pp. 629–657, 2002.

[31] H. V. Poor, "Iterative multiuser detection," *IEEE Signal Processing Magazine*, vol. 21, no. 1, pp. 81–88, 2004.

[32] H. V. Poor and S. Verdú, "Probability of error in MMSE multiuser detection," *IEEE Trans. Inform. Theory*, pp. 858–871, 1997.

[33] J. Proakis, *Digital Communications*, 4th edn. New York: McGraw-Hill, 2000.

[34] D. Reynolds and X. Wang, "Adaptive group-blind multiuser detection based on a new subspace tracking algorithm," *IEEE Trans. Commun.*, vol. 49, no. 7, pp. 1135–1141, 2001.

[35] D. Reynolds, X. Wang, and H. V. Poor, "Blind adaptive space–time multiuser detection with multiple transmitter and receiver antennas," *IEEE Trans. Signal Processing*, vol. 50, no. 6, pp. 1261–1276, 2002.

[36] V. Tarokh, H. Jafarkhani, and A. R. Calderbank, "Space–time block codes from orthogonal designs," *IEEE Trans. Inform. Theory*, vol. 45, no. 5, pp. 1456–1467, 1999.

[37] V. Tarokh, N. Seshadri, and A. R. Calderbank, "Space–time codes for high rate wireless communication: performance criterion and code construction," *IEEE Trans. Inform. Theory*, vol. 44, no. 2, pp. 744–765, 1998.

[38] S. Verdú, *Multiuser Detection*. Cambridge: Cambridge University Press, 1998.

[39] S. Verdú and H. V. Poor, "Abstract dynamic programming models under commutativity conditions," *SIAM J. Control and Optimiz.*, vol. 25, no. 4, pp. 990–1006, 1987.

[40] A. J. Viterbi, "An intuitive justification and a simplified implementation of the MAP decoder for convolutional codes," *IEEE J. Select. Areas Commun.*, vol. 16, no. 2, pp. 260–264, 1998.

[41] X. Wang and A. Host-Madsen, "Group-blind multiuser detection for uplink CDMA," *IEEE J. Select. Areas Commun.*, vol. 17, no. 11, pp. 1971–1984, 1999.

[42] X. Wang and H. V. Poor, "Blind equalization and multiuser detection for CDMA

communications in dispersive channels," *IEEE Trans. Commun.*, vol. 46, no. 1, pp. 91–103, 1998.

[43] X. Wang and H. V. Poor, "Blind multiuser detection: a subspace approach", *IEEE Trans. Inform. Theory*, vol. 44, no. 2, pp. 677–691, 1998.

[44] X. Wang and H. V. Poor, "Iterative (turbo) soft interference cancellation and decoding for coded CDMA," *IEEE Trans. Commun.*, vol. 47, no. 7, pp. 1046–1061, 1999.

[45] X. Wang and M. V. Poor, "Space–time multiuser detection in multipath CDMA channels," *IEEE Trans. Signal Processing*, vol. 47, no. 9, pp. 2356–2374, 1999.

[46] X. Wang and M. V. Poor, *Wireless Communication Systems: Advanced Techniques for Signal Reception*. Upper Saddle River, NJ: Prentice-Hall, 2002.

[47] Y. Zhang and R. S. Blum, "Multistage multiuser detection for CDMA with space–time coding," *Proc. 10th IEEE Workshop on Statistical Signal and Array Processing*, Poconos, PA, pp. 1–5, Aug. 2000.

[48] R. E. Ziemer, R. L. Peterson, and D. E. Borth, *Introduction to Spread Spectrum Communications*. Upper Saddle River, NJ: Prentice-Hall, 1995.

参考文献

Abe, T. and Matsumoto, T. (2003). Space–time turbo equalization in frequency-selective MIMO channels. *IEEE Trans. Vehic. Technol.*, **52**(3), 469–475.

Aftas, D., Bacha, M., Evans, J., and Hanly, S. (2004). On the sum capacity of multiuser MIMO channels. In *Proc. Intl. Symp. on Information Theory and its Applications*.

Agarwal, D., Tarokh, V., Naguib, A., and Seshadri, N. (1998). Space–time coded OFDM for high data rate wireless communication over wideband channels. In *Proc. IEEE VTC*, vol. 3, pp. 2232–2236.

Agrell, E., Eriksson, T., Vardy, A., and Zeger, K. (2002). Closest point search in lattices. *IEEE Trans. Inform. Theory*, **48**(8), 2201–2214.

Ahlswede, R. (1973). Multi-way communication channels. In *Proc. 2nd Intl. Symp. Information Theory*, pp. 23–52.

Al-Dhahir, N. (2001). Single-carrier frequency-domain equalization for space–time block-coded transmissions over frequency-selective fading channels. *IEEE Commun. Lett.*, **5**(7), 304–306.

  (2002). Overview and comparison of equalization schemes for space–time-coded signals with application to EDGE. *IEEE Trans. Signal Processing.*, **50**(10), 2477–2488.

Al-Dhahir, N., Fragouli, C., Stamoulis, A., Younis, Y., and Calderbank, A. R. (2002a). Space–time processing for broadband wireless access. *IEEE Commun. Mag.*, **40**(9), 136–142.

Al-Dhahir, N., Giannakis, G., Hochwald, B., Hughes, B., and Marzetta, T. (2002b). Guest editorial. *Trans. Signal Processing*, **50**(10), 2381–2384.

Alamouti, S. M. (1998). A simple transmit diversity technique for wireless communications. *IEEE J. Select. Areas Commun.*, **16**(8), 1451–1458.

Ariyavisitakul, S. L. (2000). Turbo space–time processing to improve wireless channel capacity. *IEEE Trans. Commun.*, **48**(8), 1347–1359.

Azarian, K., Gamal, H. E., and Schniter, P. (2005). On the achievable diversity-multiplexing tradeoff in half-duplex cooperative channels. *IEEE Trans. Inform. Theory*, **51**(12), 4152–4172.

Bahl, L. R., Cocke, J., Jelinek, F., and Raviv, J. (1974). Optimal decoding of linear codes for minimizing symbol error rate. *IEEE Trans. Inform. Theory*, **20**(2), 284–287.

Balaban, P. and Salz, J. (1992). Optimum diversity combining and equalization in digital data transmission with applications to cellular mobile radio – Part I: Theoretical considerations. *IEEE Trans. Commun.*, **40**(5), 885–894.

Balakrishnan, H., Padmanabhan, V. N., Seshan, S., and Katz, R. H. (1997). A comparison of mechanisms for improving TCP performance over wireless links. *IEEE/ACM Trans. Network.*, **5**(6), 756–769.

Bauch, G. and Al-Dhahir, N. (2002). Reduced-complexity space–time turbo equalization for frequency-selective MIMO channels. *IEEE Trans. Wireless Commun.*, **1**(4), 819–828.

Baum, D. S., Gore, D., Nabar, R., Panchanathan, S., Hari, K. V. S., Erceg, V., and Paulraj, A. J. (2000). Measurement and characterization of broadband MIMO fixed wireless channels at 2.5 GHz. In *Proc. IEEE ICPWC*, Hyderabad, pp. 203–206.

Belfiore, J.-C., Rekaya, G., and Viterbo, E. (2005). The Golden code: a 2×2 full-rate space–time code with nonvanishing determinants. *IEEE Trans. Inform. Theory*, **51**(4), 1432–1436.

Benedetto, S. and Montorsi, G. (1996). Unveiling turbo codes: some results on parallel concatenated coding schemes. *IEEE Trans. Inform. Theory*, **42**(2), 409–428.

Bengtsson, M. and Ottersten, B. (2001). Optimal and suboptimal transmit beamforming. In *Handbook of Antennas in Wireless Communications*. Boca Raton, FL: CRC Press.

Berrou, C. and Glavieux, A. (1996). Near optimum error correcting coding and decoding: turbo-codes. *IEEE Trans. Commun.*, **44**(10), 1261–1271.

Berrou, C., Glavieux, A., and Thitimajshima, P. (1993). Near Shannon limit error-correcting coding and decoding: turbo codes. In *Proc. 1993 Intl. Conf. on Communications*, Geneva, vol. 2, pp. 1064–1070.

Biglieri, E. (2005). *Coding for Wireless Channels*. New York: Springer-Verlag.

Biglieri, E., Nordio, A., and Taricco, G. (2004a). Doubly-iterative decoding of space–time turbo codes with a large number of antennas. *IEEE Intl. Conf.*

Commun. (ICC 2004), Paris, June 20–24.

(2004b). Iterative receivers for coded MIMO signaling. *Wireless Commun. Mob. Comput.*, **4**(7), 697–710.

(2005). MIMO doubly-iterative receivers: pre- vs. post-cancellation filtering. *IEEE Commun. Lett.*, **9**(2), 106–108.

Biglieri, E., Proakis, J., and Shamai, S. (1998). Fading channels: information-theoretic and communications aspects. *IEEE Trans. Inform. Theory*, **44**(6), 2619–2692.

Biglieri, E., Taricco, G., and Tulino, A. (2002a). Decoding space–time codes with BLAST architectures. *IEEE Trans. Signal Processing.*, **50**(10), 2547–2552.

(2002b). Performance of space–time codes for a large number of antennas. *IEEE Trans. Inform. Theory*, **48**(7), 1794–1803.

Blackwell, D., Breiman, L., and Thomasian, A. J. (1959). The capacity of a class of channels. *Ann. Math. Stat.*, **30**, 1229–1241.

Bliss, D., Chan, A., and Chang, N. (2004). MIMO wireless communication channel phenomenology. *IEEE Trans. Antennas Propagation*, **52**(8), 2073–2082.

Boche, H. and Jorswieck, E. (2004). Outage probability of multiple antenna systems: optimal transmission and impact of correlation. *Intl. Zurich Seminar.*

Boche, H. and Schubert, M. (2002). A general duality theory for uplink and downlink beamforming. In *Proc. IEEE Vehicular Technology Conf.*

Bölcskei, H., Gesbert, D., and Paulraj, A. J. (2002a). On the capacity of OFDM-based spatial multiplexing systems. *IEEE Trans. Commun.*, **50**(2), 225–234.

(2002b). On the capacity of OFDM-based spatial multiplexing systems. *IEEE Trans. Commun.*, **50**(2), 225–234.

Bölcskei, H., Nabar, R., Oyman, O., and Paulraj, A. (2006). Capacity scaling laws in MIMO relay networks. *IEEE Trans. Wireless Commun.*, **5**(6), 1433–1444.

Bölcskei, H. and Paulraj, A. J. (2000). Space–frequency coded broadband OFDM systems. In *Proc. IEEE WCNC*, Chicago, IL, vol. 1, pp. 1–6.

Borst, S. and Whiting, P. (2001). The use of diversity antennas in high-speed wireless systems: capacity gains, fairness issues, multi-user scheduling. *Bell Labs. Tech. Mem.*, download available at http://mars.bell-labs.com

Boullé, K. and Belfiore, J. C. (1992). Modulation schemes designed for the Rayleigh channel. In *Proc. Conf. on Information Science Systems (CISS '92)*, pp. 288–293.

Bourdoux, A., Come, B., and Khaled, N. (2003). Non-reciprocal transceivers in OFDM/SDMA systems: impact and mitigation. In *Proc. Radio and Wireless Conf.*, pp. 183–186.

Boutros, J. and Caire, G. (2002). Iterative multiuser joint detection: unified framework and asymptotic analysis. *IEEE Trans. Inform. Theory*, **48**(7), 1772–1793.

Boutros, J. and Viterbo, E. (1998). Signal space diversity: a power and bandwidth efficient diversity technique for the Rayleigh fading channel. *IEEE Trans. Inform. Theory*, **44**(4), 1453–1467.

Boyd, S. and Vandenberghe, L. (2003). *Convex Optimization*. Cambridge: Cambridge University Press. Available: http://www.stanford.edu/~boyd/cvxbook.html

Burg, A., Borgmann, M., Wenk, M., Zellweger, M., Fichtner, W., and Bölcskei, H. (2005). VLSI implementation of MIMO detection using the sphere decoding algorithm. *IEEE J. Solid-State Circuits*, **40**(7), 1566–1577.

Bäro, S. (2005). *Iterative Detection for Coded MIMO Systems*. Fortschritt-Berichte VDI, Reihe 10, Nr. 752. Düsseldorf: VDI Verlag.

Caire, G. and Shamai, S. (1999). On the capacity of some channels with channel state information. *IEEE Trans. Inform. Theory*, **45**(6), 2007–2019.

   (2003). On the achievable throughput of a multiantenna Gaussian broadcast channel. *IEEE Trans. Inform. Theory*, **49**(7), 1691–1706.

Caire, G., Taricco, G., and Biglieri, E. (1999). Optimum power control over fading channels. *IEEE Trans. Inform. Theory*, **45**(5), 1468–1489.

Calderbank, A. R., Das, S., Al-Dhahir, N., and Diggavi, S. (2005). Construction and analysis of a new quaternionic space–time code for 4 transmit antennas. *Commun. Inform. Syst.*, **5**(1), 97–121.

Calderbank, A. R., Diggavi, S. N., and Al-Dhahir, N. (2004). Space–time signaling based on kerdock and Delsarte–Goethals codes. In *Proc. ICC*, pp. 483–487.

Calderbank, A. R. and Naguib, A. F. (2001). Orthogonal designs and third generation wireless communication. In *Surveys in Combinatorics 2001, London Mathematical Society Lecture Note Series 288*, ed. J. W. P. Hirschfeld. Cambridge: Cambridge University Press, pp. 75–107.

Carleial, A. B. (1975). A case where interference does not reduce capacity. *IEEE Trans. Inform. Theory*, **21**(5), 569–570.

Catreux, S., Driessen, P., and Greenstein, L. (2000). Simulation results for an interference-limited multiple-input multiple-output cellular system. *IEEE Commun. Lett.*, **4**(11), 334–336.

(2001). Attainable throughput of an interference-limited multiple-input multiple-output (MIMO) cellular system. *IEEE Trans. Commun.*, **49**(8), 1307–1311.

Chiang, M., Low, S. H., Doyle, J. C., and Calderbank, A. R. (2006). Layering as optimization decomposition. *Proc. IEEE*, to appear.

Chiani, M., Win, M. Z., and Zanella, Z. (2003). On the capacity of spatially correlated MIMO Rayleigh-fading channels. *IEEE Trans. Inform. Theory*, **49**(10), 2363–2371.

Chizhik, D., Ling, J., Wolniansky, P. W., Valenzuela, R. A., Costa, N., and Huber, K. (2002). Multiple input multiple output measurements and modeling in Manhattan. In *Proc. IEEE Vehicular Technology Conf.*

(2003). Multiple-input–multiple-output measurements and modeling in Manhattan. *IEEE J. Select. Areas Commun.*, **23**(3), 321–331.

Chu, D. (1972). Polyphase codes with good periodic correlation properties. *IEEE Trans. Inform. Theory*, **18**, 531–532.

Chuah, C., Tse, D., Kahn, J., and Valenzuela, R. (2002). Capacity scaling in MIMO wireless systems under correlated fading. *IEEE Trans. Inform. Theory*, **48**(3), 637–650.

Clifford, W. K. (1878). Applications of Grassman's extensive algebra. *Amer. J. Math.*, **1**, 350–358.

Comaniciu, C., Mandayam, N., and Poor, H. V. (2005). *Wireless Networks: Multiuser Detection in Cross-layer Design*. New York: Springer-Verlag.

Costa, M. (1983). Writing on dirty paper. *IEEE Trans. Inform. Theory*, **29**(3), 439–441.

Costa, M. and El Gamal, A. (1987). The capacity region of the discrete memoryless interference channel with strong interference. *IEEE Trans. Inform. Theory*, **33**, 710–711.

Cover, T. and El Gamal, A. (1979). Capacity theorems for the relay channel.

IEEE Trans. Inform. Theory, **25**(5), 572–584.

Cover, T. and Thomas, J. (1991). *Elements of Information Theory*. New York: Wiley.

Csiszár, I. (1992). Arbitrarily varying channels with general alphabets and states. *IEEE Trans. Inform. Theory*, **38**(6), 1725–1742.

Csiszár, I. and Körner, J. (1997). *Information Theory: Coding Theorems for Discrete Memoryless Systems*. New York: Academic Press.

Dai, H., Molisch, A. F., and Poor, H. V. (2004). Downlink capacity of interference-limited MIMO systems with joint detection. *IEEE Trans. Wireless Commun.*, **3**(2), 442–453.

Dai, H. and Poor, H. V. (2001). Sample-by-sample adaptive space–time processing for multiuser detection in multipath CDMA systems. In *Proc. 2001 Fall IEEE Vehicular Technology Conf.*, Atlantic City, NJ.

— (2002). Iterative space–time processing for multiuser detection in multipath CDMA channels. *IEEE Trans. Signal Processing.*, **50**(9), 2116–2127.

Damen, M. O., Abed-Meriam, K., and Belfiore, J.-C. (2002). Diagonal algebraic space–time block codes. *IEEE Trans. Inform. Theory*, **48**(3), 628–636.

Damen, M. O., Chkeif, A., and Belfiore, J.-C. (2000). Lattice codes decoder for space–time codes. *IEEE Commun. Lett.*, **4**, 161–163.

Damen, M. O., El Gamal, H., and Beaulieu, N. (2003). On optimal linear space–time constellations. In *Intl. Conf. on Communications (ICC)*.

Damen, M. O., El Gamal, H., and Caire, G. (2003). On maximum-likelihood detection and the search for the closest lattice point. *IEEE Trans. Inform. Theory*, **49**(10), 2389–2402.

Damen, M. O., Safavi, A., and Abed-Meriam, K. (2003). On CDMA with space–time codes over multipath fading channels. *IEEE Trans. Wireless Commun.*, **2**, 11–19.

Dempster, A. P., Laird, N. M., and Rubin, D. B. (1977). Maximum likelihood from incomplete data via the EM algorithm. *J. R. Stat. Soc. B*, **39**, 1–38.

Diggavi, S. N., Al-Dhahir, N., and Calderbank, A. R. (2003a). Diversity embedded space–time codes. In *IEEE Global Communications Conference (GLOBECOM)*, pp. 1909–1914.

— (2003b). Algebraic properties of space–time block codes in intersymbol interference multiple access channels. *IEEE Trans. Inform. Theory*, **49**(10), 2403–2414.

(2004). Diversity embedding in multiple antenna communications. In Gupta, P., Kramer, G., and van Wijngaarden, A. J., eds. (2003). Network information theory. In *AMS Series on Discrete Mathematics and Theoretical Computer Science*, vol. 66, pp. 285–302. Appeared as a part of *DIMACS Workshop on Network Information Theory*.

Diggavi, S. N., Al-Dhahir, N., Stamoulis, A., and Calderbank, A. R. (2002). Differential space–time coding for frequency-selective channels. *IEEE Commun. Lett.*, **6**(6), 253–255.

(2004). Great expectations: the value of spatial diversity in wireless networks. *Proc. IEEE*, **92**(2), 219–270.

Diggavi, S. N., Dusad, S., Calderbank, A. R., and Al-Dhahir, N. (2005). On embedded diversity codes. In *Allerton Conf. on Communication, Control, and Computing*.

Diggavi, S. N., Grossglauser, M., and Tse, D. (2002). Even one-dimensional mobility increases ad hoc wireless capacity. In *Proc. Intl. Symp. on Information Theory*.

Diggavi, S. N. and Tse, D. N. C. (2004). On successive refinement of diversity. In *Allerton Conf. on Communication, Control, and Computing*.

(2005). Fundamental limits of diversity-embedded codes over fading channels. In *IEEE Intl. Symp. on Information Theory (ISIT)*, pp. 510–514.

Dong, B. and Wang, X. (2005). Sampling-based soft equalization for frequency-selective MIMO channels. *IEEE Trans. Commun.*, **53**(2), 278–288.

Dong, B., Wang, X., and Doucet, A. (2003). A new class of soft MIMO demodulation algorithms. *IEEE Trans. Signal Processing.*, **51**(11), 2752–2763.

El Gamal, A. and Cover, T. (1980). Multiple user information theory. *Proc. IEEE*, **68**(12), 1466–1483.

El Gamal, A. Mammen, J., Prabhakar, B., and Shah, D. (2004). Throughput-delay trade-off in energy constrained wireless networks. In *Proc. Intl. Symp. on Information Theory*.

El Gamal, H. and Damen, M. O. (2003). Universal space–time coding. *IEEE Trans. Inform. Theory*, **49**(5), 1097–1119.

El Gamal, H. and Hammons, A. R. (2001). A new approach to layered space–time coding and signal processing. *IEEE Trans. Inform. Theory*, **47**(6), 2321–2334.

El Gamal, H., Caire, G., and Damen, O. (2004). Lattice coding and decoding achieve the optimal diversity–multiplexing of MIMO channels. *IEEE Trans. Inform. Theory*, **50**(6), 968–985.

Elia, P., Kumar, K. R., Pawar, S. A., Kumar, P. V., and Lu, H.-F. (2004). Explicit minimum-delay space–time codes achieving the diversity–multiplexing gain tradeoff. Submitted.

Erez, U., Shamai, S., and Zamir, R. (2000). Capacity and lattice strategies for cancelling known interference. In *Proc. Intl. Symp. on Information Theory and its Applications*, pp. 681–684.

Erez, U. and ten Brink, S. (2003). Approaching the dirty paper limit for cancelling known interference. In *Proc. 41st Annual Allerton Conf. on Communications, Control and Computing*.

Fessler, J. A. and Hero, A. O. (1994). Space-alternating generalized EM algorithm. *IEEE Trans. Signal Processing.*, **42**(10), 2664–2677.

Fischer, R., Stierstorfer, C., and Huber, J. (2004). Precoding for point-to-multipoint transmission over MIMO ISI channels. In *Proc. Intl. Zurich Seminar on Communications*, pp. 208–211.

Forney, G. D., Jr. (2001). Codes on graphs: normal realizations. *IEEE Trans. Inform. Theory*, **47**(2), 520–548.

Foschini, G. J. (1996). Layered space–time architecture for wireless communication in a fading environment when using multi-element antennas. *Bell Labs Tech. J.*, **1**(2), 41–59.

Foschini, G. J. and Gans, M. J. (1998). On limits of wireless communications in a fading environment when using multiple antennas. *Wireless Personal Commun.*, **6**, 311–335.

Fragouli, C., Al-Dhahir, N., and Turin, W. (2002). Effect of spatio-temporal channel correlation on the performance of space–time codes. In *ICC*, vol. 2, pp. 826–830.

(2003). Training-based channel estimation for multiple-antenna broadband transmissions. *IEEE Trans. Wireless Commun.*, **2**(2), 384–391.

Frey, B. J. and Kschischang, F. R. (1998). Early detection and trellis splicing: reduced-complexity iterative decoding. *IEEE J. Select. Areas Commun.*, **16**(2), 153–159.

Gallager, R. G. (1963). *Low Density Parity Check Codes*. Cambridge, MA: MIT Press. Available at http://justice.mit.edu/people/gallager.html

(1968). *Information Theory and Reliable Communication*. New York: Wiley.

(1994). An inequality on the capacity region of multiaccess fading channels. *Communication and Cryptography: Two Sides of One Tapestry*, ed. R. E. Blahut, D. J. Costello, and T. Mittelholzer. Boston, MA: Kluwer, pp. 129–139.

Gans, M. J. *et al.* (2002). Outdoor BLAST measurement system at 2.44 GHz: calibration and initial results. *IEEE J. Select. Areas Commun.*, **20**(3), 570–581.

Geramita, A. V. and Seberry, J. (1979). *Orthogonal Designs, Quadratic Forms and Hadamard Matrices. Lecture Notes in Pure and Applied Mathematics*, vol. 43. New York: Marcel Dekker.

Gesbert, D., Bölcskei, H., Gore, D. A., and Paulraj, A. J. (2002). Outdoor MIMO wireless channels: models and performance prediction. *IEEE Trans. Commun.*, **50**(12), 1926–1934.

Gesbert, D., Shafi, M., Shiu, D., Smith, P. J., and Naguib, A. (2003). From theory to practice: an overview of IMO space–time coded wireless systems. *IEEE J. Select. Areas Commun.*, **21**(3), 281–302.

Giallorenzi, T. R. and Wilson, S. G. (1996a). Multiuser ML sequence estimator for convolutionally coded asynchronous DS-CDMA systems. *IEEE Trans. Commun.*, **44**(8), 997–1008.

(1996b). Suboptimum multiuser receivers for convolutionally coded asynchronous DS-CDMA systems. *IEEE Trans. Commun.*, **44**(9), 1183–1196.

Giese, J. and Skoglund, M. (2005). Space–time constellation design for partial CSI at the receiver. In *Proc. IEEE Intl. Symp. on Information Theory (ISIT)*, pp. 2213–2217.

Godara, L. (1997a). Applications of antenna arrays to mobile communications. Part I. Performance improvement, feasibility, and system considerations. *Proc. IEEE*, **85**, 1031–1060.

(1997b). Applications of antenna arrays to mobile communications. Part II. Beamforming and direction-of-arrival considerations. *Proc. IEEE*, **85**, 1195–1245.

Goeckel, D. (1999). Adaptive coding for time-varying channels using outdated fading estimates. *IEEE Trans. Commun.*, **47**(6), 844–855.

Goldsmith, A. J. (2005). *Wireless Communications*. Cambridge: Cambridge University Press.

Goldsmith, A. J., Jafar, S., Jindal, N., and Vishwanath, S. (2003). Capacity limits of MIMO channels. *IEEE J. Select. Areas Commun.*, **21**(3), 684–702.

Goldsmith, A. J. and Varaiya, P. (1997). Capacity of fading channels with channel side information. *IEEE Trans. Inform. Theory*, **43**(6), 1986–1992.

Golub, G. H. and Van Loan, C. F. (1996). *Matrix Computation*. Baltimore, MD: Johns Hopkins University Press.

Graham, A. (1981). *Kronecker Products and Matrix Calculus with Application*. Chichester: Ellis Horwood.

Grossglauser, M. and Tse, D. (2002). Mobility increases the capacity of ad hoc wireless networks. *IEEE/ACM Trans. Network.*, **10**(4), 477–486.

Guess, T. and Varanasi, M. K. (1996). Multiuser decision-feedback receivers for the general Gaussian multiple-access channel. In *Proc. Allerton Conf. on Communications, Control, and Computing*.

Guey, J.-C., Fitz, M. P., Bell, M. R., and Kuo, W.-Y. (1996). Signal design for transmitter diversity wireless communication systems over Rayleigh fading channels. In *Proc. IEEE Vehicular Technology Conf.*, Atlanta, GA, pp. 136–140.

(1999). Signal design for transmitter diversity wireless communication systems over Rayleigh fading channels. *IEEE Trans. Commun.*, **47**(4), 527–537.

Gupta, P. and Kumar, P. R. (2000). The capacity of wireless networks. *IEEE Trans. Inform. Theory*, **46**(2), 388–404.

Hammons, A. R. and El Gamal, H. (2000). On the theory of space–time codes for PSK modulation. *IEEE Trans. Inform. Theory*, **46**(2), 524–542.

Hanly, S. and Tse, D. (1998). Multiaccess fading channels – Part II: Delay-limited capacities. *IEEE Trans. Inform. Theory*, **44**(7), 2816–2831.

Hanly, S. V. and Whiting, P. (1992). Information theory and the design of multi-receiver networks. In *IEEE 2nd Intl. Symp. on Spread Spectrum Technological Applications (ISSTA)*, pp. 103–106.

Hassibi, B. and Hochwald, B. (2002). High-rate codes that are linear in space and time. *IEEE Trans. Inform. Theory*, **48**(7), 1804–1824.

Hassibi, B. and Hochwald, B. (2003). How much training is needed in multiple-antenna wireless links? *IEEE Trans. Inform. Theory*, **49**(4), 951–963.

(2005). On sphere decoding algorithm. I. Expected complexity. *IEEE Trans. Signal Processing.*, **53**(8), August, 2806–2818.

Haustein, T. and Boche, H. (2003). Optimal power allocation for MSE and bit-loading in MIMO systems and the impact of correlation. In *Proc. IEEE Intl. Conf. on Acoustics, Speech, and Signal Processing*, vol. 4, pp. 405–408.

Haykin, S. (1991). *Adaptive Filter Theory*, 2nd edn. Upper Saddle River, NJ: Prentice-Hall.

Haykin, S., Sellathurai, M., de Jong, Y., and Willink, T. (2004). Turbo-MIMO for wireless communications. *IEEE Commun. Mag.*, **42**(10), 48–53.

Heath, R. W. and Paulraj, A. (2005). Switching between diversity and multiplexing in MIMO systems. *IEEE Trans. Commun.*, **53**, 962–968.

Hermosilla, C. and Szczeciński, L. (2003). EXIT charts for turbo receivers in MIMO systems. In *Proc. 7th Intl. Symp. Signal Processing and its Applications (ISSPA 2003)*, July 1–4, pp. 209–212.

Hochwald, B. M. and Marzetta, T. L. (1999). Capacity of a mobile multiple-antenna communication link in Rayleigh flat fading. *IEEE Trans. Inform. Theory*, **45**(1), 139–157.

(2000). Unitary space–time modulation for multiple antenna communications in Rayleigh fading. *IEEE Trans. Inform. Theory*, **46**, 543–564.

Hochwald, B. M., Marzetta, T. L., Richardson, T., Sweldens, W., and Urbanke, R. (2000). Systematic design of unitary space–time constellations. *IEEE Trans. Inform. Theory*, **46**, 1962–1973.

Hochwald, B. M., Marzetta, T. L., and Papadias, C. B. (1999). A novel space–time spreading scheme for wireless CDMA systems. In *Proc. 37th Ann. Allerton Conf. on Communications, Control, Computing*, Monticello, IL.

(2001). A transmitter diversity scheme for wideband CDMA systems based on space–time spreading. *IEEE J. Select. Areas. Commun.*, **19**, 48–60.

Hochwald, B. M., Marzetta, T. L., and Tarokh, V. (2004). Multi-antenna channel-hardening and its implications for rate feedback and scheduling. *IEEE Trans. Inform. Theory*, **50**(9), 1893–1909.

Hochwald, B. M. and Sweldens, W. (2000). Differential unitary space–time modulation. *IEEE Trans. Commun.*, **48**(12), 2041–2052.

Hochwald, B. M. and Vishwanath, S. (2002). Space–time multiple access: linear growth in sum rate. In *Proc. 40th Annual Allerton Conf. on Communications, Control and Computing*.

Hoesli, D., Kim, Y.-H., and Lapidoth, A. (2005). Monotonicity results for coherent MIMO Rician channels. *IEEE Trans. Inform. Theory*, **51**(12), 4334–4339.

Hoesli, D. and Lapidoth, A. (2004). The capacity of a MIMO Ricean channel is monotonic in the singular values of the mean. In *Proc. 5th Intl. ITG Conf. on Source and Channel Coding (SCC)*, Erlangen, Nuremberg.

Horn, R. A. and Johnson, C. R. (1991). *Matrix Analysis*. Cambridge: Cambridge University Press.

Host-Madsen, A. (2004). On the achievable rate for receiver cooperation in ad-hoc networks. In *Proc. IEEE Intl. Symp. on Information Theory*, p. 272.

Host-Madsen, A. and Yang, Z. (2005). Interference and cooperation in multi-source wireless networks. In *IEEE Communication Theory Workshop*.

Hottinen, A., Tirkkonen, O., and Wichman, R. (2003). *Multi-antenna Transceiver Techniques for 3G and Beyond*. New York: Wiley.

Hou, J., Smee, J. E., Pfister, H. D., and Tomasin, S. (2006). Implementing interference cancellation to increase the EV-DO REV A link capacity. *IEEE Commun. Mag.*, **44**(2), 96–102.

Huang, H. and Venkatesan, S. (2004). Asymptotic downlink capacity of coordinated cellular networks. In *Proc. Asilomar Conf. on Signals, Systems, and Computing*, pp. 850–855.

Hughes, B. L. (2000). Differential space–time modulation. *IEEE Trans. Inform. Theory*, **46**(7), 2567–2578.

Hunter, T. E. and Nosratinia, A. (2002). Cooperative diversity through coding. In *Proc. IEEE ISIT*, Lausanne, p. 220.

Hösli, D. and Lapidoth, A. (2004). The capacity of a MIMO Ricean channel is monotonic in the singular values of the mean. In *Proc. 5th Intl. ITG Conf.*

on Source and Channel Coding.

I.S. 802.11a (1999). Part 11: Wireless LAN medium access control (MAC) and physical layer (PHY) specifications high-speed physical layer in the 5 GHz band. IEEE Standards.

I.S. 802.16e (2005). Part 16: Air interface for fixed and mobile broadband wireless access systems. IEEE Standards.

Jafar, S. (2005). Degrees of freedom in distributed MIMO communications. In *IEEE Communication Theory Workshop*.

Jafar, S. and Goldsmith, A. (2001a). On optimality of beamforming for multiple antenna systems with imperfect feedback. In *Proc. Intl. Symp. on Information Theory*, p. 321.

(2001b). Vector MAC capacity region with covariance feedback. In *Proc. Intl. Symp. on Information Theory*, p. 321.

(2002). Transmitter optimization for multiple antenna cellular systems. In *Proc. Intl. Symp. on Information Theory*, p. 50.

(2004). Transmitter optimization and optimality of beamforming for multiple antenna systems with imperfect feedback. *IEEE Trans. Wireless Commun.*, **3**(4), 1165–1175.

(2005a). Isotropic fading vector broadcast channels: the scalar upperbound and loss in degrees of freedom. *IEEE Trans. Inform. Theory*, **51**(3), 848–857.

(2005b). Multiple-antenna capacity in correlated Rayleigh fading with channel covariance information. *IEEE Trans. Wireless Commun.*, **4**(3), 990–997.

Jafar, S., Vishwanath, S., and Goldsmith, A. (2001). Channel capacity and beamforming for multiple transmit and receive antennas with covariance feedback. In *Proc. Intl. Conf. on Communications*, vol. 7, pp. 2266–2270.

Jafarkhani, H. (2001). A quasi-orthogonal space time block code. *IEEE Trans. Commun.*, **49**(1), 1–4.

Jafarkhani, H. and Tarokh, V. (2001). Multiple transmit antenna differential detection from generalized orthogonal designs. *IEEE Trans. on Inform. Theory*, **47**(6), 2626–2631.

Jakes, W. (1994). *Microwave Mobile Communications*, 2nd edn. New York: IEEE Press.

Jayaweera, S. K. and Poor, H. V. (2001). Iterative multiuser detection for space–

time coded synchronous CDMA. In *Proc. IEEE Vehicular Technology Conf.*, Atlantic City, NJ, vol. 4, pp. 2736–2739.

(2002). Low complexity receiver structures for space–time coded multiple-access systems. Special issue on space–time coding. *EURASIP J. Appl. Signal Processing.*, **2002**, 275–288.

(2003). Capacity of multiple-antenna systems with both receiver and transmitter channel state information. *IEEE Trans. Inform. Theory*, **49**(10), 2697–2709.

Jindal, N. (2005a). High SNR analysis of MIMO broadcast channels. In *Proc. Intl. Symp. on Information Theory.*

(2005b). MIMO broadcast channels with finite rate feedback. In *Proc. IEEE Globecom.*

Jindal, N. and Goldsmith, A. (2004). Optimal power allocation for parallel broadcast channels with independent and common information. In *Proc. Intl. Symp. on Information Theory.*

(2005). Dirty paper coding vs. TDMA for MIMO broadcast channels. *IEEE Trans. Inform. Theory*, **51**(5), 1783–1794.

Jindal, N., Mitra, U., and Goldsmith, A. (2004). Capacity of ad-hoc networks with no decooperation. In *Proc. Intl. Symp. on Information Theory.*

Jindal, N., Rhee, W., Vishwanath, S., Jafar, S., and Goldsmith, A. (2005). Sum power iterative water-filling for multi-antenna Gaussian broadcast channels. *IEEE Trans. Inform. Theory*, **51**(4), 1570–1580.

Jindal, N., Vishwanath, S., and Goldsmith, A. (2004). On the duality of Gaussian multiple-access and broadcast channels. *IEEE Trans. Inform. Theory*, **50**(5), 768–783.

Jorswieck, E. and Boche, H. (2003). Optimal transmission with imperfect channel state information at the transmit antenna array. *Wireless Personal Commun.*, **27**, 33–56.

(2004a). Channel capacity and capacity-range of beamforming in MIMO wireless systems under correlated fading with covariance feedback. *IEEE Trans. Wireless Commun.*, **3**(5), 1543–1553.

(2004b). Optimal transmission strategies and impact of correlation in multi-antenna systems with different types of channel state information. *IEEE*

Trans. Signal Processing., **52**(12), 3440–3453.

Jorswieck, E., Sezgin, A., Boche, H., and Costa, E. (2004). Optimal transmit strategies in MIMO Ricean channels with MMSE receiver. In *Proc. Vehicular Technology Conf.*

Jöngren, G., Skoglund, M., and Ottersten, B. (2002). Combining beamforming and orthogonal space–time block coding. *IEEE Trans. Inform. Theory*, **48**(3), 611–627.

Kailath, T., Sayed, A., and Hassibi, B. (2000). *Linear Estimation*. Englewood Cliffs, NJ: Prentice-Hall.

Kermoal, J. P., Schumacher, L., Mogensen, P. E., and Pedersen, K. I. (2000). Experimental investigation of correlation properties of MIMO radio channels for indoor picocell scenarios. In *Proc. IEEE VTC*, vol. 1, pp. 14–21.

Kermoal, J. P., Schumacher, L., Pedersen, K., Mogensen, P., and Frederiksen, F. (2002). A stochastic MIMO radio channel model with experimental validation. *IEEE J. Select. Areas Commun.*, **20**(6), 1211–1226.

Kerpez, K. J. (1993). Constellations for good diversity performance. *IEEE Trans. Commun.*, **41**(9), 1412–1421.

Khisti, A., Erez, U., and Wornell, G. (2004). A capacity theorem for co-operative multicasting in large wireless networks. In *Proc. Allerton Conf. on Communications, Control, and Computing*.

Kim, T., Jöngren, G., and Skoglund, M. (2004). Weighted space–time bit-interleaved coded modulation. In *Proc IEEE Information Theory Workshop*, pp. 375–380.

Komninakis, C., Fragouli, C., Sayed, A., and Wesel, R. (2002). Multi-input multi-output fading channel tracking and equalization using Kalman estimation. *IEEE Trans. Signal Processing.*, **50**(5), 1065–1076.

Kramer, G., Gastpar, M., and Gupta, P. (2005). Cooperative strategies and capacity theorems for relay networks. *IEEE Trans. Inform. Theory*, **51**(9), 3037–3063.

Kschischang, F. R., Frey, B. J., and Loeliger, H.-A. (2001). Factor graphs and the sum–product algorithm. *IEEE Trans. Inform. Theory*, **47**(2), 498–519.

Kumar, P. and Gamal, H. E. (2006). On the throughput–delay tradeoff in cellular multicast. *IEEE Trans. Inform. Theory.*, submitted.

Kuo, W. and Fitz, M. P. (1997). Design and analysis of transmitter diversity using intentional frequency offset for wireless communications. *IEEE Trans. Vehicular. Technol.*, **46**(4), 871–881.

Kyritsi, P. (2002). Capacity of multiple input–multiple output wireless systems in an indoor environment. Ph.D. thesis, Stanford University.

Lan, T. and Yu, W. (2004). Input optimization for multi-antenna broadcast channels and per-antenna power constraints. In *Proc. IEEE Globecom.*

Lancaster, P. and Tismenetsky, M. (1985). *The Theory of Matrices with Applications*. Orlando, FL: Academic Press.

Laneman, J. N., Tse, D. N. C., and Wornell, G. W. (2004). Cooperative diversity in wireless networks: efficient protocols and outage behavior. *IEEE Trans. Inform. Theory*, **50**(12), 3062–3080.

Laneman, J. N. and Wornell, G. W. (2003). Distributed space–time-coded protocols for exploiting cooperative diversity in wireless networks. *IEEE Trans. Inform. Theory*, **49**(10), 2415–2425.

Lapidoth, A. and Moser, S. M. (2003). Capacity bounds via duality with applications to multi-antenna systems on flat fading channels. *IEEE Trans. Inform. Theory*, **49**(10), 2426–2467.

Lapidoth, A., Shamai, S., and Wigger, M. (2005). On the capacity of fading MIMO broadcast channels with imperfect transmitter side-information. In *Proc. 43rd Annual Allerton Conf. on Communications, Control and Computing.*

Lee, S.-J., Singer, A. C., and Shanbhag, N. R. (2003). Analysis of linear turbo equalizer via EXIT chart. In *Proc. IEEE Global Telecomm. Conf. (GLOBECOM 2003)*, vol. 4, pp. 2237–2242.

Li, H., Lu, X., and Giannakis, G. B. (2002). Capon multiuser receiver for CDMA systems with space–time coding. *IEEE Trans. Signal Processing.*, **50**, 1193–1204.

Li, L. and Goldsmith, A. (2001). Capacity and optimal resource allocation for fading broadcast channels – Part I: Ergodic capacity. *IEEE Trans. Inform. Theory*, **47**(3), 1083–1102.

Li, L., Jindal, N., and Goldsmith, A. (2005). Outage capacities and optimal power allocation for fading multiple-access channels. *IEEE Trans. Inform. Theory*,

51(4), 1326–1347.

Liao, H. (1972). Multiple access channels. Ph.D. dissertation, Dept. of Electrical Engineering, University of Hawaii.

Lindskog, E. and Paulraj, A. (2000). A transmit diversity scheme for delay spread channels. In *Intl. Conf. on Communications (ICC)*, pp. 307–311.

Liu, J., Li, J., Li, H., and Larsson, E. G. (2001). Differential space–time modulation for interference suppression. *IEEE Trans. Signal Processing.*, **49**, 1786–1795.

Liu, Y., Fitz, M. P., and Takeshita, O. (2001a). Space–time codes performance criteria and design for frequency selective fading channels. In *Intl. Conf. on Communications (ICC)*, vol. 9, pp. 2800–2804.

(2001b). Full rate space–time turbo codes. *IEEE J. Select. Areas Commun.*, **19**(5), 969–980.

Liu, Z., Giannakis, G. B., Muquet, B., and Zhou, S. (2001). Space–time coding for broadband wireless communications. *Wireless Syst. Mobile Comput.*, **1**, 35–53.

Liu, Z., Giannakis, G. B., Scaglione, A., and Barbarossa, S. (1999). Decoding and equalization of unknown multipath channels based on block precoding and transmit-antenna diversity. In *Asilomar Conf. on Signals, Systems, and Computers*, pp. 1557–1561.

Loeliger, H.-A. (2004). An introduction to factor graphs. *IEEE Signal Processing. Mag.*, **21**(1), 28–41.

Love, D. J. and Heath, R., Jr. (2005a). Limited feedback unitary precoding for orthogonal space–time block codes. *IEEE Trans. Signal Processing.*, **53**(1), 64–73.

(2005b). Limited feedback unitary precoding for spatial multiplexing. *IEEE Trans. Inform. Theory*, **51**(8), 2967–2976.

Love, D. J., Heath, R. W. Jr., and Strohmer, T. (2003). Grassmannian beamforming for multiple-input multiple-output wireless systems. *IEEE Trans. Inform. Theory*, **49**, 2735–2747.

Lozano, A. and Tulino, A. (2002). Capacity of multiple-transmit multiple-receive antenna architectures. *IEEE Trans. Inform. Theory*, **48**(12), 3117–3128.

Lozano, A., Tulino, A., and Verdú, S. (2003). Multiple-antenna capacity in the low-power regime. *Trans. Inform. Theory*, **49**(10), 2527–2544.

(2005). High-SNR power offset in multi-antenna communication. *Trans. Inform. Theory*, **51**(12), 4134–4151.

(2006). Multiantenna capacity: myths and realities. In *Space–Time Wireless Systems: From Array Processing to MIMO Communications*, ed. H. Bölcskei, D. Gesbert, C. Papadias, and A. J. van der Veen. Cambridge: Cambridge University Press.

Lu, B. and Wang, X. (2000). Iterative receivers for multiuser space–time coding systems. *IEEE J. Select. Areas. Commun.*, **18**(11), 2322–2335.

Lu, B., Wang, X., and Narayanan, K. R. (2002). LDPC-based space–time coded OFDM systems over correlated fading channels: performance analysis and receiver design. *IEEE Trans. Commun.*, **50**(1), 74–88.

Lu, H. F. and Kumar, P. V. (2003). Rate–diversity trade-off of space–time codes with fixed alphabet and optimal constructions for PSK modulation. *IEEE Trans. Inform. Theory*, **49**(10), 2747–2752.

(2005). A unified construction of space–time codes with optimal rate–diversity tradeoff. *IEEE Trans. Inform. Theory*, **51**(5), 1709–1730.

Marshall, A. and Olkin, I. (1979). *Inequalities: Theory of Majorization and its Applications*. New York: Academic.

Marzetta, T. L. and Hochwald, B. M. (1999). Capacity of a mobile multiple-antenna communication link in Rayleigh flat fading. *IEEE Trans. Inform. Theory*, **45**(1), 139–157.

(2000). Unitary space–time modulation for multiple-antenna communications in Rayleigh flat fading. *IEEE Trans. Inform. Theory*, **46**(2), 543–564.

McEliece, R. J., MacKay, D. J. C., and Cheng, J.-F. (1998). Turbo decoding as an instance of Pearl's 'belief propagation' algorithm. *IEEE J. Select. Areas Commun.*, **16**(2), 140–152.

Minn, H. and Al-Dhahir, N. (2005a). PAR-constrained training signal designs for MIMO OFDM channel estimation in the presence of frequency offsets. In *Vehicular Technology Conf.*

(2005b). Training signal design for MIMO OFDM channel estimation in the presence of frequency offsets. In *Wireless Communications and Networking Conf.*

Molisch, A., Stienbauer, M., Toeltsch, M., Bonek, E., and Thoma, R. S. (2002). Capacity of MIMO systems based on measured wireless channels. *IEEE J. Select. Areas Commun.*, **20**(3), 561–569.

Moustakas, A. and Simon, S. (2003). Optimizing multiple-input single-output (MISO) communication systems with general Gaussian channels: nontrivial covariance and nonzero mean. *IEEE Trans. Inform. Theory*, **49**(10), 2770–2780.

Mukkavilli, K., Sabharwal, A., Erkip, E., and Aazhang, B. (2003). On beamforming with finite rate feedback in multiple antenna systems. *IEEE Trans. Inform. Theory*, **49**, 2562–2579.

Nabar, R. U., Bölcskei, H., and Kneubühler, F. W. (2004). Fading relay channels: performance limits and space–time signal design. *IEEE J. Select. Areas Commun.*, **22**(6), 1099–1109.

Naguib, A. and Seshadri, N. (1998). Combined interference cancellation and ML decoding of space–time block codes. In *Proc. 7th Communications Theory Mini-conference at Globecom'98*, Sydney.

Naguib, A., Tarokh, V., Seshadri, N., and Calderbank, A. R. (1998). A space–time coding modem for high-data-rate wireless communications. *IEEE J. Select. Areas Commun.*, **16**(8), 1459–1477.

Narula, A., Lopez, M., Trott, M., and Wornell, G. (1998). Efficient use of side information in multiple-antenna data transmission over fading channels. *IEEE J. Select. Areas Commun.*, **16**(8), 1423–1436.

Narula, A., Trott, M., and Wornell, G. (1999). Performance limits of coded diversity methods for transmitter antenna arrays. *IEEE Trans. Inform. Theory*, **45**(7), 2418–2433.

Ng, C. and Goldsmith, A. (2004). Transmitter cooperation in ad-hoc wireless networks: does dirty-paper coding beat relaying?. In *Proc. IEEE Information Theory Workshop*, pp. 277–282.

Oppermann, I. (1999). CDMA space–time coding using an LMMSE receiver. In *Proc. Intl. Conf. Commun. (ICC'99)*, Vancouver, BC, pp. 182–186.

Oyman, Ö., Nabar, R. U., Bölcskei, H., and Paulraj, A. J. (2003). Characterizing the statistical properties of mutual information in MIMO channels. *IEEE Trans. Signal Processing.*, **51**(11), 2784–2795.

Ozarow, L. H., Shamai, S., and Wyner, A. D. (1994). Information theoretic considerations for cellular mobile radio. *IEEE Trans. Vehicular Technol.*, **43**(2), 359–378.

Parkvall, S., Karlsson, M., Samuelsson, M., Hedlund, L., and Göransson, B. (2000). Transmit diversity in WCDMA: link and system level results. In *Vehicular Technology Conf.*, pp. 864–868.

Paulraj, A. J. and Kailath, T. (1994). *Increasing Capacity in Wireless Broadcast Systems using Distributed Transmission/directional Reception*, U.S. Patent, no. 5,345,599.

Paulraj, A. J., Nabar, R., and Gore, D. (2003). *Introduction to Space–Time Wireless Communications*. Cambridge: Cambridge University Press.

Peel, C., Hochwald, B., and Swindlehurst, L. (2005a). A vector-perturbation technique for near-capacity multiantenna multiuser communication – Part I: Channel inversion and regularization. *IEEE Trans. Commun.*, **53**(1), 195–202.

(2005b). A vector-perturbation technique for near-capacity multiantenna multiuser communication – Part II: Perturbation. *IEEE Trans. Commun.*, **53**(3), 537–544.

Poor, H. V. (1994). *An Introduction to Signal Detection and Estimation*. New York: Springer-Verlag.

(2002). Dynamic programming in digital communications: Viterbi decoding to turbo multiuser detection. *J. Optimiz. Theory Applic.*, **115**(3), 629–657.

(2004). Iterative multiuser detection. *IEEE Signal Processing. Mag.*, **21**(1), 81–88.

Poor, H. V. and Verdú, S. (1997). Probability of error in MMSE multiuser detection. *IEEE Trans. Inform. Theory*, **43**(3), 858–871.

Prasad, N. and Varanasi, M. K. (2004). Diversity and multiplexing tradeoff bounds for cooperative diversity schemes. In *Proc. IEEE Intl. Symp. Inform. Theory*, p. 268.

Proakis, J. (2000). *Digital Communications*, 4th edn. New York: McGraw-Hill.

Raleigh, G. G. and Cioffi, J. M. (1998). Spatio-temporal coding for wireless communication. *IEEE Trans. Commun.*, **46**(3), 357–366.

Rappaport, T. (1996) *Wireless Communications: Principles and Practice*. Englewood Cliffs, NJ: Prentice-Hall.

Rashid-Farrokhi, F., Liu, K. R., and Tassiulas, L. (1998). Transit beamforming and power control for cellular wireless systems. *IEEE J. Select. Areas Commun.*, **16**(8), 1437–1450.

Rashid-Farrokhi, F., Lozano, A., Foschini, G. J., and Valenzuela, R. A. (2000). Spectral efficiency of wireless systems with multiple transmit and receive antennas. In *Proc. IEEE Intl. Symp. on PIMRC*, London, vol. 1, pp. 373–377.

Rekaya, G. and Belfiore, J.-C. (2006). Complexity of ML lattice decoders for the decoding of linear full-rate space–time codes. *IEEE Trans. Wireless Commun.*, to be published.

Reynolds, D. and Wang, X. (2001). Adaptive group-blind multiuser detection based on a new subspace tracking algorithm. *IEEE Trans. Commun.*, **49**(7), 1135–1141.

Reynolds, D., Wang, X., and Poor, H. V. (2002). Blind adaptive space–time multiuser detection with multiple transmitter and receiver antennas. *IEEE Trans. Signal Processing.*, **50**(6), 1261–1276.

Richardson, T. J. and Urbanke, R. L. (2001). The capacity of low-density parity-check codes under message-passing decoding. *IEEE Trans. Inform. Theory*, **47**(2), 599–618.

Sampath, H. and Paulraj, A. (2002). Linear precoding for space–time coded systems with known fading correlations. *IEEE Commun. Lett.*, **6**(6), 239–241.

Sari, H., Karam, G., and Jeanclaude, I. (1995). Transmission techniques for digital terrestrial TV broadcasting. *IEEE Commun. Mag.*, **33**(2), 100–109.

Sato, H. (1981). The capacity of Gaussian interference channel under strong interference (corresp.). *IEEE Trans. Inform. Theory*, pp. 786–788.

Sayeed, A. (2002). Deconstructing multiantenna fading channels. *IEEE Trans. Signal Processing.*, **50**(10), 2563–2579.

Sellathurai, M. and Haykin, S. (2002). TURBO-BLAST for wireless communications: theory and experiments. *IEEE Trans. Signal Processing.*, **50**(10), 2538–2546.

Sendonaris, A., Erkip, E., and Aazhang, B. (1994). Increasing uplink capacity via user cooperation diversity. In *Proc. Intl. Symp. on Information Theory*,

p. 156.

(2003a). User cooperation diversity – Part I: System description. *IEEE Trans. Commun.*, **51**(11), 1927–1938.

(2003b). User cooperation diversity – Part II: Implementation aspects and performance analysis. *IEEE Trans. Commun.*, **51**(11), 1939–1948.

Seshadri, N. and Winters, J. H. (1993). Two signaling schemes for improving the error performance of frequency-division-duplex (FDD) transmission systems using transmitter antenna diversity. In *Vehicular Technology Conf. (VTC)*, pp. 508–511.

(1994). Two signaling schemes for improving the error performance of frequency-division-duplex (FDD) transmission systems using transmitter antenna diversity. *Intl. J. Wireless Inform. Networks*, **1**, 49–60.

Sethuraman, B., Sundar Rajan, B., and Shashidhar, V. (2003). Full-diversity, high-rate space–time block codes from division algebras. *IEEE Trans. Inform. Theory*, **49**, 2596–2616.

Shamai, S. and Marzetta, T. L. (2002). Multiuser capacity in block fading with no channel state information. *IEEE Trans. Inform. Theory*, **48**(4), 938–942.

Shamai, S. and Wyner, A. D. (1997). Information-theoretic considerations for symmetric, cellular, multiple-access fading channels: Part I. *IEEE Trans. Inform. Theory*, **43**, 1877–1894.

Shamai, S. and Zaidel, B. M. (2001). Enhancing the cellular downlink capacity via co-processing at the transmitting end. In *Proc. IEEE Vehicular Technology Conf.*, pp. 1745–1749.

Shannon, C. (1948). A mathematical theory of communication. *Bell Sys. Tech. J.*, **27**, 379–423, 623–656.

(1949). Communications in the presence of noise. In *Proc. IRE*, **37**, 10–21.

(1958). Channels with side information at the transmitter. *IBM J. Res. Devel.*, **2**(4), 289–293.

Shannon, C. and Weaver, W. (1949). *The Mathematical Theory of Communication*. Urbana, IL: University of Illinois Press.

Sharif, M. and Hassibi, B. (2005). On the capacity of MIMO broadcast channels with partial side information. *IEEE Trans. Inform. Theory*, **51**(2), 506–522.

Shin, H. and Lee, J. (2003). Capacity of multiple-antenna fading channels: spatial fading correlation, double scattering and keyhole. *IEEE Trans. Inform. Theory*, **49**(10), 2636–2647.

Shiu, D., Foschini, G., Gans, M., and Kahn, J. (2000). Fading correlation and its effect on the capacity of multielement antenna systems. *IEEE Trans. Commun.*, **48**(3), 502–513.

Sidiropoulos, N., Davidson, T., and Luo, Z. Q. (2006). Transmit beamforming for physical layer multicasting. *IEEE Trans. Signal Processing.*, **54**(6), 2239–2251.

Simon, S. and Moustakas, A. (2003). Optimizing MIMO antenna systems with channel covariance feedback. *IEEE J. Select. Areas Commun.*, **21**(3), 406–417.

Siwamogsatham, S., Fitz, M. P., and Grimm, J. H. (2002). A new view of performance analysis of transmit diversity schemes in correlated Rayleigh fading. *IEEE Trans. Inform. Theory*, **48**(4), 950–956.

Skoglund, M. and Jöngren, G. (2003). On the capacity of a multiple-antenna communication link with channel side information. *IEEE J. Select. Areas Commun.*, **21**(3), 395–405.

Smith, P. J. and Shafi, M. (2002). On a Gaussian approximation to the capacity of wireless MIMO systems. In *Proc. Intl. Conf. on Communications*, pp. 406–410.

Soni, R., Buehrer, M., and Benning, R. (2002). Intelligent antenna system for cdma2000. *IEEE Signal Processing. Mag.*, **19**(4), 54–67.

Spencer, Q., Swindlehurst, L., and Haardt, M. (2004). Zero-forcing methods for downlink spatial multiplexing in multiuser MIMO channels. *IEEE Trans. Signal Processing.*, **52**(2), 461–471.

Srinivasa, S. and Jafar, S. (2005). Vector channel capacity with quantized feedback. In *Proc. IEEE Intl. Conf. on Communications (ICC)*.

Stamoulis, A. and Al-Dhahir, N. (2003). Impact of space–time block codes on 802.11 network throughput. *IEEE Trans. Wireless Commun.*, **2**(5), 1029–1039.

Stefanov, A. and Erkip, E. (2002). Cooperative coding for wireless networks. In *Proc. Intl. Workshop on Mobile and Wireless Communications Networks*, Stockholm, pp. 273–277.

Stoica, P. and Lindskog, E. (2001). Space–time block coding for channels with intersymbol interference. In *Proc. Asilomar Conf. on Signals, Systems and Computers*, Pacific Grove, CA, vol. 1, pp. 252–256.

Stridh, R., Ottersten, B., and Karlsson, P. (2000). MIMO channel capacity of a measured indoor radio channel at 5.8 GHz. In *Proc. Asilomar Conf. on Signals, Systems and Computers*, vol. 1, pp. 733–737.

Suard, B., Xu, G., and Kailath, T. (1998). Uplink channel capacity of space-division-multiple-access schemes. *IEEE Trans. Inform. Theory*, **44**(4), 1468–1476.

Swindlehurst, A. L., German, G., Wallace, J., and Jensen, M. (2001). Experimental measurements of capacity for MIMO indoor wireless channels. In *Proc. IEEE Signal Processing Workshop on Signal Processing Advances in Wireless Communications*, Taoyuan, Taiwan, pp. 30–33.

T.I. (1998). Space–time block coded transmit antenna diversity for WCDMA. Texas Instruments SMG2 document 581/98.

Taricco, G. and Biglieri, E. (2005). Space–time decoding with imperfect channel estimation. *IEEE Trans. on Wireless Commun.*, **4**(4), 1874–1888.

Tarokh, V. and Jafarkhani, H. (2000). A differential detection scheme for transmit diversity. *IEEE J. Select. Areas Commun.*, **18**(7), 1169–1174.

Tarokh, V., Jafarkhani, H., and Calderbank, A. R. (1999a). Space–time block codes from orthogonal designs. *IEEE Trans. Inform. Theory*, **45**(5), 1456–1467.

Tarokh, V., Naguib, A., Seshadri, N., and Calderbank, A. R. (1999b). Space–time codes for high data rate wireless communication: performance criteria in the presence of channel estimation errors, mobility, and multiple paths. *IEEE Trans. Commun.*, **47**(2), 199–207.

Tarokh, V., Seshadri, N., and Calderbank, A. R. (1998). Space–time codes for high data rate wireless communication: performance criterion and code construction. *IEEE Trans. Inform. Theory*, **44**(2), 744–765.

Tavildar, S. and Viswanath, P. (2006). Approximately universal codes over slow-fading channels. *IEEE Trans. Inform. Theory*, **52**(7), 3233–3258. See also http://www.ifp.uiuc.edu/~pramodv/pubs.html

Telatar, I. E. (1995). Capacity of multi-antenna Gaussian channels. *Bell Labora-*

tories Technical Memorandum, http://mars.bell-labs.com/papers/proof/
(1999). Capacity of multi-antenna Gaussian channels. *European Trans. Tel.*, **10**(6), 585–595.

ten Brink, S. (2001). Convergence behavior of iteratively decoded parallel concatenated codes. *IEEE Trans. Commun.*, **49**(10), 1727–1737.

TIA (1998). The CDMA 2000 candidate submission. Draft of TIA 45.5 Subcommittee.

Tirkkonen, O., Boariu, A., and Hottinen, A. (2000). Minimal non-orthogonality rate 1 space–time block code for 3+ tx antennas. In *Proc. IEEE ISSSTA2000*, vol. 2, pp. 429–432.

Tolhuizen, L. M. G. M. (2005). Soft-decision sphere decoding for systems with more transmit antennas than receive antennas. *12th Annual Symp. of the IEEE/CVT*, Enschede, The Netherlands.

Tonello, A. (2003). MIMO MAP equalization and turbo decoding in interleaved space–time coded systems. *IEEE Trans. Commun.*, **51**(2), 155–160.

Tong, L. and Perreau, S. (1998). Multichannel blind identification: from subspace to maximum likelihood methods. *Proc. IEEE*, **86**(10), 1951–1968.

Tse, D. and Hanly, S. (1998). Multiaccess fading channels – Part I: Polymatroid structure, optimal resource allocation and throughput capacities. *IEEE Trans. Inform. Theory*, **44**(7), 2796–2815.

Tse, D. N. C. and Viswanath, P. (2005). *Fundamentals of Wireless Communication*. Cambridge: Cambridge University Press.

Tulino, A., Lozano, A., and Verdú, S. (2005). Impact of antenna correlation on the capacity of multiantenna channels. *Trans. Inform. Theory*, **51**(7), 2491–2509.

(2006). Capacity-achieving input covariance for single-user multi-antenna channels. *IEEE Trans. Wireless Commun.*, **5**(3), 662–671.

Tulino, A. and Verdú, S. (2004). Random matrix theory and wireless communications. *Found. Trends Commun. Inform. Theory*, **1**(1).

Turin, G. (1962). On optimal diversity reception, II. *IRE Trans. Commun. Systems*, **10**(1), 22–31.

Tüchler, M. and Hagenauer, J. (2002). EXIT charts of irregular codes. In *2002 Conf. on Information Sciences and Systems*.

Tüchler, M., Koetter, R., and Singer, A. (2002). Turbo-equalization: principles and new results. *IEEE Trans. Commun.*, **50**(5), 754–767.

Tüchler, M., ten Brink, S., and Hagenauer, J. (2002). Measures for tracing convergence of iterative decoding algorithms. In *Proc. 4th IEEE/ITG Conf. on Source and Channel Coding*, Berlin, pp. 53–60.

Uddenfeldt, J. and Raith, A. (1992). *Cellular Digital Mobile Radio System and Method of Transmitting Information in a Digital Cellular Mobile Radio System.* U.S. Patent no. 5,088,108.

Uysal, M., Al-Dhahir, N., and Georghiades, C. N. (2001). A space–time block-coded OFDM scheme for unknown frequency-selective fading channels. *IEEE Commun. Lett.*, **5**(10), 393–395.

van der Meulen, E. C. (1977). A survey of multi-way channels in information theory: 1961–1976. *IEEE Trans. Inform. Theory*, **23**, 1–37.

(1994). Some reflections on the interference channel. *Communications and Cryptography: Two Sides of One Tapestry*, ed. R. E. Blahut, D. J. Costello, and T. Mittelholzer. Boston, MA: Kluwer, pp. 409–421.

Vaughan-Nichols, S. (2004). Achieving wireless broadband with WiMAX. *IEEE Computer Mag.*, **37**(6), 10–13.

Venkatesan, S., Simon, S., and Valenzuela, R. (2003). Capacity of a Gaussian MIMO channel with nonzero mean. In *Proc. IEEE Vehicular Technology Conf.*, vol. 3, pp. 1767–1771.

Verdú, S. (1998). *Multiuser Detection*. New York: Cambridge University Press.

(2002). Spectral efficiency in the wideband regime. *IEEE Trans. Inform. Theory*, **48**(6), 1319–1343.

Verdú, S. and Poor, H. V. (1987). Abstract dynamic programming models under commutativity conditions. *SIAM J. Control Optimiz.*, **25**(4), 990–1006.

Vikalo, H. and Hassibi, B. (2002). Maximum-likelihood sequence detection of multiple antenna systems over dispersive channels via sphere decoding. *EURASIP J. Appl. Signal Processing.*, **5**, 525–531.

Vikalo, H., Hassibi, B., and Kailath, T. (2004). Iterative decoding for MIMO channels via modified sphere decoding. *IEEE Trans. Wireless Commun.*, **3**(6), 2299–2311.

Vishwanath, S. and Jafar, S. (2004). On the capacity of vector interference channels. In *Proc. IEEE Inform. Theory Workshop.*

Vishwanath, S., Jafar, S., and Goldsmith, A. (2000). Optimum power and rate allocation strategies for multiple access fading channels. In *Proc. Vehicular Technology Conf.*, pp. 2888–2892.

Vishwanath, S., Jindal, N., and Goldsmith, A. (2003). Duality, achievable rates, and sum-rate capacity of Gaussian MIMO broadcast channels. *IEEE Trans. Inform. Theory*, **49**(10), 2658–2668.

Visotsky, E. and Madhow, U. (2001). Space–time transmit precoding with imperfect feedback. *IEEE Trans. Inform. Theory*, **47**, 2632–2639.

Viswanath, P. and Tse, D. N. (2003). Sum capacity of the vector Gaussian broadcast channel and uplink–downlink duality. *IEEE Trans. Inform. Theory*, **49**(8), 1912–1921.

Viswanath, P., Tse, D. N., and Anantharam, V. (2001). Asymptotically optimal water-filling in vector multiple-access channels. *IEEE Trans. Inform. Theory*, **47**(1), 241–267.

Viswanath, P., Tse, D. N., and Laroia, R. (2002). Opportunistic beamforming using dumb antennas. *IEEE Trans. Inform. Theory*, **48**(6), 1277–1294.

Viswanathan, H. and Venkatesan, S. (2003). Asymptotics of sum rate for dirty paper coding and beamforming in multiple-antenna broadcast channels. In *Proc. Allerton Conf. on Communications, Control, and Computing.*

Viswanathan, H., Venkatesan, S., and Huang, H. C. (2003). Downlink capacity evaluation of cellular networks with known interference cancellation. *IEEE J. Select. Areas Commun.*, **21**, 802–811.

Viterbi, A. J. (1998). An intuitive justification and a simplified implementation of the MAP decoder for convolutional codes. *IEEE J. Select. Areas Commun.*, **16**(2), 260–264.

Viterbo, E. and Biglieri, E. (1993). A universal lattice decoder. In *14-ème Colloque GRETSI*, Juan-les-Pins.

Viterbo, E. and Boutros, J. (1999). A universal lattice code decoder for fading channels. *IEEE Trans. Inform. Theory*, **45**(5), 1639–1642.

Vu, M. (2006). Exploiting transmit channel side information in MIMO wireless systems. Ph.D. Dissertation, Stanford University.

Vu, M. and Paulraj, A. (2003). Some asymptotic capacity results for MIMO wireless with and without channel knowledge at the transmitter. In *Proc. 37th Asilomar Conf. Signals, Systems and Computing*, vol. 1, pp. 258–262.

(2004). Optimum space–time transmission for a high K factor wireless channel with partial channel knowledge. *Wiley J. Wireless Commun. Mobile Comput.*, **4**, 807–816.

(2005a). A robust transmit CSI framework with applications in MIMO wireless precoding. In *Proc. 39th Asilomar Conf. on Signals, Systems and Computers*, pp. 623–627.

(2005b). Capacity optimization for Rician correlated MIMO wireless channels. In *Proc. 39th Asilomar Conf. Signals, Systems and Computing*, pp. 133–138.

(2005c). Characterizing the capacity for MIMO wireless channels with non-zero mean and transmit covariance. In *Proc. 43rd Allerton Conf. on Communications, Control, and Computing* pp. 623–627.

(2006). Optimal linear precoders for MIMO wireless correlated channels with non-zero mean in space–time coded systems. *IEEE Trans. Signal Processing.*, **54**, 2318–2332.

Wang, B., Zhang, J., and Host-Madsen, A. (2005). On the capacity of MIMO relay channels. *IEEE Trans. Inform. Theory*, **51**(1), 29–43.

Wang, X. and Host-Madsen, A. (1999). Group-blind multiuser detection for uplink CDMA. *IEEE J. Select. Areas Commun.*, **17**(11), 1971–1984.

Wang, X. and Poor, H. V. (1998a). Blind equalization and multiuser detection for CDMA communications in dispersive channels. *IEEE Trans. Commun.*, **46**(1), 91–103.

(1998b). Blind multiuser detection: a subspace approach. *IEEE Trans. Inform. Theory*, **44**(2), 677–691.

(1999a). Iterative (turbo) soft interference cancellation and decoding for coded CDMA. *IEEE Trans. Commun.*, **47**(7), 1046–1061.

(1999b). Space–time multiuser detection in multipath CDMA channels. *IEEE Trans. Signal Processing.*, **47**(9), 2356–2374.

(2002). *Wireless Communication Systems: Advanced Techniques for Signal Reception.* Upper Saddle River, NJ: Prentice-Hall.

Weichselberger, W., Herdin, M., Özcelik, H., and Bonek, E. (2006). A stochastic MIMO channel model with joint correlation of both link ends. *IEEE Trans.*

Wireless Commun., **5**(1), 90–100.

Weingarten, H., Steinberg, Y., and Shamai, S. (2004). Capacity region of the degraded MIMO broadcast channel. In *Proc. Intl. Symp. Information Theory*.

Winters, J. H. (1987). On the capacity of radio communication systems with diversity in a Rayleigh fading environment. *IEEE J. Select. Areas Commun.*, **5**, 871–878.

Winters, J. H., Salz, J., and Gitlin, R. D. (1994). The impact of antenna diversity on the capacity of wireless communications systems. *IEEE Trans. Commun.*, **42**(2), 1740–1751.

Wittneben, A. (1993). A new bandwidth efficient transmit antenna modulation diversity scheme for linear digital modulation. In *ICC*, pp. 1630–1634.

Wolfe, W. (1976). Amicable orthogonal designs – existence. *Can. J. Math.*, **28**, 1006–1020.

Worthen, A. P. and Stark, W. E. (2001). Unified design of iterative receivers using factor graphs. *IEEE Trans. Inform. Theory*, **47**(2), 843–849.

Wyner, A. (1994). Shannon-theoretic approach to a Gaussian cellular network. *IEEE Trans. Inform. Theory*, **40**, 1713–1727.

Yao, H. and Wornell, G. (2003a). Achieving the full MIMO diversity–multiplexing frontier with rotation based space–time codes. In *Allerton Conf. on Communication, Control, and Computing*.

  (2003b). Structured space–time block codes with optimal diversity–multiplexing tradeoff and minimum delay. In *Proc. IEEE Global Telecom. Conf.*, vol. 4, pp. 1941–1945.

Yoo, T. and Goldsmith, A. (2006). On the optimality of multi-antenna broadcast scheduling using zero-forcing beamforming. *IEEE J. Select. Areas Commun.*, special issue on 4G wireless systems, **24**(3), 528–541.

Younis, W., Sayed, A., and Al-Dhahir, N. (2003). Efficient adaptive receivers for joint equalization and interference cancellation in multi-user space–time block-coded systems. *IEEE Trans. Signal Processing.*, **51**(11), 2849–2862.

Yu, K., Bengtsson, M., Ottersten, B., McNamara, D., Karlsson, P., and Beach, M. (2001). Second order statistics of NLOS indoor MIMO channels based on 5.2 GHz measurements. In *Proc. IEEE Global Telecomm. Conf.*, vol. 1, pp. 25–29.

Yu, W. (2003a). A dual decomposition approach to the sum power Gaussian vector multiple access channel sum capacity problem. In *Proc. Conf. on Information Sciences and Systems (CISS)*.

(2003b). Spatial multiplex in downlink multiuser multiple-antenna wireless environments. In *Proc. IEEE Globecom*.

Yu, W. and Cioffi, J. M. (2001). Trellis precoding for the broadcast channel. In *Proc. IEEE GLOBECOM*, San Antonio, TX, vol. 2, pp. 1338–1344.

(2004). Sum capacity of Gaussian vector broadcast channels. *IEEE Trans. Inform. Theory*, **50**(9), 1875–1892.

Yu, W., Ginis, G., and Cioffi, J. (2001). An adaptive multiuser power control algorithm for VDSL. In *Proc. Global Commun. Conf.*, pp. 394–398.

Yu, W., Rhee, W., Boyd, S., and Cioffi, J. (2004). Iterative water-filling for Gaussian vector multiple access channels. *IEEE Trans. Inform. Theory*, **50**(1), 145–152.

Yu, W., Rhee, W., and Cioffi, J. (2001). Optimal power control in multiple access fading channels with multiple antennas. In *Proc. Intl. Conf. Commun.*, pp. 575–579.

Yuksel, M. and Erkip, E. (2005). Can virtual MIMO mimic a multi-antenna system: diversity–multiplexing tradeoff for wireless relay networks. In *IEEE Communication Theory Workshop*.

Zhang, Y. and Blum, R. S. (2000). Multistage multiuser detection for CDMA with space–time coding. In *Proc. 10th IEEE Workshop on Statistical Signal and Array Processing*, Poconos, PA, pp. 1–5.

Zheng, L. and Tse, D. (2002). Communication on the Grassmann manifold: a geometric approach to the noncoherent multiple-antenna channel. *IEEE Trans. Inform. Theory*, **48**(2), 359–383.

(2003). Diversity and multiplexing: a fundamental tradeoff in multiple-antenna channels. *IEEE Trans. Inform. Theory*, **49**(5), 1073–1096.

Zhou, A. and Giannakis, G. B. (2001). Space–time coding with maximum diversity gains over frequency-selective fading channels. *IEEE Signal Processing. Lett.*, **8**(10), 269–272.

(2002). Optimal transmitter eigen-beamforming and space–time block coding based on channel mean feedback. *IEEE Trans. Signal Processing.*, **50**(10),

2599–2613.

(2003). Optimal transmitter eigen-beamforming and space–time block coding based on channel correlations. *IEEE Trans. Inform. Theory*, **49**(7), 1673–1690.

Ziemer, R. E., Peterson, R. L., and Borth, D. E. (1995). *Introduction to Spread Spectrum Communications.* Upper Saddle River, NJ: Prentice-Hall.

■索引■

【ア行】

曖昧さ　331, 334, 342
アウテージ確率　32, 46, 272
アウテージ容量　9, 31
圧縮中継（CF）技術　86
アドホック無線ネットワーク　18, 83
誤り指数　127, 128, 137
誤り率　27
アレー利得　2, 154, 163, 178
アンテナ間隔　5
アンテナ間干渉　200, 345
アンテナ共分散　115

位相変調　150, 182, 191, 196, 199, 233, 284, 310, 313, 318, 326
一括ブラインド型線形時空間マルチユーザ検出　336
一括ブラインド型マルチユーザ検出　333
因子グラフ　234, 245, 253, 255, 273
インターネット　178, 212
インタフェース　248
インタリーブ　4, 253, 310

エルゴード性容量　30, 128
エルミート半正定行列　109, 132, 138
演算量　280, 293, 294, 296, 303, 305, 308, 314
演算量と性能のトレードオフ　245, 280, 309, 325

オールゼロシーケンス　177
オポチュニスティックビームフォーミング　83
オポチュニスティック符号　183

【カ行】

外部メッセージ　246, 254, 259
開ループシステム　156
開ループ方法　111, 156
ガウス確率過程　113
角度拡がり　176
確率伝播理論　273
仮想アンテナアレー　19, 88
カルマンアルゴリズム　341
カルマンフィルタ　335
干渉除去　209, 211, 262, 318
干渉チャネル　87
完全 CSIR と CDIT　36, 47
完全 CSIR と CSIT　31
完全 CSIT　115, 116, 137, 142, 150

疑似直交　150
基地局協調　81
キャリア周波数選択　214
協調チャネル　90
協調伝送　89, 90
共分散行列　65
共役傾斜法　299, 306
行列チャネル　56, 57
距離ごとの PEP　130
近似ユニバーサル符号　185

空間干渉　241, 249, 250, 262
空間選択性　176
空間相関モデル　52
空間ダイバーシチ　307
空間ダイバーシチ利得　3, 184
空間多重化　3, 123, 162
空間多重利得　40, 178
空間的 CSIT　116

空間特性　　5, 18
空間白色フェージングモデル　　50
空間フェージング相関　　6
グラスマニアン多様性　　160
グラスマニアン領域　　37
繰り返し干渉除去型受信機　　318
繰り返し関数　　236, 243
繰り返し注水アルゴリズム　　67, 74
クリフォード代数　　220
グループブラインド型マルチユーザ検出　　333, 337
クロネッカーモデル　　109
クロネッカー積モデル　　54, 181, 312, 332
クロネッカー相関モデル　　110, 138

傾斜法　　299
ケーリー数　　219

合成信号ベクトル　　342
広帯域チャネル　　174, 176
広帯域無線　　174, 176
硬判定　　255, 301
硬判定干渉除去　　255
コードブックの設計　　159, 163
固定チャネル　　63, 73
固定レート符号　　194
コヒーレント距離　　176
コヒーレント時間　　6, 160, 176
コヒーレント帯域幅　　6, 176
個別最適化検出器　　291
固有ビームパターン　　126
コレスキーの判定帰還繰り返し相関検出型ST MUD　　300, 306
コレスキー分解　　252

【サ行】

最急降下法　　299
サイクリックプレフィックス　　177
最小距離 PEP プリコーダ　　151
再生中継（DF）技術　　86, 90

最大遅延拡がり　　287
最大比合成フィルタ　　264
最適ジョイントディテクタ　　291
サイド情報　　33
最尤受信機　　230
最尤等化　　179
最尤判定　　200, 230
最尤復号　　41, 128, 188, 191, 198
雑音強調　　249, 293
差動検出　　332, 334, 337
差動符号化 STBC　　204
差分エントロピー　　30
残留周波数オフセット　　216

時間選択性　　176
時間選択性フェージング　　6
時間相関　　52
時間的 CSIT　　116
時間反転–STBC　　190
時空間トレリス符号　　186, 215
時空間符号化　　14, 184, 308, 311, 313, 317
時空間符号化システム　　317
時空間符号化マルチユーザシステム　　311, 312, 321, 323
時空間ブロック符号　　124, 188, 200, 212, 220
時空間マルチユーザ検出　　296, 304, 315, 319, 324
四元構造　　217
四元数　　191, 200, 218, 220
四元符号　　190, 216
自己相関　　198, 332, 340
自動再送要求　　208, 216
時分割多元接続　　59, 76, 81
時分割複信　　42, 61
時変動チャネル　　30, 31, 181
シャドーイング　　8
シャノン容量　　27, 28, 80, 179
シューア凹関数　　53
収束保証型実装法　　305

383

■索引■

周波数選択性フェージング　6, 56, 190
周波数領域等化　202
十分統計量　285, 292, 304
周辺化　234, 243
受信機設計　12, 229, 294, 298, 345
受信機同期誤差　216
受信機の基本構造　284
巡回化行列　190
準最適　76, 248, 314
準静的チャネル　177, 181, 185, 268
情報理論　116, 119
シングルキャリア FDE-STBC　200
シングルユーザ MIMO　33
シングルユーザ SISO MAP 復号器　323
シングルユーザチャネル容量　33
シングルレイヤ符号　198
信号処理アルゴリズム　174, 214
信号点配置の回転　189, 194
信号点配置の点数　182, 189
信号点配置マッパー　196
信号部分空間　332
信号モデル　281, 310
シンボル誤り率　234
シンボル間干渉　162, 176, 201, 241, 345

スーパートレリス　313
スーパー符号語　312
スケール化された単位行列　117, 145, 147
スフェアデコーダアルゴリズム　194
スペクトラムダイバーシチ　307
スペクトル拡散信号　284

正規化　164
積分演算，相関演算，総和演算　285
セル外からの干渉　81
セルラシステム　17, 81
ゼロスタッフィング　177
ゼロフォーシング V-BLAST　251
ゼロフォーシング受信機　14, 231, 249, 293, 298

線形 MMSE フィルタ　321, 332
線形 MUD　292, 307
線形インタフェース　248
線形時空間受信機　330
線形処理　188, 296
線形シンボル間干渉　240
線形ダイバーシチ型検出器　327, 342
線形ダイバーシチ型マルチユーザシステム　327
線形ダイバーシチ型マルチユーザ受信機　330
線形ダイバーシチ内蔵符号　194
線形反復型受信機　297
線形プリコーダ　125, 134, 163
線形並列型干渉除去　298
全二重通信　111

相関 CSIT　115, 118, 139, 143, 152
相関検出型受信機　293
相関のあるフェージング　51
相互情報量　28
相互相関　199, 288, 312, 319, 323
送信機設計　12
送信機におけるプリコーディング　121, 164
送信機の設計　122
送信共分散行列　62
送信相関行列　151
送信ダイバーシチ　12, 14, 178
送信プリコーディング　39, 40
送信ブロック長　214
送信レート　8
総レート容量　78

【タ行】

ダーティペーパ符号化　69, 82
ターボアルゴリズム　244, 254, 256, 266, 273
ターボ符号化　78, 127, 184, 309
第三世代セルラシステム　283, 296
第三世代パートナーシッププロジェクト　158, 162
代数構造　217

■索引■

ダイバーシチ型マルチユーザ検出　326
ダイバーシチ合成　83
ダイバーシチ次数　3, 179, 196
ダイバーシチと多重化のトレードオフ　9, 217
ダイバーシチ内蔵の時空間符号　193, 206, 207, 216
ダイバーシチ利得　154, 173, 313, 318
ダウンリンクビームフォーミング　79
多元接続 MIMO　280
多重化利得　9
多重化レート　182
畳み込み復号器　260
畳み込み符号　266, 273, 313
タナーグラフ　237
単一ビーム法　152
単一モードビームフォーミング　140, 148, 151

遅延ダイバーシチ　173
遅延拡がり　1, 5
逐次モンテカルロプロセッサ　273
チップのマッチドフィルタ処理　326, 338
チップ非同期　296
チェルノフバウンド　130
チャネルインパルス応答　176, 282
チャネル係数　34
チャネルサウンディング　157, 162
チャネル情報　30
チャネル推定 CSIT　115, 154
チャネル等化　287
チャネルとサイド情報　33
チャネルの共分散　162
チャネルの固有方向　138
チャネルの自己共分散　113
チャネルの条件数　107, 162
チャネル平均情報（CMI）モデル　36, 47, 75
チャネルモデル　5, 27, 29, 281
チャネル容量　30, 33, 58, 128, 148

チャネル利得　5, 7, 28, 30, 33
中継チャネル　85
注水利得　155
直列型の復号　48
直交 STBC　124
直交時空間符号　54, 124, 188, 190
直交周波数分割多重　109

通信路対称性　111, 156

ディジタル受信機の実装　280
ディジタル表現　295
低密度パリティ検査符号　184, 245
ディラックデルタ関数　283
デインタリーブ　254
データフレーム長　297
データレート　1
適応技術　202
適応時空間マルチユーザ検出　330
適応受信機アルゴリズム　280, 295
適応線形時空間マルチユーザ受信機　325
デターミナント基準　184
デマッパ　264, 268
デュアル因子グラフ　245
伝送レートとダイバーシチのトレードオフ　193, 216
伝搬損失　8
電力割り当て　137, 139, 142, 145

等化　200, 247
等化と復号の統合　200
同期型システム　334, 343
同期検出　160, 185, 332
統計的 CSIT　115, 118, 120, 143, 145
同相合成　86
動的注水　146
動的プログラミング　290, 292, 297
動的モデル　113
特異値分解　38, 135
特性と複雑性のトレードオフ　178

385

■索引■

特別な STC　200
ドップラー周波数　176
ドップラー拡がり　1, 109, 113, 158, 181
凸面最適化問題　72, 89, 147
トレードオフ曲線　11, 16, 183
トレーニング　57, 185, 199
トレリス符号　186, 313, 323

【ナ行】
ナイキストレート　176
内部メッセージ　246, 254, 259
軟出力　322
軟推定　262, 318, 321
軟判定　255, 301
軟判定干渉除去　255
軟判定復号　254, 310

入力共分散行列　47
入力信号の共分散　108
入力整形行列　134, 148, 149

ネットワークユーティリティの最大化　212
ネットワークレイヤ　209

【ハ行】
パウリ行列　221
八元符号　192, 216, 219
幅優先探索　233
判定アルゴリズム　300
反復型 SPA　252
反復型 ST MUD　305
反復型受信機　255, 270, 273, 308, 323
反復型非線形受信機　300, 306
反復処理　234

ビームフォーミング　47
ビーム方向　144
非結合効果　126
非再生中継（AF）技術　86
非線形四元符号　190

非線形処理　250
非線形符号　190, 195
ビタビアルゴリズム　314
ビタビ復号器　150, 316
非直交型送信方式　311
ビット誤り率　212, 215, 265, 268, 328, 343
非同期 STC　204
非同期型システム　337
非同期技術　204

フィードバック　49, 112
ブートストラップ法　300
フェージングチャネル　5, 67, 74, 122
深さ優先探索　233
不完全フィードバック　35
不均一誤り保護　206
復号器　260, 262, 266
復号処理　63
復号の複雑性　41, 185, 188, 217
符号化　4, 123, 252, 265
符号化利得　180, 184, 187
符号語共分散行列　134
符号語差分行列　185
符号分割多元接続　57, 62
部分空間トラッキング　330, 336, 342
ブラインド型線形時空間マルチユーザ検出　335
ブラインド型逐次カルマンチャネル推定　341
ブラインド型チャネル推定　335
ブラインド型適応時空間マルチユーザ検出　337
ブラインド時空間 MMSE 検出　340
ブラインド同定方式　204
フラッディングスケジュール　244
フラットフェージングチャネル　5, 174, 177, 330
プリコーダの設計　138
プリコーダの電力割り当て　139
プリコーディング　107, 138
プリコーディングの利得　155
フルダイバーシチ　124, 318

ブロック間干渉　177
ブロック巡回化　177
ブロック対角化行列　177
ブロックテプリッツ構造　289, 297
ブロックフェージングモデル　51, 130
ブロックマルコフ符号化　86, 90
プロトコルレイヤ　212
フロベニウスノルム　109
フロントエンド　284
分散 MIMO　19, 91
分散チャネル　240, 247

ペアワイズ誤り率　129
平均 CSIT　116, 141, 142
平均 PEP 基準　131, 137, 151
平均 CSIT　143, 152
平均二乗誤差検出　127, 132
平均と共分散のフィードバック　35
平均符号語距離　131
ベイズの公式　291
閉ループシステム　112, 156, 178
変調器　262

忘却係数　343
ボロノイ領域　37, 50

【マ行】
斑模様の行列　290, 294
マッチドフィルタ　285, 293–295, 306, 312, 318, 320, 326, 338, 342
マルチステージ干渉除去　300, 303, 305
マルチストリーム干渉　14
マルチセル MIMO　79, 81, 92
マルチパス係数　286
マルチパス結合器　286
マルチパスダイバーシチ　179, 215
マルチパスフェージング　1, 337
マルチユーザ MIMO　33, 58, 60, 67, 279, 281, 283
マルチユーザ検出　287, 308

マルチユーザビームフォーミング　76
無線 LAN　20, 150, 162
無線ネットワーク　17
無線標準　59, 161
無相関　6
無符号化 MIMO　230

モンテカルロシミュレーション　259, 268

【ヤ行】
友愛数　219
有限自由度モデル　295
ユーザ容量　342
尤度関数　285
ユニキャスト　59

容量利得　27

【ラ行】
ライス成分　141
ライスフェージング　6
ライス分布の K ファクター　107, 109
ランク基準　184
ランダム行列理論　94

リアルタイムアプリケーション　193
離散時間信号モデル　8, 295
量子化チャネル情報　37
量子化フィードバック　35, 113, 159

ループ　236, 242, 244

レイリーフェージングモデル　311
劣化したブロードキャストチャネル　69
連続時間受信信号　175

【英数字】
3GPP　158, 162

387

■索引■

AF　86
Alamoutiの符号化　12, 173, 217
Alamouti方式　12, 13, 188, 210
APPデマッパ　262, 264
ARQ　208, 216
AWGN　28, 30, 81

BCJRアルゴリズム　254
BER　212, 215, 265, 268, 328, 343
BLAST　45, 64, 287
BPSK　310, 313, 318, 326

Cameron–Martinの公式　285
CDF　42, 56
CDI　32
CDIR　52
CDIT　36, 47, 52
CDMA　57, 62, 326
CDMA2000　188
CF　86
CMI　47, 76
CSI　108
CSIT　31, 116, 163

DF　86
DFT　295
DPC　69, 82
DS/CDMA　283, 289, 295

EDGE　174
EMアルゴリズム　307
EXIT関数　259, 264–266
EXITチャート　256

FDD　112, 156
FDE–STBC　190, 202
FER　8
FFT　177, 190, 201, 203
Fisher情報　304

Gauss–Seidelの反復法　298, 306
GSM　174, 210

HSDPA　162

IC+MMSE受信機　271, 272
IEEE無線標準化　20, 161, 191
IFC　87
IFFT　202
Iverson関数　236, 238, 255

Jacobiの反復法　298, 303
Jensen上界　144

KKT条件　74

L–ベスト探索　233
LDC　189
LDPC符号　184, 245
LLR　256, 325
LMMSE　231, 249
LMS適応アルゴリズム　202
LOS　6

MAI　316, 323
MAP検出　245, 290, 324
MAP判定　234, 242
MBWA　20
MIMO　1
MIMO MAC　58, 62
MIMOチャネル　50
MIMOフェージングチャネル　28
MISO　136, 186
MMSE+IC受信機　270, 273
MMSE–ICデマッパ　264, 266
MMSEコスト関数　332
MMSE受信機　132, 294
MMSE受信機性能比較　306
MMSE推定理論　114
MMSE適応受信機　340, 343

MMSE 反復型 ST MUD　　297

NAHJ–FST アルゴリズム　　336

OFDM　　20, 109, 157
OFDM–STBC　　190, 204
OFDMA　　21, 295

PRUS　　199

QAM　　4, 234, 284
QPSK　　150, 182, 191, 233, 284
QSTBC　　150

RAKE 合成ダイバーシチ　　307
RAKE 受信機　　286, 293
RLS 適応アルゴリズム　　202
RCS 符号　　260

SAGE アルゴリズム　　304, 307
SDA　　232, 256, 273
SISO MAP 復号器　　310, 319, 323
SINR　　3, 84, 344
SISO MAP 検出　　310
SNR　　1
SPA　　242, 252
ST MUD の性能　　306
STBC　　124, 188, 200, 212, 220
sum–product アルゴリズム　　244, 246, 273
SVD　　135

TCP　　211
TDD　　42, 61, 111, 156
TDMA　　59, 76, 81
Telatar の推測　　47
Tomlinson–Harashima プリコーダ　　162

V–BLAST　　250, 251
VLSI　　273

WCDMA　　174, 184, 188
WiMAX　　191
Wyner モデル　　81

ZMSW モデル　　36, 51, 57

【原著者紹介】

エズィオ・ビリエリ（Ezio Biglieri）
　　ポンペイ・ファブラ大学（バルセロナ）工学部教授

ロバート・コールダーバンク（Robert Calderbank）
　　プリンストン大学（ニュージャージー）工学部電気工学科および数学科教授

アントニー・コンスタンティニデス（Anthony Constantinides）
　　インペリアルカレッジ（ロンドン）工学部電気電子工学科教授

アンドレア・ゴールドスミス（Andrea Goldsmith）
　　スタンフォード大学（カリフォルニア）工学部電気工学科教授

アロギャスワミ・ポーラジ（Arogyaswami Paulraj）
　　スタンフォード大学工学部（カリフォルニア）工学部電気工学科教授

H・ビンセント・プアー（H. Vincent Poor）
　　プリンストン大学（ニュージャージー）工学部電気工学科教授

【訳者紹介】

風間宏志（かざま・ひろし）
 学歴 東京工業大学大学院工学研究科電気電子工学専攻修士課程修了（1982）
 職歴 電電公社（現NTT）横須賀電気通信研究所入所（1982）
   衛星通信システムの研究開発を中心にワイヤレス通信システムの研究，実用化に従事．第14回電波功績賞総務大臣表彰受賞（2003）
   現在，NTTアクセスサービスシステム研究所ワイヤレスアクセスプロジェクトプロジェクトマネージャ．
 ［全体監修］

杉山隆利（すぎやま・たかとし）
 学歴 慶應義塾大学大学院理工学研究科電気工学専攻修士課程修了（1989）
   博士（工学）（1998）
 職歴 NTT無線システム研究所入所（1989）
   NTTコミュニケーションズ（1997-2001）
   NTTドコモ（2004-2007）
   成蹊大学非常勤講師（2009-）
   衛星通信・移動通信の変復調・誤り訂正・干渉補償方式を中心にワイヤレスアクセスシステムの研究開発に従事．
   現在，NTTアクセスサービスシステム研究所ワイヤレスアクセスプロジェクト主幹研究員，グループリーダー．
 ［第1章，第4章，全体編集担当］

山田渉（やまだ・わたる）
 学歴 北海道大学大学院工学研究科電子情報工学専攻修士課程修了（2002）
 職歴 NTTアクセスサービスシステム研究所入所（2002）
   高速ワイヤレスアクセスシステムのための電波伝搬技術の研究に従事．
 ［第2章担当］

浅井裕介（あさい・ゆうすけ）
 学歴 名古屋大学大学院工学研究科電子情報学専攻修士課程修了（1999）
 職歴 NTT未来ねっと研究所入所（1999）
   IEEE802.11n高速無線LANシステムの信号処理技術を中心とした無線アクセスシステムの研究開発に従事．
   現在，NTTアクセスサービスシステム研究所ワイヤレスアクセスプロジェクト研究主任．
 ［第3章担当］

大槻暢朗（おおつき・のぶあき）
　学歴　北海道大学大学院情報科学研究科メディアネットワーク専攻修士
　　　　課程修了（2007）
　職歴　NTTアクセスサービスシステム研究所入所（2007）
　　　　マルチホップ無線通信システムの高度化技術の研究開発に従事．
　［第5章担当］

増野淳（ましの・じゅん）
　学歴　京都大学大学院情報学研究科通信情報システム専攻修士課程修了
　　　　（2005）
　職歴　NTTアクセスサービスシステム研究所入所（2005）
　　　　OFDMA無線通信システムの広域化技術，干渉補償技術の研究開
　　　　発に従事．
　［第6章担当］

MIMOワイヤレス通信

2009年11月30日　第1版1刷発行　　ISBN978-4-501-32720-0 C3055

著　者　エズィオ・ビリエリ，ロバート・コールダーバンク，アンソニ
　　　　ー・コンスタンティニデス，アンドレア・ゴールドスミス，ア
　　　　ロギャスワミ・ポーラジ，H・ヴィンセント・プアー
監　訳　風間宏志・杉山隆利
訳　者　NTTアクセスサービスシステム研究所
　　　　©Kazama Hiroshi, Sugiyama Takatoshi

発行所　学校法人　東京電機大学　〒101-8457　東京都千代田区神田錦町2-2
　　　　東京電機大学出版局　Tel. 03-5280-3433(営業)　03-5280-3422(編集)
　　　　Fax. 03-5280-3563　振替口座 00160-5-71715
　　　　http://www.tdupress.jp/

JCOPY ＜(社)出版者著作権管理機構　委託出版物＞
本書の全部または一部を無断で複写複製（コピー）することは，著作権法上での
例外を除いて禁じられています．本書からの複写を希望される場合は，そのつど
事前に，(社)出版者著作権管理機構の許諾を得てください．
［連絡先］Tel. 03-3513-6969, Fax. 03-3513-6979, E-mail: info@jcopy.or.jp

印刷：三美印刷(株)　　製本：渡辺製本(株)　　装丁：高橋壮一
落丁・乱丁本はお取り替えいたします．　　　　　　　　Printed in Japan